U0215186

"十二五"国家重点图书出版规划项目

中国森林生态网络体系建设出版工程

国家出版基金项目
NATIONAL PUBLICATION FOUNDATION

中国森林生态网络体系建设研究

Construction of Forest Ecological Network System for China

彭镇华　等著

Peng Zhenhua etc.

中国林业出版社

China Forestry Publishing House

图书在版编目（CIP）数据

中国森林生态网络体系建设研究 / 彭镇华等著．
—北京：中国林业出版社，2016.3
"十二五"国家重点图书出版规划项目
中国森林生态网络体系建设出版工程
ISBN 978-7-5038-8472-6

Ⅰ.①中…　Ⅱ.①彭…　Ⅲ.①森林生态系统 – 建设 –
研究 – 中国　Ⅳ.① S718.55

中国版本图书馆 CIP 数据核字（2016）第 063992 号

出版人：金　旻
中国森林生态网络体系建设出版工程
选题策划　刘先银　策划编辑　徐小英　李　伟

中国森林生态网络体系建设研究
编辑统筹　刘国华　马艳军
责任编辑　李　伟　刘先银

出版发行　中国林业出版社
地　　址　北京西城区刘海胡同 7 号
邮　　编　100009
E - mail　896049158@qq.com
电　　话　（010）83143525　83143544
制　　作　北京大汉方圆文化发展中心
印　　刷　北京中科印刷有限公司
版　　次　2016 年 4 月第 1 版
印　　次　2016 年 4 月第 1 次
开　　本　889mm×1194mm　1/16
字　　数　400 千字
印　　张　17
定　　价　119.00 元

前 言
PREFACE

　　新中国成立以来，盲目学国外，导致我国林业发展走了一些弯路。2001年8月，我随中国林业科技代表团考察了位于高纬度地区的俄罗斯、芬兰、挪威和瑞典四个国家，对国外的一些情况有了一些具体的感性认识。20世纪60年代，我在苏联呆过几年，现在看，还不如当年兴旺，道路显得有些破旧，据说他们的生产总值只有我们国家的1/5~1/4。这几个国家给我印象深刻，感受万千。这几个国家的林业（主要是木材加工业）占他们国民生产总值的20%以上，我们多少，各省份不同，最好的不到3%，其实它们的自然条件不如我们，树木的增长20厘米上下，生长周期大约要80~120年。另外，它们的物种资源非常的少，就几个树种，如赤松、挪威云杉、橡树，还有一些白桦。为什么他们这些国家的林业可以搞得这么好呢？这是根据他们的国情，通过长期研究走出的一条林业发展道路。它们国家地大人少，它1平方公里只有20个人左右，我们国家1平方公里有多少人，在四川是500~600人，全国平均人口约130人/平方公里，而且有大面积无人居住的荒漠、沙漠地区，且国土面积的2/3以上都为山区，这是我们国家一个重要的国情。由于欧洲的这四个国家人地矛盾不如我国突出，森林面积占他们国土面积的比重很大，所以他们经营森林、天然用材林基本能持续下去，因此今天这个产业，特别是加工业特别发达，采伐技术先进。先把树木锯下来，然后通过计算机与GIS联网，坐在办公室就可以知道采伐了多少树，每棵树是多少立方，第二天就可以运出去。他们木材加工采伐现在已经做到这个程度上。我就回想我们为什么走到今天这个状况呢？有的同志不理解，我们传统的林业就是用材林，由于新中国成立初期，国家需要大量的木材，所以林业目标、指标主要是每年要交给国家多少立方木材，因此，我们的林业工作者为了多交木材，很大的力量都用在速生丰产林的技术上。一提到我们的森林如何评价，我们的专家就认为，单位面积内，还是这个林分，这块地，这个工程里头，产多少方木材，就一个指标，甚至木材的质量好坏都不考虑。我们现在的速生丰产也是只有数量指标。因此我们搞到最后，森林的评价就成了问题。

　　一些宝贵的自然资源没有得到充分利用，林业发展具有很大潜在空间。通过考察，觉得中国的确是一块宝地，以前的四大文明古国，为什么只有中国一直到现在，除了其他因素以外，自然因素是一个重要的条件，那就是黄河。黄河是中华民族的一个重要发源地，要是黄河流域的水土流失放到长江，长江流域早就没有人住了。晋西地区的黄土被黄河冲击的沟壑是很深很深的，世界上其他国家是没有的。黄土高原这块地给我很深的印象，一个是水土流失严重，另一个是土壤的厚度，几米到几十米深，有的甚至200多米。要没有这样一个黄天厚土，我敢说就没有黄淮海平原，黄淮海平原哪里来的，就是由于黄河把这些土带到这里来，才能形成这样的平原。所以说中国有一些神话很有意思，叫"精卫填海""沧海桑田"，说是神话，但必定是有现实生活的。我们黄淮海平原里有很多江河都有水，并不是陆地，这是很好的。2001 年，陕西省说要搞生态省，我心里直嘀咕，陕西这个地方我知道，自然条件不好，但是我去考察后发现，花不了多少时间，少则 30 年，多则 50 年，它那个地方就可以恢复的很好，山川秀美，会有根本的变化，因为它的土壤很厚。有很多同志都到过非洲，埃及为什么被破坏，因为它现在都是沙地，下面没有土。

　　传统的林业经营经验思想应该好好挖掘。20 世纪 50 年代起我国林业全面学习苏联经验，造成我国林业的一些误区，也使我们总结了一些经验和教训，但比起我们 5000 年历史，那是弹指一挥间。那中国传统几千年的历史，我们的老祖宗有没有给我们留下什么呢？有什么值得我们大家借鉴的呢？在明清时期，中国最发达的地方有两个地方，一个是山西的票号，就是现在的银行，金融业；另一个是在山区，徽商。明清时期有一句话叫"无徽不成镇"说明徽州的商人到了何等重要的地步。徽商怎么起步的，马克思写《资本论》唯一提到中国就是在徽州。徽商主要是环境的起步，他有四大产业，一个是木业，一个是茶业，还有盐业和典当业。当时的林业已经有了相当高的水平，特别是在长江南部的沙地林业发展得非常好。大家都知道用杉木造林属于扦插造林，是无性系造林，而扦插造林的过程，就是选育的过程，而良种选育的过程又包括生产力的程序，是非常精巧的。在解放前杉木造林，一年长 2 立方米，这在世界上是很高的水平，这个良种很好，按照如此高的水平，良种水平上如此精巧，世界上唯一到现在我们也没有很好的总结。现在回过头来搞扦插，首先是选一些优良树种的小苗，当然也引进一些国外先进技术进行改进。杉木与建筑复合，与农业复合，所以说"林农复合经营"，中国是最早的，也可以说是最成功的，在当时是不可比拟的。比如杉木的整地，它是一小块地上的整理，过去是小农经济，一块地也就几亩，那是很高的水平。用地采用的是世界上最先进的、轮作栽培方法，这一茬用过以后，就抛荒，几年后，植被恢复再重新使用，这期间再找一块地，一般就几分地，不超过 2 亩，周围都是很好的环境，这种方法是很好的。但是，我们有很多同志不理解，认为这是小农经济，落后的，我认为这么说是不适合的。这在当时社会条件下是非常适合的发展道路。包括杉木的计算法（龙泉尺码），也是世界上最早的，也是最好的木材计量方法。在皖南地区用材林除了杉木以外，竹子也是非常广泛的，许多人都知道我们当时的农业生产离不开竹子、竹筐、扁担、扫帚等，可以说竹子在农业生产当中是非常重要的。我国历史悠久的竹文化，也是跟我们的林业紧密相关，而且用于速生丰产，可以说我们老祖宗是很聪明的。经营的方法在当时就达到很高的水平。除了经营用材林以外，经营茶叶也是徽州山区的一大经济支柱，当时收入非常高，包括茶文化，也是一整套的技术。在饮料当中它可以占一席之地，当然，还有很多其他的资源。比如说蜜枣，也是一大产业，其制作加工技术带动包括银杏、板栗、香樟的生产，以及山区的油茶产业带动包括漆、油桐、乌桕、火炬树等产业，在皖南山区的有很多，特别是乌桕。森林当中还有很多值得我们开发的东西，只是我们没有很好的研究它，在以前的基础上，要怎么提高，怎么增加其使用，要有实际的方法。所以，中国传统的林业不是只有几十年，而是上千年，这才是我们中国传统林业的主体。

有扬有弃的学习国外先进技术，继承传统林业经营思想，充分利用宝贵的自然资源，以改善生态环境为目的，建成森林生态安全保障体系，为地方经济、社会发展提供有利支撑，目前林业发展已走向新的道路。20 世纪 80 年代中期，我们在长江中下游滩地进行了兴林灭螺研究，将发展林业与改善滩地钉螺孳生环境、提高血吸虫病流行区群众经济收益等联系在一起，取得了较大的效益，充分体现了森林的生态、经济和社会效益。之后，我们又承担了国家计委重大科研项目"长江中下游低丘、滩地综合治理与开发"，在农业与林业的结合部，开展林农复合经营与综合治理研究，也取得了显著的效果。这些都是结合我国的国情，运用生态经济学原理，走出的一条适合长江中下游经济、社会可持续发展的道路。

为了适应林业发展的新形势，1995 年底，江泽慧和我提出了对林业的理论问题，特别是对现代林业的有关重大宏观战略问题进行立项研究。通过研究我们提出了现代林业的定义："即现代林业是充分利用现代科学技术和手段，全社会广泛参与保护和培育森林资源，高效发挥森林的多种功能和多种价值，以满足人类日益增长的生态、经济和社会需求的林业。"其内涵可表述为：现代林业是以可持续发展理论为指导，以生态环境建设为重点，以产业化发展为动力，以全社会共同参与和支持为前提，积极广泛地参与国际交流与合作，实现林业资源、环境和产业协调发展，经济、环境和社会效益高度统一的林业。概括地说：现代林业是以满足人类对森林的生态需求为主，多效益利用的林业。针对林业的发展变化，中国森林生态学研究与发展必需要有紧密结合中国的国情，进行创新发展，走林业跨越式发展的道路。

针对日益恶化的生态环境，中国在恢复森林、保护环境方面作了大量的工作，如三大防护林体系建设，很多地区退耕还林等。但总体来看，还未形成一个全国森林生态网络系统新格局，因此，环境继续恶化的趋势没有被有效地遏制。就其原因来讲，中国是一个多山的国家，历史悠久，人口众多，对土地的压力是世界其他国家少有的。在相当多的地区，人均耕地不足 1 亩。为了生存，人们必然会在农林之间的过渡地带继续扩展，毁林开荒，现在已形成了大面积的荒山荒地，其生产力之低，水土流失之严重是十分惨痛的。世界各国在这方面曾提出一些设想。如一个国家或地区的森林覆盖率要达到 30% 以上，且均匀分布，才能起到国土保安作用的说法，这显然不适合中国的国情，即使每年能按 0.2% 的速度增加森林覆盖率，要达到目标将需近 100 年，何况中国还有 1/5 的沙漠和戈壁滩地。中国将"可持续发展"作为一个基本国策。

1995 年国家林业局在安徽金寨召开全国厅局长会议，会上提出要提出林业要建立两大体系：一是完备的林业生态体系，二是发达的林业产业体系。当时我们就在思考在中国建立完备的生态体系是什么样子，应该有什么想法？工程应该是什么样？我们觉得，这样一个国家的大工程，必须有一个前期的科技支撑，要科技先行。将来投入这么大，没有科技先行是不行的。有些部门做的很好，像水利部门，三峡工程的前期工作做了几十年。而我们在这方面的研究还不够，光讲一些感性的东西是不行的，没有科学的数据支撑是没有说服力的，必须长期的、大量的实验数据作为理论的支撑，有科技先行，工程建设才有可靠的保障，才能取得最大的效益。在林业生态建设过程中，我们要坚持"以人为本"的原则来改善生态环境。说到底，一是要改善人的生活环境，适合于人的生活，有利于人的健康；二是要保障人所需要的生活资料的生产。生态工程的主体是森林，因此，我们提出中国森林生态网络体系工程建设的设想，来建设我国完备的林业生态体系。1998 年国家科技部、财政部、国家林业局共同支持立项开展项目研究与示范。

中国森林生态网络体系的理念，是从整个国土生态安全角度，将整个陆地看成一个生态系统，以可持续发展理论为指导，按照人、自然、社会协调发展的原则，建立"点、线、面"相结合的森林生态网络系统。具体而言，就是针对我国地域广阔，地貌类型复杂，气候和森林植被类型多样，以及社会经济发展不平衡的特点，在充分考虑到现有我国陆地生态环境建设的基础上，以城市为"点"，以河流、海岸及交通干线为"线"，以我国林业区划的东北区、西北区等八大林区为"面"，构建我国"点、线、面"相结合的森林生态网络布局框架。"点"的建设突出以林为主、乔灌草结合、林水结合、以人为本的现代城市森林建设理念，实施林网化—水网化工程，强调由过去注重视觉效果转变到注重人类的身心健康上来，形成"林荫气爽，鸟语花香；清水长流，鱼跃草茂"的美好的生态环境。"线"的防护林建设突破传统的单一林带建设模式，强调与农村产业结构调整相结合。"面"的建设转变以木材生产为主的传统经营观念，突出生态优先，提出了在适宜条件下"封山育林为主，辅之以人工措施"的建设思路。

在理论研究的基础上，我们首先在安徽、江苏、江西、湖南、湖北和上海等五省一市以线为重点开展了研究，并于 1998 年开始在全国 22 省市建立 28 个试验点，全面展开点、线、面不同类型试验点的研究与示范，"十五"期间又扩大为 25 个省市 46 个试验点，基本涵盖了我国各种生态类型区，在各个试验点开展了相关内容的深入研究。近年又结合落实林业战略要求，在安徽、江苏、浙江、福建、湖南、江西和北京、上海、广州、成都、扬州、唐山、合肥、黄山这"六省八市"开展了林业发展战略研究与规划，获得地方政府的好评，取得的研究成果在政府推动下稳步实施，形成了中国森林生态网络体系建设技术体系和生态效益评价指标体系。项目先期取得的研究成果已经在 2003 年荣获国家科技进步二等奖，并列为"十五""十一五""十二五"攻关项目继续开展系统研究。

著 者
2015 年 3 月

目 录
CONTENTS

第一章　森林生态网络体系建设理论

第一节　森林生态网络体系概念

一、生态系统

生态系统是指生物群落及其生存的无机环境。从尺度大小上讲，生态系统是仅次于景观的宏观层次。生态系统结构是指生态系统内不同要素的空间关系，包括水平结构和垂直结构两大部分。生态系统功能是指系统内部能量流动，物质循环和物种流动，它是生态系统不同要素相互作用的结果。生态系统的结构决定了该系统的功能。

在生态系统规划上，首先要强调生态系统结构的完整性，进而据此实现系统功能的稳定性。生态系统的完整性包括五个方面：地域连续性，物种多样性，生物组成协调性、环境条件匹配性和年龄结构。在城市化地区，尤其要强调生态建设过程中乡土树种的应用以及生态系统的垂直结构构建问题，形成合理的垂直层次空间结构，以实现生态效益的最大发挥。

生态系统结构在时间和空间上的交错关系就形成生态系统的格局，格局通过影响生态过程并最终决定着生态系统的功能。这就要求在城市森林规划设计过程中，必须重视生态系统的各项结构指标。城市森林建设要求，在空间形式上注重混交，在经营的方式上，提倡近自然经营，最终实现"零成本"维护。

二、景观生态学

景观是一定地理范围上，反映特定地形、地貌、气候、经济、文化或景色的实体，如草原、森林、山脉、湖泊等。根据不同生态系统在空间上的构型特征，它包括了斑块、廊道和景观基质三类组分。在景观生态学中，景观是栖息地、动植物及各种土地利用类型的组合，这些景观单元的空间配置是各环境因素以及人类活动共同作用的结果。景观生态学的理论核心，主要是通过对景观结构、功能和动态变化的研究，提出有利于生态合理、满足人类需求的利用管理体制最优化方案。其最终要回答或试图回答的问题是"在景观中，什么是土地利用的最合适的安排"。它强调的是：应该集中土地利用，而同时在一个被全部开发的地区，保持多种土地类型，尤其是具有隔离和连接作用的带状土地，以及把人类活动分散安排在主要边界的空间内。其中大型自然植被地域应该具有以下生态学的作用：保护水、保护较小溪流，为大型的当地分布物种提供栖息环境，保持小环境上与物种生存的栖息环境的接近。空间布局规划设计上，首先通过集中的土地利用，确保大型自然植被土地的完整性，以充分发挥其在景观中的生态功能；而在人类活动占主导地位的地段，让自然块状土地以廊道或小斑块形式分散布局于整个地段；对于人类居住地，则把其按距离建筑区的远近分散安排于自然植被斑块和农田斑块的边缘，愈分散愈好；而在大型自然植被斑块和建筑群斑块之间，可增加一些小的农业斑块。在数量化方面，景观生态学的空间布局理论认为，在一个给定的区域内，不能使占优势的土地利用类型（可以看作是景观要素）成为唯一的土地利用类型，必须使 10%~15% 的土地保存作为其他的土地类型。而在大部分是农业利用或城市—工业利用的自然单元内，必须至少保留 10% 的面积作为天然植被用地，同时应使这 10% 的天然植被在自然单元内均匀分布。同时它强调，占优势的土地利用类型本身要多样化，避免大的土地类型连成一片。在人口稠密的地区，田块的大小必须永远不超过 8~10 公顷。

三、森林生态网络体系

中国森林生态网络体系建设的理论由中国林科院彭镇华教授和江泽慧教授 1998 年首次提出，是针对我国生态环境特点和林业发展趋势，突破传统的林业生态工程建设模式，首次把城镇、河流、公路、铁路与林区作为一个整体考虑，按照点、线、面相结合进行宏观建设布局，从整个国土生态保安的角度来规划建设国土生态安全屏障。中国森林生态网络体系包括三大要素：一是以城市为"点"，即以人口相对密集的中心城市为主体，突出以林为主、乔灌草结合、林水结合、以人为本的现代城市森林建设理念，辐射周围若干城镇所形成的具有一定规模的城市森林建设区，包括城市森林公园、城市园林、城市绿化、城郊结合部以及远郊大环境绿化区，如森林风景区、自然保护区等；二是以河流、海岸及交通干线为"线"，即以我国主要公路、铁路交通干线两侧，主要大江、大河两岸，海岸线以及平原农田生态防护林带（林网）为主体，按不同地区的等级、层次标准以及防护目的和效益指标，在特定条件下，通过不同组合的乔、灌、草立体防护林带的作用，达到防风、防沙、防浪、护路、护岸、护堤、护田和抑螺防病等不同经营目的和防护指标，形成一定建设规模的森林生态网络系统带状分布区；三是以我国林业区划的东北区、西北区等八大林区为"面"，以大江、大河、流域或山脉为核心，包括西北森林草原生态区，各种类型的野生动植物自然保护区以及正在建设中的全国十大防护林体系工程建设区等，形成以涵养水源、水土保持、生物多样化、基因保护、防风固沙以及用材等为经营目的，集中连片的生态公益林网络体系。

因此，中国森林生态网络体系是在生态系统和景观生态学概念的基础上，把自然生态系统、人类社会生态系统的要素结合起来，通过点、线、面结合，从更加综合的角度来规划建设国土生态安全体系，力求达到森林生态系统功能效益最佳，从而促使中国林业可持续发展，实现林业的跨越式发展，已经成为新世纪中国可持续发展林业战略中总体布局的内容。

第二节　森林生态网络体系内涵

一、中国森林生态网络系统工程建设的指导思想

我国已把"科教兴国"和"可持续发展"提高到了基本国策的战略高度；林业部门提出了建设完备的林业生态体系和发达的林业产业体系，实际内容包涵"分类经营，分项管理，统一规划，分区建设"的指导思想。根据我国复杂多变的自然环境和不同区域的环境问题，根据国家财力分步实施,最终实行中国完善的森林生态体系。所谓分类经营是分别各地自然、经济和社会状况，针对特定的环境问题，建设特定的防护林体系和商品林；分项管理是根据不同的经营目标，根据不同的自然社会状况，进行分项管理。如公益林而言，西北风沙区要根据干旱、风大的特点，首先要恢复植被，并建设以防风固沙林为主；黄河流域是水土流失严重的地区，针对干旱、贫瘠的土壤条件，要建设水土保持林为主；对长江中上游要建设水源涵养林为主;而对长江中下游血吸虫病流行的地区，要把建设抑螺防病林放在首要位置。对于不同类型的防护林要采取不同的经营方法，如树种选择上，防风固沙林要选择耐旱、根系深，抗风蚀能力强的树种；水土保持林要选择根系庞大，固土能力强的植物材料，水源涵养林要选择枝叶茂盛、持水量大并能形成腐殖质，有良好改良土壤的树种；而对滩地的抑螺防病林既要选择耐水淹，同时又要不利于钉螺孳生的树种和植物。对于公益林，受益主体应该采取相应的补偿措施，并建立和实行森林生态效益补偿制度，由国家林业局来管理；对于商品林主要靠市场来调节其发展；对于公益林兼用材林，先根据林分的发展趋势，按照分类经营的要求，逐步区分为公益林和商品林。统一规划是由于中国人口基数大，耕地面积相对不足，要在满足中国粮食生产的前提下，最大限度地发挥森林功能，因此要全国一盘棋，统一规划，使中国森林生态网络系统工程真正成为国民经济持续发展，人民生活水平不断提高的重要保障。至于分区建设是根据经济发展状况，分轻重缓急分期实施，分区、分片、分地域建设。

二、中国森林生态网络系统工程建设的原则和目标

（一）点的建设的原则和目标

各类森林生态系统是通过不同类型的网络点（如水热交错带、城市人类活动密集区、自然保护区、大面积水域等）相互有机的连接在一起，从而发挥其防风固沙、涵养水源、净化空气、减少噪音、热岛效应和调节区域气候等等的森林特有功能。因此，不同类型的网络连接点都有其特殊的地学、生态学意义。选择和确定合理的网络连接点是优化设计森林生态系统网络的关键。

根据各生态网络的自然、经济和社会特点，确定生态环境建设的主要目标。比如城镇，它既是人口高度密集区，又是中国的经济中心。中国城镇人口占全国总人口的14%，而工

业总产值却占 75.4%，随着我国经济发展，城镇化进程必将迅速随之加快，可见城市生态环境的好坏，直接影响着中华民族的生存与发展。除此之外，中国城市结构和功能还有别于其他国家，住宅、商业和行政办公融为一体，给城市的绿化带来了困难。尽管城市生态环境涉及面广，机理复杂，存在诸多因素的交互作用，不论经济基础、发展模式、环境背景等如何不同，都应当把改善城市居民健康放在首位。国外在这方面曾做过大量的工作，且具有较高的水平。澳大利亚首都堪培拉，绿化面积占城市总面积的 58%，平均每人占有绿化面积达 70 平方米；美国政府提出，城市按人口计算每人要达到 40 平方米的绿化面积；联合国在 1969 年出版的有关城市绿地规划的报告中提出市内绿地每人要达到 60 平方米，住宅区的绿地定额每人要达 28 平方米。世界许多城市以绿地面积多和艺术水平高作为吸引市民定居的重要手段。如日本大阪府的泉北新城绿地面积每人达 18 平方米，绿地占城市用地的 22%。绿地面积的分布与市内人口成正比，使居民在最短的时间内能到达绿地，享受绿地的益处。一些老城市大力发展近郊公园，开发市郊风景点，建立城市森林公园。日本有国家森林公园 26 个，总面积 199 万公顷，占全国土地总面积 5.28%；城市公园绿地有 4 万个，总面积 5 万公顷；法国巴黎在市郊计划建立 18 个国家公园；美国在各大城市郊区建立起 100 多个风景较好的公园，面积达 880 万公顷，已形成了国家公园系统。

因此，城镇生态系统网络体系建设目标应该为有效地保护和发展由树木、灌木和花草所组成的森林绿色实体，科学地控制或减少各类危害环境的污染源，合理地规划和布局内部结构。在林种布局和结构，树种的选择都要有特殊要求，改变过去偏重视觉效果，而忽视生态效果的倾向。建立相对稳定而多样化的城市森林生态型植物复层种植结构，用以改善植物空间分布的状况，增加城市森林生态绿量，并有利于空气流动和空气质量提高，这是提高现代化城市园林绿化水平的有效途径和重要标准，同时在城市还要注意水网建设与保护，改善中国城市普遍空气湿度小，扬尘多的生态问题。今后城市生态建设主要围绕林网化和水网化做文章，少搞那些投资大的假山、雕塑，没有树的石料、水泥大广场等增加"热岛效应"的工程。森林公园和自然保护区的建设目标是创造一个人与自然和谐统一的自然环境，特别是自然保护区的建设，要根据被保护的动植物的生理、生态特性，确定保护区的大小和结构。

（二）线的建设的原则和目标

各类森林生态系统网络基本上是通过水量线、热量线、人类活动线及功能线四条主线来划分的。不同的网络线有其特殊的生态学意义。确定合理的森林生态系统网络线对充分发挥各森林生态系统网络的功能具有重要意义。

线是指以中国主要铁路、公路交通线两侧，河流两岸，海岸线为主体，根据不同立地类型和社会发展情况等而建立的多林种、多树种、多层次、多功能、多效益的森林生态网络体系带状分布区。中国交通干线错综复杂，已形成以首都北京为中心的辐射网络；河流众多，流域面积在 100 公顷的河流有 5 万多条；中国大陆海岸线长 1800 万公里，沿海岛屿 5000 多个，但风、沙、潮、旱、涝、盐、碱、水土流失等自然灾害频繁。根据交通线、海岸线、江河两侧和沟渠两旁的自然状况和需要，确定森林生态网络体系工程建设的目标。同时还要结合国家和地区性防护林带的建设。交通线两侧要按照保护路基，创造一个优良的驾车环境为目标，海岸线即要防台风、护岸，也要兼顾国防建设的需要，河流两岸则要以固堤防浪为主要目的。这里所说的线，实际是大林带，从树种到结构都应当很讲究，要改变诸如公路两侧 1~2 行树的传统做法，而是要若干行树，有些地段是数十行树，乃至数百行树，要与农业产业结构调整相结合。也可以与经果林的建设进行统一规划设计，使之有利于充分发挥森林多功能性与生物的多样性。造成人们途中"空气新鲜，景色宜人，鸟语化香，心旷神怡"。如中国"京九"绿色长廊建设规划就将平原 2~4 公里，山区 3~5 公里划为绿色长廊建设区。今后"点"和"线"应该成为中国人工造林的重点。

（三）面的建设的原则和目标

各个不同类型的森林生态系统均是通过多个森林生态系统网线相互有机结合而形成的整体，有利于生物多样性，从而对自然环境及人类社会发挥着不同的保障功能。恢复自然景观格局是保护生物圈、保护和改善生态环境的基本措施，是人类实现可持续发展的重要保证。通过对中国自然和人工景观现状的分析，结合人口特点和经济发展的实际情况，提出以建立森林生态系统为基本要素的生态规划，利用线将各种类型的森林生态系统有机结合起来，构成最大限度地发挥生态系统应有功能的生态网络。网络的核心是现存的各个自然森林生态景观和具有较大面积的人工林地，特别是各大平原区的农田林网建设，也就是网络的面。网面的合理配置直接影响着区域的社会、经济、自然状况，同时也决定着森林生态系统网络功能的发挥。与此同时，在自然条件较好的地区，选择一些滩地和坡度不大的岗地成为相对稳定的发展以用材林为主的速生丰产林基地建设，向发展高新农业一样，成为集约经营，定向培育生产木材的基地，并与厂家、市场紧密联系的体制。因此，合理优化设计中国森林生态系统网面，对促进区域经济发展，改善区域自然环境等将起着重要作用。中国地域辽阔，自然环境差异很大，因此，中国森林生态网络体系工程建设还应该分区建设。根据中国林业区划的一级区划分，即东北区、西北区、黄土高原区、华北区、南方区、西南区、热带区、青藏高原区等 8 个区，也可以将长江、黄河流域作为一个整体，统筹规划、分层实施。中国是一个多山的国家，也可以山地为核心，根据不同的自然状况向四周辐射，形成中国森林生态网络系统的面。在面的建设中，应大力提倡封山育林和飞播造林。从总体上，今后"面"的建设应该以封山育林为主，辅之以人工措施。由于中国自然条件较好，辅助手段可以是次生林改造，或是每公顷栽植 100~200 株目的树种，从而提高其多功能、多效益的发挥。相当多的森林资源保护区是在山区，保护区主要是基因资源的保护。此外，也应当成为科学研究基地和旅游胜地，也是绿色食品、药材以及花卉等生产基地，需要逐步加以建设和完善。近年来，国家非常重视山区开发，专门成立了国务院山区综合开发领导小组，投入大量资金进行天然林保护和退耕还林工程，这对于建设全国森林生态网络体系工程是一个极大的推动，起着相辅相成的作用。应用航天航空技术，即卫星遥感（RS）、全球定位系统（GPS）及地理信息系统（GIS）为代表的高新技术，实现对森林生态网络系统工程监测管理。

三、中国森林生态网络体系工程实施路径

（一）中国森林生态网络体系中"点"的建设

对于城镇点来说，随着我国城镇化进程的加快及环境的迫切需求，迫使森林要进入城镇，为城镇服务，而园林要走出城外，向生态园林方向发展，这是相辅相成的两大趋势。因此，林业和园林部门必须通力合作，首先要做好城镇生态环境建设的宏观规划，在具体操作上可以从两个方面着手，一是要把森林引入到城市，建立林网化；二是与林网相配合，实现水网化。同时在植物材料选择、引进及配置的各个环节上体现注重生态效益的意识。

1. 与城镇发展相统一，搞好宏观规划

城镇环境问题的日益突出是由多种因素造成的，除了城市规模不断扩大、城市建筑不断增多、工厂和车辆等污染源不断增多等因素的影响以外，一个主要的原因是以林木为主的城市生态环境建设发展规划相对滞后，一直处于"亡羊补牢"的状态，总是处于被动防守的地位。现在许多城镇虽然对城镇森林生态环境建设的发展做了规划，但在主导思想上仍然是对建筑区周围修修补补式的园林设计为主，没有从整个城镇生态环境建设的要求来考虑不同类型绿地的配置与布局，城镇绿化建设仍然在重复过去老城区建设的路子。因此，城镇森林生态网络体系建设规划应该是一个基于现实问题和长远发展的超前规划，这样可以尽早协调建筑用地和绿化用地的矛盾，避免一些老城市绿地建设先建后拆而造成的经济损失。

（1）在时间上，要针对城镇目前存在的热岛效应、大气污染等现实的环境问题和城镇景观的分布格局进行规划，还要考虑城镇发展的趋势作好长远规划，比如未来的经济开发区、居民小区、商贸金融区等潜在发展地带。

（2）在范围上，影响城镇环境的不仅仅是建成区本身的绿化问题，还包括与之相关的近郊及远郊地区的森林生态环境建设，因此在范围上把建城区和近郊及远郊作为一个整体来考虑。

（3）在模式上，要考虑建设一处或几处大型森林作为城镇的"肺"，这些森林要有足够的面积，可以根据实际土地资源情况拿出几十、几百甚至上千公顷的土地建设高郁闭度、乔灌草结合、近自然结构的森林。同时，还建设几条穿越整个城镇、有足够宽度（20~100米）的森林带，从而构成城镇森林生态环境保障体系的主体框架，再与林网化和水网化相结合，构建起城镇森林生态网络体系。

（4）在手段上，要运用最新的景观生态学原理、地理信息系统和卫星遥感等技术手段，对城镇景观格局、城镇森林分布格局、污染源分布格局、热岛分布格局等本底特征进行全面的分析，针对现实城镇存在的污染问题和潜在的发展方向进行规划设计，基于上述技术建立城镇景观动态监测系统，从而保证城镇森林生态环境建设的健康发展。

2. 加快林网化与水网化建设，形成一个完善的网络

前面我们在分析森林与水体在改善城镇环境特别是在减轻热岛效应、灰尘污染等方面作用的过程中，对于强化城镇林网化和水网化建设已经进行了比较详尽的阐述。城镇

水网化建设在南方的许多城镇已经初具规模，对于相对干旱的北方地区城镇来说，加快城镇的水网化建设对于改善城市环境更为重要，以山西省太原市为例，通过在流经城区的汾河上建立数道橡胶拦水坝，使城区水体面积显著增加，城市空气质量明显改善。这种建设经验在西北地区的一些城镇像延安市都可以借鉴。北京市从 2001 年开始正式实施"五河十路"绿色通道建设工程，在河、路沿线每侧各配置 200 米宽的绿化带，其中内侧 20~50 米为永久性绿化带，形成生态景观，外侧发展速生丰产林等绿色产业。可以设想，如果说北京 7 年以后林网化和水网化这两大工程有所突破，在城市生态上就会有一个很大的改观。

今后我们在城镇里要提倡形成一个稳定的以乔木为主体的森林环境，要把森林引入到城市里来，形成林网化，跟林网相结合的要有水网化，这"两化"是我们最有效的改善城市内部生态环境的途径。

3. 城镇植物材料选择与配置

要以生态效益为主。城镇绿化树种的选择除了考虑外在的美化效果外，更重要的是要具有较高的生态效益。北方城市受自然环境的影响，常绿树种资源有限，在冬季缺少绿色。因此很多城镇都非常注意常绿树种的引进。当然，从丰富城镇景观的角度来说，这是理所当然的做法。但如果我们转变一下观念，为什么北方城镇一定要像南方城镇那样四季常绿呢？使用一些具有北方特色的树种不是更能够体现北方的地域特点吗？退一步来说，即是有些常绿植物引种进来了，许多都处在濒死的边缘，不要说发挥生态效益，仅仅是维持生命而已！相反，一些具有鲜明地方特色的落叶阔叶树种，不仅能够在夏季旺盛生长而发挥降温增湿、净化空气等生态效益，而且在冬季落叶阔叶增加光照，起到增温作用。

重视绿化植物对人体健康的影响：城镇环境与人体健康的关系日益成为人们关注的焦点。现在我们搞绿化建设还带有一定的盲目性，城市里种的一些树，过去都很单一，特别是认为我们自己的不好，热衷于引进外国的树种，比如说法国梧桐，在城市里应用的比例很高。树种对人的健康起什么作用，这是一个核心问题，但过去很少考虑，只讲究速生丰产。现在我们在这方面的研究还很少，许多树对我们有多大好处或坏处并不十分清楚。即使某些树种可能会引起健康问题，也要逐步进行改造。柳杉的花粉会对人体产生一种病害，但是我们并不知道它对人体究竟有什么危害，在改善生态环境当中是怎么评价。对一个树种要全面的评价，要一分为二地看，不能一概否定。因此，对于城镇绿化树种的选择和搭配要进行更全面深入的研究，要知道我们造这片林子，造这种组合，究竟在改善我们居住环境当中起多大的作用，要有指标，要有定量性的东西。要研究城市绿化树种的抗性，选择对 SO_2、NO 等各种有害气体有抗性的树种，当然第一步当然要有抗性，要不然不能生存，第二步是这些抗性树种当中哪些能改善有害气体的状况，产生多大的作用。

建筑物设计之初就要考虑建筑物本身的绿化问题。城镇里用石料、钢筋水泥搞的建筑是产生"热岛效应"的主要原因之一。夏季，人走在广场和水泥路面上，会感觉到像处在蒸笼里一样，地面温度甚至达到五六十度，难以长时间停留。因此，加强这些城镇"硬化"面的绿化建设对于减轻热岛效应尤为重要。目前我国很多城镇对于桥梁、屋顶、墙面的绿化还没有引起足够的重视，大多采取见缝插针的做法。对于这些人为活动、车辆行驶比较集中的地段，在设计之初就应该考虑绿化的问题。新加坡在桥梁建设时，专门留有种植藤本和地被植物的地方，北京的一些立交桥也留有种植五叶地锦的土带，这些做法在楼房建设以及各种灯柱、电线杆等水泥石柱表面的绿化上都可以借鉴。

（二）中国森林生态网络体系中"线"的建设

线是指以我国主要铁路、公路交通线两侧以及河流两岸，根据不同立地类型和社会发展情况等而建立的多林种、多树种、多层次、多功能、多效益的森林生态网络体系带状分布区。根据交通线、海岸线、江河两侧和沟渠两旁的自然状况和需要，确定森林生态网络体系工程建设的目标，同时还要结合国家和地区性防护林带的建设。交通线两侧要按照保护路基，创造一个优良的驾车环境为目标，海岸线即要防台风、护岸，也要兼顾国防建设的需要，河流两岸则要以固堤防浪为主要目的。这里所说的线，实际是大林带，从树种到结构都应当很讲究，要改变诸如公路两侧 1~2 行树的传统做法，而是要若干行树，有些地段是数十行树，乃至数百行树，也可以与经济林的建设进行统一规划设计，使之有利于充分发挥森林功能与生物的多样性，这里需要借鉴世界各国在建设林带方面的成功经验。今后"点"和"线"应该成为我国人工造林的重点。

1. 综合治理与开发利用相结合

在治理河流、铁路、公路沿线景观过程中，必须强调治理与开发相结合。没有开发就没有生命力，就没有动力，群众就没有积极性，也不可能实现。同样，开发中也要有治理的项目，否则会造成生态环境的进一步破坏，不能实现可持续发展，也不可能维持长久。这是一个问题的两个方面，必须相辅相成。因此，在治理方面首先必须充分认识河流及河流沿线土地的自然属性和动态变化规律，并基于景观生态学、河流生态学、保护生物学等原理，从维护整个河流、铁路、公路沿线土地的持续稳定出发，应适当调整沿线土地利用范围和方式，形成与当地自然环境条件相适应的生产方式与生活方式。

2. 生物措施与工程措施相结合

河流沿线土地的防洪问题重在减灾，减少洪水冲毁土地，而铁路、公路沿线则关系到运输安全、农业生态环境、景观美化等多种需求。河岸堤坝对于保护局部农田、村庄等土地利用斑块的作用是非常显著的，而河岸林、滩地林、道路防护林在保护河岸、农田、道路等方面也起到了很大的作用。因此，基于河流、铁路、公路沿线土地经济效益和社会效益安全考虑，应该加强生物措施与工程措施的结合，通过建立河岸保护带、保护缓冲带形成生物措施与工程建设相结合的防护体系，把恢复河流生态功能、净化侧方径流、防洪减灾与有效利用结合起来，把保障交通安全与改善沿线环境结合起来。

3. 农业与林业相结合

在河流、铁路、公路沿线土地构成要素中，农田占有最大的比重。对于计划退耕还原的滩地，可以发展林业、水产养殖业等适应季节性水淹的产业；对于继续用于农业生产的土地，可以通过农林混作来改善农田斑块的内部结构，也可以在田埂、难利用地、渠旁等处，采取林带、片林、散生木等多种形式来增加林木的数，这对于增强沿线土地的安全性、改善视觉效果和缓冲洪水的冲击是非常必要的。对于滩地的开发利用，要根据滩地类型、特点及原有植被状况，确定不同的利用对策，把治理与开发紧密结合起来。

4. 增大自然成分的比重

河流、铁路、公路沿线土地多数以农田、果园、村庄等人为利用的土地斑块占主体，自然斑块的数量和比重都很小。增大自然成分不仅是指增加林地、草地等受人为活动影响较小的自然土地斑块。特别是在河道、铁路、公路两侧，要构筑一定宽度的河岸植被带，林网化不仅保护河岸、路基，过滤侧方径流中的污染物和泥沙，也可以为水生生物、迁徙动物提供生境和一定的食物供应，有助于保护生物多样性。

（三）中国森林生态网络体系中"面"的建设

按照中国森林生态网络体系建设的构想，对于现实的"面"——主要是指八大林区已有的林业用地，除了利用一些水热资源和地形比较好的地块发展一定规模的工业用材林满足社会对木材的基本需求以外，对大部分地区主要是"封山育林为主，辅之以人工措施"。就是通过一定时期的封育来恢复自然植被，提高林地的生态功能，并在此基础上人工引进一些经济价值高的目的树种。造林密度要小，要增加大苗造林比重，发展特种用材林、混交林，以此来提高林地的经济效益。

对于潜在的"面"——主要是指西北地区、华北地区等少林地区要实行退耕还林的土地、宜林荒山荒地等未来的林区，自然的植被恢复过程比较缓慢，经济效益也难以保证，因此可以实行"人工重建为主，植被自然恢复为辅"的策略，提倡以林木为主，灌木、草本相结合的复合模式。在植物材料选择上要以乡土树种为主，在种植密度上要考虑水资源供给情况，不一定要强调上层乔木层的完全郁闭，而是关注整个地表的覆盖。要合理确定乔灌草的比重，特别是要重视各种灌木的作用。对于在退耕还林过程中发展起来的以果树为主的经济林，要尽量避免完全采取农田式的土地经营策略，通过保护地表植被、培植绿肥等措施加强生态功能。

目前，我国"面"上的林业建设，必须转变传统的偏重于木材为主而忽视生态效益，以常规用材林为主而忽视珍贵树种的培育、只强调森林面积而忽视林分质量的观念，按照木材生产与生态效益相结合的现代林业经营思想，制定相应的森林资源培育策略。这对于保证我国生态环境的顺利进行和达到预期的效果是非常关键的。

1. 保护特种用途的森林

为了保护生物多样性和保护生态环境，应该尽可能多地把一些具有特殊意义的林区划定为自然保护区，在自然保护区内应当禁止任何形式的采伐。除了划定自然保护区以外，应该加大对河岸林（riparian forest）的保护力度。河岸林生物多样性高，不仅对于保护陆生和水生动物的生存至关重要，同时对于保护河流的水文状况和水质也有关键的作用（Forman，1995）。美国、瑞典等许多国家都十分重视对河岸林的保护，划出一定宽度的河岸林带禁止采伐，并采取各种措施恢复受到破坏的河岸植被，而且在植物配置上特别强调近自然的模式（王成等，1999）。除了河岸森林带以外，高山和陡坡等地的森林具有保护森林线和防止水土流失的作用，也应该严格加以保护。

2. 按照生态学的途径恢复和发展森林

（1）封山育林——发展天然林和恢复原生林。天然林在生物多样性、水土保持、生态系统稳定性等方面具有人工林无法比拟的优越性。但天然林生长周期长、木材种类杂，要求的经营技术高，又逊色于人工林。因此，对于我国大面积林区来说，封山育林应该成为主要的技术手段，而我们这里所说的封山育林，并不是完全的对林地的经营放任自流，而是要辅之以必要的人工措施，通过人工播种、补植目的树种来加快恢复进程和提高林分质量。在补植目的树种的过程中，要根据林地的实际情况，确定补植的密度，不必按照纵横成行大密度的传统模式。另外，只有达到一定年龄阶段的老龄林，才具有物种丰富和结构复杂的特点，特别是它具有一些特殊的生物种类。因此在对天然林的经营活动中，应当将林分的演替过程发展到后期阶段，要延长主伐年龄，对林分不能过早地采伐。

（2）发展近自然的人工林。随着人们对生态环境问题的关注和森林利用水平的提高，世界各国都强调人工林的近自然化，这对于提高林分生产力特别是生态功能非常重要。人工林的自然化要在造林之初就要考虑，首先要做到适地适树，注意采用乡土树种造林；要尽量注意发展混交林，可以形成稳定性比较强、生产力比较高、能够提供多种木材的林分；在景观水平上要提倡不同树种的斑块状配置，避免在景观水平上的同质性；避免采用高强度的整地措施，尽量减少对地表植物的破坏，一些地区也要转变造林地采取传统炼山（用火烧清理林地上的植被）的迹地清理模式，增加林地内枯落物的归还量。而对于已经郁闭的人工纯林，主要是针叶林，可以通过间伐增加林地内的透光量，提高地表的灌草覆盖度，也可以补植一些阔叶树种，改善林地内的土壤状况。另外，在病虫害防治工作中，应当特别强调生物防治和综合防治，尽量减少化学药剂的使用。要通过增强森林本身的复杂性，来提高群体抵抗病虫害和其他干扰的抵抗能力。

3. 根据森林的特点，实施多目标经营策略

如何找到三大效益的最佳结合部，实现森林的可持续经营，是人们一直在探索的问题。现在看来，靠短周期高度集约化的获取单一产品的生产模式难以适应市场的变化，生态效益更是无法保证。为此，要实行森林的多目标经营策略，即在保持森林外貌特征和生态功能的基础上，分阶段、分植物种类获得持续的经济收益。

森林是一个由乔木层、灌木层、草本层、苔藓层和层外植物等复层结构和多种生长型植物构成的一个复杂的生态系统，各种成分不是可有可无的，它们是相互依存、相互制约的一个整体，无论是生产功能还是生态效益，都是靠这个整体来维持的。而过去我们对森林的开发利用过程中，对森林结构的复杂性和生物多样性及其潜在的价值重视不够，更多的是集中在上层的乔木树种，也就是说仅仅看重的是木材带来的经济效益，而对于其他众多动植物资源所具有的经济价值往往不十分注重，甚至采取完全排斥的做法，比如造林整地把原生植被完全剔除，林分抚育把林下的灌草及伴生树种全部砍除等只保上层木的做法，都是这种经验观念的具体体现。其实，利用森林的经济价值不能仅仅把眼光盯在乔木树种上，对于不同地区、不同类型的森林来说，经济效益最大的资源可以出现在林分的各个层次和各种植物上。但是，森林资源的经济价值通常是在保持森林环境的条件下才能获得的，而

在这种条件下，也能够实现生态效益和社会效益。因此，要实现三大效益的统一，必须实行基于森林结构多层性和生物多样性的特点，按照不同层次的环境特征和不同植物特点制定相应的培育措施，获取各自最佳的经济效益，并在整体上仍然保持森林的外部特征，发挥水体保持、改善环境的生态效益和社会效益。

在森林成熟以后，采伐方式的选择对于保证森林生态系统持续发挥生态功能非常重要。经过多年的实践和研究，模仿自然干扰状况，来决定人工采伐方式是比较科学的森林经营方式，而且在一个景观的范围内，实行的主伐方式应当是多样化的，而不应当仅限于一种方式。对于处在成长行过程中的森林来说，更应该注重多目标的培育和利用。这方面国内外都有一些成功的经验和模式，值得借鉴。

（1）上层珍贵木材培育模式。对于珍贵木材的培育，可以借鉴德国培育山毛榉的经营模式。山毛榉的木材是主要用来制作高档家具，但对木材质量要求非常高，长周期培育的大径阶无节材在市场上销路好，价格也非常昂贵，通常一株精心培育的大径阶山毛榉的价格就可以达到几万元，比普通木材 1 亩地的产量价格还高，而且投入也少，对环境破坏也小。这种木材培育和林分经营模式在我国一些地区的珍贵树种培育上值得很好地借鉴。以广西为例，过去广西林业以马尾松、桉树为主要造林树种，而且大多为纯林，这是一个历史问题，过去是要解决木材短问题，就如同过去的粮食生产，只要吃饱就行，而对质量很少考虑。但随着国家经济发展，这种发展策略也必然要进行相应的调整，如何找到社会、生态、经济效益的三者最佳结合点，是我们要考虑和解决的问题的关键。可以利用广西水热条件非常好的优势，选择柚木、楠木、红椎、西南桦等经济价值高、生态社会效益好的树种，造林密度不必照搬过去的模式，在不破坏原生植被的基础上可以适当补植一些大苗就可以了，也不要强求纵横成行，根据地形条件决定栽植的位置，这是今后的发展方向。广西的维管束植物有 8000 余种，可选余地之大，发展潜力之大，引种推广前景之大，是非常可观的，一定要发挥这种地缘优势和资源优势培育一些别的地方培育不了或培育不好的特种用材林。在广西这块宝地，完全可以实现社会、经济、生态三个效益的结合。

（2）林下经济价值高的动植物资源培育模式。

以林下经济植物为主要培育目标的模式：无论是在热带还是在北方地区，森林里有许多经济价值很高的动植物资源可以开发。以东北林区的人参栽植为例，虽然人参经过多年的研究已经可以在人工条件下进行集约化栽培，但市场价格却非常低，相反在天然条件下培育出来的人参价格却非常高。因此，黑龙江、吉林等地的一些参场利用天然的森林环境，在林下模拟人参的自然生境来进行人参的近天然培育，获得了很高的经济收入，同时又不影响这些林地内林木及其他资源的收获（周晓峰等，1994）。

以林下经济动物为主要培育目标的模式：林蛙是东北林区非常常见的一种两栖类动物，具有很高的药用和食用价值。前些年由于过量的人为捕捉，林区野生林蛙的数量急剧减少，室内养殖难度大，营养价值也降低很多。因此，一些林场林用山区丰富的溪流资源和山地森林环境，开始野外养殖林蛙，并获得了较好的经济效益。而这种利用森林环境开展的经济动物养殖模式，没有对森林资源造成任何的破坏，有助于本地区大面积次生林的恢复，也发挥了很好的生态效益和社会效益。

以林下食用菌为主要培育目标的模式：赤松是吉林延边地区的乡土树种之一，天然更新好，生长速度快，木材有多种用途。目前大部分林分年龄在 40 年左右，还处在生长的盛期，短期内还难以获得木材收益。但赤松林内除了有丰富的桔梗资源以外，林下生长着一种珍贵的食用真菌——松茸，市场价格每年都在 700 元 / 公斤左右，而且主要出口日本和韩国。从松茸的生长环境来看，主要是在天然赤松林中，而且这类天然林通常混生有蒙古栎、山杨等杂木和胡枝子、兴安杜鹃、榛子等灌木，但在人工营造的纯赤松林内松茸通常很少发生。因此，对于赤松林的经营就可以采取多目标的经营策略，利用上层培育赤松木材，而在林下来培育松茸，同时也不破坏整个林分结构，生态效益和社会效益都有保证。以龙井市智新林场为例，几乎所有的天然赤松林地都承包给个人，成为林场的一项支柱产业。

不管是以获取上层木材为主，还是以培育林下的动植物为主的经营模式，森林多目标经营的核心都是在获得多种经济效益的同时，要保持森林环境的连续性，减少频繁的人为干扰，发挥多种生态效益和社会效益，实现三者的最佳结合。

因此，林业不仅是一项产业，也是一项重要的公益事业。森林培育的周期长、见效慢、恢复难度大等特点决定了中国的森林生态环境建设是一项长期而艰巨的任务，需要经过一代甚至几代人的不懈努力。我们对于森林生态系统的认识是一个逐步变化的过程，在一定的时期，人们只能根据当时对于森林所具有的有限的认识，来制订当前的经营方案。这就要求我们在这个过程中要根据我们对生态系统的进一步的了解和认识，以及根据环境和社会需求的变化，不断地调整经营思想，修正经营方案，尽量减少失误。我们提出要进行中国森林生态网络体系建设的构想，强调在"面"的经营上重在调整森林的布局和提高森林的质量，就是要在这方面做一些探讨，以期对国家的生态环境建设能够有所帮助。

第三节　森林生态网络体系特征

一、中国森林生态网络系统是林业发展理论的转变

中国森林生态网络系统是根据不同的自然环境、经济和社会状况，按照点、线、面相结合的原则，将各种不同的中国森林生态系统有机组合，形成一种人和自然的高度统一，协调和谐的有机整体。该建设理论的提出，是我国林业生态建设实现 4 个转变的过程：

1. 从林区造林向身边造林（平原、河流、道路）转变

长期以来，我国林业建设的重点一直集中在传统的东北、西南、东南等重点林区和西北生态脆弱地区，是一种森林的采伐、恢复、培育的过程，关注的重点是林业的木材生产功能和水土保持、涵养水源等生态防护，而对人口密集地区的森林则关注较少，走的也是这种发展道路，而没有按照以人为本的要求、生态优先的功能需求来培育森林。中国森林

生态网络系统则把人类活动比较频繁的城市、乡村和道路、河流等交通沿线森林生态建设作为重点关注领域来建设，让森林走到身边、走进生活。

2. 从以经济效益为主向生态环境建设为主转变

传统林业建设关注的重点是木材生产为主的经济效益，这也是我国发展阶段所决定的。随着经济社会发展的全面发展，生态建设逐渐成为社会对林业的第一需要，或者与经济、文化价值同等重要，发挥森林在改善生态环境特别是人居环境、水资源安全、游憩价值等方面的重要作用，变得越来越重要。中国森林生态网络系统的提出和实施，恰恰是实现综合效益最大化的有效途径。

3. 从单纯注重蓄积量考核向综合生态功能转变

过去对林业特别是森林资源的考核，一个核心的指标就是蓄积量大小，这也是森林多种功能的基础和表形式之一。随着对森林生态环境、游憩休闲、文化传承等多种功能的重视，评价森林质量的标准也在发展变化，除了蓄积量这个指标以外，还要考虑森林的生态功能、景观价值等。

4. 从面积扩张到质量提升的转变

我国是森林资源相对匮乏的，增加森林面积是最主要的任务之一。长期以来我国一直把增加森林面积放在第一位，这是我国国情所决定的，今后一个时期也是重点任务。但除了面积以外，森林的质量更为重要，随着人们对全球气候变化的关注，森林的碳储量是世界各国关注的热点。因此，未来我国要实现森林面积和蓄积的双增长，就是把单纯注重面积扩张，向面积蓄积双增的发展思路转变。

二、中国森林生态网络体系的基本特点

1. 整体性

整体性是人与自然、社会有机地统一与复合生物之间的网络关系，强调人与自然的和谐统一。将全国的生态环境作为一个整体来考虑，以达到覆盖整个国土，创造良好的生活和生产环境，而保证"可持续发展"战略的实现。

2. 多功能性

中国森林生态网络体系除了改善环境外，还有防风固沙、防浪护岸、国土保安、保障生物多样性、农业生产环境和改善人与自然关系等多种功能。

3. 高效性

中国森林生态网络系统工程强调多效益结合，特别是在经济、生态和社会三大效益的结合部，根据不同的情况，寻求最佳复合效益。充分发挥社会主义制度的优越性，形成投入少，产出高的生态工程。

4. 可操作性

可以在不同的层次和尺度上建设森林生态网络体系工程，如国家级的森林生态网络体系，省、市、县级的网络体系等，从而避免以往提出的生态工程项目的单一性和操作性不强的问题。

第二章 中国森林生态网络体系建设战略布局

第一节 布局依据

中国森林生态网络体系建设的总体布局要以满足社会对林业的主导需求为重要依据。迈入新世纪，党中央、国务院始终高度重视林业工作，站在党和国家事业长远发展的高度，赋予了林业新的职责，交给了林业更多的任务。2002年国家林业发展战略提出了"生态建设、生态安全、生态文明"的"三生态"思想，为今后我国林业发展确定了方向，这个战略在明确林业承担着保护国家生态安全、富民增收等生态、经济效益的同时，进一步明确了林业在建设生态文明社会当中的重要作用。党的十八大更是将大力推进生态文明建设独立成章，提出社会主义现代化经济建设、政治建设、文化建设、社会建设和生态文明建设"五位一体"的总体布局。"五位一体"，经济建设是根本，政治建设是保障，文化建设是灵魂，社会建设是条件，生态文明建设是基础。大力推进生态文明建设，必须树立尊重自然、顺应自然、保护自然的生态文明理念，把生态文明建设放在突出地位，融入经济建设、政治建设、文化建设、社会建设各方面和全过程，努力建设美丽中国，实现中华民族永续发展。因此，林业发展必须根据这个战略要求，在建设过程中兼顾多种效益和国家战略任务，进一步增强林业在提供生态、经济、精神文化产品的功能，这也是进行中国森林生态网络体系建设战略布局的基础所在。

（一）现代林业科学发展的自身使命要求：生态与民生

林业是一项重要的公益事业和基础产业，承担着生态建设和改善民生的重要任务。林业是一个既生产物质产品、精神产品，又生产生态产品的综合部门，具有生态、经济、社会"三大效益"。生态产品包括改善生态、净化空气、涵养水源、保持水土等为主的生态服务，是林业承担的首要任务；物质产品包括人们生产生活需要的木材、纸浆、家具、林果、花卉等，具有巨大的直接经济效益，也是长期以来社会赋予林业的主要任务；文化产品包括森林观光、森林休闲、森林文学、森林艺术等，发展的历史久远，也是近年来随着社会经济的发展日益受到人们关注的林业具有的特殊功能。物质产品和文化产品可以通过贸易和交流解决，而清新的空气、蔚蓝的天空、纯净的水质、优美的环境等生态产品只能就地解决，不可能到别国和别的地区引进或购买。林业的这三方面特性是进行中国森林生态网络体系建设战略布局的立足点。

（二）国家对林业发展的重大战略需求

1. 森林资源现状与国土生态安全

新中国成立以来，我国先后共开展了七次全国森林资源清查。第七次全国森林资源清查（2004~2008 年）结果显示，全国森林面积 19545.22 万公顷，活立木总蓄积 149.13 亿立方米，森林蓄积 137.21 亿立方米，森林覆盖率 20.36%，比 1949 年的 8.6% 净增 11.76 个百分点。我国森林面积居俄罗斯、巴西、加拿大、美国之后，列世界第五位；森林蓄积量居巴西、俄罗斯、美国、加拿大、刚果民主共和国之后，列世界第六位。我国人工林保存面积 6168.84 万公顷，蓄积 19.61 亿立方米，人工林面积列世界第一位。

总体上看，我国森林资源仍存在总量不足、质量不高、分布不均衡的问题。我国的森林覆盖率只有世界平均水平 30.3% 的 2/3，人均占有森林面积不到世界人均占有量 0.62 公顷的 1/4，人均占有森林蓄积量仅相当于世界人均占有蓄积量 68.54 立方米的 1/7 多。造林良种使用率仅为 51%，与林业发达国家的 80% 相比，还有很大差距。除香港、澳门和台湾地区外，在我国现有森林中，中幼龄林比重较大，面积占乔木林面积的 67.25%，蓄积量占森林蓄积量的 40.03%。从地域分布上看，我国东北的大小兴安岭和长白山，西南的川西川南、云南大部、藏东南，东南、华南低山丘陵区，以及西北的秦岭、天山、阿尔泰山、祁连山、青海东南部等区域，森林资源分布相对集中；而地域辽阔的西北地区、内蒙古中西部、西藏大部，以及人口稠密、经济发达的华北、中原及长江、黄河中下游地区，森林资源分布较少。

与此同时，随着社会发展对资源的消耗、环境破坏的不断加剧，森林资源质量下降，有林地涵养水源、保护水土、调节径流、减少洪涝灾害等生态功能较弱，保障生态安全的能力降低。同时，从现有林的资源状况来看，目前我国人工林面积过大，森林资源质量总体不高，火灾、病虫害发生的现实威胁和潜在风险都比较突出，森林资源自身的安全还不能够得到完全保障。因此，进一步优化我国森林生态网络体系，合理开发利用森林、湿地等自然资源，特别是在山地森林资源经营中增加长寿命、珍贵树种的培育，强化生态敏感区的生态公益林建设非常重要。

2. 城市化发展趋势与城市森林建设

中国古代虽然很早就出现了城市，但进入近代后，由于帝国主义侵略，工业落后，资本主义经济发展得不很充分，因此，城市的发展十分缓慢，城市化水平很低。1949 年新中国成立时，全国城镇人口只占总人口的 10.6%，1978 年为 17.9%。改革开放以后，中国逐步放开了原有对人口流动的控制，大量农村居民流向了城市，城镇人口数量快速增长，我国的城市化进程快速发展。2011 年 12 月，中国社会蓝皮书发布，我国城镇人口占总人口的比重首次超过 50%，标志着我国城市化率首次突破 50%。虽然中国城镇化率与发达国家还有一定差距，但中国城镇人口的总量已为美国人口总数的两倍，比欧盟 27 国人口总规模还要高出 1/4。中国社会蓝皮书还进一步指出，中国城镇化率还将在今后几十年内维持一个较高的增长速度，到 2030 年达到 65% 左右，到 2050 年达到 75% 左右，中国将基本完成城市化过程。同时，这也意味着未来我国还有 4 亿左右的人口即将进入城市，这种新增城市人口将是美国总人口的 1 倍多，是俄罗斯的 3 倍，是法国的 6 倍。

然而，城市化过程并不一定是一曲美妙的乐章，特别是对于我国城市化起步晚、发展快的具体国情来说，城市化进程的发展速度与质量效率问题突出，人类在快速城市化进程中会不自觉地破坏自己赖以生存的自然生态系统，会产生城市生态建设用地比例失调、污染程度加剧、污染种类增多、人居环境欠佳、生物多样性丧失等一系列生态环境问题，严重制约了城市可持续发展。特别是对于北京、上海、广州、成都等众多曾以"摊大饼"式格局发展的城市来讲，城区以大气污染、水体污染、噪声污染、热岛效应等为主的城市生态环境问题日趋突出，无时无刻不在影响着人们的身心健康。据联合国开发署 2002 年报告称，中国每年因空气污染而导致的支气管病人多达 1500 多万。另据统计，我国有三分之一的城市人口不得不呼吸被污染的空气，全国每年有 200 万人死于癌症，而重污染地区死于肺癌的人数比空气良好的地区高 4.7~8.8 倍。因此，人口密集、人们长期居住生活的城市，其林业建设已经不仅仅是一个简单的绿化问题，而是与人的身心健康、生命安全紧密相关，成为威胁城市生态安全、周边地区农业食品安全以及影响陆地生态系统整体生态功能的大问题。城市森林作为城市生态系统中具有自净功能的重要组成部分，在保护人体健康、调节生态平衡、改善环境质量、美化城市景观等方面具有其他城市基础设施不可替代的作用，大力发展城市森林，使城市与森林和谐共存，人与自然和谐相处，是新世纪世界生态城市的发展方向。

3. 生态文明社会与美丽中国梦

"美丽中国"，这个首次出现在党代会报告上的新名词，这个充满无限想象空间的新目标，将是构成我国未来发展的关键词之一。党的十八大报告中所指出的大力推进生态文明建设，努力建设美丽中国，实现中华民族永续发展，为我们指明了前进的方向。

充分发挥林业在生态文明建设中的主体作用，就要始终把发展林业作为建设生态文明的首要任务，深入实施以生态建设为主的林业发展战略。新中国成立以来，我国林业建设取得了重大成就，但是自然生态系统退化、生态布局不平衡、生态承载力低的问题依然十分严峻，森林分布碎片化和质量不高、功能不强的问题突出，湿地生态系统面积减少、功能退化的趋势依然持续，土地沙化已成为我国最大的生态问题。必须深入实施以生态建设为主的林业发展战略，守住生态安全的底线，划定生态保护的红线，尽快扭转生态恶化的状况，为实现中华民族伟大复兴和永续发展提供坚实的生态基础。

充分发挥林业在生态文明建设中的主体作用，就要努力加快现代林业发展，着力构建推进生态文明建设的六大体系。着力构建国土生态空间规划体系，进一步优化生态布局，拓展生态空间，增加生态总量。着力构建重大生态修复工程体系，以重大工程推动全国自然生态系统的全面修复。着力构建生态产品生产体系，最大限度地提升生态产品的生产能力，为推动绿色发展、循环发展、低碳发展发挥特殊作用。着力构建支持生态建设的政策体系，为生态建设提供长期、稳定、有力的政策支持。着力构建维护生态安全的制度体系，为生态文明建设提供必要的制度保障。着力构建生态文化体系，使人与自然和谐的理念，成为社会主义核心价值观的组成部分，成为全社会的主流道德观。

4. 城乡经济发展与林区民生福祉

林业是国民经济的重要基础产业，在山区综合开发、巩固农村集体经济，引导农民脱贫致富奔小康等方面具有重要作用，同时，没有产业的林业，是没有后劲和活力的林业。发展现代林业，建设生态文明，一方面，必须提高生态产品生产能力，满足全社会的巨大需求；另一方面，必须努力改善林区民生，让林农群众和林业职工过上美好生活。生态良好但生活贫穷不是生态文明；同样，生活富足但生态脆弱也不是生态文明。只有大力发展生态林业、民生林业，才能实现生产发展、生活富裕、生态良好，才能激发林业发展的活力，为生态文明建设提供不竭的动力。

我国幅员辽阔，森林资源类型多样，在提供保障国土生态安全的生态贡献同时，如何发挥资源优势大力发展壮大林业产业，提高林业对国民经济发展的经济贡献率，是我国林业发展的基本动力。要以丰富的资源为依托，大力发展资源培育、种苗花卉、木本粮油、生物质能源、生态旅游、林下经济等绿色产业，通过对沟域内部的环境、景观、村庄、产业进行统一规划，建成内容多样、形式不同、产业融合、特色鲜明的具有一定规模的特色林业产业集群，并使山区林业与旅游业进行有效的对接和融合，将林产品转变为旅游文化消费品，有效地提升了林产品的附加值。同时，逐步引导山区居民从单纯的农林业生产中解脱出来，从事林产品生产与深加工、旅游产品的开发制作和民俗旅游接待等工作，让山区居民充分享受生态环境带来的高效益，提高山区居民的物质生活水平和生活文明品质。生活方式发生重大改变，生活观念也更趋于城市化、更加文明。

第二节　布局原则

中国森林生态网络体系建设要站在国土绿化的高度，从全国生态环境建设的角度，本着要在中国的土地上建立起完整的森林生态网络体系来构思和设计。中国森林生态网络体系建设的布局不仅要满足国土生态安全的需求，而且要能够起到改善区域生态环境质量、提高居民生活水准和实现城市可持续发展的要求，使我国生态环境建设由绿化层面向生态层面提升，建设山川秀美、人与自然和谐相处的美好生态环境。

1. 优化区域环境，保障国土生态安全

中国地域广大，景观气候带相对完整，生态类型多种多样，生态环境问题的区域性极强，因此，中国森林生态网络体系建设应根据不同区域的地域特点和具体生态环境特点，本着优化区域生态条件，改善生态环境的目标，确定中国林业的整体空间布局和不同区域的林业发展的目标和模式，合理构建以森林为主题的环境生态体系。首先，中国森林生态网络体系建设应加强生态敏感区的森林建设。生态敏感区是指对整个区域或国家具有生态环境意义的区域，一旦受到人为干扰或破坏将很难有效恢复，但由于土地利用方式或环境因素的改变已经或即将对生态环境和经济的持续稳定发展造成影响，需要加以控制或保护的区域。其次，要因地制宜，具体区域具体分析，针对现有的生态环境问题，如山地灾害、台风、

洪水、风沙、土壤污染、水体污染等，进行森林资源的合理空间布局和模式配置。

2. 遵循因地制宜，突出地方生态特色

不同的气候带，由于光热水土气的条件不同，都发育了不同的植被群落，经过长期的生物进化，每个地区都选择性地保留了既适应当地特殊气候地带性，又带有区域特点的植被类型，这些植被成为当地特殊的适生植物种，这就是地方植被。按照这种地方植被群落特点建立起来的森林群落类型结构稳定，适应当地生态环境特点，应该是中国森林生态网络体系建设的理想模式。

但是，我国森林质量总体不高，人工化特征明显，特别是城市外来植物较多。虽然构建多种配置模式的森林绿地类型符合城市居民多种多样的需求，各地的城市也十分重视这方面的工作。但作为国家和地方生态环境建设的重要组成部分，城市林业要根据城市区域的环境特点因地制宜，确定城市森林基调树种和主导森林群落模式。城市森林的整体布局要与本地区林业生态环境建设相统一，重视使用乡土树种和地带性植被，使之成为体现城市森林的个性与特色的主要载体。

3. 坚持林水结合，修复美丽生态环境

森林与水是改善我国生态环境的两条主线。在自然生态系统中，森林与水是不可分的整体，森林因为有水而郁郁葱葱，水因为有森林而清水长流，他们共同构成了森林环境，为各种生物提供了理想的栖息地。同时，森林与水在改善生态环境方面也发挥着最主要的作用。林网化与水网化是林水结合的一种生态环境建设理念。具体而言就是基于区域环境特点，全面整合林地、林网、散生木等多种模式，有效增加林木数量；恢复水体，改善水质，使森林与各种级别的河流、沟渠、塘坝、水库等连为一体；建立以核心林地为森林生态基地，以贯通性主干森林廊道为生态连接，以各种林带、林网为生态脉络，实现在整体上改善生态环境的目标。林网化和水网化是密不可分的统一体，具有"林水相依、林水相连、依水建林、以林涵水"的特点。林网化不是林带化，而是指通过林带把以林木为主的各类绿地连接起来形成一个整体的森林网络；水网化也不仅仅是指河流水系沿线的防护林建设，而且还包括连接、疏浚各种水体，以利于水体之间的连接、进水排水的通畅和水质改善。"林网化与水网化"的建设思路符合我国实际，有利于协调各部门之间的关系，能够利用较少的土地通过整体效益达到改善生态环境的目的。通过实施"林网化—水网化"的工程，可以最终实现"林荫气爽，鸟语花香，清水长流，鱼跃草茂"的美好环境。

4. 体现以人为本，满足城市发展需求

城市林业作为一个新兴行业正在我国城市化地区快速发展。城市林业建设有利于优化整个国土森林资源的宏观布局，从而更有效地改善城市生态环境，提高城市宜居品质，增强城市可持续发展能力，城市林业已经成为我国林业建设的一个新方向。城市林业在全国的发展布局要综合考虑城市在区域社会发展中的具体分工，根据城市所在区的生态环境状况，围绕城市发展规模、目标、功能定位和未来发展趋势，结合当地产业结构调整，以城市森林生态功能优化为原则建设城市森林，形成生态功能稳定、树种选择合理、结构完善、林型优美的现代近自然型城市森林生态系统，改善城市的生态条件、为城市积累环境资本，

营造良好的生产、投资环境，提高城市综合竞争力。同时，城市森林的建设要结合不同城市的文化特点，提供满足人们不同需求的休闲娱乐功能，综合提高人们的生活品位。

5. 壮大优势资源，发展富民林业产业

林业产业是实现林业富民的根本途径，也是生态林得以保护和维持的重要保障。我国不同地区森林资源的特点比较突出，目前依附于资源发展的林业产业已经初步形成了各具特色的区块发展格局。根据地域特点、现有林业产业的发展状况，按照不同地区的比较优势及市场需求变化确定合理的产业林基地发展方向和规模，形成具有较强影响力和竞争力的生态产品基地，既要满足人们日益增长的生态服务需求，又要使广大林区居民享受到林区经济带来的丰厚物质回报。

第三节　全国森林生态网络体系战略布局

（一）一大目标：美丽中国

在党的十八大报告中，首次单篇论述生态文明，特别强调"建设生态文明，是关系人民福祉、关乎民族未来的长远大计。"十八大报告首次出现一系列围绕生态文明建设的新表述：努力建设美丽中国、增强生态产品生产能力、加强生态文明制度建设……在30多年的经济持续快速增长之后，建设美丽中国，实现人与自然和谐发展、经济与生态共赢，显然已成经济持续健康发展、社会全面进步的必然要求。为经济社会发展编织绚丽绿装，形成人与自然和谐发展现代化建设新格局，从而建设经济与生态共赢的美丽中国，林业无疑是确保到2020年全面建成小康社会宏伟目标的重要战略支点。

林业是美丽中国构建的核心元素，建设美丽中国，是对人民群众生态诉求日益增长的积极回应，其实质就是要通过大力推进生态文明建设，还大地以绿水青山，还天空以清新蔚蓝，还百姓以绿色家园。

林业是自然资源、生态景观、生物多样性的集大成者，拥有大自然中最美的色调，是美丽中国的核心元素。"无山不绿，有水皆清，四时花香，万壑鸟鸣，替河山装成锦绣，把国土绘成丹青"，共和国首任林业部长梁希的这一宿愿，一直是中国务林人的不懈追求。没有森林建设和保护，就没有生态文明。没有绿色中国，就没有美丽中国。如果林业和绿化搞不好，就根本谈不上生态文明和美丽中国。

林业作为生态建设保护的主体，实施主体功能区战略的重点，自然美生态美的核心，还是重要的绿色经济体。林业在生态文明建设中具有首要地位，发挥基础作用，承担重要使命。中国森林生态网络体系就是要紧扣中央部署，紧抓时代机遇，紧贴社会需求，切实担当起保护自然生态系统、构建生态安全格局、建设美丽中国、促进绿色发展等重大职责和任务。加快发展生态林业和民生林业，着力构建国土生态空间规划体系、重大生态修复工程建设体系、生态文明建设的政策支持体系、维护生态安全的法制体系、培育生态文化的综合体系等生态文明建设五大体系，为建设美丽中国增色添彩。

（二）二大主题：生态林业—民生林业

大力发展生态林业和民生林业，符合国家战略大局，契合人民群众期待，顺应林业发展趋势，与十八大关于建设生态文明和美丽中国的要求高度一致，是我国今后一段时期内林业建设两大主题。

1. 生态林业

森林是陆地生态系统的主体，林业是生态建设的主体。在新的历史条件下，生态建设越来越重要，成了中央高度重视的全局和战略问题。特别是随着经济社会的不断发展，生态差距越来越明显，成了我国现代化建设的一块短板。我国是森林资源最贫乏的国家之一，森林覆盖率仅为 20.36%，即使现有 46 亿亩林地全部造上林，覆盖率也只有 26%，不及世界 30% 的平均水平。我国还是土地沙化和水土流失最严重的国家之一，沙化土地面积超过国土面积的 1/5，水土流失面积超过国土面积的 1/3。可以说，我国生态状况十分脆弱的局面将长期存在，生态差距是我国与发达国家的最大差距。

党中央、国务院之所以确立以生态建设为主的林业发展战略，把发展林业作为建设生态文明的首要任务，就是要求林业承担起生态建设的主要责任，真正发挥出林业对国家、对民族乃至整个人类生存发展的不可替代的作用。丢掉了这一条，就丢掉了林业的立足之本。在当今世界，良好的生态已经成为一个地区、一个国家最核心的竞争力之一，成为实现绿色增长、科学发展的最主要标志，这既不能靠花钱买来，也不可能靠转移和进口得来。因此，我们必须把加强生态建设、实现生态良好放在一切林业工作的首位，守住这个根本和底线，须臾不可丢掉和丧失。中国森林生态网络体系建设就是要构建布局科学的完善的森林生态格局，丰富林业资源，构建改善国土生态安全格局的物质基础和建设生态文明的根本保障。

在中国森林生态网络体系建设中，要把林地保护放在更加突出的位置，划定林地红线，守住生态底线，坚决遏制林地过快过多流失的态势。要加强植树造林、封山育林和抚育经营，增加森林资源和生态总量，增强森林生态系统功能。开展森林增长指标年度考核评价，推动全国森林资源培育，确保如期完成 2020 年林业"双增"目标。要加强野生动植物保护和管理、自然湿地保护与恢复，加快防沙治沙步伐，加大资源保护力度，避免发生重特大森林火灾和森林病虫害，最大限度减少林业资源损失，充分发挥林业在维护生态平衡、提高生态承载力中的决定性作用，夯实生态文明建设的生态基础。

2. 民生林业

保障和改善民生是执政为民的出发点和落脚点，这其中最核心的是不断满足日益增长的民生需求。林业有多种功能、有多重效益，决定了林业在满足人们的生态、经济和文化等需求中，能够发挥重要而独特的作用。

林业的首要功能就是满足人的生态需求、保障国家的生态安全。随着经济社会发展和生活水平提高，享受良好生态、宜居环境已经成为人民群众的新期待和新需求。林业通过建设森林生态系统、保护湿地生态系统、治理荒漠生态系统和维护生物多样性，可以生产出丰富的生态产品，营造出优美的生态家园，这些对人民群众的身心健康和幸福生活至关重要。

在满足人民群众生产生活需求方面，林业大有可为。可以说，人类的生产生活从来就离不开林业。"树叶蔽身、摘果为食"和"钻木取火、构木为巢"，生动描写了先民们是如何依靠森林来生存的。到了今天，我们住的房子、用的家具、吃的食品、穿的衣服等很多都取材于林业。林业横跨一、二、三产业，可以生产出与人们衣食住行紧密相关的 10 多万种产品，同时林业产业链条长、就业容量大，是现阶段最适合农民增收致富的产业。正在深入推进的集体林权制度改革，让 8700 多万农户得到了 26 亿多亩林地的使用权和价值数万亿的林木所有权，极大地改善了广大农民的生产生活条件。

在满足老百姓精神文化需求方面，林业作用独特。古人云：宁可食无肉，不可居无竹。这充分反映了森林在人们精神生活中的特殊作用。森林文化历久而弥新，具有传统文化和现代文化的品格与特征，显示出其独特的魅力和强大的生命力。当前，人们对森林文化更加渴望、更加追求，对森林文化产品的需求更加多样、更加迫切。大力弘扬森林文化，生产出丰富多彩的森林文化产品，可以收到教育人、熏陶人、感染人、影响人的良好效果。

当前和今后一个时期，发展民生林业将是我国林业发展的一项重要使命，要采取更加有力的措施，生产出更多更好的生态产品、更丰富更优质的林产品，让森林更好地造福社会，让林业更好地服务人民。

（三）三大体系：生态林体系—产业林体系—文化林体系

三大林业体系是根据森林具有生态、经济、社会"三大效益"和国家林业发展战略提出的"三生态"思想，结合我国林业的现状和发展趋势，按照森林的主导功能进行定位划分的，是一种相对的划分，他们共同构成我国森林资源的整体。生态林体系是基础，体现了现代社会对林业"生态优先"的主导需求，是产业林体系和文化林体系实现持续、健康发展的保障，而产业林体系和文化林体系是对生态林体系生态功能的有效补充，实现林业富民，满足人们的生态文化需求，避免或延缓生态林体系可能面临的破坏压力，发展绿色产业和弘扬绿色文明，为我国林业的发展带来了巨大的活力。具体内涵是：

1. 生态林体系：形成合理布局，保障生态安全

生态林体系是指以生态公益林为主，建立以山地森林、平原防护林、城区林地、水岸防护林为主，片、带、网相连接的生态林体系，为我国生态环境的改善提供长期稳定的保障，满足经济社会可持续发展的需要。生态林体系建设主要以原有的山地森林资源为主，并针对城市周边地区、平原区、河谷、丘陵等地的防灾需要，以及生态敏感区维护、人居环境需要等设置，具有保护生物多样性，减轻水土流失，降低洪灾危害，净化河流水质，阻隔病虫害传播等多种生态功能。在这些生态公益林营造、改造过程中，要向近自然林的方向引导，并借鉴欧洲恒用林的经营理念，适当增加长寿命、高经济价值珍贵树种，使山地森林成为我国森林生态系统健康稳定的基础，成为生物多样性保护的基地。

2. 产业林体系：提供生态产品，促进林业民生

产业林体系主要是指以林产品加工、森林食品、森林旅游、种苗花卉等优势产业为主，速生丰产林、林农、林禽、林药等多种模式相配套的产业林体系，拓宽林业富民渠道，稳固生态林体系，促进林业的绿色产业发展。产业林体系是对生态林体系的补充，对改善生态环境起着增强作用。产业林更主要受产业发展的经济效益左右，在一定的时期内是随市场波动的，但这部分森林资源用地面积、林种结构等方面的波动不会对江西省的生态环境产生大的影响。因此，产业林体系建设要结合林业产业发展的区块特色，以服务林业产业发展为导向，满足城乡居民对林副产品消费需求，发挥比较优势，发展多种复合产业，形成高效的产业林体系。

3. 文化林体系：美化人居环境，传播生态文明

文化林是改善人居环境和具有丰富文化内涵的森林，是生态文化体系的重要组成部分，文化林建设以城市森林、园林、村庄风水林、森林公园、名胜古迹林等为主，重点加快城市各类纪念林、森林生态环境教育基地建设，人文与森林景观相结合的文化林体系，增强人们的环境保护意识，传承历史文化，实现人与自然协调发展，为和谐社会建设作贡献。文化林建设也是我国经济社会发展到现实水平后向建设和谐社会目标迈进过程中，要继续加强的一项重要工作。建设和谐社会的关键问题是实现人与自然和谐，要处理好人与自然的关系，提高包括务林人在内全社会公民的生态意识，把爱护环境的意识体现在具体的行动中、日常的行为上。文化林体系是弘扬生态文明的重要载体。发展文化林，改善城乡人居环境，加强环境保护意识的培养，有助于增强人们的生态意识，丰富森林文化内涵，促进我国生态文明社会建设。

（四）四大领域：点—线—面—体

面对中国人多地少、城市人口高度集中和森林资源分布不均等国情与林情，我们在20世纪90年代中期提出了"中国森林生态网络体系工程建设"的设想。该设想在充分考虑到现有我国陆地生态环境建设的基础上，以城市为"点"，以河流、海岸及交通干线为"线"，以我国林业区划的东北区、西北区等8大林区为"面"构建"点、线、面"相结合的森林生态网络布局框架。中国森林生态网络体系"点、线、面"的建设思路，重点解决了我国建立完备的林业生态体系如何布局，如何整体协调的问题，是要通过"点、线、面"的林业建设形成合理的林业建设布局，强调森林生态系统的整体性，并有利于与农业、环保、水利、城建等相关部门的协调，发挥林业在我国生态环境建设中的主体地位。

同时，我们也应该看到，虽然我国林业建设取得了巨大的成就，森林覆盖率和森林面积不断提高，但现有森林资源质量仍处在较低的水平，今后的重点应该是提高森林的质量，使现有的林地资源真正发挥应有的多种功能和效益。因此，中国森林生态网络体系建设在"点、线、面"一体建设的基础上，更应该突出森林的质量，强调尽可能充分的利用林地的空间，在"体"上下功夫，突出高大乔木资源的空间效益，促使绿化用地资源提高数倍乃数十倍的效益，构筑能够保障国土生态安全，"点、线、面、体"相统一的中国森林生态网络体系。

1. "点"——发展城市林业，促进生态城市建设

城市"点"的林业建设就是要加快城市森林建设，大力发展城市林业，为建设人与自然和谐的生态城市奠定基础。随着城市化进程的快速发展，城市的规模日益扩大，卫星城市不断涌现，越来越多的人居住在城市，使城市面临的环境压力也越来越大，单单依靠城

市内部的绿化建设已经不能满足城市生态建设和改善人居环境的需要。因此，现实的城市概念已经不仅仅局限于传统意义上的建成区的概念，而更强调是在市域尺度上的城郊一体的思想。这就要求以绿化为主的城市生态环境建设也必须转变单纯以美化为主的建设观念，突破建成区与郊区的界限，突破部门利益的制约，大力发展城郊一体的城市林业，充分发挥树木、森林对于净化大气、降低噪声、减轻热岛效应等多方面的功能，为建设生态城市，改善人居环境提供更多更好的服务。

2．"线"——建设绿色廊道，形成生态防护林网

河流水系、道路等线域景观的防护林建设不仅可以有效增加以平原为主少林地区的森林数量，形成生态防护林网，而且可以把处于隔离状态的各个森林、湿地的土地斑块有效的连接起来，把点与面连接起来，保证中国森林生态网络体系的整体性与功能性。同时通过绿色廊道建设也可以发挥树木、森林对河流水质、道路沿线土壤的净化功能，为周围的农业生产和人民生活提供保护屏障。线的林业建设不仅关系到水系、道路本身的安全，而且对于食品安全、交通安全等多方面都有帮助。因此，水系、道路沿线的防护林建设要突出防护功能为主的近自然林模式，按照防护功能需求设置林带宽度，避免园林式的建设模式和硬性界定建设过宽的林带。

3．"面"——强化森林保育，构筑生态安全基石

"面"的建设主要是指林业部门传统的主战场——林区。它是国家森林生态建设的主体，是林业建设最重要的部分，也是长期以来我们一直关注的核心，主要是发挥森林改良土壤、涵养水源、保持水土、保护生物多样性等生态功能和提供丰富林产品的生产功能。这部分是林业发展的根据地，在林地面积得到保证的前提下，重点是提质增效，要采取多种措施强化森林保育，构筑我国生态安全基石，目前国家实施的六大林业工程重点集中在这些地区。

4．"体"——突出高大乔木的空间作用，提高绿化用地资源效益

从我国现阶段林业发展的水平来看，国家对林业发展给予了高度的重视，林业建设取得了很大成绩，森林覆盖率不断提高，特别是线域廊道的防护林建设、城市林业建设都受到社会各界的普遍关注。但从目前森林生态系统的功能和效益来看，与这些林地所具有的实际潜力还存在很大差距，直观反映是普遍偏"矮"和"小"，没有占据应该占据的应有空间，而实质就是这些林地包括城市绿化建设用地内营造的森林质量不高。当然随着林木的不断地生长这个问题会有所改善，但这当中也有我们人为因素的影响，特别是在过去林业部门很少涉及的点、线绿化建设当中，林业部门过去曾经重视研究不多，学外国修剪使树木、森林矮化单层化现象比比皆是。因此，光有面积，没有林地空间的充分利用，即使森林覆盖率、城市绿化覆盖率提高了，也难以达到这些覆盖率所应该发挥出的生态效益。因此，林业建设光有土地还不够，还必须用树木，用森林把这些林地尽可能完全地"填充起来，无论是人口比较集中的城市点，人活动比较频繁的线，还是森林比较集中的面，我们最迫切需要解决的核心问题是"体"，是怎样使林地空间得到科学和充分利用。可以说，我国林业空间质量提升潜力巨大，充分发挥绿地的空间效益是我们今后国土绿化建设当中必须要转变的一个观念，就是从注重地面土地的增加转变到扩大空间占有量上来。

第四节　省域森林生态网络体系布局实践

（一）"绿色江苏"现代林业发展布局研究

以中国森林生态网络体系点、线、面布局理念为指导，基于江苏特点，全面整合丘陵岗地森林、自然保护区、城市森林、防护林网、村镇四旁绿化等多种模式，建立以江海河湖生态防护林和公路铁路绿色通道为框架，以长江、淮河、沂（沭、泗）河三大水系汇水区生态林和平原农区商品林为主体，以城郊森林、森林公园和自然保护区为嵌点，四旁树木相配套，"二群三网四片一带多点"为一体的森林生态网络体系，实现森林资源空间布局上的均衡、合理配置。

1. 二群：即沿江地区宁镇扬泰和苏锡常通两个城市群林业建设

本地区是江苏经济最为发达、城市化水平最高、人口最为密集的地区，也是呼应省委、省政府加快沿江开发的战略部署，实现两个"率先"目标的先导地区。林业建设既是改善城市生态环境，提高人居质量的重要途径，也是最能够体现现代林业特色，提高沿江地区综合实力和国际竞争力的有效举措，为全国其他城市群地区现代林业建设提供示范。

本地区的城市林业建设既要与悠久的园林文化相结合，更要与时俱进，从过去比较注重视觉效果转移到既注重视觉效果又注重人的身心健康轨道上来。重点在城市周围建设以自然林为主的生态风景林；在城市之间，建设以防护、分隔为主的生态隔离林带；同时结合农村产业结构调整大力发展花卉盆景、苗木等城市绿化产业，大力发展采摘、休闲为主的农林复合观光产业。达到林荫气爽，鸟语花香，清水长流，鱼跃草茂的建设要求，建成以林木为主体，总量适宜、分布合理、植物多样、景观优美的城市森林生态网络体系，实现城区、近郊、远郊协调配置的绿色生态圈，形成河流及道路宽带林网、森林公园及自然保护区、城区公园及园林绿地等相结合的城市森林体系。

同时，结合太湖引水排水通道工程的实施，搞好沿线的防护林建设，形成以太湖为中心林水一体的森林水系景观带，再现太湖地区的秀美风光。

2. 三网：即水系林网、道路林网和农田林网建设

水系林网：即在河流、湖泊、海洋等水体岸带建设防护林带。主要起到涵养水源、净化水质，防止土壤流失，巩固堤岸，促进疏导，抵御台风、风暴潮等自然灾害等作用。以大江、大河、大湖、海岸沿线等生态环境敏感区为主体，形成网、带、片、点相结合的多功能、多层次、多效益的综合防护林体系。重点建设"二纵三横"为主的水系防护林网，单侧林带宽度不小于50米左右。其中二纵是指京杭运河和通榆运河两条纵贯江苏全省的骨干水岸沿线防护林建设，三横是指新沂河、淮河入海水道、长江等三条横向的骨干水系防护林建设。

道路林网：是以道路系统为骨架，在道路两侧规划林带，形成道路林网系统。目的是保护路段，增强行车安全，防治污染、净化汽车尾气，防尘和减低噪声，美化景观，兼具廊道作用。重点建设"六纵八横"为主的道路防护林网，单侧林带宽度在100米左右。其中

六纵是指连盐高速、宁连高速、京沪高速、徐宿—宁宿高速（在建，到马坝）、新沂—长兴铁路、赣榆—盐城—苏州（204 国道和盐靖高速）等六条纵向主干道路沿线的防护林带建设；八横是指陇海铁路、徐连高速、宿淮高速（宿迁至大丰）、宁通高速（到启东）、沪宁高速、沪宁高速二线、沪宁铁路、宁启铁路等八条纵向主干道路的防护林建设。

农田林网：农田林网是农田基本建设的重要内容，也是增加江苏森林资源总量的有效途径，符合国家政策法规，能够利用较少的土地获得较高的生态经济效益，对于改善农业生态条件，保障农作物丰产稳收，提高农产品质量，增加农民收入，具有不可替代的重要作用。建设重点主要是徐淮平原、沿海平原、沿江平原、里下河平原、宁镇扬丘陵岗地和太湖平原农区。苏南地区要建立抗风吸污能力强、景观效果好和网格大小适宜的农田防护林，统筹人与自然的协调发展。长江以北地区要建立乔灌草立体配置、大中小网格配套、多道防线联防的高标准农田防护林，增加高大乔木抗御农业自然灾害的能力，在单位土地面积上实现比其他土地利用方式更高的生物生产力、生态经济效益和产品多样性及可持续发展能力，统筹农业与林业的协调发展。

3. 四片

徐州、连云港、盱眙等 3 个集中连片的丘陵岗地区（以生态公益林建设为主）和宿迁、淮安为中心的平原区（以重点商品林生产为主），根据不同地域生境特点，在丘陵岗地构建以保持水土、涵养水源为主，包括生物多样性保护、休闲旅游等多种功能的重点生态公益林建设区；在平原区和洪泽湖周围的低洼地区结合农村产业结构调整，建立以杨树为主、林农复合经营的重点商品林生产区。

全省低山丘陵岗地总面积 148.7 万公顷，目前已绿化造林 28.4 万公顷（不包括 2.6 万公顷无林地）。全省可退耕造林面积为 100 万公顷，其中生态区位特别重要、生态环境特别脆弱的面积为 20 万公顷。同时，宿迁、淮安等洪泽湖周围地区经常受到洪涝危害，急需进行农村产业结构调整。2003 年 7~8 月淮河洪水使洪泽湖周边的泗洪、泗阳、洪泽、淮阴等市县大面积土地受灾，给农业生产造成巨大的损失，而以杨树为主的农林复合经营模式的损失最低。因此，结合生态防护林和速生丰产林建设，在本地区低洼滩地和低产易涝农田开展农林复合经营具有巨大的潜力。

4. 一带：建设沿海生态经济型防护林带

在千里海疆构建起一道绿色"长城"，减轻海岸带极易遭受台风、盐碱等自然灾害危害，扭转生态环境恶化的趋势，重点解决海上苏东滩涂开发存在着物种单一、结构简单、自我调控力弱和经济效益低等重大共性问题。

重点建设海岸带国家基干林带和农林复合经营工业原料林。严格按照国家有关标准，在沿新老海堤两侧或临海一面坡，分别淤泥质海岸、沙质海岸和基岩海岸，营建不同宽度要求和乔灌草相结合的高标准国家基干林带，构筑起区域性防护效果显著的绿色屏障。充分利用潮上带滩涂湿地和低产农田，大力发展工业原料林。在保障粮食安全的前提下，积极利用中低产农田，尤其是无法进行农业耕作的返盐荒地，进行农林复合经营，加快发展工业原料林。

5. 多点

主要是指全省范围内的各类自然保护区、森林公园、树木园、城市森林和村镇防护林等呈点状分布的生态建设地带。通过加强这些地方的造林绿化建设,发挥其保护生物多样性、改善城镇生态环境、满足人们休闲旅游需求、丰富森林文化内涵等主导作用。

2010 年建设 80 个自然保护区,总面积 1.6 万公里,占国土面积的 15%;新建省级以上森林公园 70 个,使总数达到 106 个;重点在全省 13 个省级城市、31 个县级市开展城市森林建设;结合 1160 个镇和 33190 行政村的环境整治,加强村镇绿化建设。

(二)安徽省森林生态网络体系建设研究

以中国森林生态网络体系点、线、面布局理念为指导,基于安徽特点,全面整合丘陵岗地森林、自然保护区、城市森林、防护林网、村镇四旁绿化等多种模式,建立"一带二山三网多点弱区"为一体的森林生态网络体系,实现森林资源空间布局土的均衡、合理配置。

1. 一带

即长江经济带林业建设。通过长江沿岸城市的以城市森林为主的林业建设,构筑安徽长江经济带良好的生态环境。

本地区是安徽经济最为发达、城市化水平最高、人口最为密集的地区。林业建设既是改善城市生态环境,提高人居质量的重要途径,也是提高沿江地区综合实力和国际竞争力的有效举措。以林网化和水网化的城市森林建设理念为指导,在抓好建成区森林绿地建设的基础上,重点建设城市周边地区的生态风景林、城市之间的环境隔离林,并与农村产业结构调整相结合,大力发展森林旅游和农林结合的观光农林业。

2. 两山

即皖南山区和大别山区大面积的山地森林建设,增强森林生态系统整体功能,充分发挥森林多功能多效益。

建设全省森林生态网络体系,皖南和大别山区要作为建设重点,坚持"以林为主"的山区建设方针,以森林植被为主体构筑山区生态屏障,以开发林业多种资源为切人点,建立山区经济发展的主导产业,充分发挥森林生态、经济和社会三大效益,走人与自然和谐相处,经济与生态协调发展,相互促进的文明发展道路。

3. 三网

即水系林网、道路林网、农田林网建设,形成"林田相映、林水相依、林路相连"的森林生态网络建设布局。水系林网是在河流、湖泊、海洋等水体岸带建设防护林带。道路林网是以道路系统为骨架,在道路两侧规划林带,形成道路林网系统。农田林网是农田基本建设的重要内容,能够利用较少的土地获得较高的生态经济效益,对于改善农业生态条件,保障农作物丰产稳收,提高农产品质量,增加农民收入,具有不可替代的重要作用。

4. 多点

即森林公园、自然保护区,以及长江经济带以外的县级城市、集镇森林建设,形成星罗棋布的点状森林架构。

重点是推动森林公园建设的不断发展与壮大,实现三大效益并举,保护和培育风景林木资源，为秀美山川增色；加强自然保护区建设，达到野生动植物和自然生态系统的有效保护和可持续发展目的；加快城镇森林建设，使城镇融入森林，改善城镇生态环境。

5. 弱区

即江淮分水岭生态脆弱区。该区林业建设要把生态效益放在首要位置，以退耕还林、调整土地利用结构为手段，恢复和扩大森林植被，增强区域生态系统抵御各种自然灾害的能力；大力发展以工业原料林为主的商品林，因地制宜开展林粮、林草、林果等多种方式的复合经营。

（三）浙江林业现代化发展战略研究与规划

从浙江的地形地貌、森林资源分布格局来看，山地森林分布呈现"五指一掌"的自然格局，形似手掌，而且其中以佛教文化享誉长三角乃至世界的"中国四大佛教名山"之一的普陀山，位于"五指"之中的小指，另外，千里岗山—天目山（拇指）、龙门山（食指）、会稽山（中指）、四明山—天台山（无名指）之上的佛教也享誉浙江省和长三角，故称"佛手"。环杭州湾、金衢丽、温台州三个城市群是浙江最具活力的发展地带，也是林业现代化建设中需要大力拓展的重点领域，更是目前城市林业发展的核心地带；发展乡村林业，繁荣生态文化是建设"乡风文明、村容整洁"新农村的重要内容，浙江作为我国东部经济发达省，在新时期社会主义新农村建设中要走在全国前列。城市和村镇称得上是浙江省林业"佛手"之上的"掌上明珠"。据此提出"三群五指一掌多点"为一体的浙江林业现代化建设空间格局框架，可形象地称为"佛手护珠"。

1. 三群

三群是指浙江经济最为发达、城市化水平最高、人口最为密集的杭州湾、金衢丽、温台州三个城市群。重点是加强城市林业建设，大力发展农家乐等多种模式的观光林业，这既是改善城市生态环境、提高人居质量的重要途径，也是最能够体现现代林业特色、提高三大城市群地区综合实力和国际竞争力的有效举措。

（1）环杭州湾城市群。建设重点是：①沿海、沿江、沿湖、沿路的通道绿化和大规模扩绿，重点实施杭州湾跨海大桥两岸防护林、舟山群岛国防林；②把森林引入城市，在城市周边大面积构建森林防护景观林；③根据水网化的地理特点，重点实施水乡和滩涂的湿地保护及生态修复；④通过技术创新，加快嘉兴、湖州等的竹木加工产业升级；⑤整合森林旅游资源，提升千岛湖、黄浦江源等森林休闲旅游效益；⑥发挥区域优势，加大外向型特色林产品产业带的建设和加工龙头企业的扶植。

（2）金衢丽城市群。重点是加强城市周边地区生态风景林建设，突出地域特色发展森林食品、花卉苗木等林业产业。丽水市及其下辖的城市中往往有自然山体入城，城市森林建设应与自然山体结合。在衢州市的周边有大面积的柑橘，而金华市周边的绿化苗木业以及其他经济林也相当发达。因此，衢州、金华两市及其下辖的城市森林建设应与生产性绿地建设相结合。

（3）温台州城市群。建设重点为：①建设海岸基干林带、岩质海岸防护林为重点的沿海防护林体系；②加强山区敏感地带、困难地绿化和整治；③实施欠发达山区林业产业发展和富民工程；④实施椒江源头水源涵养林，乌岩岭等生物多样性保护工程；⑤建设"两具一果"（木制家具、玩具和山地水果）为重点的林业特色产业带。

2. 五指

五指是指位于浙江北部、东北部的千里岗山—天目山（拇指）、龙门山（食指）、会稽山（中指）、四明山—天台山（无名指）、沿海丘岗（小指）等五个呈西南——东北走向的山体丘岗。五指的山丘岗地上部以生态公益林为主，外围是浙江经济林分布最为集中的地带，重点与当地林业产业发展相结合发展特色经济林，并服务城市生态需求加快生态风景林建设。

（1）拇指——千里岗山—天目山。重点是以封山育林为主要措施，加强野生植物保护和自然保护区建设；大力发展珍贵用材林、竹林和以山核桃为主的特色经济林；服务城市和周边地区的旅游需求，发展森林旅游。

（2）食指——龙门山。重点是进行水源涵养林建设和保护，提高森林涵养水源、保持水土的能力。桐庐、建德等地相应发展用材林、毛竹林。依托2个国家级和3个省级森林公园，发展森林旅游产业。

（3）中指——会稽山。重点是大力加强森林保护，提高森林生态功能，充分发挥保持水土功能。同时，发展香榧等特色干果、毛竹等经济林。此外，应结合会稽山系越历史文化的保护和挖掘，大力发展森林旅游产业。

（4）无名指——四明山—天台山。重点是提高饮用水源地森林的水源涵养能力，建立水系源头等重要生态功能保护区，加强小流域综合治理和水土流失治理；发展具有特色文化内涵的森林旅游。

（5）小指——舟山、岱山、嵊泗等沿海丘岗、海岛。重点是沿海防护林体系建设，提高森林的保安功能。在大陆海岸沿线和海岛上，应选择耐盐抗风、耐干旱瘠薄，及防护效能和经济价值均较高的造林树种，建设林分结构优化、空间配置高效的以抗御台风为中心的防风林带及以掩蔽军事设施为目的的国防林，重点绿化开垦荒山、荒地，改造疏林，在水土流失严重的山地营造水土保持林，水库与溪流的汇水区内侧营建水源涵养林。同时，海岛的森林旅游资源也比较丰富，可以结合相关产业发展进行开发。

3. 一掌

一掌是指浙江西南部与福建相临的广大山地，主要由仙霞山、洞宫山、雁荡山和括苍山等四大山地森林构成，是浙江森林生态环境的主体依托，为全省的制高点。该区是全省八大水系源头地区，生态区位重要，同时是浙江省重点林区和经济欠发达山区。

重点是通过生态公益林建设，构建浙西南森林生态屏障体系和浙江绿谷；通过低产低效林改造，促进资源培育；通过技术引进，发展森林食品和木竹加工业，促进林业产业升级。

4. 多点

主要是指全省村镇的生态环境建设。重点结合1334个乡镇和38322个行政村的环境整治，加强村镇绿化建设。着眼于乡风文明、村容整治，加大生态建设力度，切实保护好农村自然生态环境，按照"千村示范、万村整治"的总体部署，继续深入开展"绿化示范村"创建活动，推进村庄绿化，改善农村人居环境；加强生态文化建设，促进生态文明发展，尽快形成节约森林资源的经济增长方式、健康文明的生活方式和保护生态的价值概念，实现人与自然和谐相处，为建设社会主义新农村提供精神动力。

从"佛手护珠"格局建设方向来看，"一掌""五指"是林业生态建设的主体依托，指掌之上公益林为主，指掌之间经济林为主，"三群"和"多点"建设围绕"改善生态状况、美化人居环境、传播生态文化"目标，加快城市林业、乡村林业发展。因此，"佛手护珠"格局中的"一掌""五指"是生态基础和产业基地，"三群"和"多点"是服务对象。

从"佛手护珠"格局建设意义来看，这只"佛手"有生态的主体，有产业的基地，有服务的对象，有文化的内涵。它是浙江林业工作的抓"手"，是全省生态安全的护"手"，是区域协调发展的助"手"，是现代和谐社会的推"手"。

（四）湖南现代林业发展战略研究与规划

根据湖南的地形地貌、森林资源分布格局、未来林业建设重点与发展趋势，湘、资、沅、澧四大流域的山地森林应该成为湖南生态公益林建设的核心，也是速生丰产林发展的重要基地；与湖南北部环湖城市群、中部沿江城市群、南部盆地城市群三个城市群交错分布的城市周边地区森林，既是这些地区生态安全的屏障，也是支撑各类经济林等林业产业发展的重要基地，传播森林生态文化的重要载体。因此，规划提出"一湖三群五片多点"为一体的湖南现代林业发展空间布局。

1. 一湖——湖区林业

该地区水网发达，是国家重要湿地，其中，东南西洞庭湖是国际重要湿地，生态区位重要，同时又是湖南主要粮食产区，环湖地区为湖南经济建设最具有活力的地带之一，也是我国洪涝灾害和血吸虫病发生比较严重的地区，湿地建设与血防任务都很艰巨。林业生态建设主要是保护湿地生态系统，增强湿地的安全保障作用，采取科学有效的综合措施，恢复湿地生态系统，同时加大抑螺防病的力度，积极开展林业血防工程建设，促进湖区生态安全与国民经济同步发展。

2. 三群——城市林业

目前，湖南社会经济发展中比较成形的城市群是长株潭，也是近期湖南着力打造的核心地带，但从现实的发展状况和未来的发展趋势来看，北部洞庭湖周边以及南部衡阳、娄底、邵阳、永州、郴州等盆地城市群，也是湖南最具经济价值和发展潜力的地区。因此，在这些地带要大力发展城市林业，重点是加强城市之间绿化隔离带、森林公园、城郊观光林业、城区公共游憩地等建设，改善人居环境，保障城市协调发展。

长株潭城市群：本地区林业发展要在长沙已建成国家森林城市的基础上，加速实现三个城市林业的生态一体化建设，着力建设好城市绿化隔离带，提高城市森林建设的质量和品味，丰富森林文化内涵，加强森林公园、风景名胜区、生态教育基地等森林文化载体建设；加强城乡林业一体化建设，发展花木产业；建设城市周边地区的生态风景林，促进森林旅游产业发展。

北部环湖城市群：该城市群林业发展要充分发挥地缘优势，依托湿地资源优势大力发展湿地公园，积极开展湿地生态观光旅游；建设林水结合的城市生态走廊；在城市周边地区建设生态风景林，建设森林公园，开展生态旅游。

南部盆地城市群：该城市群林业尚处于起步阶段，当务之急是要做一个高水平的城市群林业发展规划，合理布局城市森林。结合城市之间相对疏散的特点，加强城市之间的绿色通道建设；加强森林公园和城市周边地区的生态风景林建设，发展森林旅游产业。

3. 五片——山地林业

湖南山地森林资源丰富，是保障生态安全的关键，也是商品林培育的重要基地。山地林业的核心目标是保障生态安全，打造特色产业基地。

湘西片——以武陵山为中心的水土保持与水源涵养林建设区：该区域林业建设的重点是，提高森林质量，恢复和强化森林的区域生态安全维护功能；利用该区域生物资源丰富的特点，积极发展杜仲、黄柏、厚朴等为主的生物资源开发，光皮树、泸溪葡萄桐为主的能源林培育；同时结合少数民族的历史文化积淀，利用该地区丰富多样的森林与自然地理景观，发展森林生态旅游业。

湘西南片——以雪峰山为中心的用材林培育区：该区气候条件优越、土壤肥沃、土地资源丰富，是湖南省的重点林区。由于其地处江河源区，生态区位非常重要。林业发展应该以生态公益林为中心，突出自然保护区建设，发挥林业水源涵养、水土保持的功能；同时发展杉木、马尾松、火炬松、杨树、桉树、翅荚木、桤木、马褂木、拟赤杨、毛竹等速生丰产用材林，使之成为湖南省的用材林培育基地。利用其林业加工历史悠久的优势，加大林产工业建设进程。

湘南片——以南岭山地为中心的用材林培育区：该区域森林资源保存相对较好，气候、土壤等自然条件优越，旅游资源丰富。森林培育主要是在保护、建设好重点生态公益林的基础上，发展马尾松、杉木、邓恩桉、柳桉、翅荚木、桤木等速生丰产用材林培育和林产工业建设；同时依托现有的旅游资源，积极发展壮大森林、湿地生态旅游产业。

湘东片——以幕阜罗霄山为中心的水土保持林建设区：林业建设的重点是，保护好该地区的森林资源，提高森林质量，为城乡一体发展服务。同时利用其城市化程度高的优势，开展以森林公园、风景林建设等为主的服务型林业建设，打造绿色产业。加大竹产业的培育力度，提高竹材的加工利用水平。

湘中片——以衡邵永盆地丘岗为中心的经济林发展区：该区域光热条件优越，境内土壤肥沃，但人口密度大，人地矛盾突出。由于长期的垦殖活动，植被破坏严重，水土流失加剧。今后的林业建设应首先要大力开展封山育林恢复植被工作，在此基础上加强水土保持林建设，尽快重建区域的生态安全构件；二是在提高现有经济林产量的基础上，继续扩大以油茶为代表的经济林林基地规模，提高区域生态经济效益；三是利用其地处湘南城市群发展的核心地带的区位优势，保护好城市周边地区的生态公益林，发展观光林业产业。

4. 多点——乡村绿色家园

乡村绿色家园建设是指结合社会主义新农村建设开展乡村绿化美化，改善人民居住环境，兼顾经济发展的乡村林业。建设重点是紧紧围绕围绕全省 2176 个乡镇，提高农村、城镇居民生活质量，改善村民居住地的生态环境，协调人与自然的关系，调整土地利用，进行高标准的乡村绿化建设。主要发展内容是建设乡村风水林、公共游憩林、防护林、血防林、纪念林，以及发展庭院林业。

（五）海峡西岸现代林业发展战略研究与规划

根据福建自然格局和林业发展的功能定位，按照优化布局、强化功能、分区施策的原则，规划提出"一带三区三群多点"为一体的福建林业发展空间格局。

1. 一带——沿海林业

沿海防护林是沿海地区第一道生态屏障，在福建，这一屏障贯穿整个闽东南地区，涵盖宁德、福州、莆田、泉州、厦门和漳州六个城市的沿海一线，包括闽南南亚热带沿海防护林建设区、闽东中亚热带沿海防护林及湿地生态建设区及闽江下游水源涵养及城市风景林建设区的临海县。该区林业建设的原则是：依靠资源、发挥优势、延伸产业、做大林业。

包括沿海防护林体系建设和湿地与红树林保护。

2. 三区——山区林业

本区域位于福建西北地区，包括福建省的南平、三明、龙岩三个完整的设区市和沿海地区部分山区县，是福建省山地的主体，也是重要的生态源。该区林业建设的原则是：依赖资源、培育资源、发展产业、做强林业。

本区域林业建设的重点是加强闽江、汀江、九龙江、晋江等源头森林生态保护与治理工作；加强对境内国家级与省级重点生态公益林实施严格的保护；加强境内龙岩紫金山、大田煤矿等矿区治理力度；培育以短轮伐期的工业原料林、丰产笋竹用材林、阔叶乡土树种用材林等为主的工业原料林基地；以生物质原料林、名特优经济林、花卉和种质资源为主的非木质利用原料基地；发展以人造板加工、竹木制品加工、森林食品等为主的林产工业；发展以森林生态休闲旅游为主的旅游产业。

闽北山区：该区涵盖整个南平县域地区。

闽中山区：该区涵盖三明市各县市区。

闽西山区：该区涵盖整个龙岩市各县市区。

3. 三群——城市林业

是指福建经济最为发达、城市化水平最高、人口最为密集的福州城市群、泉州城市群和厦门城市群。重点是加强城市林业建设，这既是改善城市生态环境，提高人居质量的重要途径，也是最能够体现现代林业特色，提高三大城市群地区综合实力和国际竞争力的有效举措。该区林业建设的原则是：依托资源、突出生态、营造环境、提升林业。

这些地带的林业建设要突出服务城市发展、改善人居环境等综合需求的城市林业特色，重点依据林网化、水网化原则促进城乡一体的森林生态网络建设。

福州城市群：是指以福州为核心城市，辐射宁德、南平形成东北城市群。

泉州城市群：是指以泉州为核心城市，并辐射莆田、三明等地，形成闽中城市群。

厦门城市群：是指以厦门为核心城市，辐射漳州、龙岩形成东南城市群。

4. 多点——乡村林业

主要是指福建省村镇的林业生态建设。重点结合福建乡镇的环境整治,通过保护风水林、风水树,加强以珍贵树种为主的村镇绿化建设,促进乡村生态文明。乡村林业建设的原则是:突出特色、增加效益、改善人居、拓展林业。

重点是着眼于乡风文明、村容整治,加大生态建设力度,切实保护好农村风水林为主的自然生态,改善农村人居环境;通过种植珍贵用材树种、特色经济树种等开展村庄绿化;加强生态文化建设,发展生态文化旅游,促进生态文明发展。

(六)江西现代林业发展战略研究与规划

从江西的地形地貌、森林资源分布格局、未来林业建设重点与趋势来看,赣江等骨干水系沿线的山地森林应该成为江西省生态公益林建设的核心,也是速生丰产林发展的重要基地,而与京九线城市带(南昌、九江、吉安、赣州)、浙赣线城市带(萍乡、宜春、新余、鹰潭、上饶)两个城市带交错分布的城市周边地区森林(包括山地、丘陵岗地、平原),是这些地区生态安全的保护屏障,也是支撑各类经济林等林业产业发展的重要基地,传播森林生态文化的重要载体。根据这种自然格局和建设构想,规划提出"一湖一区二带四片多点"为一体的江西林业发展空间格局。

1. 一湖:湖区林业

鄱阳湖区包括南昌市、九江市、上饶市所辖的部分滨湖区县。该地区水网发达,是国家重要湿地,生态区位重要,同时又是江西主要粮食产区,也是江西经济建设最具有活力的地带之一,还是我国洪涝灾害和血吸虫病发生比较严重的地区,同时也是江西省生态较为脆弱的地区。林业生态建设主要是保护湿地生态系统,增强湿地的安全保障作用,采取科学有效的综合措施,恢复湿地生态系统;加大抑螺防病的力度,积极开展林业血防工程建设,促进湖区生态安全与国民经济同步发展;大力营造农田防护林、防风固沙林,有计划、有步骤地开展退耕还林,积极开展"四旁"绿化,大力发展平原林业,大力推进以杨树、泡桐为主的速生丰产林建设,改善农业生产条件,促进木浆造纸业和装饰型材加工业的发展。

2. 一区:丘岗林业

赣中南丘陵区位于江西省中南部,地貌以丘陵、岗地为主,处于山地与河谷平原的过渡地带,由于人口密度大、开发历史长,造成森林资源过度消耗,致使本区水土流失面积大、强度高,且相对集中,水土流失面积约占江西省水土流失面积的50%,占总侵蚀量的60%。但同时也应看到,这些地区由于地势平缓,土壤条件比较好,水热资源丰富,又是发展经济林的理想地带。因此,林业建设的主攻方向是积极培育以针阔混交林为主的水土保持林,合理调整林种、树种结构,提高林分质量,控制水土流失;适度营造薪炭林,减少农户烧柴对森林植被的破坏;大力开展退耕还林,积极发展以油茶、森林药材为主的经济林,在立地条件好的区域积极发展工业原料林;继续搞好松香、松节油、香料等林化产品精深加工,适度发展以纤维材为原料的人造板;积极发展油茶和毛竹的精深加工,做大做强油茶产业和竹产业。

3. 二带：城市林业

两带江西省最具经济价值和发展潜力的地区，对促进整个江西的全面崛起至关重要。因此，林业建设要前瞻性的进行规划建设，在这些地带大力发展城市林业，重点是加强城市之间绿化隔离带、森林公园、城郊观光林业（农家乐）、城区公共游憩地等建设，改善人居环境，保障城市协调发展。

京九线城市带：该地区由以南昌、九江、吉安、赣州为中心的京九铁路沿线城市构成。目前该城市带还处于融合发展阶段，但从潜力和趋势来看，对江西省未来经济社会的整体腾飞和区域协调发展有着十分重要的意义。该城市带的城市林业建设要结合城市之间相对疏散的特点，加强城市之间的绿色通道建设；加强森林公园和城市周边地区的生态风景林建设，发展森林旅游产业。该城市带林业发展要充分发挥地缘优势，依托湿地资源优势大力发展湿地公园，积极开展湿地生态观光旅游；建设林水结合的城市生态走廊。

浙赣线城市带：该地区由以萍乡、宜春、新余、鹰潭、上饶为中心的浙赣铁路沿线城市构成。本地区林业发展要在新余开展创建国家森林城市的基础上，加速实现城乡林业生态一体化建设，着力建设好城市绿化隔离带，提高城市森林建设的质量和品味；加强森林公园、湿地公园、风景名胜区、生态教育基地等生态文化载体建设，丰富森林文化内涵；建设城市周边地区的生态风景林，促进森林旅游产业发展。

4. 四片：山地林业

江西省东、南、西部的边缘山区，地貌以低山、高丘为主，区内集中了江西省绝大部分天然林资源，承担着主要的木、竹材生产任务。同时，该区又是"五河"及其主要支流和珠江一级支流东江的发源地，对江西省水资源调节及防止水旱灾害起着至关重要的作用。四片既是生态敏感而需要重点保护的公益林建设区域，又是商品林建设的重点区域。

赣东北片——以三清山为主构成的森林培育区：该区域包括浮梁、彭泽、昌江、婺源、德兴、玉山、弋阳、横峰、上饶、信州、广丰北部等县（市、区），占省域国土面积的9.2%。发展方向：北部山地，应积极保育水源涵养林，水土保持，培育大径材商品林，发展以茶叶为代表的名特优经济林，积极发展森林旅游业，建立自然科普教育基地，繁荣和发展生态文化；南部丘岗区，重点发展以油茶为主的木本粮油林，大力发展以杉木、湿地松、枫香为主的一般用材林，积极发展果树经济林。

赣西北片——以幕阜山、九岭山为主构成的森林培育区：该区域包括铜鼓县、修水县、武宁县、瑞昌县、湾里县、安义县、靖安县、奉新县、宜丰县、万载西北等县（市、区），占省域国土面积的10.4%。发展方向：重点发展水源涵养林；大力发展毛竹、杉木为主的用材林，北大林产加工业；积极发展以猕猴桃、柑橘为主的果木林；优化森林景观和旅游线路，重点发展森林旅游业，加强生态文化建设。

赣东南片——以武夷山为主构成的森林培育区：该区域包括铅山、广丰、贵溪、资溪、广昌、南丰、黎川、南城、宜黄、乐安、瑞金、石城、会昌、龙南、全南、定南等县（市、区），占省域国土面积的11.4%。发展方向：大力发展水源涵养林为主的生态公益林，大力发展商品里，北部宜发展毛竹、速生丰产林、大径木林；中部发展以南丰蜜桔为主的果树经济林，发展以杉木、毛竹等一般用材林；南部发展生物质能源林，速生丰产林和经济林。

赣西南片——以武功山、罗霄山为主构成的森林培育区：该区域包括安福、永新北部、莲花、芦溪、井冈山、遂川西北、泰和西部、永新南部、崇义、大余和上犹等县（市），占省域国土面积的 8.2%。发展方向：重点保育以水源涵养林为主的生态公益林；北部发展果树经济林，生物质能源林，木本油料林和工业原料林；中部发展生物质能源林，一般用材林，速生丰产林；南部应大力培育大径木荷大径竹，以花卉、竹笋为主的非木材林产业，积极发展森林旅游业。

5. 多点：乡村林业

江西省现有乡场 763 个，行政村 17145 个，自然村 146556 个。乡场村庄绿化缺乏统一规划，绿化水平低，区域绿化不平衡。在新时期社会主义新农村建设中，要按照建设"乡风文明、村容整洁"新农村的要求，探索血吸虫疫区环境治理与滩区农民致富、林区森林保护与综合开发、村庄绿化美化与风水林建设相结合的新农村林业建设模式，探索集体林权制度改革过程中如何加强乡村人居环境建设的机制与模式，并注重保护和挖掘具有江西地域特色的生态文化，通过科学的规划、保护和建设繁荣乡村生态文化，发展具有生态、经济、文化多种功能的乡村林业。

第五节 市域森林生态网络体系布局实践

（一）上海现代城市森林发展研究

上海城市森林建设规划按照"林网化、水网化"的规划理念，以城市森林生态效益优化为原则，概括为"三网、一区、多核"的城市森林生态系统结构布局。

1. 三网

为维护人类活动频繁的道路系统、水路系统和农田系统平衡，建立道路林网、以水体岸带为主干的水系林网以及农田林网等，构建城市森林生态系统的骨干系统。

2. 一区

在淀山湖、黄浦江上游及太浦河等支干流、佘山集中连片的淀泖水源区，根据不同地域生境特点，构建以涵养水源、净化水质为主，包括生物多样性保护、休闲旅游等多种功能的重点生态建设区。

3. 多核

在林网水网中构建结构稳定、达到一定规模的能构成森林环境的各种功能林，使其成为城市森林生态系统中的核心林地，城市森林网络中的结点。

上海现代城市森林发展展望：

一是林网化、水网化改善生态环境。关于林网化的理论已经非常清楚了，在这里我们需要讨论水网化中如何改善水质的问题。上海水系改善的关键是"引江水入大海，变死水为活水"。上海地区北为长江口，南有黄浦江，西有运河，东临大海，境内水系众多，河湖港汊纵横交错，水面积约占总面积的 11.3%；河网密布，平均每隔 100~300 米就有一条河流。除长江外，黄浦江是上海地区的主要水系，黄浦江贯穿全境，全长 113.4 公里，上海地处沿海，海（江）岸线总长达 471.7 公里。就水资源的丰富程度来看，上海在全国是一块少有的宝地，但上海的水质很差，全市河道中没有Ⅰ类河道，Ⅱ类Ⅲ类河道仅占总河道的 0.1% 和 0.9%，Ⅴ类河道和劣于Ⅴ类的河道占总河长的 10.3% 和 68.6%，因此，建议通过一些灌溉工程和净水工程等完成"引江水入大海，变死水为活水"的目标。

二是向空间要生态，发挥植被优势。①城区的森林建设，在不增加土地面积的条件下，还仍有很大的潜力，这潜力就在立体的空间里。过去的城市绿化往往是平面的大地系统，遵循我国传统园林的风格"以大变小"。城市化的发展使城市中的楼房越来越高，但城市树木却不能矮小，我国的高大树木有着丰富的物种资源，30~40 米的高大乔木树种很多，而且小树与大树的生态效益差异极大，矮树的透光透气性也不好，应选择高大的乔木作为城市绿化的骨干。②常绿树和落叶树树种选择问题。常规的选择更喜欢常绿树种，因为在城市中种植常绿树更显生机。但在我看来，就生态功能和城市绿化的格局，落叶树同样重要，落叶树不仅在夏天起到遮阴的作用，在冬天还能透光，能够解决冬季的增温问题，而常绿树种在冬天接受阳光的功能就不及落叶树。③关于上海城市中大量栽植樟树的质疑。我个人认为，城市中将樟树作为主要的城市绿化树种，是不可取的。原因是樟树耐寒性差，树龄大后树型又不好。城市树木能够很好地体现城市的文化和历史，所以城市中的骨干绿化树种应如何选择才能更好表现城市深刻的文化底蕴，值得很好的斟酌。④城区绿化乔木树种比例小，生物量少，叶量少，生态功能弱。采用传统的园林绿化，能够提高视觉景观效果，前几年还兴起了草坪热，但从生态功能上看，草坪的生态效益仅仅是树木的几十分之一。我认为上海在有限的土地上还能够增加生物量、叶量。如果见缝插绿，利用速生落叶树种如杨树等，一般 5~6 年就能长到 20 厘米粗 20 米高，达到 5~6 层楼高，在城市中形成"绿树城中"的景观，使城市中的温度和空气条件有很大的改善。再充分利用我国攀援植物和藤本植物资源丰富的优势，进行空间绿化，增加生物量和叶量，城市森林生态效益的改善将是很可观的。

三是控一片，扩一线，城建面向江海。关于上海城市森林建设，我们建议：上海应该考虑"控一片，扩一线，城建面向江海"。城市建设与城市生态是紧密相关的。世界各国许多发达城市周围都建有卫星城市，而上海在这方面有更好的条件，特别是水条件，因此我建议上海城市建设"控一片，扩一线，城建面向江海"，江海治理条件好，环境优良，城市建设实行"片控制"很有意义。上海的浦东已经有远见性地在城市建设中治理江河，这一思路很好。我相信将上海建设成为"东方的威尼斯"是很有希望的。

上海城市森林建设发展过程，必然是一个土地生态化、增值化的跃迁过程。通过建设生态核心林地、森林生态廊道，全面推进农田、水系、道路林网化，实现城市森林的网络化。上海现代城市森林建设需要建立投入保障和长效管理的机制，采用政府主导、市场运作、公众参与的基本模式，促进城市森林的可持续经营。

（二）北京林业发展战略研究与规划

以中国森林生态网络体系点、线、面布局理念为指导，按照"林网化—水网化"的林水结合规划理念，以城区为核心，以建设生态公益林为重点，全面整合山地森林、平原防护林和经果林、城区绿地、城镇村庄绿化等多种模式，建立山地森林为主，平原防护林相辅，五河十路绿色廊道相连，城镇村庄绿化镶嵌，"一城、两带、三网、多点"为一体的森林生态网络体系，实现森林资源空间布局上的均衡、合理配置。

1. 一城

北京城近郊区的绿化，重点是两道隔离地区的绿化建设。

两带：燕山太行山山地森林生态建设带和京东南林水结合生态保障带。

2. 三网

平原地区的水系林网、道路林网和农田林网建设。

3. 多点

市域范围内的 14 个卫星城、33 个中心镇为主的城镇绿化建设。

规划建设的核心是"三区三绿三网三林"，具体可以表述为：

市域分三区——市区、平原区、山区，区域协调发展。

市区建三绿——绿岛镶嵌、绿廊相连、绿带环绕，绿中人居和谐。

平原造三网——水系林网、道路林网、农田林网，网中果茂粮丰。

山区育三林——水源涵养林、生态风景林、经济果木林，林中生物多样。

（三）扬州现代林业发展研究与规划

根据上述对扬州市域范围与林业发展主要相关要素的综合分析，提出了扬州市林业发展总体布局框架，即"二带、两片、三网"。

1. 两带

根据绿色江苏现代林业发展规划，扬州市地处江苏省两大城市群之一的沿江宁镇扬泰城市群中，是江苏经济发达、城市化水平高、人口密集的地区，也是落实江苏省加快沿江开发的战略部署、实现两个"率先"目标的先导地区。因此，扬州市现代林业建设要围绕上述总体目标并结合扬州城市发展趋势，重点加强东西走向的"沿江城市发展带"和南北走向的"沿运城镇发展带"的城市林业建设。林业建设目标是既要改善城市及周边生态环境，又要突出区域林业发展特色。重点是建设与悠久的园林文化和城市特色相结合的城市森林，以自然林为主的生态风景林；加强森林公园、自然保护区、沿江生态保护区、丘陵生态保护区和生态旅游区的保护和建设，促进区域旅游业的发展；并在城市间建立以防护、分割城市为主的永久生态隔离带。

沿江城市发展带绿化建设：扬州市沿江地区经济发达，以扬州市区为核心，东西连接江都和仪征市区，形成"一体两翼"主城区沿江城市发展带。沿江城市发展带中，有扬州市政治、经济和文化中心，全国重要的旅游城市和历史文化名城扬州市区，以水乡园林特色的重要水陆交通枢纽城市江都市、以优越的滨江区位优势和港口条件而成为该区域的重要工业城市仪征市，应成为扬州城市森林建设的重点。利用长江丰富的自然资源和优美的自然风光，合理建设沿江湿地森林公园；积极引种抗污染乔木、灌木树种，大力发展成片林，营建城市功能区之间的隔离林带，充分发挥森林的减灾、治污、调节气候、净化空气、美化环境的生态功能。

沿运河城镇发展带绿化建设：南北方向以京沪高速公路和京杭大运河为纽带连接宝应县、高邮市和江都市有关乡镇，形成沿运河城镇发展带，并与沿江城市发展带在江都交汇。沿运城镇发展带林业建设中，除了加强城镇森林建设外，还必须加快特色明显的工业原料林和经济林果建设，同时大力发展经济林果及木材加工业。依托高邮湖、邵伯湖、宝应湖丰富的湿地资源，积极发展沿湖生态防护林和湿地自然保护区及具有水乡特色的森林公园。

2. 两片

在扬州行政区内，根据城市地貌特点和区域内森林分布特点，以京杭大运河和通扬运河为界，分为西南部的低丘岗地生态林和里下河地区的商品林建设。

低丘岗地生态公益林：根据不同地域生境特点，低丘岗地片林主要分布在仪征市、邗江区、维扬区和高邮市。在低丘岗地加强以常绿落叶阔叶林为主的山地生态风景林建设，构建以保持水土、涵养水源为主，包括生物多样性保护、休闲旅游等多种功能的重点生态公益林建设区，加快森林植被恢复，同时发展一些具有地方特色的经济茶果林和苗木培育基地。

里下河地区商品林：里下河地区的宝应、高邮和江都水资源丰富，灌溉条件便利，是扬州主要的商品粮和水产品生产基地。该区应围绕湿地生态系统的恢复与保护，结合农村产业结构调整，把滩地开发与林、农、渔、牧、副相结合，根据因地制宜和生态效益与经济效益兼顾的原则，以该区域重点林业乡镇为核心，建设以杨树为主体的生态公益林和速生丰产林，从而形成杨树资源集聚效应，促进木材加工业的发展。同时发展一些具有地方特色的经济林果。

3. 三网：即水系林网、道路林网和农田林网

水系林网：以大江、大河、大湖沿线等生态环境脆弱区为主体，结合湿地保护，沿水体建设防护林带，形成网、带、片、点相结合的多功能、多层次、多效益的综合水网防护林体系。主要起到涵养水源、净化水质，保持水土，固堤护岸，促进疏导，抵御台风等作用。

道路林网：在尚未绿化或绿化未达标的县级以上公路两侧营建防护林带，形成道路林网系统。起到保护道路、减轻污染、净化汽车尾气、防尘滞尘和减低噪声、美化景观、兼具廊道作用。

农田林网：在沿江和里下河平原农区，利用沟、渠、圩、路，新建和完善农田防护林体系，使扬州的Ⅰ级农田林网（200亩一个网格）率达到80%。建设完备的农田防护体系，既为扬州农业优质高产稳产提供重要的生态屏障，又是增加农民收益的重要途径。

（四）广州市林业发展规划

以中国森林生态网络体系点、线、面布局理念为指导，按照"林网化—水网化"的林水结合规划理念，以城区为核心，以建设生态公益林为重点，结合湿地系统的保护与恢复，全面整合山地、丘陵、岗地森林，道路、水系、沿海各类防护林、花卉果木基地、城区绿地、城镇村庄绿化等多种模式，建立山丘岗地森林为主，各类防护林相辅，生态廊道相连，城镇村庄绿化镶嵌，"一城三地五极七带多点"为一体的森林生态网络体系，实现森林资源空间布局上的均衡、合理配置。

1. 一城

一城指广州城区的绿化建设，包括天河、白云、萝岗、越秀、荔湾、海珠、黄埔七区。城市绿化建设既是改善城市生态环境，提高人居质量的重要途径，也是最能够体现都市林业特色，提高城市综合实力和国际竞争力的有效举措。包括城市中心区、东部扩展区和南部发展区。

2. 三地

三地指中北部山丘地、中南部丘岗地和南部砂田地的林业建设。中北部山丘地包括从化、增城、花都、白云等区市以及天河、黄埔部分地区范围内的森林资源保育，是广州城市森林生态系统的主体，是确保广州城市生态安全的基石。中南部丘岗地处于海珠区和沙湾水道之间，城市发展速度快，是生态环境重点保护和建设地带。南部砂田地是指番禺区沙湾水道以南的部分以及南沙区，主要以砂田滩地为主，重点是以河网水系及滨海绿化带、道路绿化带、公园、湿地自然保护区等为架构，把本地区建设成为广州观光生态农业、滨海湿地生态旅游业的地区。

3. 五极

五极指花都、从化、增城、番禺、南沙五个区市以城区和近郊区为主的绿化建设。根据他们所处的位置不同在建设方向和内容上各有侧重。

4. 七带

规划以"山城田海，水脉相连"的自然特征为基础，重点在生态敏感地带构筑主干"区域生态走廊"，建构多层次、多功能、立体化网络式的生态结构体系。区域生态廊道的规划建设不能局限于单一的林或者水的单一概念，而是以林为主，包括林地、农田、果园、水体、园林绿地等多种要素在内的复合生态廊道。主要有北部山前缓冲带、流溪河生态保护带、西部污染控制带、东部湿地恢复带、中部城区隔离带、南部水体净化带和沿海生态屏障带等 7 条。

5. 多点

市域范围内石滩、太平、沙湾、狮岭、江高、新塘、鳌头、石楼、炭步、太和、良口、中新、花东、钟落潭、大岗等已建和规划建设的 15 个中心镇的绿化建设。通过加强这些地方的造林绿化建设，更好地发挥森林改善城镇生态环境的作用，把广州农村地区建设成为广大市民向往的具有田园风光、环境优美的现代化新型城区，以利于实现整个市域协调发展和全面建设小康社会。

建设重点：广州市域按照空间景观特征来看，可以划分成四个区域，即北部山丘区、山前城市区、中部丘岗地区和南部砂田区，从林业规划建设的内容来看，其核心是"三林三园三网三绿"。

山区育三林——水源涵养林和水土保持林、风景游憩林、产业原料林，林保生态安全；

丘区造三园——郊野公园、绿海田园、生态果园，园供观光休闲；

滩区织三网——河流林网、道路林网、海防林网，网护鱼米之乡；

城区建三绿——绿岛镶嵌、绿廊相连、绿楔分隔，绿促人居和谐；

在市域绿化上，重点是构建森林生态网络，保障地区之间协调发展和生态一体；在山区绿化上，重点是提高现有森林质量，实现森林生态系统稳定和生物多样；在丘区绿化上，重点是保护生态用地数量，提供城市发展生态空间和观光休闲；在滩区绿化上，重点是优化林网结构布局，建设林农林渔绿色产业和鱼米之乡；在城区绿化上，重点是增加城市三维绿量，促进城市生态环境改善和人居和谐。

对于广州市域乃至整个珠江三角洲地区来说，城市可以形成多个组团，产业可以各有优势，但生态建设必须总体协调。通过上述林业发展总体规划的实施，有利于本地区的生态融合，促进实现区域生态一体化，从而为广州乃至整个珠江三角洲地区的可持续发展提供可靠的生态安全保障。

（五）成都市城乡国土绿化发展总体规划

以中国森林生态网络体系点、线、面布局理念为指导，以成都城区为核心，以建设生态公益林为重点，结合湿地系统的保护与恢复，全面整合山地、丘陵、岗地森林，道路、水系防护林，花卉果木基地、城区绿地、乡村林盘等多种模式，建立山丘岗地森林为主，各类防护林相辅，生态廊道相连，城区绿地和乡村林盘镶嵌，"一城三带五区多极多廊多点"为一体的森林和绿地网络体系，实现森林和绿地资源空间布局上的均衡、合理配置。

1. 一城

一城指成都市五环以内的城市发展区，该区域的用地基本为平原。在城市北部有凤凰山、磨盘山等丘陵，在中心城范围内有较多水系河道，主要包括锦江、沙河、西郊河、摸底河、浣花溪、东风渠等七条水道。锦江水系不仅具有历史文化内涵，而且经过整治后成为成都市中心城的重要城市森林景观带，形成市区的绿色项链。城市水系和滨水地带的整治、绿化和美化是城市森林林网和水网绿化建设的重点。

2. 三带

三带指市域西部的生态保护带（包括邛崃山脉）、东部的龙泉山生态保育带和西南部长丘山生态保育带。龙门山脉和东部的龙泉山脉呈东北—西南走向，长丘山脉呈西南—东北走向，这些山地是成都市重要的生态屏障，同时也是市域范围内风景名胜区、森林公园和自然保护区的主要分布地。林业建设的主要任务是加强生态公益林建设，保护生物多样性和合理开发生态旅游资源。

3. 五区

五区指邛崃山山丘区、龙泉山丘陵区、川中丘陵区、长丘山丘陵区和成都平原区。这些地区处在山地与平原交错地带，农业、林业等相关产业发展用地也交错分布，生态环境比较脆弱。从林业发展的方向来看，是用材林、经济林发展比较集中和未来适宜继续拓展的地区，潜力巨大，对农村经济拉动力大，是成都市林业产业发展的重点地区。

4. 多极

多极指邛崃、彭州、都江堰、大邑、崇州、蒲江、新津、金堂等8县市的城区和近郊区绿化建设。主要是按照绿地系统规划推进城区绿化建设，改善城区人居环境；加强城市近郊区防护林、景观游憩林、郊野公园建设，促进城乡生态一体化发展。

5. 多廊

成都市有岷江、沱江等 12 条干流及几十条支流，河流纵横，沟渠交错，库、塘、堰、渠星罗棋布。同时近年来已经建成了以成绵高速路、成南路、成雅高速路、成温邛高速路、成灌高速路、成彭高速路、成渝高速路、成洛路、川藏公路等为主的骨干道路网络。重点是结合疏浚工程保留大型河道，沿河、沿高速公路和主要道路设置不同宽度的绿化隔离带，建立"蓝脉绿网"，形成纵横交错的水系、道路绿色廊道，构筑市域生态网络状结构。

6. 多点

多点是指各个区市县的重点镇、新市镇以及新型农民社区等村镇的绿化建设。结合成都市规划建设的 35 个中型城镇、多个大型聚居点（一般镇）以及众多的乡村居民点，在科学定位、合理规划的基础上，以保护、保留、完善林盘为主，把保护好乡村原有自然景观、人文景观与村荣村貌整治结合起来，把建设生态园林型、生态景观型等多种模式的乡村绿色家园，与发展多种形式的农家乐结合起来，因地制宜的开展村镇绿化建设。

（六）唐山生态城市建设总体规划

运用城市生态学、中国森林生态网络体系、城市功能区位、生态景观规划、恢复生态学、生态经济管理、人地关系可持续发展及城市灾害学等理论，进行了唐山生态功能区划、景观格局动态、植被与热场分布变化、环境负荷及经济社会发展等分析。

在这些研究分析的基础上，结合唐山城市发展规划及自然地理地貌，唐山未来发展需要，提出"两核、一带、二区、七极、多点"的建设布局。

1. 两核

（1）唐山都市区：由路南、路北、古冶、开平 4 区和丰南、丰润 2 个城区组成。

生态环境建设重点：生态公园、环城水系、绿色交通、生态社区。

生态产业建设重点：降低资源消耗，减小能耗；调整产业结构；培育电子、信息、机车等先进的制造业，发展物流、商贸、金融等现代服务业。

生态文化建设重点：现代生态景观文化；现代工业景观文化；抗震景观文化；现代城市景观文化。

（2）曹妃甸港城：包括唐海县、南堡经济开发区、曹妃甸工业园区及曹妃甸生态城。

生态环境建设重点：生态社区；绿色厂区；绿地系统；绿色建筑；环境治理；滨海湿地保护。

生态产业建设重点：曹妃甸港口建设；生态产业发展；生态工业区建设。

生态文化建设重点：生态工业科技文化建设；会议会展文化；唐海湿地文化。

2. 一带

由乐亭、滦南、唐海、丰南的部分地区及芦汉经济开发区组成的唐山南部沿海生态经济带。

生态环境建设重点：湿地生态环境保护；沿海防护林；农田防护林。

生态产业建设重点：京唐港物流业发展；开发区产业园建设；滨海养殖业；生态农业。

生态文化建设重点：滨海湿地生态文化；滨海渔家文化；滦河口湿地文化；盐生湿地公园。

3. 二区

包括中部平原综合发展区和部山区生态保育区。

（1）中部平原综合发展区：包括滦县、玉田、丰润、丰南及滦南北部等地平原区域。

生态环境建设重点：水网建设；骨干生态走廊建设；道路林网建设；农田林网建设；面源污染控制。

产业建设的重点：工业产业集群建设；生态农业产业发展；现代服务业发展。

生态文化建设重点：冀东农耕文化；特色农林产业观光园。

（2）北部山区生态保育区：该区域主要指为遵化、迁西、迁安境内及玉田、丰润和滦县的北部山区。

生态环境建设重点：生物多样性保护；水源地植被保护；矿山植被恢复；风景林的改造。

生态产业建设重点：发展特色林果；林下经济；生态旅游。

生态文化建设重点：森林休闲生态文化基地；历史名胜文化。

4. 七极

包括玉田、遵化、迁西、迁安、滦县、滦南县、乐亭等七个县（市）的城区。

该区以建设宜居、创业的田园生态城镇为目标，充分发挥区域生态环境的优势，合理利用和保护土地、水资源，优化城镇布局结构，拓展城市发展空间，缓解主城区城市人口过度集中而带来城市基础设施和服务等压力，引导城市有序发展。我们从生态环境、生态产业、生态文化方面提出了各极建设重点。

5. 多点

指遍布全市的农村居民点。

由于唐山农村地貌类多样，按区域将其分为北部山区、中部平原区和南部滨海三种类型，进行分类建设。唐山乡村建设重点是根据乡村特色进行科学规划，把保护乡村原有自然景观、人文景观与村容村貌整治结合起来，开展生态乡村建设。另外，针对各区存在的问题，也从生态乡村建设、生态休闲产业发展和乡村生态文化传承与发展方面提出了建设重点。

（七）合肥森林城市建设总体规划

充分发挥合肥湖、岭、山、河、林、岗、田、城等自然生态景观特色，依据合肥市城市发展空间格局、大型基础设施布局和自然山水形态，构建融合人文底蕴、北接分水岭、南抱大巢湖的开放性城市森林生态系统，形成以"一湖一岭、两扇两翼、一核四区、多廊多点"为骨架的城市近自然生态人文体系。

1. 一湖：环巢湖生态恢复与景观风貌区

本区主要以巢湖湿地及环湖乡镇为空间范围。以"生态治理、自然再生"的原则，推进巢湖边岸生态修复和环湖生态景观重塑,对滨湖规划区域内的滩涂湿地、水源保护地等生态和景观敏感区域,通过退耕还林、退圩还湿、河道整治、湿地保护、生态重建等手段,加强环湖森林、湿地、绿道、水田等多元复合生态建设,构建"以林为体、以水为魂、以路为轴、以游为旨"集生态、景观、亲水、休闲等功能于一体的滨湖风貌景观。

战略重点:以巢湖周边低洼地改造、圩区生态湿地、湿地公园、滨湖缓冲带生态修复、入湖河口湿地生态修复、南淝河与十五里河生态治理和滨湖矿山生态治理为重点,加强以下核心生态载体建设:一是三河百塘源水乡文化综合体建设。在白石天河与杭埠河口地区,建设水陆相间、地貌丰富的国际重要湿地,打造候鸟栖息天堂。同时,通过科普展馆、观鸟体验、滨水休闲、湿地运动等形式,营造都市周边休闲新环境,形成新型的市民周末生活体验公园。二是银屏山生态保护与功能拓展区建设。以银屏山为主体,加强滨湖山体生态风景林抚育和景观改造,促进沿湖废弃矿山生态复绿,着力打造水绿相融、山青水秀、绿树成荫、鸟语花香的湖山一体的景观风貌,形成以观光游览、娱乐休闲、度假疗养等于一体的森林生活功能区。三是半汤国际温泉生态度假区建设。以龟山、岠嶂山和汤山森林景观区位核心,加强区域生态风景林定向改造和四季景观诱导,促进滨湖沿路可视矿山植绿复绿。同时,依托半汤地热资源,结合周边生态风景资源,形成山水秀美、功能完善、配套齐全、服务一流的国际温泉养生度假区。四是巢湖北岸山水游憩与乡村度假区建设。以中庙街道、长临河镇和黄鹿镇的滨湖生态空间为依托,围绕"致富田园、生态庭园、特色庄园、文化乐园、和谐家园和休闲后园"建设,形成一批森林和湿地生态景观,乡村度假基地、农业科普基地,建设集休闲采摘、垂钓、教育、会展、餐饮、娱乐为一体的滨湖乡村田园风光。

2. 一岭:江淮分水岭森林长城

合肥市江淮分水岭地区,自西南向东北斜向穿越全市,岭脊线长达 140 公里,该区是合肥丘岗森林资源的集中分布区,也是全市的重点水源涵养林区,生态区位重要,森林涵养水源和保持水土功能效益突出。

战略重点:一是在分水岭的岭脊地带重点造林,结合退耕还林、小流域治理和农业产业结构调整,发展以营造水源涵养林、用材防护兼用林、果材两用林、能源林、薪炭林等为主的多效森林,目标是实现岭脊森林长城植被的恢复,形成结构较为稳定的森林带。二是加强岭脊两侧生态敏感区的林业生态建设,以水库绿化为核心,加强周边以生态林和苗木培育基地为主的生态林建设,通过优质高效森林调节区域水分循环机制,减少水资源流失,提升城市水源区水生态载荷能力和水质自净能力,改善合肥的有效水供给状况。三是加强江淮分水岭沿线村庄绿化,发展围庄林,加强庭院绿化,完善农田林网及河渠和农村道路林网建设,发展经济林木及苗木产业,提高村镇绿化水平和农民经济效益。

3. 两扇:南北两大生态休闲绿扇

合肥城区南北两侧以森林湿地为主体的绿色人文生态组团。

南扇:以南淝河森林湿地公园、大张圩万亩林场、牛角大圩都市田园和巢湖滨湖岸带森林湿地景观为主体，以生态文化休闲、滨湖森林假日和巢湖湿地体验为核心，打造以"水系为魂，文化为魄，生态为体，田园为衣，风情为魅，时尚为媒"的多元游乐景观，形成环湖大都市的绿色时尚商务区和生态田园文化基地。

北扇：以董铺水库、大房郢水库为核心，加强库区周边以生态林为主的水源涵养林和生态游憩林建设，形成城区北部重要的生态涵养和游憩服务基地。

4. 两翼：东西两大生态涵养与绿色休闲翼

合肥城区东西两侧有两大以山地森林和丘岗森林为主体的绿色组团，生态服务价值较高，生态区位良好，是保障都市区生态安全、扩充城市生态容量和承载城市生态文化的重要基地。

西翼：以紫蓬山国家森林公园—莲花山生态保育区—肥西三岗乡村旅游区为核心的西部生态运动与假日游憩组团。

东翼：以龙泉山旅游区—桴槎山生态保育区—肥东温泉养生度假村—肥东花木基地—休闲采摘基地为核心的东部生态游憩组团。

战略重点：一是通过林种结构、林分结构的优化调整，构筑多林种、多树种、多层次、多功能的稳定健康的森林生态系统，逐步提高区域林分的自然化程度和系统稳定性，增强森林的碳汇功能、水源涵养功能、景观功能和多种安全防护效益。二是利用其优质的森林景观资源，构建便捷的游憩绿道系统，设置布局合理的森林运动与游憩基地，开发多种户外体验活动和绿色产业项目，培植与发展特色鲜明的农家旅游产业，使其成为城市居民体验自然、放松身心和郊外游憩的便利场所。

5. 一核：绿色宜居魅力都市区

本区以合肥市都市区为空间范围。本区是合肥经济最为发达、城市化水平最高、人口最为密集的城市化区域。该地区的城市森林建设既是改善城市生态环境，提高人居环境质量的现实的需要，也是体现合肥现代生态都市特色的绿色窗口，合肥市都市区的城市森林建设对于提高区域环境竞争力和扩容城市生态载荷能力都将具有十分重要的意义。

战略重点：加强城区多元绿色福利空间建设，以城市大型公园、绿色廊道和街区游园为主体，构筑遍布城区的绿色福利空间体系。一是环城公园、绿色高压走廊和绕城高速三条生态景观和众多绿荫廊道建设，加强道路林带抚育管理和四季景观定向诱导，提升城市出入口和景观道路绿化效果，形成环网相连的绿色生态景观通道。二是整合提升城区生态区位较好、环境品质较高的生态绿地，打造大蜀山城市中央森林公园，形成以休闲游憩、旅游度假、阳光体育、文化展示、自然教育和影视创作于一体的大型生态休闲综合服务基地。三是在旧城改造和新城建设工作中，按照社区周边"300米见绿，500米见园"的布局要求，加强城市街区公园、社区游园的规划和建设，合理增加城市中、小型公园的布局密度和均匀程度，提升绿化环境的生态化和自然化水平，为市民提供高品质的便捷日常休闲场所。四是加强慢行绿道、绿荫车场、景观阳台等多元绿色空间建设，为市民提供宜居健康生活环境，促进居住区绿化向生态化、森林化和人文化发展，增强城市社区的宜居品质与人文生态魅力。

6. 四区：四大特色主导功能发展区

北部水源涵养与生态产业区：以长丰县为主要范围，加强五湖连珠水库区周边水土流失治理力度，大力发展生态林与产业林相结合的水源涵养林基地；推进沿淮蓄洪区"退田还湖"项目建设；加强疏林地和四旁绿化的改造，美化乡村人居环境，提高宜林地区的产业经济效益。

西部生态度假与花木产业区：以肥西县为主要范围，重点发展生态风景林、都市水源林、河流干渠防护林、苗木产业林和乡村人居林；同时，围绕花木之乡、淮军故里、省城花园的优势，大力发展生态休闲观光旅游产业。

南部水源涵养与生态防护区：以庐江县为主要范围，重点加强河流廊道生态防护林和水源地周边防护林建设；提高农田林网的绿化率和完整度；积极发展以温泉度假、山地运动、林网观光等为一体的生态旅游产业。

东部生态农林产业聚集发展区：以肥东县和巢湖市北部地区为主要范围，以公路河流沿线、城镇、水库和农田四周为重点，以生态防护林和水土保持林建设为核心，以规模化农林产业基地为依托，积极引导经济果木林、速生丰产林和种苗花卉产业发展，充分发挥农用地生产、生态、景观和间隔的综合功能，实现组团间农田与绿色隔离带有机结合。

7. 多廊：城市生态景观防护林网

以城市主干交通线、河流水系景观防护林带和农田林网为骨架，在市域范围内形成林路相依、林水相依、林田相依、林园相依的互相连通、沟通各组团城市的生态安全网络。

战略重点：一是道路景观防护通道建设。以合肥市"一环十射五连"骨干路网为骨架，以广大农村道路为补充，通过造林、更新、改造，加强道路生态防护林的抚育管理和四季景观定向诱导，全面提升道路廊道的绿化水平和绿化质量。二是水系景观防护林建设。以"九水归巢"骨干河流水系绿化为重点，以渠道、水库、中小湖泊绿化为补充，建设以乔木为主的高标准林水复合生态廊道。三是农田防护林网建设。补植断带林网，更新老弱植株，形成高标准的农田防护林网，增强农田网络连通性和护农增效水平。四是工业园区防污隔离林带建设。继续在主城与城郊产业基地之间，以及都市区外围产业组团周边建设防污隔离林带，阻隔、净化工业园区粉尘、大气污染传播。五是城市慢行游憩绿道网络建设。顺应低碳绿色出行的发展趋势，通过建设以林荫路为主、连接主要社区与各类郊野公园、森林公园、湿地公园等休闲景区，提供居民骑车、步行进入生态游憩区的绿道网络。

8. 多点：区县镇村人居森林建设

多点即区县城区与镇村人居森林建设。

战略重点：一是加强庐江、长丰县城和巢北产业新城、空港新城、庐南重化基地等生态新区的绿化美化，丰富和完善区域绿色基础设施，加强城市绿色廊道和工业新城污染防护林带建设，不断提高城区和近郊区空间绿量，建设分布相对均匀而又数量较多的生态休闲服务场所，形成良好的绿色人文景观，增强卫星城区的宜居宜业环境品质。二是结合合肥市小城镇、大型聚居点以及众多的乡村居民点建设，在科学定位、合理规划的基础上，以保护、保留、完善乡村人居林为主，把保护好乡村原有自然景观、人文景观与村容村貌整治结合起来，把建设生态景观型、生态经济型、生态文化型乡村绿色家园与发展多种形式的农家乐结合起来，因地制宜地开展村镇绿化建设。

第三章 中国森林生态网络体系"点"的建设

第一节 不同类型城市森林配置技术

城市森林的配置是城市森林的功能的基础。建立模式优化，功能高效的城市森林是城市生态建设追求的目标。城市森林的树种配置贯穿生态适应、功能优化、生物多样、景观丰富的思想。具体思路是①以高大乔木为主，与灌草相结合。充分利用城市空间，增大城市空间绿容率，增强城市森林生态功能。②以乡土树种为主，与外来树种相结合。乡土树种生态适应性强，营林技术成熟，管护成本低，城市森林较高的稳定性高，林分质量高；适当引进外来树种，主要为满足不同空间、不同立地条件下的城市森林建设要求，实现地带性景观与现代都市特色相结合。③以主导功能为主，多功能结合。城市森林在不同区域或地段其功能不同，在进行植物材料选择与配置时，首先考虑选择特定功能树种，如在污染防治、人体保健等方面的独特功能，达到独特效果，同时，还应考虑多种功能的优化配置，以实现城市森林多种效益最大化。④树种多性状相结合，加强生物多样性和景观多样性。珍贵长寿的长效树种与速生树种相结合，在时间上实现城市森林功能的快速、持续发挥，同时又为城市森林的长远发展奠定基础；常绿树种与落叶树种相结合，丰富城市森林景观及其动态变化特征，发挥落叶树种较好的水土保持、土壤改良等生态作用，同时也符合人们对光热季节性变化的需求，具有良好的生态、景观效果。从城市不同区域森林建设看，主要有如下几个类型。

一、居住区与单位绿化配置

城市居住区与单位是人们生活、工作于其中时间最长的贴身场所，与居民的生活工作质量密切相关，居住区与单位绿地系统是城市森林的重要组成成分。居住区与单位绿化，体现的是调节小气候、净化空气、休闲保健等生态功能，同时与当地居民生活习惯和审美观相一致，符合当地居民的较高观赏价值；而对于工厂等特定污染区的绿化，主要是抗污、吸污的生态功能。

（一）宅旁绿地

宅旁绿地与城市居民息息相关，应结合住宅建筑的间距大小，平面关系，层数高低等因素进行配置，应根据城市光热的季节性变换特点，近宅处定植高大落叶阔叶树种，如银杏、鹅掌楸、重阳木、白蜡等，下层配置红叶李、桃、柿、梅、樱花、枫、竹、海棠、小叶女贞、栀子、紫薇、山茶、海桐、八角金盘、南天竹、火棘、金叶女贞、小叶黄杨等，在远处适当栽植常绿植物桂花、女贞、香樟、棕榈等。另外，可采用紫藤、凌霄、爬山虎、常春藤、木香、金银木、络石等藤本植物对各类墙体等适当进行垂直绿化。

（二）公共绿地

公共绿地是人们休闲、保健、游玩、娱乐的重要场所，森林系统的建设强调生态、保健、景观的有机结合。选择鹅掌楸、银杏、乌桕、银杏、香樟、女贞、枫香、五角枫、三角枫、合欢、七叶树、白蜡、重阳木、榉树、栾树、喜树、白玉兰、紫玉兰、广玉兰、雪松、原柏等松柏类植物以及桂花、海棠、紫叶李、石楠、棕榈、油茶、紫薇、木槿、海桐、杜鹃樱花、鸡爪槭、杜鹃、八仙花、金叶女贞、小叶黄杨、瓜子黄杨、石榴、枇杷、栀子、金丝桃、南天竹、紫叶小檗、孝顺竹、刚竹、淡竹、菲黄竹、菲白竹等植物，构建以乔木为主的立体森林群落。

（三）专用绿地

专用绿地是指居住区里公共建筑和公用设施用地内的专用绿地，绿化布置应结合周围环境要求布置，考虑景观、遮阴、分隔、防护的要求，建立物种相对较少、疏透度适宜的乔灌草配置。当然，针对不同使用者的要求，模式的配置有所侧重。例如幼儿园等儿童活动场所周围，应选用色彩鲜艳活泼无毒、无刺的植物，景观应较为开敞，视线通透；而老年人活动区域附近则需营造一个清静、雅致的环境、注重休憩、遮荫要求，空间相对较为封闭；医院区域内，重点选择具有杀菌功能的松柏类植物；而工厂重点污染区，则应根据污染类型有针对性地选择适宜的抗污染植物，建立合理的植被群落。

二、建成区核心片林配置

建成区核心片林是城市森林的重要组成，是改善建城区生态环境的重要林分。具有减缓热岛效应、净化城市空气等生态功能，良好的休闲保健功能。理论上面积不小于4公顷，具体应根据热岛效应强度等情况确定较为适宜的片林面积。选择雪松、园柏、刺柏、龙柏、马尾松、国外松、水杉、合欢、香樟、槐树以及枫香、麻栎、栓皮栎、化香、黄连木、苦槠、青冈栎、紫楠、华东楠、红楠等地带性树种，在城市的适宜地区（如热岛地带），建立面积大而集中的近自然的植物群落，改良城区生态，形成城市之"肺"。

三、公园和广场绿化配置

公园和广场是市民活动较为频繁，进行休闲娱乐活动的重要场所。过去广场热衷于水泥砖石的堆砌或草坪花灌的铺张等缺林少乔做法，难以满足人们对环境改善、活动休闲的需求；公园绿地一般面积较大，是城市森林的重要森林斑块，为城市生态设施的主要成分之一。具有休闲保健功能、生态功能、科教功能。公园和广场绿化可分为观赏林和科教特用林两种模式：

（一）观赏林模式

由具有一定观赏价值的乔木及花灌所构成的乔灌草植物群落，通过选择较多的高大乔木，适当配置灌木或草本，形成开闭相宜、疏透适中的城市公园和广场观赏林。目前多采用近自然设计，空间相对开敞，林相景色丰富。

上层选择乔木：香樟、银杏、雪松、榉树、栾树、女贞、广玉兰、白玉兰、合欢、鹅掌楸、枫香、桂花、重阳木、乌桕、樱花、冬青、红枫、槐树、水杉、枫香、榆树、麻栎、苦槠、青冈栎等栎类、松树、柏树、枫杨、落羽杉、无患子、三角枫、五角枫、柳、杨、木莲、石楠、椤木石楠、紫玉兰、二乔玉兰、朴树、柿树等树种。

下层选择灌木或草本为：冬青、红枫、海棠、紫薇、夹竹桃、蜡梅、棕榈、紫叶李、石楠、木槿、金叶女贞、小叶黄杨、瓜子黄杨、铺地柏、洒金柏、红花檵木、丁香、海桐、蜀桧、丝兰、凤尾兰、小叶女贞、鸡爪槭、丰花月季、紫叶小檗、火棘、杜鹃、龙柏苗、洒金桃叶姗瑚、狭叶十大功劳、金丝桃、红花檵木、南天竹、葱兰、红花酢浆草、麦冬、沿阶草、白三叶等。

（二）科教等特用林模式

结合城市文化历史所营建的具有特定氛围的城市森林，如在革命烈士墓地或纪念碑周围营造的大片松柏林分；以及选择具有特殊功能和价值的植物造景，如建立药用植物园，水生植物园、竹类植物园、盆景园、珍稀植物园等。

四、道路林配置

对于城市道路林而言，其主要功能是具有较好的遮荫效果、较强的滞尘、抗污、吸污能力、较好的观赏特性。在绿地建设植物配置时，以常绿阔叶乔木为主，乔、灌、草结合，将能形成较强生态功能的复层森林结构模式。

以 2~3 排大乔木形成背景或上层，小乔或大型花灌形成中景或中层，由较低矮的花灌、草坪、花卉形成前景或下层，构成宽 12~24 米林带。根据道路具体情况选择适宜树种，注意色相，季相搭配以及层次节奏的配置。

背景或上层：白玉兰、紫玉兰、乌桕、银杏、女贞、合欢、悬铃木、含笑、槐树、水杉、雪松、香樟、榉树、栾树、广玉兰、喜树、臭椿、落羽杉、鹅掌楸等适宜的松柏类植物等。

中景或中层：樱花、冬青、枇杷、红枫、海棠、紫薇、夹竹桃、蜡梅、紫叶李、石楠、棕榈、木槿、桂花等。

前景或下层：金叶女贞、小叶黄杨、瓜子黄杨、铺地柏、洒金柏、红花檵木、紫叶小檗、海桐、蜀桧、丝兰、凤尾兰、小叶女贞、丰花月季、火棘、杜鹃、洒金桃叶珊瑚、狭叶十大功劳、金丝桃、南天竹、葱兰、马蹄金、红花酢浆草、麦冬、沿阶草、白三叶等。

五、水系林配置

城市中水岸经常是城市居民重要的休闲保健场所，也是城市中重要的风光地段。沿水系建立林网是实现城市"林网化、水网化"的重要举措。功能要求为：①具有优良的固土护堤、水源涵养等生态功能。②具有良好的景观及休闲保健效果。③利用带具有较高的经济效益。

水系林网的树种选择，要具有较强的耐水湿特性、良好的固土护岸功能以及一定的景观价值，利用带树种还具有较高经济价值。

沿水岸由近至远，水边栽植芦、荻、灯芯草、蒲草、茭白等挺水植物，柳树、杨树、重阳木、枫杨、白蜡树、水杉、紫穗槐、垂柳等树种作为近水岸前景，后景栽植较耐水湿的旱柳、杂交柳等优良乔木柳品系、杨树优良品系、池杉、落羽杉、桑树、榔榆、重阳木、枫杨、水蜡树、白蜡树、水杉、水松、白榆、黄连木、榉树、柿树、丝棉木、榔榆、棠梨、大叶黄杨、紫薇、月季、栀子花、龙爪柳、石榴、黄荆条以及扶芳藤、络石、紫藤等植物，同时适当配置能够产生芳香气息的桂花等植物以及能够挥发有益成分并具杀菌功能的松柏类植物，构成常绿、落叶混交、针阔混交、乔灌藤混交以及生物多样、配置自然的水岸森林群落，为城市居民提供良好的休闲保健空间。

第二节 城市森林建设功能树种选择

城市不同区域或不同地段由于其在城市中功能不同，形成了不同的生态环境，因此，在城市森林建设过程中，需要选择不同功能的树种进行污染防护、环境改善和绿化美化。树木是城市森林的基础，树种选择的好坏是城市森林建设成败的基本前提。

一、滞尘树种选择

植物通过其枝叶对空气中粉尘的截留和吸附作用，一定程度上可以减轻空气中的粉尘量，起到滞尘效果。不同植被类型和植物种类因其叶片层次结构、枝叶密度、叶面倾角、叶面粗糙性和湿润性等的不同，其滞尘能力不同。一般而言，植株高大、枝繁叶茂、枝条和叶片表面粗糙、具绒毛或分泌物以及生长在空气尘量较多地方的植物其滞尘能力也较强。从目前研究看，适合于城市森林建设、具有较强滞尘能力的树种如下。

较强滞尘能力的乔木树种主要有构树、侧柏、泡桐、悬铃木、广玉兰、石楠、元宝枫、银杏、槐树、水青冈、栎树、杨树、刺槐、山杜英、松树、冷杉、云杉、香樟、女贞、重阳木、榆树、铁冬青、棕榈、马褂木、杜英、大叶樟、臭椿、栾树、雪松、丁香、圆柏、龙柏、紫薇、拟单性木兰、悬铃木、枫香。

灌木树种主要是木芙蓉、泡花树、红花檵木、锦带花、天目琼花、榆叶梅、桧柏、千头柏、桑树、黄槿、紫叶李、夹竹桃、七里香、刺桐香、海桐、棣棠、月季、春鹃、红叶李、紫荆、大叶黄杨、木槿、珊瑚树、山茶花、桂花、十大功劳、蜀桧、罗汉松。

二、生态保健树种选择

植物材料抑制空气中微生物含量主要是通过释放挥发物，抑制微生物的繁衍。抑制微生物能力的监测，可为生态保健型树种选择及配置提供了科学依据。

抑菌或杀菌能力较强乔木的树种有白皮松、雪松、旱园竹、香樟、沉水樟、侧柏、龙柏、柳杉、臭椿、马褂木、山胡椒、铁冬青、水杉、银杏、构树、大叶樟、苦楝、枫香、悬铃木、金钱松、杉木、湿地松、柏木、龙柏、榆树、棕榈、广玉兰、乳源木莲、枇杷、江南油杉、黄枝油杉、铁坚油杉、紫穗槐、杜英、栾树、石楠、大叶女贞、罗汉松、元宝枫、小叶女贞、涤柳、金叶女贞。

抑菌或杀菌能力较强的灌木树种有夹竹桃、海桐、桂花、洒金柏、紫叶李、珊瑚树、山茶花、红花檵木、十大功劳、金银木、桧柏、桑树、珍珠梅、蔷薇、月季、小叶黄杨、石榴、紫薇、蜡梅、紫荆。

挥发物中具有芳香物质的树种有枫香、湿地松、罗汉松、桂花、广玉兰、海桐、大叶樟、雪松、香樟、山茶花、石楠、马褂木、珊瑚树、大叶女贞、棕榈、悬铃木、红花檵木、小叶女贞、十大功劳、栾树、构树、银杏、夹竹桃。

空气负离子平均水平较高的林分从大到小的排序为:沉水樟、罗汉松、乐东拟单性木兰、木莲、南方木莲、金叶含笑、乐昌含笑、中国鹅掌楸。

三、抗污染气体树种选择

（一）抗二氧化硫树种

抗二氧化硫乔木:罗汉松、侧柏、蚊母、女贞、乐昌含笑、小叶女贞、阔叶十大功劳、加拿大杨、龟甲竹、水榆、柳杉、水曲柳、樟树、棕榈、木莲、广玉兰、龙柏、桧柏、夹竹桃、构骨、石楠、海桐、山茶、夹竹桃、枸骨、水杉、银杏、槐树、臭椿、泡桐、悬铃木、刺槐、榔榆、栾树、无患子、合欢、枣树、稠李、黄连木、鸡爪槭、白玉兰、七叶树、青桐、构树、枫杨、紫叶李、连翘、珍珠梅、石榴、月季、蜡梅、木芙蓉、紫薇、木槿、无花果、结香、金银花、络石、紫藤、木香。

抗二氧化硫灌木:珊瑚树、大叶黄杨、玫瑰、珊瑚树、海桐、桂花、栀子花、桂花、红花桎木、杜鹃、夹竹桃、山茶花。

（二）抗氯气树种

抗氯气乔木:枸骨、香樟、柳杉、侧柏、罗汉松、小叶女贞、石楠、棕榈、千头柏、龙柏、黄杨、广玉兰、蚊母、女贞、云杉、棕榈、皂荚、丝棉木、臭椿、柿树、黄连木、朴树、五角枫、白蜡、合欢、喜树。

抗氯气灌木:石榴、栀子花、珊瑚树、大叶黄杨、锦熟黄杨、山茶、海桐、木芙蓉、夹竹桃、桂花、木槿、连翘、紫薇、石榴。

（三）抗氟化氢树种

抗氟化氢乔木:香樟、侧柏、广玉兰、蚊母、棕榈、构树、槐、龙柏、女贞、喜树、石榴、木槿、无患子、香椿、臭椿、泡桐、五角枫、乌柏、垂柳、榆树、梧桐。

抗氟化氢灌木:大叶黄杨、海桐、夹竹桃、珊瑚树、茶。

四、重金属富集能力强树种选择

植物在一定程度上能吸收和富集重金属,从而减少重金属对环境的污染,另一方面,对重金属具有一定忍耐性,可以对重金属污染起到一定隔离防护作用。以下树种具有较强的富集重金属元素的能力,可为防护树种选择提供一定的依据。

乔木树种:水杉、法国冬青、刺槐、女贞、香樟、石楠、蚊母、臭椿、泡桐、毛白杨、朴树、旱柳、侧柏、接骨木、加拿大杨、构树、板栗、雪松、槐树、银杏、五角枫、皂角、悬铃木、榆树。

灌木树种:夹竹桃、紫薇、木芙蓉、山茶、桑树、大叶黄杨、桧柏、连翘、石榴。

第三节　生态风景林改造技术

生态风景林主要包括现有森林公园、城郊游憩林、观光林及其他以生态利用为主要目的生态公益林。

20世纪60年代中,北欧一些科学家根据现代城市出现的一些弊端,提出在城区和郊区发展森林将森林引入城市,使城市坐落在森林中。美国、英国许多城市在城郊都有森林区新加坡的公园及娱乐"原始公园",将农田和森林及其他一些景观揉和进"田园城市"的建设中,这此森林带对保证城市的发展及补充城市绿地的不足,改善城市生态环境都有着不可替代的作用。迈入21世纪,我国经济发达,尤其是东部沿海城市,已逐渐重视生态风景林建设,如上海、北京、广州、深圳、厦门等城市在城市绿地建设中,尤其加强了环城林带、城郊风景林及森林公园的建设,特别是加大了生态风景林改造。

由于过去林业以森林经营用材林为主,培育中、小径材速生丰产林为目标,其树种也主要集中在杉木、马尾松、杨树等树种上,树种和林相单调,生态功能和景观价值低下,甚至由于长期连栽和其他不合理经营,形成残次林分,严重影响了森林公园的景观和旅游效益。随着城市经济的发展,城市化进程的加速,市域范围的扩大,以及城市发展的需要,过去以经营用材林为主的人工林或次生林被纳入城市森林或森林公园的范畴,成为城市居民和外来游客的重要旅游、休闲场所,为了增加森林景观价值,提高生态功能,服务于人们,促进旅游的发展,应按照森林生态学、造林学、园林工程学等理论,在保护好现有森林植被的基础上,逐步进行了林相调整,以逐步形成多树种、多层次、多林相、乔灌草结合比较完整的复层森林植物群落。

一、改造原则

生态适应、定向改造原则。依据植物的生物学、生态学特性,利用植物季相和色相的变化进行植物配置。以景观价值和生态功能的提高为改造目标,提倡乡土植物为主体,尤其是珍稀树种的应用,同时考虑植物色彩变化的需求,引进外来景观树种。

局部改造、系统稳定原则。利用现有林分的生态环境,坚持"见缝插绿、找缝插绿、造缝插绿"的改造理念,进行抚育间伐,促进自然更新,引进改造树种,加速群落进展演替,增加植物景观层次的变化和绿量,形成高效、稳定的乔、灌、藤、草植物群落。

弘扬文化、突显个性原则。生态风景林改造要与当地的自然地理条件、特色的社会历史和丰富的民族文化相结合，尊重当地民族习惯，弘扬传统文化，彰显生态风景林个性。

二、技术要点

对低效林，恢复与改造的重要途径之一就是师法自然，应用恢复生态学原理、生态位及生态演替等理论，遵从"生态位"原则，搞好植物配置在发展建设中，应充分考虑物种的生态位特征、合理选配植物种类、避免种间直接竞争，形成结构合理功能健全、种群稳定的复层群落结构，以利种间互相补充，既充分利用环境资源，又能形成优美的景观。

（一）近自然林

按照中国森林生态网络体系'面'的建设理念为指导，即以封山育林为主，辅助以人工措施，按近自然林林为目标进行改造。目前改造技术主要有两种，一种为封禁法。主要是在土层浅薄、岩石较多，且处于游览视线的隐蔽地段处，采取封禁办法并适当砍除一些藤本，促进其中的乔木或小乔木树种生长，同时也可播入一些乔木种子，人工促进天然演替。另一种为补植法，在现有森林下补植阔叶乔木树种，待目的树种长到一定高度后逐步疏伐一部分原有非目的乔木种。这种方法既不破坏原有的森林，又利用现有森林的荫蔽条件保护目的树种生长。

以上两种方法目前都有采用，补植法目前被较广泛应用，且所要采取的措施力度较大，见效较快，这里对其技术要点进行简要介绍。

调节郁闭度、保护林下植被。在调查林分群落结构的基础上，对建群种进行卫生伐、择伐和疏伐，保护原有的森林植被，特别是要林下自然下种的阔叶树，控制林分郁闭度在0.3~0.6，为林下植被的生长创造生态环境条件。

选择树种、改造景观。通过调查地带性植被的基础上，针对不同地区地带性植被，选择乡土树种，特别是一些珍贵乡土树种，同时考虑树种的适应性和树种的季相，确定代表性植物资源，突显林分的特色。如楠木、红豆杉、红豆树、枫香、麻栎、栓皮栎、槲树、白栎、黄檀、化香、黄连木、苦槠、青冈栎、深山含笑、木莲、杜英、紫楠、红楠等树种都是优良景观树种。

块状整地、大苗栽植。根据林分改造的期限和目标，为了加速风景林改造的速度，可进行引进少量外来景观树种，每公顷栽植75~150株。采用大苗移植的方法，可采用3~6年生大苗，提高改造成效。大苗移植前整地的规格应根据土坨的大小进行清理和整地。

前期管护、后期封禁。在移植的树木在前期应进行适当的管护，如浇水、施肥等抚育管理措施，以提高林木成活率和竞争力。在林分稳定，初期结构基本调整完后，后期的措施主要是进行封禁保护，形成针阔混交林，通过逐步更新改造，最终趋向于形成接近地带性顶级的近自然植物群落。

（二）四季供景林植物配置

四季供景林的关键技术在植物的配置上，其他措施与补植法相似。植物的配置不但要考虑到所选择用的树种是否有利于次生林的进展演替。还要考虑到未来成林后的景色是否与其原有的植物相协调。在植物的配置上，可选用以下树种，以营造不同季节的景观。

春景为可选用以蔷薇科为主的植物营造该地区春花烂漫的特色景观。蔷薇科植物是最重要的观赏植物，品种繁多，花色缤纷，终年不断。春季开花的植物很多。有白鹃梅、二裂绣线菊、绣球绣线菊、石楠、杜梨、山樱等。为了使其春天的景色更加绚丽多彩，可适当多栽植各类观赏桃，如碧桃、排桃、绛桃、洒金碧桃、紫叶桃等稀有类型。此外部分地方可种植海棠花、西府海棠、湖北海棠等苹果属植物，也可种植木瓜、贴梗海棠等木瓜属植物。福建山樱花、日本晚樱等樱属植物。

夏季开花的野生植物主要有山槐、野桐、华瓜木、牡荆、野鸦椿、大青、海州常山、刺楸、多花蔷薇等，草本有石蒜、野百合、夏枯草、泽兰、黄花、牵牛等。考虑到部分野生树种的花不够醒目，可适当在道路边种植石榴、紫薇、夏蜡梅、广玉兰、杜英、喜树、合欢、木槿、粉花绣线菊、大花栀子、金丝梅等园林植物，让夏天也成为花的海洋。

秋景的营造以秋花和彩叶树种为主。可配置胡枝子、木芙蓉、金桂、银桂、丹桂等观花及香花的园林植物。该地区现有的彩叶树种主要有红枫、二角枫、五角枫、无患子、盐肤木、漆树、黄连木等。这些彩叶树种很少有成林的，所以从远处看，色彩不够明显。在林内营造大面积秋季变色或终身有色的彩叶林，不仅使得景区有季相的变化，并且大大丰富了景区季节性的景观，渲染和烘托旅游气氛。

冬季，主要是观果和观花。冬季观花的植物较少，主要有茶和胡枝子等。观果植物主要有冬青、紫金牛、菝葜等。同时可配置蜡梅和茶梅，丰富冬季的景色。

（三）观景竹林改造

我国南方许多地方是竹子的中心分布区，长期以来与竹子有深厚的感情。许多城市竹林规模较大，长势良好，在进行更新改造时，可进行加以利用。古人对竹子环境利用更多体现在对竹子本身秀丽多姿的风格，以及竹环境清雅脱俗的环境赞颂，营造生态竹林景观，更能充分体现生态景观林的文化内涵。竹子中空而劲直，虚怀若谷，刚正不阿，寓意高雅、谦虚、坚贞的品德，具有特殊的美学特征。利用竹林风姿绰约，建立生态竹林景观，提供游憩和观光场所，同时，它的再生性很强，用途广泛，具有较高的经济价值。如毛竹林，可在保留现有竹林的基础上，适当增加一定量的刚竹属观赏竹种，如花毛竹、绿槽毛竹、黄槽毛竹、龟甲竹、斑竹、金竹、黄槽刚竹、紫竹、毛金竹等，也可引进其他阔叶树种，改造成竹阔生态景观林。

第四节　乡村人居林建设关键技术

改革开放以来，我国农村社会经济社会取得长足发展，农村面貌发生巨大变化。农村城镇化、工业化、现代化、城乡一体化发展成为我国农村社会经济发展的主导力向，但在这一发展进程中，农村的社会、经济、生态之间也出现了种种不协调的现象，特别是经济发展伴随而来的资源过度消耗、生态破坏和环境污染，已引起社会的广泛关注。乡村是我国农村政治、文化、经济、生产、生话的基层单位，实现农业农村可持续发展、城乡协调发展，建设生态农村是社会主义新农村的重要内容。做好乡村人居林建设，对绿化美化乡村，改善居住环境，促进农村经济发展具有重要的现实意义。

一、庭院林建设关键技术

混农林业是将林业和农业或牧业或渔业等结合在一起进行经营的土地利用方式。我国自 70 年代以来，农林复合经营有了蓬勃的发展，在总结过去经验的基础上，技术也有了很大的提高。目前，主要是用现代市场经济和系统生态学的观点，运用生态学的基本原理，利用生物共生互利关系和不同林种、树种及其他物种的不同特征和生长过程中"空间差"和"时间差"，按不同"生态位进行立体组合，调整农村产业结构，组成农、林、牧、副、渔、工、贸的综合经营体系，使当地自然资源（气候、土壤、水、动植物）和社会资源（技术、劳力）得到充分的利用和养护，以谋取最大的、持续的经济、生态和社会效益。

（一）混农庭院林模式

1. 基本模式

主要有如下八种：

- 林（果）——粮
- 林（果）——菜
- 林（果）——药
- 林（果）——畜（禽）
- 林（果）——鱼
- 林（果）——菌
- 林（果）——绿肥
- 林（果）——花苗（盆景）

其中，各模式种植或养殖的经济作物或动物的种类有：

（1）林（果）类型主要包括竹林、经济林和用材林。

竹林：毛竹、雷竹、苦竹、淡竹等竹种。

经济林：枣、桃、李、梨、杏、杨梅、柿、板栗、葡萄、批把、核桃、柑橘、杜仲、厚朴、桑树、油茶、油桐、茶叶等树种。

用材林：可选用樟树、楠木、喜树、杉木、马尾松、桤木、榆树、香椿、柏木、水杉、侧柏、红豆杉、泡桐及其他用材树种。

（2）粮油种类主要有油菜、小麦、花生、大豆、红薯、玉米、蚕豆、豌豆、绿豆、西瓜等适合于当地种植的粮食作物。

（3）绿肥有各种豆类、胡枝子、紫穗槐、二叶草、马棘、苕子等。

（4）菜的种类主要有农业日常菜及黄花菜、山野菜等。

（5）畜（禽）的类型包括鸡、鸭、兔、狗、牛、猪、羊及其他经济动物。

（6）食用菌种类主要有：香菇、木耳、竹荪及其他经济食用菌。

（7）药材有南天竺、元胡、延胡索、麦冬、半夏、浙贝、绞股蓝等耐阴性药材。

2. 拓展模式

形成以林（果）为中心，综合运用科学技术，并在实践中进行研究和组装，同时与两种或两类以上经济作物或动物进行经营,如林（果）—粮—鱼、林（果）—药—菌—鱼、林（果）粮—菜—药等模式。

（二）关键技术

1. 良种选用

无论是树种、农作物，还是养殖的动物，选用良种进行经营。具体措施包括：按需求选择良种。如经济作物应预测市场需求选择名特优产品，经营的品种与种植地或养殖地的相适宜;其次，全面选用良种。优良品种是高产、优质、高效的基础和关键，应保证林、农、牧、渔各业品种来源的可靠性，淘汰低劣品种;另外，生产优良苗木。对主要苗木需要自己培育，建立采穗圃，生产穗条，再进行嫁接。

2. 树种与农作物配置

模式设计中应本着以下原则：①作物品种选择适宜性强、短秆直立、喜光性不强、不与树苗争水肥、耐土壤贫瘠、早熟、高产且有市场的经济作物。作物的选择和季节安排，体现在时间序列上充分利用太阳光能和生长空间。尽量选择生态学上互利共生的物种，将它们有机地组合于一个模式内,这样有利于充分利用。②注重生态位潜在优势与互促生长发育，要排除生化相克的作物或树种组合在一起。③树种要选择树冠窄小、树干通直、叶片大而枝叶稀疏、主根明显、根系分布深、生长快、适应性强的品种。④间种作物与林木没有共同病虫害，以免带来林木病虫灾害。⑤在同一块林地或耕地上，要实行轮作，不要连续栽种同一种作物或树种。避免作物或树种使土壤地力耗竭，造成树木和作物生长不良和滋生病虫害。

3. 垂直空间利用

混农林业模式的垂直设计主要指人工种植的植物、微生物、饲养动物等的组合设计。垂直设计应注意以下内容：①主层次种群的选定。混农林业的主层次一般是指上层林木，它在混农林业模式中是起着关键作用的主导作物。主层次种群应选择固氮能力强、速生、见效快的树种，使模式经营具有稳定性、多用途性、经济价值高。②在设计中副层次种群的搭配要遵循以下原则：需光性与耐阴性种群相结合，深根性与浅根性种群相结合，高秆与矮秆作物相搭配，乔灌草相结合，无共生性病虫害。

4. 水平空间利用

水平设计是指混农林业各主要组成的水平排列方式和比例，它将决定模式今后的产品结构和经营方针。在进行水平设计时，应考虑：①林木的密度和排列方式与模式的经营方针和产品结构相适应，林和农适当的比例关系可使其相互促进。②对林木的生长规律，特别是对林冠的生长规律要有深入的了解，以便预测模式的水平结构变化规律。③要根据树冠及其投影的变化规律和透光度，掌握林下光辐射的时空分布规律，结合不同植物对光的适应性，设计种群的水平排列。④在设计间作类型时，如果下层植物是阳性植物，上层林木一般呈现南北向成行排列为好，适当扩大行距，缩小株距。如下层为耐阴性植物，则上层林木应以均匀分布为好，使林下光辐射比较均匀。

5. 时间调控

混农林业的时间结构设计必须根据物种资源的日循环、年循环和农林时令节律，设计出能够有效地利用土地资源、生物资源、社会资源的合理格局或机能节律，使这些资源转化效率较高。混农林业的特点，一是以林木为主，以农促林，林粮双茂；二是在林内安排一些短期作物或见效快、收益早的其他种群，以短养长，长中短相结合。要考虑以下几个因素：①按生物机能节律把两种以上的种群设置在同一空间内,并有机地组合起来。②幼龄宜密植，老龄宜稀植。③最大限度地利用物种共生期与巧用共生期，保持各种生态因子的季节性与作物生长发育周期性之间取得相对协调、和谐、统一。④最大限度地利用农作物与树之间的生长期、成熟期与收割期先后次序的不同，从而形成在一个年度的营养生长期内，同一块土地上经营管理多种多样的作物。

6. 食物链结构配置

运用食物链原理，加强混农林业系统内各个环节上的同化率，提高转化率，多层次再生循环利用，扩大再生产，提高产品产值等方面都有很重要的意义。从生态观点看，食物链既是一条能量转换链，又是一条物质传递链；从经济观点看，食物链是一条创造财富和经济价值的增值链。在生态系统原理的指导下，如果引入增加新的食物链环节，一方面可增加林地土壤有机质，另一方面新链环节可把不能被人们直接利用的副产品转化为可以被人类直接利用的产品，由此增加了系统的经济产出，使得混农林业系统的主产品由原来的一个扩大为二个或三个以上，实现系统的净生产量的多层利用。

7. 技术优化

理想的混农林业模式，如果没有配套的系列技术，其功能和效益是不可能实现的。技术结构体系包括：生物技术与工程相结合，生物防治与化学防治相结合，林业技术与农业相结合，常规技术与现代技术相结合等。混农林业应强调结构与技术的统一，把技术作为优化、强化物种结构、时空结构的重要手段或措施，使它更紧密地随着其他两个结构的变化而调整并保持协调的关系。技术结构研究与设计的重点是有关物质和能量投入的内容、适度时间和方法，通过人为外加技术干预，协调种植、养殖和加工三者的关系，以发挥混农林业生态经济系统的整体功能及其效益。

二、乡村自然保护小区人居林保育

乡村自然保护小区人居林主要指我国传统意义上的风水林，是我国人民在长期适应自然生态环境过程中形成一种思想意识而保护下来的林分，一定程度上反映了中国古代人的绿化思想，同时也是新时期林业生态文化林建设的重要组成部分。主要包括乡村人居周围风水林、寺庙林、乡村纪念林等。虽然当前许多林分由于人们对木材产品需求量而持续破坏，但这部分中国传统文化色彩的风水林被相对长久的保存下来，其树种组成和搭配，对新农村生态环境建设与发展，具有重要的文化价值、旅游观光价值和科研价值，对当前开展植树护林、绿化环境、建设生态公益林和积蓄资源等方面都非常具有借鉴意义。但是，部分地方风水林在历史上曾由于大跃进大炼钢铁和农业学大寨时期遭受一定程度的破坏，有的地方林木还遭受乱砍滥伐和偷砍盗伐，受到人为的干扰较大，林下植被更新、林地土壤状况不容乐观，亟待开展保育工作。

针对风水林的状况，主要采取实行封山育林自然恢复，同时制定相应的保育措施，对重点林分和残次林分辅助以人工措施，以促进封山区林木和草的生长，实行禁伐、禁猎、控制和规范人畜活动。主要技术要点如下。

（一）保护措施

把风水林纳入公益林范围，进行规划保护，广泛宣传乡村自然保护小区的多种功能，发动群众参加制定管护自然保护小区的乡规民约推行承包责任制，实行专人管护，为村民提供秀美的家园，为野生动物、鸟类、昆虫及微生物创造一个良好的栖息繁衍场所，最大限度地发挥自然保护小区的生态安全作用。

（二）保育关键技术

1. 树种资源清查与选择

天然风水林树种主要为亚热带植物区系成分，乔木层具有明显分层，第一亚层在20~36米之间，以马尾松、锥栗、枫香为主要成分；第二亚层10~20米，成分复杂，以青冈栎、栲树、红楠等居多，还有青冈栎、柏树、漆树、糙叶树、锻树、光皮桦、青栲等古树，此外还有天然分布的甜槠、罗浮栲、黑壳楠、米槠、钩栲、香樟、臭椿、铁冬青、蜡树、红楠、杉木、山矾、拟赤杨、毛花连蕊茶，在进行植被恢复时应遵从地带植被特征进行保育。乡村风水林是经过长期发展而保存下来的，与当地气候条件相适应，是优良的地带性植被，具有适应性强，耐寒、抗污染能力强，土壤改良及涵养水源效益好等特点，在加强保护的同时，应对其群落组成和特征进行调查分析，为乡村绿化和生态公益林培育树种选择提供依据。

2. 人促更新技术要点

风水林以封禁保护为主，辅助以人工措施，即遵循森林植物群落演替规律，根据树种的生物学特征和仿生学原理，保留原有生长正常的乔木树种，对于残次林分改造，应以乡土常绿阔叶树种为主，适量引进一些能适应本区自然植物区系的优良阔叶树种，通过人工造林（套种、补植）方法，引进部分建群性、伴生性和观赏性的乡土阔叶树种，进行多，人工促进建立起生态功能显著、抗逆性强、系统稳定的具有地带性森林景观特色的树种混交常绿阔叶林。

三、风景名胜区林分保育

风景名胜区的保护与发展是一项非常重要的事业，是国家资源管理事业的重要组成部分，同时也是新时期森林文化体系建设的重要区域。我国许多城市历史名人层出不穷，自然遗产丰富，文化灿烂，众多的风景名胜是我们中华民族的国之瑰宝，也是世界自然与文化遗产的重要组成部分。而风景名胜区林是历史的最好见证，加强其区域及周边植被的保育，建设人与自然协调的环境具有重要意义。

风景名胜区林无论在乡村还是在城市都有，但城市中风景名胜地主要是历史文化胜地，相对而言，其树木以散生形式较多，且多为古树，其保护与古树名木相似。乡村中的历史文化、宗教及自然遗产胜地的林分较多以片林的形式在在，其保育主要通过科学规划，加强培育，科学管护。其主要技术要点如下。

（一）合理规划

加强风景名胜区的规划编制和规划管理工作。对于各级风景名胜区，认真制定风景名胜区总体规划，把风景名胜林分纳入到总体规划中。在风景名胜区的开发建设中，充分考虑区域资源承载力，正确处理好风景名胜区的保护同开发、建设、利用的关系，防止风景名胜区景观风貌和自然环境由于开发建设活动而破坏。如风景区内的一切建设，包括游路、凉亭等应以不损坏植被，尤其是乔木为前提，旅游开发项目必须严格按照风景区总体规划要求进行。

（二）严格保护

1. 提高保护意识

大力宣传保护风景名胜资源的重要性，宣传发展风景名胜区事业的重要作用，增强全民族的风景名胜资源保护意识，动员全社会都来关心、爱护和支持风景名胜区事业的发展，通过各方面的共同努力，使国家宝贵的风景名胜资源能够永久地保存下去，不仅为当代人民服务，而且为子孙后代造福。各级建设行政主管部门要在各级人民政府的领导下，切实担负起国家风景名胜资源的保护和管理的重要职责，认真贯彻国家有关风景名胜区工作的方针、政策，建立健全风景名胜区管理机构，制定风景名胜区管理的规章制度，依法加强对风景名胜区资源的保护和管理，加快风景名胜区的规划、建设步伐，使风景名胜区工作再上一个新台阶。

2. 完善法律法规

国家应加快制订相关的风景名胜区法，逐步完善配套法规的制定；地方政府因地制宜地制订地方法规、规章和管理规定。加强同有关部门的配合与协作，广泛争取各部门、各方面对风景名胜区工作的关心、支持、参与和投入，积极会同有关部门研究制订经济政策，广开风景名胜区维护建设资金渠道，使风景名胜区的保护和发展具有可靠的经济保障，并充分调动各方面的积极性，共同把风景名胜资源保护好。

3. 加强环境资源的保护

坚决贯彻执行这些政策法规，加强风景名胜区自然环境和历史文化遗迹的保护，严格保护好风景名胜区的森林、水体、山石、地貌、动物、自然环境以及文物古迹等各类资源，搞好风景名胜区生物的保护。

（三）科学培育

合理的林种结构，有利于植物之间的和谐生长，发挥最佳的群落生长势和景观效果。应从生态学的角度出发，进行科学的植物景观规划，扩大混交林、阔叶林比例，以提高风景区植物景观质量，促进旅游经济的持续发展。

1. 树种选择

山区地形复杂,立地条件差异较大,因此充分考虑不同山头地块的特点,不同海拔、坡位、坡向的土壤、小气候条件,选择适宜的树种及造林方式。如对道教文化古迹地可选择道观庭院常见的景观树种,如松树、柏树、臭椿、青桐、桃树、蜡梅和琼花等;佛教文化古迹地树种可选择寺庙庭院常见的景观树种,如银杏、木瓜、木莲、花石榴、桂花、真柏、圆柏、罗汉松、白皮松,竹、芍药、牡丹、葱兰、麦冬等。

2. 混交林培育

因地制宜地营造常绿与落叶、针叶与阔叶、乔木与灌木等混交林,并因山就树,因区选树,保护和发展风景名胜区的乡土树种及珍稀树种。将风景名胜区建设成为一个集生态、景观等多种效益于一体的稳定的生态体系。

四、乡村水岸林

当前,村庄周边的江、溪、湖区域,人地关系矛盾较突出,出现了高强度的土地开发利用和两岸堆放垃圾现象,水岸两侧的土地多数被开垦为耕地、园地、菜地,少量地段栽种了不连续分布的护岸护堤林。因此,沿江河岸地表物质稳定性很差,具有侵蚀容易保护难的特点,在不合理的人类社会经济活动影响下,一方面,产生河道堵塞,水体污染,影响人们的饮用水安全;另一方面产生径流侵蚀,坡麓洪水淘蚀,谷底河漫滩洪水冲蚀等不良地貌过程,以致引发河岸崩塌,坡体滑坡,河堤抗洪能力降低和河流泥沙含量增高等生态环境问题。

岸带造林的主要目的在于护岸固坡、护堤稳基(堤防禁脚地),减少江河泥沙,保护和改善水岸生态环境。按防护功能要求,水岸防护林主要是防冲林和防塌林。

(一)水岸防冲林建设关键技术

易受流水冲蚀、淘蚀或泥沙淤积较多。凸岸地势平缓,坡度小于或等于25°。以新老冲积土为主,土壤深厚,肥力较高。岸缘有砂砾质卵石滩。盆地丘陵区有石骨子坡,土层较薄,表土疏松,心土及底土层较黏。

1. 适宜树种选择和配置

选择生长速度快、耐水湿、根系发达、萌蘖性强、抗冲效果好的深根性树种造林,多采用乔—灌—竹或竹—灌的配置结构。主要造林树种有枫杨、喜树、香椿、杨树、二球悬铃木、银杏、桤木、桑树、柑橘、毛竹、方竹、苦竹、金竹、紫穗槐等。

水岸防冲林的配置模式主要有:乔—竹、乔—草双带复层、乔—果农带状复合经营结构、乔—灌—草多带复层结构。

2. 造林技术

种苗:用国家或省规定的一、二级苗造林,严禁使用劣质、有病虫害的苗木。点播、撒播的种子必须使用合格种子。

整地:一般采用穴状整地,规格为 0.3~1.0 米 ×0.3~1.0 米 ×0.2~0.6 米。经济树种规格为 0.8~1.0 米 ×0.6~1.0 米 ×1.0~0.8 米。

造林株行距:乔木树种株行距为 1.2 米 × 2.0 米 ~2.0 米 × 3.0 米;紫穗槐株行距 1.0 米 × 1.5 米;毛竹采用母竹移植造林,株行距均可为 2.5 米 × 3.0 米。种植点为三角形配置或矩形配置。

3. 幼林抚育

连续抚育 3 年。为保证地表不受较大破坏,防冲林抚育主要采用穴内松土除草,培土、奎根、正苗,清除藤蔓和病株,对缺株进行补植。用杂草覆盖,浇足定根水,如发现叶子枯萎,应迅速进行重剪,仅留叶数片并喷施 0.1% 尿素,果园内可套种农作物。对栽种的经济树种应按需要灌水施肥、修枝整形,加强病虫害防治。封育管理,促进灌草生长。

(二)水岸防塌林建设关键技术

流水冲蚀、淘蚀严重,岸缘易崩塌,部分地段基岩裸露或出现石骨子地,岸缘较陡,土壤以新冲积土为主。在陡急凹岸直岸、人工堤岸、河谷阶地埂坎,易受流水冲蚀、淘蚀,常出现崩塌现象,应考虑工程措施和辅以抗冲淘的深根性树种进行造林。

1. 树种选择和配置

主要造林树种有喜树、榆树、杨树、垂柳、二球悬铃木、水杉、桤木、桑树、刺槐、柑橘、紫穗槐、毛竹、水竹、方竹、苦竹、金竹等。

林分结构配置:陡急凹岸防塌林采用乔—灌双带复层结构,陡急直岸防塌林采用乔—灌或竹—灌双带复层结构,平缓岸采用果—乔—灌多带复层结构和灌—草双带复层结构,阶地埂坎防塌林采用乔—草或竹—果(桑)行带状复层结构。

2. 造林技术

种苗:用国家或省规定的一、二级苗造林,严禁使用劣质、有病虫害的苗木。点播、撒播种子必须使用合格种子。

造林整地:一般采用穴(块)状整地,规格为 0.3~1.0 米 × 0.3~1.0 米 × 0.2~0.6 米。

造林密度:乔木树种行距为 1.5 米 × 2.0 米 ~2.0 米 × 2.5 米,紫穗槐株行距 1.0 米 × 1.5 米,柑橘株行距均为 3.0 米 × 3.0 米。

3. 幼林抚育

连续抚育 3 年。为保证地表不受较大破坏,主要采用穴内松土除草、培土、正苗,清除藤蔓和病株,对缺株进行补植。对栽种的经济树应按需要灌水施肥、修枝整形,加强病虫害防治,封育管理,促进灌草生长。

(三)水岸防冲林建设关键技术

堤岸护堤防浪林是以防止河岸湖堤冲刷崩塌、固定河床为主要目的,包括河床中的雁翅林、河床边的带林、洞庭湖大堤外洲 100 米以内的防浪护堤林。护堤防浪林作用是稳固堤岸、防止泥沙淤积、改善河道景观、增加生物多样性和提高经济收入。

在江河大堤两侧,因地制宜地设置护堤防浪林,一般按照河流走向沿河道大堤两侧,与大堤平行进行栽植护堤防浪林。自然地形较复杂的地方,营造护堤防浪片林。河岸大堤外侧,留出 100~300 米的护堤防浪林地。在河流急转弯处,护堤防浪林地相应加宽;在河道内侧,留出缓冲区,营造护堤防浪林;在河流经过的地势较陡处,相应加宽护堤防浪林地。

严禁在陡坡处开垦耕地。此外，护堤防浪林的建设应与周边水上旅游规划结合起来，构建绿化美化的景观。

1. 树种选择

按适地适树原则，以护岸护堤林的功能、作用及效益为基础，在低湿地，可选择垂柳、旱柳、杨树、三角枫、桑、池杉、乌桕、枫杨等树种。在接近水面或可能浸水地，可选择耐水浸的树种，如金樱子、丝棉木、柞树、狭叶山胡椒、黄栀子、乌桕、垂柳、旱柳、池杉、杨树、三角枫、桑、枫杨、水杉等植物。

2. 栽植方法

在河道大坝两侧栽植金樱子、丝棉木、柞树、狭叶山胡椒、黄栀子等植物，采用密植（即1米×1米或1米×0.5米）的方法。栽植乔灌混交林，如乌桕、垂柳、旱柳、池杉、杨树、三角枫、桑、枫杨、樟树、枫香、苦槠、紫穗槐、悬铃木、水杉等植物，采用乔木稀植（即4米×3米或3米×3米）、灌木密植的方法。造林时应注意离堤岸一定距离，防止根系横穿堤岸。

3. 护堤防浪林模式

（1）环湖综合治理模式。该模式是中德洞庭湖造林项目的技术成果。在造林地选择上，优先考虑重点防浪地段和水土流失严重的山地。在树种选择和配置上，洞庭湖以耐水湿的意杨为主，有芦苇的地段实行芦林混作，在环湖山地普遍采取针、阔混交造林，阔叶树栽植比例不少于30%，稀疏马尾松林地补植阔叶树的比例高于50%。造林栽植树种已扩大到杨树、杉木、马尾松、湿地松、木荷、枫香、樟树、刺槐、檫树、旱柳、桉树、毛竹等14个树种，阔叶树比例不断扩大，改变了过去人工林营造单一树种的做法。在整地方式上，采用带垦和穴垦，不准炼山，以保护原生植被，防止新的水土流失，克服了过去造林施工破坏原生植被的做法。

（2）堤内堤外复合型防浪林。该模式按照"堤外植树防浪、堤身种草防冲、堤内造林取材"的原则，推行"林、条、草"结合，改变"树种单一、层次简单、造林密度大，配置和结构不合理、标准低、防护性能差"的现状，来营造防浪林。堤外进行带状混交，以提高抗风防浪效能。外缘设置旱柳进行头木作业，或植以获柴等；内缘设计线叶型池杉、枫杨等耐水性强、保土固堤能力大的树种；中间再配置意杨、意柳等速生、抗性强且防浪效果好的品种。堤身遍植爬根草（狗牙根）。堤内按立地条件安排适宜的用材林和经济林。水肥条件较好的泥沙淤地可配置水杉、锥叶型池杉、杨、柳、椿、榆、槐、桑、泡桐或经济林果等；地下水位高处可栽植线叶型池杉、枫杨、意柳、旱柳等；沙性较强的冲填区应尽量种植绿肥和条类（如田菁、柽麻、紫穗槐等）。为了避免林木根系横穿堤基和汛期巡堤检查方便，堤外和堤内的林带内缘离堤脚要求空出8~10米的距离。堤外林带的高度要适时地加以控制，不超过被保护堤段顶高1~2米时，以取得理想的防风效果。对覆盖层浅、沙基渗漏严重的险段与积土铺盖压渗平台上，只铺种草皮，不栽树，避免树根穿通堤基导致出险。

（3）林台堤防工程防浪林。在水面宽阔、吹程远、风浪大、滩面又低、经常处于蓄水位以下的堤段，可在迎水坡外填土修筑宽 30~50 米的林台，其上栽植防浪树木，控制林木树冠在设计洪水位附近，用于保护林台及堤身的土基，与林台一起削浪消能，减轻风浪对堤身迎水坡的冲刷，维护堤防的安全与完整。同时可以防止水土流失，改善生态环境，发展水利经济。营造的树种应耐涝、耐湿，又要适应能力强、生长速度快、经济价值高的树种。由于堤防工程大多承受着洪水的巨大考验，需要使用大量木材在林台上打桩并挂枝梢消浪，确保堤防安全，因此在堤后可利用空白地带种植经济林、用材林，确保堤后取材，工程管理和发展经济兼顾。

4. 抚育管理

护堤防浪林建立后应加强抚育管理。在当地政府各部门要层层明确护堤防浪林的管护职责，严禁乱砍滥伐，提高广大人民群众保护林木的积极性，增强公众保护森林的法律意识。

五、乡村道路林建设关键技术

乡村公路绿化既不同高速公路或主干公路、铁路的绿化，也不同于城镇绿化，它不单单体现生态效益，它是生态效益、经济效益和社会效益的有机统一，要达到既绿化、美化环境，又增加群众收人，振兴农村经济的目的。随着社会主义新农村建设，乡村道路林建设成为乡村环境建设的一个重要内容。其关键技术如下。

（一）树种选择思路

乡村道路绿化树种的选择应坚持以下原则：

1. 适地适树

如在土壤疏松、水肥条件较好的地方栽杨树，而在土壤黏重、水肥条件较差的地方栽刺槐等耐瘠薄的树种。选择树种时要注意从当地生长良好的乡土树种中选择，适应性强，易成活、成材，能早日发挥效益。

2. 多效统一

坚持生态效益、经济效益、社会效益有机统一的原则。在考虑绿化、美化功能的同时，考虑它的经济效益。根据土、肥等立地条件，在适地适树的基础上选择速生用材树种和经济树种，在绿化美化的同时，获得较高的经济效益。

3. 特色绿路

村庄道路绿化应坚持特色绿路，一路一树的思路，改变部分地方千路一树的做法。如有的地方道路绿化全栽上杨树，既显得单调呆板，没有乡村特色，也不利于病虫防治，一旦虫害发生，很快传播蔓延。

（二）布局与配置

乡村道路林主要发挥固土、美化、香化功能，同时在山坡地还应防范水土流失和山体滑坡，提倡建立乔、灌、草相结合立体模式。生态型乡村道路林树种可选杨树、水杉、楠木、银杏、泡桐、檫木、樟树、桂花、玉兰、天竺桂、楸树、香椿、棕榈类植物、木荷、女贞、马褂木、柳树、榆树、枫树等;生态经济型可选银杏、枣、桃、李、梨、杏、杨梅、柿、枇杷、柑橘、板栗、核桃、杜仲、厚朴、油桐、桑树等。采用三角形配置，植苗造林。生态型，

3~5 行,株行距为 1.5 米 ×2 米 ~2 米 ×3 米;生态经济型,株行距为 2 米 ×2 米 ~3 米 ×4 米。

(三)主要造林技术

生态经济型林带造林,秋冬大穴整地,规格一般为 50~100 厘米 ×50~100 厘米 ×40~80 厘米;生态型林带造林,秋冬季穴状整地,规格一般为 40 厘米 ×40 厘米 ×30 厘米。采用大苗栽植,苗高一般为 2~3 米。

另外,填土挖方乡村道路要配建护坡墙等保护措施,防止坡面垮塌,消除事故隐患。交通、林业、农业分工合作,各负其责,共同建设通道生态经济绿色带。

第五节 城市森林建设的实践应用

一、北京城市森林建设实例

北京是我国的首都,也是国际化大都市,其位于华北平原的北端,东南与天津市接壤,其余边界均与河北省相邻;北京以悠久的历史、灿烂的文化和光荣的革命传统著称于世。一直以来,北京市委、市政府高度重视林业工作,随着时代的发展,林业的承担的任务更加繁重。面对率先基本实现现代化的目标,面对市民对生态环境质量更高的要求,北京林业今后的工作必须进一步增加森林资源总量,提升林业整体水平和森林生态体系整体功能,加强森林资源保护管理,创新林业管理体制和经营机制,拓展林业富民工程内容。

(一)北京城市森林发展战略思路

以"建设绿色北京,构筑生态城市"为基本理念,坚持以人为本、服务首都,统一规划、突出重点,生态优先、效益兼顾,分类经营、协调发展,科教兴林、依法治林,政府主导、市场调节的原则,提出战略目标为:经过不懈努力,到 2020 年,建成功能完备的山区、平原、城市绿化隔离地区三道绿色生态屏障,形成城市青山环抱、市区森林环绕、郊区绿海田园的生态景观,实现强化森林系统功能,健全森林安全保障,提升林业产业效益,弘扬古都绿色文明的总体目标,为建设山川秀美、人与自然和谐、经济社会可持续发展的生态城市奠定基础。

规划建设的核心是"三区三绿三网三林",具体可以表述为:

市域分三区——市区、平原区、山区,区域协调发展。

市区建三绿——绿岛镶嵌、绿廊相连、绿带环绕,绿中人居和谐。

平原造三网——水系林网、道路林网、农田林网,网中果茂粮丰。

山区育三林——水源涵养林、生态风景林、经济果木林,林中生物多样。

(二)北京城市森林建设

1. 城市森林建设

以东城、西城、宣武、崇文城四区为核心,以朝阳、海淀、丰台、石景山为重点,并辐射位于六环路以内的房山、大兴、通州、顺义、昌平、门头沟等区县的部分地带,面积为 2273.33 平方公里。以防护、分隔、优化为目标，按照"城在林中、路在绿中、房在园中、人在景中"的布局要求，初步建成以林木为主体、总量适宜、分布合理、植物多样、景观优美的城市森林生态网络体系，实现"天蓝、水清、地绿"和"空气清新、环境优美、生态良好、人居和谐"的战略目标。

2. 平原防护林与风沙治理

建设范围为海拔 100 米以下的北京平原地区（不包括城乡建设用地），涉及大兴、通州、顺义、朝阳、海淀、丰台、平谷、密云、怀柔、昌平、房山等 11 个区县，以及延庆盆地，总面积约 4061 平方公里。

通过工程建设，建成带、网、片相结合的高标准防护林体系。农田防护林建设结合农村产业结构调整和满足农民致富需求，发展生态经济型防护林；绿色通道工程建设要与道路建设和河渠整治统筹规划，同步实施，形成由北京通往外埠的生态走廊和绿色风景线；完善水系防护林建设，并重点提高永定河、潮白河、大沙河流域和康庄、南口等五大风沙危害区整治水平。

3. 山区森林保育

山区森林保育建设范围为平谷、密云、怀柔、延庆、昌平、门头沟和房山 7 个山区县，范围总面积 1.04 万平方公里，该工程是落实燕山太行山山地森林生态建设带规划的主体工程。

在北京山地积极培育复层异龄林，大力发展针阔混交林，优化森林结构，提升林分质量，增强森林涵养水源、净化水质、减少水土流失的功能；建立一个稳定、高质、高效的森林生态系统，形成优美的山区自然生态景观，为发展生态旅游创造良好的环境，拓展山区农民致富途径。

4. 湿地恢复与自然保护区建设

以恢复和提高湿地生态系统整体功能为目标，扩大湿地保护面积，加大保护力度，使北京湿地下降和破坏的趋势得到遏制，使湿地生态系统得到有效保护，建立健全湿地保护和合理利用的机制。

以满足野生动植物保护为目标，在现有基础上，增加保护区面积和数量，提升保护区级别，使国家重点保护野生动植物和典型生态系统得到有效保护，形成完整的自然保护区保护和管理体系。

5. 京东南生态保障带建设

大力优先建设森林公园、湿地公园、沿河绿色廊道等生态保护和恢复，改善当地的生态环境，满足居民休闲娱乐，在宏观上与西北部山地森林遥相呼应，促进北京未来城市发展，以及与河北、天津等周边地区生态环境的协调发展。通过林水结合重点规划建设多处森林公园、湿地公园，形成片、带、网的森林、湿地镶嵌发展格局，构建集生态改善、产业发展、旅游观光于一体，农、林、水相结合的生态保障带。

6. 新城与村镇绿化

通过新城与村镇绿化美化建设，构建布局合理、功能完备的城乡绿化系统，形成与城市中心区、边缘集团协调发展的城市绿化格局，促进郊区全面、协调发展。

城镇之间隔离带建设：根据现实及潜在绿化需求，在城镇之间建设一定规模的生态隔离林带，控制城市无序扩张，改善城市周边环境。

城区绿化：城镇公共绿地建设多种树、种乔木，乔灌木种植面积比例要达到70%以上，绿地率要确保达到60%以上；主干街道形成林荫路，各类分车带和步道外侧绿化带的乔灌木种植面积占绿地总面积的80%以上，沿街（路）实施拆墙透绿和垂直挂绿；居住区绿化植物配置以乔木为主，新建居住区绿化面积不得少于总建筑面积的30%，按居住人口人均2平方米的标准建设公共绿地，居住小区按人均1平方米的标准建设公共绿地。

村镇绿化：因地制宜地开展庭院绿化和建设村级街头小绿地，大力推广"门前三包"，切实改善老百姓的生活环境，提高村民的绿化意识和文化品味。

7. 林果产业发展

以发展优质高效园、特色果品园和无污染无公害的绿色果品为重点，大力发展旅游观光果园；突出特色、培育精品，按照"八带、百群、千园"的总体布局，加快桃、苹果、梨、柿子、板栗等果品产业带建设，健全果品营销市场体系。通过北京林果产业的区域规划的实施，提高林果产业化水平，逐步形成北京林果产业区域化、良种化、标准化和产销一体化的新格局，实现北京林果产业由数量型向质量效益型的转变，力争使北京林果产业化水平接近世界先进水平。

8. 森林旅游发展

合理开发和充分利用北京丰富的自然景观、人文景观、历史遗址和动植物资源，加强森林公园、自然保护区建设，积极发展森林旅游业。立足目前基础，加大对现有森林公园、自然保护区的规范化管理和建设，重点续建和开发一批景观特色突出、区位优势好、品位高的森林公园和森林旅游区。如西山国家森林公园、蟒山国家森林公园、鹫峰国家森林公园、大兴古桑国家森林公园、云蒙山国家森林公园、大杨山国家森林公园、潮白河森林公园、八达岭森林公园、北宫森林公园、霞云岭森林公园；集中力量实施"六八十"工程：建设六大森林休闲旅游区、八条森林旅游线路、做好十项重点工程建设。

9. 花卉林木种苗发展

（1）花卉：北京花卉业的发展以增加植物种类，美化城市景观；提高经济效益；发展花卉文化，丰富精神生活为目标。保障城市景观三季有花，提供足够的花卉品种和数量。商品花卉实现规模化、专业化生产，从粗放生产到精准生产过渡，产业融入国际市场。

（2）林木种苗：北京林木种苗产业建设立足本市绿化美化用苗，着眼整个北方苗木市场，挖掘本市种质资源，加强林木良种基地建设。以北方国家级林木种苗示范基地和林木良种基地为龙头，建设一批骨干苗圃，增加名特优新树种、乡土树种、抗逆性树种和速生丰产树种等种苗生产，培育种苗市场，带动周边地区产业结构的调整。

10. 森林资源综合利用

随着北京森林资源的增加，经营过程中产生的森林剩余物，相关的林产品越来越丰富，为资源综合利用产业发展提供了物源基础。大力发展林下养殖、林下种植、木质林产品加工等林木资源综合利用工程，有利于发展循环经济，提高森林资源的保护和利用水平，对于优化林业产业结构，促进农民致富奔小康具有现实而深远的意义。

11. 森林防火

北京市的森林防火要逐步过渡到基于现代科技、具有国际先进水平的林火综合管理阶段，基本建成林火预防、林火扑救和森林防火保障三大体系。

12. 森林生物灾害防控

逐步实现森林有害生物防治工作，从被动的救灾型防治为主向主动的预防为主转变；由治标为主向标本兼治、从一般防治为主向以工程治理和项目管理为主转变；从单一的、化学防治为主向综合的、生物防治为主转移。建立以预警、控灾和检疫系统为主的森林有害生物预警控灾体系，基本扭转我市森林有害生物灾害严重发生的被动局面。充分利用现代高新技术，加大对测报、检疫、防治等森防基础设施的建设力度，综合运用生物、生态等多种技术手段，"预防为主，综合防治"，基本实现有虫不成灾，实现森林有害生物与天敌之间的基本平衡和森林有害生物的持续控制。

二、广州城市森林建设战略规划

广州是珠三角中心城市，经济发展快速，历史文化内涵丰富，是我国南方最具代表的城市。为了科学实施广州城市林业建设工程，按照广州市政府的部署，广州市林业局委托中国林业科学研究院编制发展规划，包括概念规划和专项规划。

（一）广州城市森林发展战略思路

以"建设岭南绿色名城，打造南粤生态家园"为基本理念，坚持生态优先、以人为本、兼顾效益、形成产业，政府主导、公众参与，林水结合、城乡一体，科教兴林、依法治林的原则，提出广州城市森林发展战略目标为：针对"山、城、田、海"的生态景观格局，构建城区、山区、岗地、平原一体的森林生态网络体系；采用近自然林业经营管理技术模式，定向改造林分，提高森林质量；结合岭南文化加快森林旅游资源开发，发展特色林业产业；建立健全森林安全保障体系，维持持续高效的森林服务功能；建设人与自然和谐，生态环境优美，文化特色鲜明的森林城市，为实现生态城市的发展目标奠定基础。

广州市域按照空间景观特征来看，可以划分成四个区域，即北部低丘区、山前城市区、中部丘岗地区和南部砂田区，从林业规划建设的内容来看，其核心是"三林三园三网三绿"，具体可以表述为：

山区育三林——水源涵养林和水土保持林、风景游憩林、产业原料林，林保生态安全。

低丘造三园——郊野公园、绿海田园、生态果园，园供观光休闲。

平原织三网——河流林网、道路林网、海防林网，网护鱼米之乡。

城区建三绿——绿岛镶嵌、绿廊相连、绿楔分隔，绿促人居和谐。

在市域绿化上，重点是构建森林生态网络，保障地区之间协调发展和生态一体。

在山区绿化上，重点是提高现有森林质量，实现森林生态系统稳定和生物多样。

在低丘绿化上，重点是保护生态用地数量，提供城市发展生态空间和观光休闲。

在平原绿化上，重点是优化林网结构布局，建设林农林渔绿色产业和鱼米之乡。

在城区绿化上，重点是增加城市三维绿量，促进城市生态环境改善和人居和谐。

对于广州市域乃至整个珠江三角洲地区来说，城市可以形成多个组团，产业可以各有优势，但生态建设必须总体协调。通过上述林业发展总体规划的实施，有利于本地区的生态融合，促进实现区域生态一体化，从而为广州乃至整个珠江三角洲地区的可持续发展提供可靠的生态安全保障。

（二）广州城市森林建设

1. 城区森林建设

建设范围包括广州市城七区、五极和多点，七区即越秀、荔湾、海珠、天河、黄埔、萝岗、白云；五极即花都、从化、增城、番禺、南沙区（市）的城区；多点即全市范围内的狮岭、太平、石滩、江高、沙湾等15个中心镇的镇区范围。建设以防护、分隔、优化为目标，按照"城在林中、路在绿中、房在园中、人在景中"的布局要求，初步建成以林木为主体，总量适宜、分布合理、植物多样、景观优美的城市森林生态网络体系，实现"天蓝、水清、地绿"和"空气清新、环境优美、生态良好、人居和谐"的战略目标。

2. 山地森林保育

山地森林保育范围包括从化、增城、花都、白云等区市、天河、黄埔、萝岗等区范围内的山地森林。重点是优化森林结构，提升林分质量，提高物种多样性，增强森林涵养水源、净化水质、减少水土流失的功能；建立一个稳定、高质、高效的森林生态系统，形成优美的山区自然生态景观，为发展生态旅游创造良好的环境，拓展山区农民致富途径。

3. 湿地及沿海防护林保护与建设

湿地保护和恢复建设包括流溪河及增河沿线湿地、南部水网地区湿地、沿海滩涂及红树林湿地等建设区域。通过对湿地生态系统的保护与恢复，提升湿地的生态环境服务功能价值，使湿地具有维持广州市及周边地区的生态安全、支持与保护社会经济可持续发展等功能。

4. 生态廊道建设

建设范围包括流溪河流域沿线的生态保护带、与佛山市接壤的西部污染控制带、与东莞市接壤的东江流域沿线的东部森林植被恢复带、以广州市南肺为主体的中部城区隔离带、以沙湾隧道为主体的南部水体净化带、以番禺莲花山至南沙万顷沙沿海一线为主体的沿海防护林生态屏障带。在河流沿岸、道路、城市和城区组团之间构筑完善的市域生态防护林带网络体系，建构多层次、多功能、立体化网络式的森林生态系统，构成市域范围内不同景观斑块格局生态安全体系。

5. 山前生态缓冲带建设

建设范围包括花都区、从化市、白云区、天河区和黄埔区的低丘平原地区。以恢复森林植被为目标，结合城镇绿化美化需求，重点建设生态风景林。在残次林地段，采取封山育林、封育结合等实施恢复森林植被；在尚未绿化的荒山荒地，以及土层瘠薄、岩石裸露等立地条件极差的退化地，按照高标准要求恢复植被，构建成具有南亚热带季风常绿阔叶林基本特征的森林群落。以培育复层异龄混交林为目标，实行乔、灌、草立体配置，尽快恢复森林植被，建立一个稳定、高质、高效的森林生态系统，使其水源涵养、净化水质能力显著提高，水土保持能力明显加强。

6. 特殊地段植被恢复

建设范围主要包括广州市南部的丘岗荒地，以及全市范围内的采石场、垃圾场等特殊地段。

（1）丘岗荒地：按照地带性数量群落学的要求和植被演替的基本原理，采用耐旱、耐瘠薄的乡土植物先锋种类，首先构建演替早期的森林群落，之后逐步加入其他乡土阔叶种类，最终达到具有较强的生态环境保护功能和景观功能的地带性森林群落的目标。

（2）采石场：按照现代生态学的理论和原则，采用一系列科学合理的工程措施和生物措施，以恢复和营造一个良好的生态环境和取得较佳的生态效益目标，构建演替前期的目标植物群落（草本、灌木或誉本植物群落）；通过恰当的养护和管理措施，使采石场逐步过渡到自然群落，最终形成一个可自我更新、系统循环顺畅的稳定高效的生物群落。

（3）垃圾场：在垃圾场及其周边范围内，选择具有净化垃圾有害物质的植物种类，将垃圾场复绿，构建稳定的森林群落。

7. 森林公园与自然保护区建设

森林公园和自然保护区建设范围主要包括广州市具有良好森林基础条件和开发利用条件的山区、岗地、平原和沿海地区，凸现"青山碧水蓝天绿地花城"的森林生态旅游格局，尽可能将南亚热带季风常绿阔叶林、国家重点保护野生动植物的主要栖息地和繁衍地、具有重要科研价值和森林另有价值的风景林、水源林、水保林、休憩林等规划成森林公园和自然保护区。合理开发和充分利用广州丰富的自然景观、人文景观、历史遗址和动植物资源，同时考虑广州城市建设、人民生产和生活国民经济可持续发展对自然资源环境的基本要求，最大限度地建设森林公园和自然保护区，促进生物多样性和森林生态系统的保护，促进森林旅游业的发展。到建设末期，使全市森林公园总数达到50个，自然保护区达到5个，其中省级自然保护区1个。

8. 特色林业产业建设

建设范围主要包括从化、增城、花都、白云、黄埔、萝岗等区（市）的大部分坡度在25°以下的山地和丘岗，土壤条件较好，土层深厚，肥力较高，易于耕作和集约化经营。建设主体为3.6万公顷（54万亩）生产力较低的一般用材林地段，以建设高产高质的特色林业为主。花卉及林木种苗基地以芳村和番禺的相应产业基地为主。

通过提高特色林业的经营管理措施，采用科学的经营手段，极大限度地发挥特色林业的价值潜力，并通过合理调控手段，减少水土流失，提高森林生态系统的水源涵养等生态功能，使特色林业特别是速生丰产林林、经济林等在具有较高经济效益的同时，也具有较高的生态环境效益，极大地减少对生态环境的负面作用，真正承担起生态环境建设和林产品供给的双重任务。

9. 森林灾害防控与森林资源保护能力建设

（1）森林防火基础设施建设。市、区二级森林扑火设备和设施；全市范围内的所有林地，均建设相应的森林防火基础设施。建立完善和先进的森林火灾防控和扑救基础实施系统，包括：防火了望塔和视像监测系统；林火阻隔（防护林带）系统；山地蓄水池；扑火设备、森林防火通讯系统；防火物资储备库等。

（2）森林病虫害防治。包括林地病虫害控制、花卉苗木果品木材检疫工程、林地、绿地的外来有害植物的入侵与控制等方面。在广州市森林病虫害测报中心的基础上，森林病虫害与外来有害物种监测预警体系，建设和完善广州市森林病虫害和外来有害物种管理中心，基本建成较完备的市、区（县市）和乡镇三级预测预报网络；建立和完善隔离试种苗圃，对新引入的苗木、种子进行检疫、隔离试种和科研；开发和推广无公害防治技术，减少环境污染，保护生物多样性。

（3）森林资源保护能力建设。进一步充实森林公安队伍，理顺机构，逐步改善森林公安基础设施，更新各类装备，提高森林资源保护能力。

10. 林业科技创新平台建设

建成比较完善的城市森林科研监测、技术开发与推广服务体系等，实现可持续的森林资源经营管理、提高林业管理现代化水平、提高林业重点工程的建设成效、提高林业决策的科学性。

三、扬州城市森林发展规划

扬州市地处我国东部森林相对缺少地区，是长江三角洲冲积平原上的一座城市，坐落在京杭大运河沿线，境内有平原、低丘、湿地等多样的生境类型，通过城市森林建设，建成和谐完美、城乡一起的森林生态系统网络，必将对我国经济发达的长江三角洲地区具有重要的示范作用。

（一）扬州城市森林发展战略思路

以"打造绿杨城郭，建设生态扬州"为基本理念，坚持统一规划、协调发展，以人为本、生态优先，林水结合、城乡一体，科教兴林、依法治林，分类经营、分区突破，政府主导、全民参与的原则，提出扬州城市森林发展总体目标为：将初步建成生态林业优良、特色林业发达、人文林业先进的城市森林体系，达到森林资源总量实现跨越，林业产业发展稳步推进，森林生态网络基本健全，森林文化内涵更加丰富。基本满足经济和社会可持续发展的需要，充分发挥林业在"绿杨城郭、生态扬州"建设中的主体作用。

（三）扬州城市森林建设

按照市域林业发展规划和市区城市森林发展规划的布局框架，紧紧围绕城市森林发展的总体目标，重点实施八大重点工程，具体包括城市森林建设、低丘岗地植被恢复、湿地保护和绿色通道等4项生态建设工程；林业产业化建设、特色经果林建设、花木基地建设和森林旅游开发等4项产业建设工程。

1. 城市森林建设

在广陵区、维扬区、邗江区、开发区四个区，实施廖家沟风景林、润扬大桥北接线及北绕城公路风景林、沿江大堤扬州段风光带、京杭运河扬州段风景林、古运河风光带、太安凤凰岛风景区、扬州润扬森林公园、夹江自然保护区生态林等八项建设内容，增加城市森林建设总面积 1885.5 公顷。

2. 低丘岗地植被恢复

在仪征、高邮、邗江和维扬区的 16 个乡镇的低丘岗地建设常绿落叶阔叶混交林，构建以保持水土、涵养水源为主的生态防护林，保持生物多样性保护、增强该区休闲旅游等多种功能的重点生态公益林建设区，加快森林植被恢复，使该区低丘岗地森林生态系统基本得到恢复。同时发展一些具有地方特色的经济果木林和苗木培育基地

3. 湿地保护

在高邮、宝应、邵伯这三大湖泊的环湖地区和里下河浅水滩区，进行环湖堤岸防护林的营造和宝应、高邮、江都、邗江境内的里下河地区实施浅水滩区湿地生态公益林的营造。

4. 绿色通道建设

在沿江、沿运、环湖和大中型河道两侧实施河道防护林建设，实施农田林网配套建设，共同构建总规划面积为 7000 公顷的扬州城市森林生态网络的骨架。

5. 林板一体化建设

杨树速生丰产林等商品林基地建设是扬州城市森林发展"两片"中平原重点商品林生产区的主体，也是"三网"建设的重要内容，重点进行工业原料林基地、木材加工产业基地建设。

6. 特色经济林果建设

积极发展茶、果、桑等经济林，建立高品质的名特优新经济林产品生产和出口基地。

7. 花木基地建设

花木盆景等花卉产业是扬州地区城乡特色产业之一，是扬州市林业产业发展的重要内容。实施花木基地建设能够为扬州林业建设和城市森林建设提供充足的苗木资源，有利于促进农村产业结构调整。

8. 森林旅游开发

扬州是"古代文化和现代文明交相辉映"的历史文化名城和著名的休闲旅游城市。境内水网密布、江河湖相连，沼泽湿地生态环境良好，优美的自然景观和丰富的人文景观成为扬州旅游资源的主要特色。合理开发和充分利用丰富的自然景观、人文景观、历史遗址和动植物资源，积极发展森林旅游业，是扬州森林文化建设的重要内容。

上述八大工程实施完成后，将在扬州城区增加绿地面积 1885.5 公顷。市域范围新增农村成片林 31500 公顷，使全市的成片林达到 78167 公顷；其中生态公益林达到 31100 公顷，用材林达到 23667 公顷，经济林达到 15133 公顷，农田林网发展到 233334 公顷，活立木蓄积达到 500 万立方米，林业产值达到 26 亿元；常绿花木林苗培育达到 13334 公顷，花木产值达到 10 亿元。

四、成都城市森林发展规划

（一）成都城市森林发展战略思路

以科学发展观为指导，综合运用生态学、林学、园林学的理论，充分发挥成都市在物种、

气候、土壤以及社会经济等方面的特色和优势，以建设"绿色成都，幸福家园"为核心理念，着力建设功能齐备的林业生态体系、发达的林业产业体系和独特的生态文化体系，实现资源增长、生态优良、产业发达、文化丰富、林农增收、适宜人居的目标，充分发挥林业与园林建设在改善城乡生态环境、增强城市综合竞争力、促进城乡经济发展等方面的重要作用，服务于成都经济社会的全面、协调和可持续发展，为成都和谐社会和生态文明建设作出重要贡献。

（二）成都城市森林建设

成都市域按照空间景观特征来看，可以划分成三个区域，即山丘区、平原区和成都市主城区。从林业规划建设的内容来看，在市域绿化上，重点是构建森林生态网络，保障区域生态一体发展；在山丘绿化上，重点是发挥森林多种效益，实现生态、产业均衡发展；在平原绿化上，重点是保护生态用地数量，建设绿色家园；在城区绿化上，重点是增加城市三维绿量，促进城市生态环境改善。其核心是"山丘建基地，平原织林网，城区增绿量"。

1. 山丘区

西部、北部山丘地加强水源涵养林和水土保持林建设，建立自然保护区，打造生态基地，保护生物多样性；开发森林、湿地等多种自然景观资源，强化森林公园、湿地公园、风景名胜区等建设，打造休闲基地，发展观光林业；发展笋材两用竹，巨桉、杨树等用材林，杜仲、厚朴、猕猴桃等经济林，打造原料基地，壮大林业产业。建设重点是：保育生态林，发展商品林，建设休闲林；建设格局为"三区四片多核"。

三区是指成都市生态公益林分布比较集中的三个山区地带，包括龙门山区、龙泉山区和长丘山区，重点建设保育生态林。

（1）龙门山区：在海拔1500米以上的高山、中山区，雪山、悬崖、飞瀑、跌水是其特色，植被、动物种类丰富，自然景观多样，重点是加强资源保护，强化森林涵养水源功能，建设龙溪——虹口自然保护区、鞍子河自然保护区、白水河自然保护区和黑水河自然保护区。在1000~1500米低山区，山头浑圆，山坡宽缓，主要发展中药材、林果生产基地。

（2）龙泉山区：林业建设的重点是加强现有林的保育，开展抚育改造，促进林木生长，并发展楠木、银杏、香樟等珍贵用材林；对经果林开展生态化经营，提高果品质量，并结合观光、休闲需求发展观光林业；结合本地区多个水库周边植被的保护与恢复保护发展水源林，强化林地水源涵养功能。

（3）长丘山区：林业建设的重点是加强现有林的保育，开展抚育改造，发展楠木、银杏、香樟等珍贵用材林，提高森林质量和生态服务功能；对经果林开展生态化经营，提高果品质量，并结合观光、休闲需求发展观光林业；结合水库库区植被保护与恢复发展水源林，强化林地水源涵养功能。

四片是指适合发展果木、用材、木本药材等商品林的四个丘陵地带，包括邛崃山丘陵片、龙泉山丘陵片、川中丘陵片和长丘山丘陵片。

（1）邛崃山丘陵片：包括邛崃、彭州、都江堰、大邑、崇州五县市的山丘地区，海拔600~1000米。在低山丘陵地区主要发展短周期工业原料林、材用竹、笋用竹、木本中药材、干果以及蚕桑。在中山地区主要发展速生用材林、茶叶和生态旅游。

（2）龙泉山丘陵片：包括龙泉驿、金堂、双流、青白江的丘陵地区。主要发展经济林果、蚕桑、笋用竹和休闲旅游。

（3）川中丘陵片：是指位于龙泉山脉以东金堂县淮口、隆盛、竹篙、高桥、又新、土桥等乡镇的川中丘陵区，丘陵占74%。脐橙、苹果、桃、李、杏、梨、石榴等经济林、蚕桑以及桉树等短周期工业用材林。

（4）长丘山丘陵片：包括蒲江、新津的丘陵地区。主要发展绿色、有机茶叶、笋用竹和经济林果。

多核是指结合生态旅游、生态保护、生态产业等发展需求，在山丘区已经建设和未来将要规划建设的森林公园、湿地公园、风景名胜区、生态果园、郊野公园等。主要包括龙池、鸡冠山、西岭、天台山、白鹿、斑竹林和东山等森林公园，以及青龙湖、南湖、西湖、北湖、关口等湿地公园，重点建设休闲林。

2. 平原区

在成都平原，结合乡村林盘保护和环境整治，完善道路、水系绿化，建设片、带、网，林、水、田一体的绿色林网。建设重点是：织林网，建林廊，保林盘；建设格局为"二网四廊多岛"。

二网重点建设林网。充分利用成都平原发达的河流水系和道路网络，结合疏浚工程保留大型河道，改造小型河道，同时沿河、沿高速公路、主要道路和乡村道路设置不同宽度的绿化隔离带，分别形成水系绿网、道路绿网，建立"蓝脉绿网"，构筑市域生态网络状结构。其中，公路两侧绿化带各宽5米以上，旅游干线和高速公路的绿化面积与道路面积之比大于30%。

四廊重点建林廊。成都市绿色健康廊道将构建东、南、西、北四条主要的出入城道路的生态林带作为放射状廊道。即东至古镇洛带、龙泉湖，西至都江堰、青城山、西岭雪山，南到黄龙溪（峨眉山），北至彭州龙门山风景区（三星堆），并进一步规划了西北—东南走向的"光华大道—温江路—青城山"绿色健康生态廊道，贯穿了成都市的东、西、南、北，成为连续而完整地穿插于成都市域范围以内和市域以外范围的城市森林绿色网络体系，以此形成观赏雪山景观、观赏自然景区、观赏历史文化古镇、观赏珍稀动植物等的森林廊道系统。

多岛重点保护林盘。成都平原分布的众多村镇，都有很好的树木、林带覆盖，形成了绿树环绕、绿茵覆盖的乡村人居景观，被形象地称为"林盘"。通过加强保护这些历史形成的大大小小的"林盘"，使之成为发展农家乐、建设新农村的基础。

3. 城区

城区指成都城区绿化建设，通过内部插绿、周边补绿，突出以乔木为主、以林为主的建设模式，增加三维绿量，形成绿带环绕、绿楔分隔、绿岛镶嵌、绿廊相连的绿化格局。建设重点是：绿带环绕，绿楔分隔，绿岛镶嵌，绿廊相连；建设格局为"五环八楔多廊多园"。

五环重点建设环绕的绿带。利用内环线、二环路、三环路、四环路、五环路作为环状廊道，以此构筑中心城区的城市森林绿色生态屏障。即为成都主城区规划的五道绿圈。第一圈是府南河环城公园，属于公园绿地，加上沿河公园和水域，面积约 1.40 平方公里；第二圈是二环路绿地，属防护绿地和附属绿地圈；第三圈是三环路和铁环线绿地，两侧各宽 50 米以上，形成绿色分割带，总面积 14.45 平方公里；第四圈是四环路绿地，即绕城高速绿地，两侧各宽 200~500 米；第五圈是五环路环线绿地，两侧各宽 50 米，属城市森林的生态绿地。

八楔重点是进行绿楔分隔。间隔于中心城区周边、向城市中心区延伸的组团绿地，分别为北郊风景区、上府河生态保护区、清水河生态保护区、浣花溪风景区、西南航空港生态开敞空间、三圣乡花卉基地、十陵风景区、东郊生态开敞区等 8 个绿楔。

多廊重点是进行绿廊相连。沿城市重点景观河道和主要城市道路建设不同宽度的绿化带，形成绿网，并与城市公园、湖泊水体、街头绿地、居住区绿地、广场绿化相结合，构筑相互连通的绿色网络，建立起城市森林生态网络，为城市可持续发展提供保障。水网绿化主要包括锦江、沙河、江安河、毗河、摸底河、浣花溪等，道路绿化主要包括人民路南北延线、蜀都大道东西沿线，以及主城区范围内沿成绵、成南、成雅、成温邛、成灌、成彭、成渝等 7 条主要出入城通道。

多园重点建设镶嵌的绿岛。城市公园是城市福利性基础设施之一，是为广大市民提供游览休憩的主要场所，是城市卫生防护的绿色屏障。规划建立布局均衡合理、方便市民游憩的市级—区级—居住区三级城市公园体系，即综合性公园、专类公园、游园，以满足不同群体、不同数量、不同兴趣爱好的市民的休闲娱乐的需求和灾害发生时期的防灾避险功能需求。现已建成各类公园、小区游园、街头绿地。主要有成都市植物园、杜甫草堂、文化公园、人民公园、锦江公园和浣花溪公园等。

通过上述林业和园林发展总体规划的建设，有利于本地区城乡的生态融合，促进实现区域生态一体化，从而为整个成都地区的可持续发展提供可靠的生态安全保障，为经济发展和新农村建设，以及繁荣生态文化，建设和谐社会和生态文明作出贡献。

五、合肥城市森林建设实例

合肥雄踞江淮之间，素有"江南唇齿，淮右襟喉"之称，是一座有着 2000 年历史的古城、驰名的三国故地。2011 年，随着庐江、巢湖两县（市）的归入，合肥市一举成为我国唯一一座怀抱五大淡水湖之一的省会城市。为推进合肥和谐发展，增强合肥城市综合竞争力，提升合肥城乡居民收入水平，进一步提升合肥的城市生态文化品位，夯实合肥城市可持续发展的生态基础，合肥市提出创建国家森林城市的目标，合肥市人民政府委托中国林业科学研究院编制《合肥森林城市建设总体规划》。规划以 2010 年为基准年，2011~2020 年为规划期。

（一）合肥城市森林发展战略思路

针对国家中部崛起战略、合肥都市圈、皖江城市带承接产业转移示范区和泛长三角区域分工与合作一体化的发展态势，围绕保障生态安全、实现生态惠民、建设生态文明的总体目标，确立了"江淮锦绣森林城，环湖魅力新合肥"的合肥城市森林建设理念，突出城市林业在生态文明建设的首要地位、合肥都市圈发展战略的重要地位、城乡统筹发展的基础地位、优化城市环境的特殊地位，建设完备的林业生态体系、发达的林业产业体系和繁荣的生态文化体系，全面推进森林城市建设，把以林为主、林水结合的合肥城市生态环境建设推向科学发展的新阶段，为合肥环境经济社会的全面可持续发展提供服务。

（二）合肥城市森林建设

1. 城市森林空间拓展及质量提升

（1）主城区。主城区包括四区，即瑶海区、庐阳区、蜀山区、包河区，面积815平方公里。城市森林空间包括公园绿地、街头绿地广场、单位和社区绿化、街道绿化、垂直绿化等；形成两环（环城公园、高压走廊绿带）、一片（蜀山森林公园）、多点（各类公园数量达到43个）的空间分布格局；重点新增绿地4230公顷，增加城市森林总量、优化城市森林结构、增加城市绿量，提高城市森林效益，构建完备的城市森林景观和生态安全体系。

通过加大城市公园建设、扩增社区公园、多设街头绿地，以拓展主城区城市森林空间；采用多种乔木、多用乡土树种、借鉴地带性植被，营造近自然结构相对稳定的城市森林群落；适度引进优良树种，提高城市森林的景观效果及生态效益；加快垂直绿化、适度扩大屋顶绿化，以增加城市绿量；提升三道环城绿带、各类道路河岸绿色生态廊道，进一步完善城市森林网络结构。

（2）副城区（县城建成区）。以提升西县、肥东县、长丰县、庐江县、巢湖市等五个县市城区景观和人居环境为出发点，完善各城区道路绿化、居住小区绿化、单位绿化、小广场绿化，建设环城林带，打造绿色县城。建设重点：①建设高标准花园式园林景观亮点，重点在县城出入口、道路、河流的节点、产业园区、县城新区等；②城区植绿增绿、提升绿色空间质量，在城区附近各建设20~40公顷近郊公园1~3处，为县城居民提供休闲、健身场所，形成合理稳定的城市森林生态系统，满足绿化、美化和环境保护功能。

2. 环巢湖景观生态林建设

环巢湖地区既是造成巢湖污染的重要污染源区，同时又是修复巢湖生态环境的重要地区，有极其重要的生态地位，恢复森林植被的重要性不容置疑。通过实施成片造林、村镇绿化、三网绿化、矿山修复、提高森林质量、恢复生物多样性工程，实现提高森林覆盖率、完善环湖景观生态林带、提升森林生态功能及景观效果、形成环湖生态屏障、减少面污染的侵蚀、最终形成良好生态环境，改善投资环境、促进旅游开发的总体目标。

3. 江淮分水岭岭脊森林长城建设

江淮分水岭在合肥市域自西南向东北斜向穿越全市，岭脊线长达140公里，面积5330平方公里，耕地15万公顷，肥东、肥西和长丰三县80%的乡镇、91%的农村人口和耕地分布于此。

江淮分水岭虽海拔高度不高，但是合肥市区北部唯一的高地，更是合肥市的集水区，其生态系统是影响合肥市区大气环境及水资源的重要因素。在该地区恢复森林植被、增加森林总量极为重要，良好的森林植被必将成为合肥清洁空气的源地；通过森林对水分循环的调节作用，可增加有效水的供给以及降低土壤侵蚀，从而改变水分循环机制、减少水资源流失，改善合肥的有效水供给状况；同时改善江淮丘陵易干旱地区的土壤环境，提高土壤生产力，为农业产业结构的调整、为发展高产高效的现代化农业提供保障。

在整个江淮分水岭地区实现森林植被的恢复，在分水岭的岭脊地带重点造林，目标是"种上树、留住水，构筑森林生态屏障"。具体目标：江淮分水岭脊带森林覆盖率达到 70%，形成结构较为稳定的森林带。

4. 森林生态廊道及网络建设

铁路及道路两侧规划建设以乔木为主的森林廊道，宽度 5~100 米不等，提高道路绿带的连接度，形成完善的森林生态网络系统，道路绿化率超过 80%，道路绿化面积达到 26420 公顷。

河渠两侧规划以乔木为主的森林廊道，宽度 50~150 米不等，提高河渠绿带的连接度，形成完善的森林生态网络系统，河渠绿化率达到 90%，河渠绿化面积达到 16327.37 公顷。

农田林网按照耕地面积的 5% 建设，形成良好的农田防护林带和生态廊道，林网面积达到 20711.55 公顷。

5. 低山、丘岗地森林保育

合肥市域范围内低丘岗地面积甚大，其占全市土地的 45.6%，总面积 524567.49 公顷。其中：肥东县占土地面积的 62%，为 136767.04 公顷；肥西县占 85%，为 177026.1 公顷；长丰县占 35%，为 64448.65；庐江县占 45%，为 105660 公顷；巢湖市由东北至西南，为低山丘陵所贯穿，占全县面积的 19.4%，为 40665.70 公顷。林分结构不稳定，生态效益及经济价值低，尤其是马尾松人工林，林相较差、树干曲折、生长量低，且多病虫害，于 20 世纪 80 年代后期发生过松材线虫病，大多数马尾松林被其他树种取代。

在工程区内建立森林可持续经营体系，开展景观林结构调控，低产林、纯林改造，提高人工林自然度、全面提升林地生产力、实现增加碳汇，增加生物多样性，提高景观价值的森林保育目标。

6. 森林村镇建设

为改善村容村貌、建设社会主义新农村，全部村镇实现森林村镇目标。即乡镇绿化覆盖率大于 35%，依据结合自然特点、彰显地方文化及民俗风情的原则，每个乡镇至少规划建设一座公园，每个行政村规划建设一座村民休憩地（不包括山区村镇），或面积大于 3 公顷的片林，户均拥有树木 20 株以上；有条件的村镇规划围村防护林带；绿化树种以乡土树种为主（比例大于 80%），结合庭院经济，规划集苗木、经果林、景观、用材多种功能的村庄绿化，实现"村在林中、院在绿中、人在景中"的村落生态景观格局。

7. 都市水源地保护

合肥市域主要河流的集水区、大型水库库区周围，包括南淝河、派河、十五里河、丰乐河、店埠河、二十埠河，以及董铺水库、大房郢水库、众兴水库等，在合肥市域的全部汇水面积约 4067 平方公里。合肥市水库周边地区因保护水源地需要，得到一定的保护，但其周边地区仍存在一些面源污染，工业废水污染以及生活废水污染。应加强水源地保护区域控制，改善水源地生态环境。在主要河流的源头，流域范围水土流失严重、对河流（干渠）影响巨大的重要汇水区，大型库区集水区，建设水源涵养林、减少面污染，以降低水源地水土流失、提高水源地土壤涵养水源功能、改善水系生态环境、改善水质。

8. 湿地建设

合肥湿地资源丰富，据合肥市 2010 年土地利用现状分类面积汇总表统计，合肥市现有湿地总面积 210579.3 公顷，占合肥市土地总面积的 18.4%。全市湿地资源以湖泊湿地、水库、坑塘等湿地类型为主，其次为河流湿地，沼泽湿地所占比重最少。

合肥市的河流湿地承接了大量的城市污水。因此，城市的排污和污水处理率与达标率是影响合肥市湿地生态安全的重要因素。

在巢湖、黄陂湖、高塘湖等主要湖泊的沿岸滩地，低洼滞洪区、水库、河道周边的重点地域建设湿地保护区、湿地公园；在原属巢湖、黄陂湖滩地的圩区，部分实施退耕还滩、退田环湖。

9. 矿区植被修复

合肥矿业开采历史悠久，现有独立矿区总面积 6896.50 公顷，主要位于肥东、肥西、庐江、长丰及巢湖地区，共有矿区 400 余处，大部分属中小矿。

全面开展矿区综合治理，优先恢复采矿山体植被，逐步培植乔灌木林，在城镇周边、高速公路及环巢湖生态保护区、各类风景区内采石宕口基本得到绿化。

10. 生物多样性保护

合肥植物区系表现出由亚热带向暖温带过渡的特征，植被兼有南北特色，常绿林和阔叶林组成的混交林是合肥的主要植被类型。根据相关资料调查表明，境内有蕨类植物 11 科 12 属 12 种，种子植物 147 科 625 属 1208 种，其中，裸子植物 7 科 20 属 47 种，被子植物 140 科 605 属 1161 种。属于国家和省级保护的珍稀植物 8 种，其中属于国家 I 级保护植物有银杏、水杉、水松；国家 II 级保护植物有杜仲、鹅掌楸、流苏树、胡桃、金钱松等。动物资源其中兽类 15 种、鸟类 133 种、鱼类 9 种、爬行类 14 种、两栖类 10 种。属于国家保护动物 13 种，其中有白鹳 1 种国家 I 级保护的野生动物；虎纹蛙、鸢、普通鵟、白肩雕、红隼、鸳鸯、灰鹤 7 种 II 级国家级保护的野生动物；豹猫、环颈、雉鹌鹑、针尾鸭、中华蟾蜍 5 种三级国家级保护的野生动物。

市域范围内，在物种丰富，聚集度较高的森林、湿地，生态敏感地域、潜在的动植物栖息地，实施生物多样性保护工程；城区范围内，在城市绿化、城市森林建设中，强调保护与提高生物多样性的管理与措施。

维护现有的动植物区系的稳定性和动态平衡，控制威胁自然栖息地从而影响生物多样性的人为因素，积极修复地带性植被、努力保护动植物的重要栖息地，实施就地或迁地保护，逐渐恢复珍稀濒危物种的种群；城市森林建设依据生态性原则，建成区域性绿色生态网络，维持栖息地的连接性与物种的课迁移性；建立健全生物多样性保护监管体系，实现自然资源可持续发展利用，达到全面保护并逐步提高生物多样性的目标。

11. 生态旅游发展

合肥市生态旅游主要包括森林公园、依托森林开展的休闲文化业和"农家乐"等，目前已初步形成以大蜀山森林公园、环城公园、大圩农家乐、三十岗森林公园、紫蓬山生态运动基地、银屏山牡丹、半汤温泉为代表的一大批生态旅游精品基地。充分利用合肥市域丰富的旅游资源，加大招商引资力度，进一步完善生态旅游基础设施，重点加强精品景点、景区开发建设，大力发展生态游、休闲游，引导不同类型的生态旅游向特色化、个性化、精品化发展。深度开发重要景区（景点），完善相关配套的基础设施，重点建设7大森林生态旅游基地，为建立完备的森林生态旅游产业体系奠定基础。通过全面整合旅游资源，形成主题各异的森林生态旅游产业群，使森林生态旅游在合肥林业经济发展中居于重要的地位，景点基础设施建设、旅游管理与服务等达到国内一流水平，并与国际水平接轨，成为有区域性国际影响的旅游品牌。

12. 林下经济建设

合肥市退耕还林地主要树种为杨树，通过大力发展林下经济，可以提高农民收入，这对于维持退耕还林地的存在，实现森林的生态经济效益，具有十分重要的意义。目前主要实施的模式多为林禽模式而且品种单一。应丰富林农复合经营模式，培育特色产品，发展林下经济，增加农民收入，促进农民及企业造林、护林、爱林热情，实现经济、生态效益双增长。

13. 经济林建设工程

合肥市现有经济林树种为干果类，板栗、银杏、油茶、核桃等；鲜果类，桃树、枣树、李树、梨树、葡萄、蓝莓等。应进一步扩大优质、丰产、设施栽培的应时干杂果、木本油料林、鲜果等经济林果基地建设，达到企业化、合作化、规模化生产，扶持发展相关加工工业，提高经济效益，增加占农民收入的比例。

14. 花卉苗木产业建设

合肥市苗木花卉业发展迅速，基本形成"两区一带"的产业群格局。合肥市在扩大苗木生产面积的同时，积极打造严店、三岗等育苗精品基地，培育了"三岗"省级苗木品牌、"裕丰花市"市场品牌、"中国·合肥苗木交易大会"会展品牌，使合肥市成为全国一个重要的苗木花卉集散地和信息中心。但目前多数苗木产业依旧以生产常规绿化苗木为主，香樟、桂花、广玉兰、红叶李、悬铃木所占比例甚高；有的苗圃，品种虽多，但标准化、规模化不够，苗木质量低下，今后应加大投资、进一步扩大规模，形成特色优势产业群。

15. 环巢湖生态文化圈建设

合肥市是全国唯一怀抱五大淡水湖之一的省会城市。巢湖是合肥独特的资源、靓丽的城市名片。结合滨湖新城开发，深入挖掘巢湖及周边地区的自然、人文特征和富有生态文化内涵的景观资源，将巢湖打造成集景区景点旅游、餐饮、娱乐、住宿、养生于一体的环湖综合性观光游结构。构建自然风光旖旎，生态环境佳绝，水文景观、生物景观、文化景观等资源组合时空分布有序，城湖共生的生态文化景观圈。

16. 城市生态文化走廊建设

市区范围内依托环城河、匡河、南淝河、天鹅湖、南艳湖、翡翠湖、蜀山湖等水体，开展绿化、彩化等生态景观建设，结合历史文化、地域民俗文化等挖掘展示城市文脉，形成集滨水景观与沿河历史人文景点于一体，纳交通、生态、景观、休闲、文化于一系，营建出彰显合肥城市风貌和人文精神的生态文化走廊，使合肥的历史文脉以水文化为载体得以传承。

17. 生态文化社区建设

在城市地区，依托居住区、学校、机关、军营等场所，开展以"弘扬生态文明，共建绿色社区"为主题的生态文化活动与载体建设，增强生态文化对广大群众特有的亲和力、凝聚力和生命力，向广大市民宣传生态文化，倡导绿色生活理念，普及低碳的生活方式；在乡村开展生态文化建设，增强村民的生态保护意识，养成文明行为，珍惜自然资源，发展绿色产业，建设绿色家园。

18. 观光农林生态文化园建设

依托经济林果基地和农家乐、森林人家等农村经济第三产业的发展，以生态、阳光、健康、科普、民俗为特色，调整、完善和新建不同规模、形式多样的农林产业园，充分发挥其农业生产、生态平衡、休闲观光、科普教育和经济增收的综合效益。并定期在各园区举办主题活动，加大宣传，不断将生态文化内涵融入农业产业。

19. 康体生态文化基地建设

合肥拥有丰富的自然资源，市区、肥西、肥东、环湖周边、庐江五大片区均有高品质山体旅游资源。蜀山区大蜀山森林公园是合肥城市居民重要的旅游休闲地，肥西紫蓬山、庐江冶父山已开发成为国家级森林公园，并与肥东岱山湖共同发展为国家 4A 级旅游景区；浮槎山未来将建设成为国际养生度假示范区，成为城东、巢湖北部重要的绿色山水生态旅游资源。以现有森林公园和生态旅游区为基础，将运动养生、休闲、科普教育、保健理疗等康体文化，融入自然景观，进行富有人文参与和生态文化内涵的游憩化改造与建设，打造风格各异的综合型运动休闲基地或温泉森林理疗基地，以生态健身产业带动生态文化的发展。

20. 打造生态文化节庆

节庆会展活动在旅游发展、传播生态文化方面，具有不可替代的作用。要不断完善政府引导、市场运作的办节方式，使节庆活动相互串联，实现一年四季不落幕，一年四季有看头，使节庆会展成为合肥生态文化建设的核心吸引力之一。增强公众对城市生态及可持续问题的共识，自觉形成健康的低碳生活方式，带动产业经济增长。

21. 城市森林资源安全体系建设

为了进一步巩固城市森林建设成果，强化生态资源管护能力，应加强森林防火能力、有害生物防控体系、政策法规与执法体系、生态资源管护基础设施、技术服务体系、信息化、生物多样性保护能力等方面的建设。

第四章 中国森林生态网络体系"线"的建设

第一节 长江沿线森林生态建设

河流线建设以我国最为典型的河流长江为对象开展了分析研究。长江干流全长 6300 余公里，是世界第三、我国第一大河流。长江横跨我国东、中和西部三大地区，流域总面积 180 万平方公里，占全国的 18.8%，全流域人口 4 亿多，约占全国的 1/3，国内生产总值超过 3 万亿元，占全国的 40%。长江蕴藏了极其丰富的水能等各种资源，生物多样性居我国七大流域首位。长江以其不可替代的资源优势和区位优势，不仅成为中华文明的发源地，更是当代中国经济社会发展的重要命脉。但是，由于其本身的自然因素和人类长期以来不合理经营活动的影响，"黄金水道"的环境状况曾遭到严重破坏，一度日益恶化，1998 年长江发生的特大洪灾，正是环境恶化造成的严重后果。它在给人们带来巨大灾难的同时，也给人们以严厉的警示:长江流域的健康在不断衰退，加快长江流域的生态治理刻不容缓。因此，作为一条横贯我国东西的大动脉，无论是其本身所具有的重要作用和地位，以及其严峻的环境现状，开展长江森林生态线的建设都具有重大意义。

鉴于长江的具体特点，长江森林生态线的建设分为长江上游线和长江中下游线两个方面作如下分析。

一、长江上游线的建设

（一）基本情况

长江上游是指长江干流宜昌以上，河段长度 4504 公里，占长江总长的 71.5% 上游流域面积 105.4 万平方公里，占长江流域面积的 58.9%。由于地处上游，加之河段长、面积大，因此长江上游生态环境质量成为决定整个长江流域生态环境质量的关键。长江上游线的建设，不仅直接关系到上游本身，而且对于三峡库区，以及长江中下游的生态环境质量和经济社会发展都具有非常重要的影响。

但令人忧虑的是，长江上游的生态环境问题十分严重。特别是由于长江上游山高坡陡，地层破碎，谷深流急，加之降水量大以及不合理垦种，造成长江上游成为我国水土流失最为严重的地区之一。据相关研究测定，长江上游总控制宜昌站多年平均输沙量 5.15

亿吨,比世界大河尼罗河、亚马孙河每年输出的泥沙之和还要多。长江流域中土壤侵蚀为强度及强度以上的区域主要集中于上游地区,四川、云南、贵州、重庆、西藏等省(自治区)土壤侵蚀严重,特别是四川省的中西部地区有大片区域表现为剧烈侵蚀和极强度侵蚀,云南和西藏等的部分地区在土壤侵蚀强度分级中都表现为强度或强度以上侵蚀(表4-1)。长江上游的水土流失等环境问题,严重影响了长江流域生态系统的健康与安全。

表4-1　长江上游主要省区土壤侵蚀强度等级面积统计(万平方公里)

地区	微度侵蚀	轻度侵蚀	中度侵蚀	强度侵蚀	极强度侵蚀	剧烈侵蚀
四川	30.20	4.16	4.91	2.94	1.67	2.63
云南	7.99	0.98	0.95	0.43	0.18	0.20
贵州	10.62	0.38	0.15	0.02		
西藏	1.37	0.56	0.68	0.39	0.25	0.38
重庆	7.56	0.33	0.11	0.02		
合计	57.94	6.41	6.90	3.80	2.10	3.21

(二)长江上游(川江段)江河沿线的地貌类型

以上游中典型江段川江为对象,来具体研究上游线的建设技术。通过川江流域河流线两岸的山丘地貌、降水、水土流失状况以及防护功能需求分析,对不同的地貌类型,按照不同的形态特征,深入探讨其特征和特点,有利于合理地配置林种。不同山体立地类型特征和防护林功能见表4-2。

(1)低中山地貌类型。低中山主要分布于川江流域河流线的西北缘、北缘和东北缘,是盆缘低中山水源涵养林亚区为典型的地貌类型,海拔多数在1000~2500米之间,相对高差多在500~1200米之间,主要由变质岩、灰岩、花岗岩、砂页岩等组成。由于山体高大,坡面陡峻,水力和重力侵蚀严重,流水侵蚀地貌和重力侵蚀地貌比较发育。低中山垂直地带性明显,水热条件随海拔升高,发生明显变化,由此森林垂直分布也较明显,1300米以下为常绿阔叶林和松、杉、柏,1300~2000米以常绿阔叶和落叶阔叶混交林为主,2000米以上以亚高山针叶林混有落叶阔叶林为主。土地利用垂直变化也明显,一般在1400米以下,以农、林为主,1400米以上,则以林、牧为主。低中山山体形态受地质构造和岩性影响,呈现不同形态类型。在四川盆地,分布多且比较典型的类型是单斜状低中山和迭瓦状低中山。

①单斜状低中山,是由于受岩层产状倾斜影响,呈现山体两侧坡度差异悬殊的山体类型。逆倾坡,坡度陡急,一般在35°~50°,甚至更大,土层浅薄,生产潜力低,主要为林地。顺倾坡,坡度相对较小,一般在20°~35°,土层厚,生产潜力高,一般在山坡中上部为林地,下部为农耕地和林地。其径流和侵蚀主要表现为逆倾坡径流汇集快,流速逐渐增大,冲刷力增强;面蚀、沟蚀及重力侵蚀作用强烈。顺倾坡径流相对较缓,但径流量也较大,中下

表4-2 不同山体立地类型特征和防护林功能

类型	部位	坡度	土层	土地利用	径流强度	侵蚀类型和强度	防护功能需求	配置重要地带
单斜状低中山	脊	陡	浅薄	林地	小	面蚀，强度小	涵水	中部
	顺上倾	陡	较厚	林地	较大	面蚀，较大	防蚀	
	顺倾中	陡	厚	林地或耕地	大	面蚀，大	滞流	
	坡下	陡	厚	耕地或林地	大	面蚀，大，易沟蚀	防蚀，护坎	整个坡面
	逆顺倾坡	急险	浅薄	林地	大	面蚀，沟蚀，大	涵水，固坡	中下部急险坡
迭瓦状低中山	脊	斜陡、急险	浅薄	林地	斜陡坡，小；急险坡，较大	面蚀，小；急险坡，较大	涵水	
	上	斜陡、急险	厚	耕地、林地	斜陡坡，小；急险坡，较大	面蚀，小；急险坡，大	防蚀	
	中	斜陡、急险	厚	耕地、林地	斜陡坡，较大；急险坡，大	面蚀，斜陡坡，小；急险坡，大易沟蚀	滞流	
	下	缓斜	浅薄	耕地、林地	大	面蚀，沟蚀，大	防蚀，固坡	
单斜低山	脊	缓斜	浅薄	林地	小	面蚀，小	涵水	中部
	顺坡上部	缓斜	较厚	林地	大	面蚀，大	滞流	
	顺坡中部	缓斜	厚	林地或耕地	较大	面蚀，大，易沟蚀	滞流	
	逆顺倾坡	陡急	浅薄	耕地	大	面蚀，沟蚀，大	防扩，护坎	整个坡面
梯坡形低山	脊	较缓	浅薄	耕地或林地	台，小；坎，小	面蚀，小	涵水，因坡	中下部台坎
	上台面中或下台	缓斜、陡急	较厚	耕地、林地	台，小；坎，大	面蚀，台小，坎，大	涵水，防风	
	坎	缓斜、陡急	厚	耕地、林地	台，小；坎，大，易沟蚀	面蚀，台小，坎，大，易沟蚀	防蚀，固坡	
凹坡形低山	脊	缓斜	浅薄	林地	小	面蚀，小	涵水	中部（凹部）
	上	缓斜	浅薄	林地	大	面蚀，大	防蚀，固坡	
	中	较缓	较厚	林地	较大	面蚀，大，易沟蚀	滞流，防蚀	
	下	陡急	厚	耕地	小	面蚀，较大	防蚀，固坡	
凸坡形低山	脊	缓斜	较厚	林地或耕地	较大	面蚀，小	涵水	中部（凸部）
	上	缓斜	较厚	林地或耕地	大	面蚀，较大	防蚀，固坡	
	中	较缓	浅薄	林地	大	面蚀，大	滞流，防蚀	
	下	陡急	浅薄	林地	大	面蚀，大，易沟蚀	防蚀，固坡	

（续）

类型	部位	坡度	土层	土地利用	径流强度	侵蚀类型和强度	防护功能需求	配置重要地带
凸凹坡形低山	脊	缓斜	较厚	林地	小	面蚀，小	涵水	中部（凸凹结合部）
	上	缓斜	较厚	林地	较大	面蚀，较大	防蚀	
	中	陡急	浅薄	林地	大	面蚀，大	滞流	
	下	缓斜	厚	耕地	较大	面蚀，较大、易沟蚀	防蚀、护坎	
凹凸坡形低山	脊	较陡	浅薄	林地	小	面蚀，小	涵水	上部（凹部）下部（凸部）
	上	陡急	浅薄	林地	大	面蚀，大	防蚀、固坡	
	中	缓斜	厚	耕地或林地	较大	面蚀，较大、易沟蚀	防蚀、滞坡	
	下	陡急	较厚	林地	大	面蚀，大、易沟蚀	防蚀、固坡	
阶梯状深丘	丘顶	缓斜	浅薄	林地	小	面蚀，小	防蚀、防风	下部台坎
	上	缓斜、陡急	浅薄、较厚	林地、耕地	台面，小；台坎，较大	面蚀，台面小；台坎，较大	防蚀、护坎	
	下	缓斜、陡急	浅薄、厚	耕地、林地	台面，小；台坎，大	面蚀，台面小；台坎，大、易沟蚀	防蚀、护坎	
单斜深丘	丘顶	陡斜	浅薄	林地	小	面蚀，小	防蚀	下部 整个坡面
	上	缓斜	较厚	耕地、林地	较大	面蚀，大	防蚀	
	下	缓斜	厚	耕地、林地	大	面蚀，大；易沟蚀	防蚀、护埂	
	逆向坡	陡急	浅薄	林地	大	面蚀，沟蚀，大	防蚀、固坡	
馒头状浅丘	丘顶	陡	浅薄	林地	小	面蚀，小	防风	丘坡
	丘坡	陡	浅薄	林地	大	面蚀，大	防风	
	丘脚	缓斜	厚	耕地	较大	面蚀，较大	防蚀、护埂	
平顶状浅丘	丘顶	平缓	较厚	耕地或林地	小	面蚀，小	防蚀、防风	丘坡
	丘坡	陡	浅薄	林地	大	面蚀，大	防蚀、固坡	
	丘脚	缓斜	厚	耕地	较大	面蚀，较大	防蚀、护埂	
台坎状浅丘	丘顶	平缓	较厚	耕地或林地	小	面蚀，小	防蚀、防风	台坎
	丘坡	平缓	浅薄、较厚	耕地、林地	台面，小；台坎，较大	面蚀，较大	防蚀、护坎	
	丘脚	平缓	厚	耕地	较大	面蚀，较大	防蚀、护坦	

部径流集中，流速增大，冲刷力强，以面蚀为主，中下部面蚀作用强烈，且伴有沟蚀现象。因此，单斜状低中山的逆倾坡是防护林配置的重点区域，顺倾坡中部是防护配置的重要地带。

② 迭瓦状低中山，是由于受构造、断层和岩性控制，坡面呈迭瓦状的山体类型。山体坡面坡度一般在 20°~40°之间，但陡斜坡和急险坡在整个坡面上交替出现，土壤厚度也随之交替变换，陡斜坡的土壤较深厚，急险坡的土壤较浅薄。在山体中上部，主要为林地，而在山体下部，以农耕地为主，且多分布于陡斜坡。由于受坡面坡度交替变化影响，迭瓦状低中山的径流和侵蚀表现为陡斜坡面径流相对和缓，急险坡面径流速度大，经陡斜坡面径流逐次汇集下行，急险坡面径流量和流速增大，在山上部以面蚀为主，侵蚀强度相对较小，而在山中部以面蚀和沟蚀为主，侵蚀强度较大，可见迭瓦状低中山的急险被面尤其是中下部急险坡面，是防护配置的重点地带。

上述两个山体类型因地貌形态、土地利用、水土流失差异，则要求林种在空间上进行不同配置，以符合两个山体类型各自的特点。

（2）低山地貌类型。低山主要分布于四川盆地北部、西北部、东部，是川江流域河流线两侧低山水源林水保林亚区的典型地貌类型。海拔多在 600~1000 米，相对高 200~500 米，出露岩层以砂页岩为主。其次是砾岩和泥岩。低山水热条件好，地表又有一定厚度的土壤，为农业和林业生产提供了良好条件。耕地集中分布于低山的缓坡或平台，林地则多分布于陡坡或台坎。林地森林植被种类主要为柏木、马尾松、桤木、栎类等树种。由于人为活动对森林植被干扰破坏以及陡坡开垦，水土流失严重。

由于受到地质构造、岩性、流水侵蚀等影响，低山地貌形态复杂多样，山体类型繁多。低山坡面是径流和侵蚀的主要场地，也是营建防护林体系的重要基地，因此，从被面形态差异来看，四川盆地低山主要有直坡形、梯坡形、凹坡形、凸坡形和复合坡形等五种形态类型。直坡形低山类型在四川盆地常见于单斜低山，复合坡形低山类型则常见有凸凹坡形低山和凹凸坡形低山。

通过对各低山山体类型综合分析可见，各低山山体类型在地貌形态、土壤、土地利用、径流和侵蚀方面具有各自特征和特点。不同类型，其特征和特点具有差异性，同类型在不同的地貌部位，其特征和特点也具有差异性。因为这些差异，各低山山体类型的防护配置重点地带位于各自的不同地貌部位。

（3）深丘地貌类型。深丘主要分布于四川盆地中部，是盆中深丘水土保持林亚区的典型地貌类型。海拔多在 400~600 米，相对高差在 100~200 米。出露岩层主要为蓬莱镇组厚砂、薄泥岩，坡度比较大，虽然不及低山和低中山，但 15°~25° 的坡度居多。林地面积所占比重较小，而且因受紫色土影响，森林植被比较单一，主要以柏木林为主，其次为桤柏混交林、栎柏混交林。深丘处于丘陵与山地的过渡地带，其水热条件比山地优越。由于人多地少，深丘被过渡开垦发展种植业，一些应发展林业的地貌部位也开垦耕种，加之紫色砂泥岩风化物易被冲刷，其水土流失严重。深丘地貌形态与岩层构造和岩性关系密切，主要有两种形态的深丘，即阶梯状深丘和单斜丘。

① 阶梯状深丘，是由岩层产状水平或近似水平的砂泥岩互层的地层组成的，其整个坡面呈现近水平台阶状。丘上部台面狭窄，下部一、二级台土，台面大且连片。台坎级数多，一般3~5级，坎宽一般5~15米，坎坡度为30°~40°，有的可达50°~60°。由于台面坡缓、土厚，梯地梯田分布于台阶地带，随着海拔增高，耕地面积逐渐减少，而林地主要分布于丘顶、台坎。其土地利用空间格局为比较典型的层层梯田层层林的格局。阶梯状深丘的径流和侵蚀表现为台面径流小，台坎径流大，经台面汇集下冲，丘下部台面尤其是台坎径流量和流速增大。台面和上部台坎以面蚀为主，侵蚀强度小，下部台坎以面蚀为主，侵蚀强度大，且易发生沟蚀。因此，阶梯状深丘的台坎尤其下部台坎是防护林配置的重点地带。

② 单斜深丘是由产状倾斜的蓬莱镇组厚层砂岩地层组成的，呈现尖顶不对称的深丘，其逆向坡短而陡，坡度一般为30°~50°，土层很薄，利用难度大，顺向坡长而缓，坡度一般为10°~20°，土层深厚，多辟为旱地。林地一般分布于逆向坡和顺向坡耕地间地坎。单斜深丘的径流和侵蚀一般表现为逆向坡径流迅速，冲刷力大，土壤侵蚀强度也大；顺向坡径流和缓，经坡面逐渐汇集，下部径流量大，破坏力也大，土壤侵蚀以面蚀为主，下部则易发生沟蚀。因此，单斜深丘的逆向坡和下部地坎是防护配置的重点地段。

（4）浅丘地貌类型。浅丘主要分布于四川盆地中部，是盆中浅丘水土保持林亚区的典型地貌类型。海拔多在300~500米，相对高差一般在50~100米，出露岩层主要为砂泥岩。浅丘陵体较小，丘坡比较和缓，其坡度多为10°~20°，浅丘陵起伏和缓，地表又有较厚的土壤，水热条件优越，自古以来就是农业生产的重要基地。林地只分布于丘顶、陡坎等地貌部位，树种以柏木、桤木、栋类为主。由于垦殖过度，森林覆盖率极低，生态环境受到一定程度的破坏，造成了严重的水土流失。浅丘陵的形态受地质构造和组成物质的影响，其形态类型主要有馒头状浅丘陵、平顶状浅丘陵和台坎状浅丘陵。

① 馒头状浅丘陵，是质地较软的泥页岩盖顶所形成的，呈馒头状或浑园状的浅丘陵。丘体矮小且起伏和缓的浅丘陵，一般几乎全部开垦成农耕地，而丘体较大且起伏大的浅丘陵，一般为林地。尽管丘体矮小，坡度不大，径流过程短，但由于泥页岩风化速度快，黏土成份多，吸水性、透水性都较差，加之人类的频繁活动，馒头状浅丘陵的土壤侵蚀强度比较大，且在丘坡易发生细沟侵蚀。因此，馒头状浅丘陵的丘坡是防护配置的重点地段。

② 平顶状浅丘陵，是丘顶由质地坚硬的砂岩盖顶，丘体呈平顶台状的浅丘陵。它是馒头状浅丘进一步侵蚀，丘顶泥页岩侵蚀完后露出水平层理的砂岩时演变成的。由于丘顶平缓，坡度5°~15°，一般都开辟为农耕地，而丘坡较陡，坡度30°~40°，甚至更大，一般为林地。平顶状栈丘陵的径流和土壤侵蚀一般表现为丘顶径流和缓，丘坡径流迅速，且经丘顶径流汇集下冲，丘坡易发生沟蚀。丘顶以面蚀为主，强度小，丘坡同样以面蚀为主，但强度大，且伴有沟蚀。丘坡则是平顶状浅丘陵防护配置的重点地段。

③ 台坎状浅丘陵，是由水平产状的砂岩组成的，丘坡呈台坎状的浅丘陵。丘披上砂岩出露时形成陡坎，其土层薄，坡度大，一般为30°~50°，有的达60°以上；泥岩出露时形成台面，

其土层较厚，坡度和缓，一般为 5°~15°。台坎状浅丘陵的台坎级数一般为 2~3 级。农地集中分布于台面；林地主要在丘顶和台坎。由于丘坡坡度变化大，径流和侵蚀也随坡度而变，台面径流小，侵蚀强度低，台坎径流迅速，冲刷力大，侵蚀强度高。台坎状栈丘陵的台坎是防护配置的重点地段。

（5）江岸类型。根据江岸的具体情况及特点，主要按照以下因子进行类型划分为：①坡度：缓斜坡，≤25°；陡急坡，26°~45°；险坡，≥46°。②坡形：凹坡（凹岸）；凸坡（凸岸）；直线坡（直岸）；复合坡（岸）。③土层厚度（A+B）：薄层土，<40 厘米；中厚层土，≥40 厘米。④土壤质地，土质（以土为主，石砾含量≤30%）；沙泥质（以沙泥为主，石砾含量≤30%）；石砾质（以石砾为主，石砾含量 >30%）。依据划分的结果，其主要类型有：缓斜坡凸岸砂坭质土型、缓斜坡凸岸石砾质型、陡急坡凹岸心积土型、陡急坡凹岸老冲积土型、陡急坡凹岸石砾质型、陡急河谷阶坡薄层土型、缓斜河谷阶坡中厚层土型、缓斜河谷阶面中厚层土型。

（三）防护林体系多林种空间配置模式

按防护林体系多林种空间配置原则和依据，针对不同丘陵山体的形态结构特征、土地利用特点、水土流失状况等，进行多林种空间配置，并按照山顶至山脚各区段林种空间分布，组合成多林种空间配置模式（表 4-3）。

（1）单斜状低中山多林种空间配置模式。单斜低中山的顺倾坡林种空间配置形式为山上部水源水保林与山中下部水保林带相结合的片带配置，而逆倾坡其林种空间配置形式为整个坡面水源水保林的片状配置。单斜低中山多林种空间配置模式为：①山脊水源涵养林山脊是径流起点，应在山脊两侧 100~200 米范围内，配置岭脊水源涵养林。宜选林分模式有马尾松栎类混交林或冷杉，经营方向为生态型。②逆倾坡防蚀固坡林逆倾坡坡陡、土壤浅薄，易遭到冲刷、崩塌，整个坡面应配置急险坡防蚀固坡林。宜选林分模式为马尾松栋类混交林或麻栎、光皮桦林。经营方向为生态型。③顺倾坡上部用材防蚀林是山脊下部以保持水土、防止地表径流的第一线防护林。顺倾披上部坡度陡，土层较薄，可配置陡斜作材防蚀林。宜选林分模式有马尾松栎类混交林，华山松、栋类混交林。经营方向为生态经济型。④顺倾坡中部径流调节林顺倾坡中部是分散、吸收、拦截上部径流和泥沙，减少下部水土流失的重要地带，应根据局部地形和立地条件的变化，分别布设陡坡用材滞流林带。宜选林分模式有马尾松栎类混交林，湿地松、栋类混交林。经营方向为生态经济型。⑤顺倾坡下部水保经济林顺倾坡下部土层深厚，水热条件好，可配置陡坡用材防蚀林、缓斜坡经济防蚀林。适宜的林分模式有湿地松栎类混交林、核桃林、油桐林等。

（2）凹坡形低山多林种空间配置模式。凹坡形低山的林种空间配置形式为山中上部水源水保林与山中下部水保林带相结合的片带配置。凹坡形低山多林种空间配置模式为：①山脊水源涵养林在山脊两侧 50~150 米范围内，配置顶脊防蚀固源林，宜选林分模式有马尾松栎类混交林、柏木栎类混交林。经营朝生态型方向发展。②山坡上部防蚀固坡林山坡上部坡度陡急、土层浅薄，易遭到冲刷、崩塌，应配置急险坡防蚀固坡林、陡坡用材防蚀林。宜

表 4-3　不同山体类型多林种空间配置模式

山体类型	多林种空间配置模式	配置范围	配置林种	配置形式	宜选林分模式	经营方向
单斜状低中山	山脊水源涵养林	山脊两侧 100~200 米	岭脊水源涵养林	片带配置	马尾松栎类混交林、华山松栎类混交林	生态型
	顺倾坡上部用材防蚀林	上部	陡坡用材防蚀林		同上	生态经济型
	顺倾坡中部用材滞流林带	中部 30~80 米	陡坡用材滞流林		同上，麻栎林	生态经济型
			陡坡用材防蚀林		湿地松栎类混交林	生态经济型
	顺倾坡下部水保经济、用材林	下部	缓斜坡经济防蚀林		核桃林、油桐林等	生态型
	逆倾坡防蚀固坡林	逆倾坡	急险坡防蚀固坡林		马尾松栎类混交林	生态型
逆瓦状低中山	山脊水源涵养林	山脊两侧 100~200 米	岭脊水源涵养林	片带配置	马尾松栎类混交林、柏木栎类混交林	生态型
	山上部用材蚀林	上部	陡坡用材防蚀林		同上	生态经济型
	山中部用材滞流林	中部	急险坡坡滞冲林		同上，麻栎林	生态型
			陡坡用材防蚀林		同上，湿地松栎类混交林	生态经济型
	山下部用材防蚀林	下部			同上	生态经济型
	逆倾坡防蚀固坡林	逆倾坡	急险坡防蚀固坡林		同上	生态型
单斜低山	山脊水源涵养林	山脊两侧 100~150 米	岭脊水源涵养林	片带配置	马尾松栎类混交林；柏木栎类混交林	生态型
	顺倾坡上部用材防蚀林	上部	缓斜坡用材防蚀林		同上	生态经济型
	顺倾坡中部用材滞流林带	中部 30~80 米	急险坡用材滞流林		同上	生态经济型
			缓斜坡用材防蚀林		同上	生态经济型
	顺倾坡下部用材防蚀林	下部	缓斜坡经济防蚀林		核桃林、油桐林、杜仲林等	生态经济型
	逆倾坡防蚀固坡林	逆倾坡	急险坡防蚀固坡林		马尾松栎类混交林、柏木栎类混交林	生态型
梯坡形低山	山脊水源涵养林	山脊两侧 100~150 米	岭脊水源涵养林	片带配置	马尾松栎类混交林；柏木栎类混交林	生态型
	顺倾坡上部用材防蚀林	上部	陡坡用材防蚀林		同上	生态经济型
	顺倾坡中部用材滞流林带	中部	陡坡用材滞流林		同上	生态经济型
			急险坡滞流防冲林		同上	生态型
	山下部水保经济、用材林	下部	陡坡用材防蚀林		湿地松栎类混交林；柏木栎类混交林	生态经济型
			急险坡防蚀固坡林		马尾松栎类混交林；柏木栎类混交林	生态型

（续）

山体类型	多林种空间配置模式	配置范围	配置林种	配置形式	宜选林分模式	经营方向
凹坡形低山	山脊水源涵养林	山脊两侧100~150米	岭脊水源涵养林	片带配置	马尾松栎类混交林；柏木栎类混交林	生态型
	山上上部防蚀固坡林	上部	急险坡防蚀固坡林		同上	生态型
		中部	陡坡用材防冲林		湿地松栎类混交林；柏木栎类混交林	生态经济型
	山中部滞流防冲林		急险坡滞流防冲林		湿地松栎类混交林；柏木栎类混交林	生态型
			缓斜坡用材防蚀经济林		柏木栎类混交林；柏木栎类混交林	生态经济型
	山下部水保经济用材林	下部	缓斜面坡防蚀防固用材林		柑橘林、核桃林等	生态经济型
					湿地松林；墨西哥柏林等	生态经济型
凸坡形低山	山脊水源涵养林	山脊两侧100~150米	岭脊水源涵养林	片带配置	马尾松栎类混交林；柏木栎类混交林	生态型
	山上部用材防蚀林	上部	缓斜坡用材防蚀林		同上	生态经济型
	山中部用材滞流林带	中部30~80米	陡坡用材防蚀林		同上	生态经济型
	山下部防蚀固坡林	下部	急险坡防蚀固坡林		同上	生态型
凸凹坡形低山	山脊水源涵养林	山脊两侧100~150米	岭脊水源涵养林	片带配置	马尾松栎类混交林；柏木栎类混交林	生态型
	山上部用材防蚀林	上部	缓斜坡用材防蚀林		同上	生态型
	山半部用材防蚀林	中部	陡坡用材防蚀林		同上	生态经济型
		下部	急险坡滞流防冲林		湿地松栎类混交林；墨西哥柏栌木混交林	生态经济型
	山下部水保经济、用材林（带）		缓斜坡防蚀防固用材林		核桃林、板栗林等	生态经济型
					湿地松栎类混交林；墨西哥柏栌木混交林	生态经济型
凹凸坡形低山	山脊水源涵养林	山脊两侧100~150米	岭脊水源涵养林	片带配置	马尾松栎类混交林；柏木栎类混交林	生态型
	山上部防蚀固坡林	上部	急险坡防蚀固坡林		同上	生态型
	山中部用材防蚀林（带）	中部	陡坡用材防蚀林		同上	生态经济型
			缓斜坡用材防蚀固坡林		湿地松栎类混交林；墨西哥柏栌木混交林	生态经济型
	山下部防蚀固坡林	下部	急险坡滞流防冲林		同上	生态型
			陡坡用材防蚀林		同上	生态经济型

选林分模式有马尾松栎类混交林、柏木栎类混交林。经营方向在急险坡为生态型，在陡坡为生态经济型。③山坡中部滞流防冲林山坡中部为凹部，为上部陡坡与下部缓斜坡的结合部，为防止上部径流和泥沙汇集下冲，应配置急险坡滞流防冲林带或陡坡用材滞流林带。宜选林分模式有马尾松栎类混交林、柏木栎类混交林。经营方向在急陡坡为生态型，在陡坡为生态经济型。④山坡下部水保经济、用材林带山坡下部坡度缓斜，土层较厚，水热条件优越，可配置缓斜坡防蚀经济林、缓斜坡防蚀用材林。宜选林分模式有柑橘、核桃林或湿地松、墨西哥柏林等。经营方向为生态经济型。

（3）阶梯状深丘多林种空间配置模式。阶梯状深丘的林种空间配置形式为丘顶水保林带与坡面水保林带相结合的带状配置其配置模式为（表4-4）：①丘顶用材防蚀林丘顶坡度较大，土层薄，又是径流起点，应配置丘顶用材防蚀林。宜选林分模式有柏木栋类混交林、柏木梢木混交林、柏木马桑林等。经营上应生态与经济效益兼顾，朝生态经济型发展。②丘坡上部用材护坎林带丘坡上部台坎坡度陡，土壤较薄，应配置台坎用材护坎林。宜选林分模式有柏木栎类混交林、柏木桤木混交林等。经营方向为生态经济型。③丘坡下部水保经济用材林带，根据坡度的大小、土壤厚度，可配置台坎经济护坎林，台坎用材护坎林。宜选林分模式有柏木桤木林、桤木林、桑树林、油桐林等。经营方向为生态经济型。

（4）馒头状浅丘多林种空间配置模式。馒头浅丘的林种空间配置形式是团状与带状相结合配置，在丘顶、丘坡水保林成团状，丘脚水保林成带状。其多林种空间配置模式为：①丘顶用材防蚀林丘顶土壤浅薄，且泥岩易风化，易遭侵蚀，应配置丘顶用材防蚀林。宜选林分模式有柏木马桑林、柏木栎类林等。经营上应在确保控制水土流失的情况下，提供适当用材，并兼顾提供一定薪材。②丘坡用材防蚀林丘坡坡陡，土层薄或较厚，侵蚀较强，应配置陡坡用材防蚀林或缓斜坡防蚀经济林。宜选林分模式有柏木桤木混交林、柏木栎类混交林、柚子、柑橘林等。经营方向为生态经济型。③丘脚水保经济、用材林带丘脚为耕地分布区，应在田边地边配置经济护埂林或用材护埂林。宜选林分模式有马桑、香椿、桤木、柏木林带等。经营上应注意对农作物的影响，采用矮化、疏透式经营，并朝生态经济型方向发展。

（5）江岸多林种空间配置模式（表4-5）。基于江岸的特殊位置与要求，沿江江岸主要配置护岸林，根据水位状况，选择适宜的杨、柳、桑、慈竹、柑橘等植物，经营方向为生态型或生态经济型。

（四）河流线防护林体系配置

在四川盆地川江流域河流线自然环境、土地利用、水土流失综合分析的基础上，通过线路考察，选择具有代表性丘陵山体进行典型调查，在河流线两边丘陵山体的不同地貌部位设置标准地调查森林植被状况、土地利用特点、土壤特征、土壤侵蚀类型和侵蚀强度，确定其防护功能需求、防护范围以及立地质量，并依此进行相应的林种配置。

表4-4　不同丘体类型多林种间配置模式

丘体类型	多林种空间配置模式	配置范围	配置林种	配置形式	宜选林分模式	经营方向
阶梯状深丘	丘顶用材材防蚀林	丘顶两侧20~50米	顶脊用材防蚀林	带状配置	柏木栎类混交林；柏木马桑林	生态型
	丘坡上部用材护坎林	上部台坎	台坎用材护坎林		柏木栎类混交林；柏木桤木混交林	生态型
	丘坡下部水保经济、用材林	下部台坎	台坎用材护坎林		柏木栎类混交林；柏木桤木混交林	生态型
			台坎经济护坎林等		油桐林、柑橘等	生态经济型
单斜深丘	丘顶用材防蚀林	丘顶两侧20~50米	顶脊用材防护林	片带配置	柏木栎类混交林；柏木马桑林	生态型
	顺向坡上部用材防蚀林	上部	缓斜坡防蚀用材林		柏木栎类混交林；柏木桤木混交林	生态型
	顺向坡下部水保经济用材林（带）	下部	缓斜坡防蚀经济用材林		柑橘、桑树、油桐、杜仲（带）等	生态经济型
			急险坡防蚀防护林		墨西哥柏桤木混交林、柏木桤木混交林	生态经济型
	逆向坡防蚀固坡林	逆向坡	陡坡用材防蚀林		柏木桤木混交林、柏木栎类混交林	生态型
					墨西哥柏桤木混交林、柏木栎类混交林	生态经济型
馒头状浅丘	丘顶用材防蚀林	丘顶	顶脊用材防蚀林	团带配置	柏木马桑林、柏木栎类混交林	生态型
	丘坡用材防蚀林	丘坡	丘顶薪材防蚀林		柏木栎类混交林、柏木桤木混交林	生态经济型
			陡斜坡用材防蚀林		柑橘、柚子、银杏林等	生态经济型
	丘脚经济护埂林带	丘脚地埂	地埂经济护埂林		桑树、李树林带等	生态经济型
平顶状浅丘	丘顶用材防蚀林	丘顶	顶脊用材防蚀林	团带配置	柏木马桑林、柏木栎木林	生态型
	丘坡用材防蚀林	丘坡	丘顶薪材防蚀林		麻栎林、栎木林、马桑林	生态型
			陡斜坡用材防蚀林		柏木栎木林	生态经济型
	丘脚经济护埂林带	丘脚地埂	地埂经济护埂林		桑树、柑橘、李树林带等	生态经济型
台坎状浅丘	丘顶用材防蚀林	丘顶	顶脊用材防蚀林	团带配置	柏木马桑林、柏木栎木林	生态型
	丘坡用材护坎林带	丘坡台坎	丘顶薪材护坎林		麻栎林、栎木林、马桑林	生态经济型
			台坎护坡护蚀林		柏木栎木林、墨西哥柏桤木林	生态经济型
	丘脚经济护埂林带	丘脚地埂	地埂经济护埂林		桑树、柑橘、李树林带等	生态经济型

表 4-5　不同江岸类型配置模式

江岸	缓斜坡凸岸砂坭质土型	河漫滩，沙洲，系泥沙淤积地，营建护岸挂淤林	常年洪水位以上：意杨、紫穗槐行间混交或大叶桉、千丈带状混交；常年洪水位附近：垂柳或慈竹纯林；常年洪水位以下：大芭茅纯林
	缓斜坡凸岸石砾质型	河漫滩，河心洲，以石砾淤积为主，营造挂淤护岸林带	常年洪水位以上：桤木纯林；常年洪水位以下：铁杆、芭茅
	陡急坡凹岸心积土型	坡度陡急，易受水流冲击，坍塌，营建防冲防塌护岸林	常年洪水位以上：意杨、紫穗槐行间混交或大叶桉、千丈带状混交；常年洪水位附近：垂柳或慈竹纯林；常年洪水位以下：大芭茅
	陡急坡凹岸老冲积土型	坡度陡急，易受水流冲击，营建防冲护岸林	常年洪水位以上：桤木纯林；常年洪水位以下：铁杆、芭茅
	陡急坡凹岸石砾质型	坡度陡急，易受水流冲击，营建防冲护岸林	常年洪水位以上：慈竹纯林
	陡急河谷阶坡薄层土型	河谷坡地，坡度陡急，多片蚀，沟蚀，伴以裸岩，营建谷坡滞留护岸林	常年洪水位以上：桤木、紫穗槐行间混交，黄葛树或大芭茅纯林
	缓斜河谷阶坡中厚层土型	河谷坡地，坡度缓斜，多面蚀，营建谷坡滞留护岸林	最高洪水位以上：柑橘纯林；常年水位至最高水位：枫杨纯林；楠竹纯林；柏木、桤木、马桑综合混交；杉木、檫木带状混交，华山松、麻栎带状混交
	缓斜河谷阶面中厚层土型	河谷阶面，地势平坦，隐匿侵蚀，易受洪水淹没，多耕种，营建经济林和林农间作	意杨、柑橘带状混交，桑树纯林，荔枝、桂圆带状混交

二、长江中下游线的建设

（一）长江中下游的基本情况与特点

长江穿过著名的三峡后，以磅礴的气势进入广阔的中下游平原，在汇聚洞庭湖水系、汉江、鄱阳湖水系等众多支流后，最终注入东海。由于近代数百年来，我国一直采用建堤束水控制江水泛滥的治水措施，因此长江中下游广袤的冲积平原已基本上不再有洪水夹带的悬浮冲积物淤积过程，这些悬浮冲积物主要在江堤约束的有限雏形河漫滩上沉积，形成了现在宽窄不等的大面积江外滩地。这些滩地环境的好坏，直接影响到岸线稳定、堤防稳固、泄洪通畅、水环境质量以及沿岸的生态景观。尤其是长江中下游的广袤滩地还是我国血吸虫病的严重流行区，直接威胁到数千万人的身体健康，控制血吸虫病流行、保护疫区群众的身体健康和生命安全，也是该区域需要特别解决的重大关切。因此，长江中下游河道沿岸的滩地生态系统建设是解决上述事关长江及其沿线群众安危的重要措施，也成为长江中下游线的建设的主要任务。

长江中下游滩地是江河、湖泊的洪、枯水位之间的过渡地带，是一种特殊的地形地貌。长江中下游滩地面积近千万亩，由西向东滩地的高程逐步降低。如图 4-1，湖北省的江滩一般高程为 25~35 米；湖南洞庭湖滩地高程在 30~35 米；江西一般为 20~25 米；安徽 10~16 米；而江苏 0~5 米。

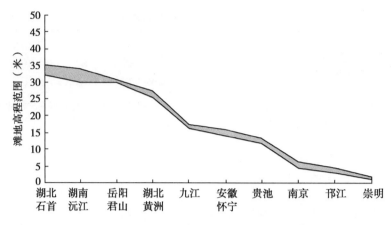

图 4-1　长江中下游滩地高程从中游向下游降低的趋势

　　滩地最为显著的特点就是呈现独特的季节性水陆景观。每年夏季，江河水位上涨，滩地被水淹没，呈水景，秋冬来临，江河水位下降，滩地露出，呈陆相。对于不同的地段而言，一般来说，下游滩地淹水时间较中游长、淹水的深度也大，但镇江段以下滩地水淹与潮汛有一定的关系，水淹情况往往更加复杂。对于同一地段滩地来说，淹水的时间和深度，主要受降水量和滩地高程两方面影响。降水越多,滩地淹水时间越长,淹水深度越大;高程越高，也是淹水时间越短，淹水深度越小。

　　以安徽怀宁江滩为例，该段为长江下游江滩，高程在 14~16.5 米，10 年的观测表明滩地淹水时间的长短与淹水的深度有着周期性的变化。高程在 15 米以下的滩地每年都有不同程度的淹水，最长的一年长达 108 天（1998 年），而高程 15 米以上则常遇不淹水的年份（图 4-2和图 4-3）。对水淹资料的统计分析表明滩地不同高程的淹水时间长短、淹水深度的差异性显著，但每隔 0.5 米的两相邻高程间的统计情况比较复杂。

　　水淹时间长短：14.3~15.9 米高程间，当高程相差 1 米时水淹时间差异显著（$F_{0.05}$=5.83>4.493），相差 50 厘米的两高程淹水时间无显著差异；而 15.9 米与 16.2 米高程间，尽管高程相差只有 30 厘米、淹水时间却存在显著的差异（$F_{0.05}$）。另外，不同高程的滩地每年在不同月份淹水的持续时间也有明显的差异，从各年度不同月份的淹水分析，14.3 米处一般 6 月份开始淹水，其他高程 6 月份的淹水情况各不相同，如 15.4 米与 16.2 米两个高程一般从 7 月

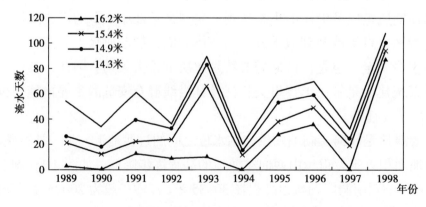

图 4-2　安徽怀宁县外滩不同高程逐年淹水天数比较

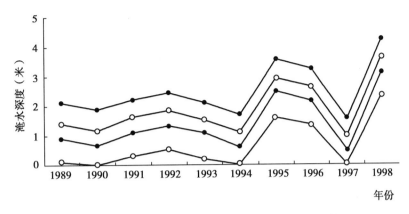

图 4-3　安徽怀宁县外滩不同高程逐年淹水深度比较

份开始淹水，只有 16.2 米高程分别在 1990 年、1994 年、1997 年未受水淹。

由于滩地的土壤、光热等条件较为优越，因此对于长江中下游沿线滩地造林最关键的限制因子是水，水淹状况直接影响到长江滩地造林的成败。

（二）造林地选择

考虑到目前滩地上适应性相对较强、栽培较为广泛的树种是杨树，故选取杨树为对象，进行滩地造林立地类型划分研究，造林地选择主要基于造林树种对滩地水淹的适应性。

通过对滩地现有杨树林地林木生长情况、土壤因子、水文因子等大量实地调查及其相关性分析，得出年均淹水天数、土壤容重、排水状况 3 个因子是影响林木生长的主导因子，并在此基础上，进一步对滩地杨树立地类型进行了划分，获得 27 种不同立地类型。同时结合数量化地位指数得分情况对 27 种立地类型立地质量进行数量化评价，结果见表 4-6。

表 4-6　洞庭湖滩地杨树主要立地类型及其质量评价

编号	立地类型			6 年生林分优势高（米）	立地指数
	淹水天数（X_1）（天）	土壤容重（X_2）（克/立方厘米）	排水状况（X_3）		
1	<25	<1.30	较好	20.18	20
2	<25	<1.30	一般	19.56	20
3	<25	<1.30	较差	18.97	18
4	<25	1.30~1.40	较好	18.37	18
5	<25	1.30~1.40	一般	17.75	18
6	<25	1.30~1.40	较差	17.16	18
7	<25	≥1.40	较好	17.72	18
8	<25	≥1.40	一般	17.10	18
9	<25	≥1.40	较差	16.51	16
10	25~40	<1.30	较好	18.70	18

（续）

编号	立地类型			6年生林分优势高（米）	立地指数
	淹水天数（X_1）（天）	土壤容重（X_2）(克／立方厘米)	排水状况（X_3）		
11	25~40	<1.30	一般	18.08	18
12	25~40	<1.30	较差	17.49	18
13	25~40	1.30~1.40	较好	16.89	16
14	25~40	1.30~1.40	一般	16.27	16
15	25~40	1.30~1.40	较差	15.68	16
16	25~40	≥1.40	较好	16.24	16
17	25~40	≥1.40	一般	15.62	16
18	25~40	≥1.40	较差	15.03	16
19	40~65	<1.30	较好	18.26	18
20	40~65	<1.30	一般	17.64	18
21	40~65	<1.30	较差	17.05	18
22	40~65	1.30~1.40	较好	16.45	16
23	40~65	1.30~1.40	一般	15.83	16
24	40~65	1.30~1.40	较差	15.24	16
25	40~65	≥1.40	较好	15.80	16
26	40~65	≥1.40	一般	15.18	16
27	40~65	≥1.40	较差	14.59	14

由表4-6可见，年均淹水天数65天以上的滩地类型林木生长势很差，且保存率不高，已不适宜一般造林。

（三）造林树种

基于长江中下游滩地具有水淹及其对林木生长的重要影响，滩地造林树种的选择首先必须具备一定的耐水淹性能，在此基础上，最好具有较高的经济价值、或具有抑制血吸虫唯一中间寄主——钉螺孳生的性能等作用。

鉴于上述因素，目前可用于滩地栽培的树种相对较少，主要有杨树、柳树、池杉、水杉、落羽杉、枫杨、乌桕、苦楝、重阳木、狭叶山胡椒、枫香、桑树等树种。当然，杨树、柳树中包含有多个品系。在众多品系中选择适生的优良品系，是滩地植物材料选择的一项重要工作。

采用 Eberhart-Russell 联合回归法、Wricke 生态价法、Nassar-Huhu 非参数法对各无性系生长性状的遗传稳定性进行了评价。以材积这一综合性状对 34 个美洲黑杨无性系丰产性与稳定性进行综合评价，各无性系单株材积平均值 $\overline{X}_i$、无性系效应值 V_i 及稳定性参数 b_i、S_{di}^2、CV_i、W_i、$S_i^{(1)}$、$S_i^{(2)}$ 见表4-7。

表 4-7　34 个无性系材积生长的遗传稳定性分析

无性系	丰产性参数		稳定性参数						适应立地	综合评价
	$\overline{X}_i$	V_i	S^2_{di}	CV_i	b_i	W_i	$S^{(1)}_i$	$S^{(2)}_i$		
XL-90	0.4704	0.1502	0.000	1.68	1.1680	0.0001	0.6667	0.3333	$E_1 \sim E_3$	很好
XL-77	0.4478	0.1275	0.001	6.18	0.3105	0.0015	2.6667	4.3333	$E_1 \sim E_3$	很好
XL-101	0.4347	0.1144	0.001	7.17	1.6592	0.0019	2.6667	4.0000	$E_1 \sim E_3$	很好
中潜 -3	0.4257	0.1055	0.000	3.42	0.6846	0.0004	2.0000	2.3333	$E_1 \sim E_3$	好
XL-75	0.4253	0.1051	0.001	7.10	0.2724	0.0018	2.6667	4.0000	E_2	较好
XL-92	0.4094	0.0892	0.001	5.59	0.4614	0.0010	2.6667	4.3333	$E_1 \sim E_3$	好
南林 -85366	0.3923	0.0720	0.000	3.17	1.0224	0.0003	0.6667	0.3333	$E_1 \sim E_3$	好
XL-58	0.3841	0.0639	0.001	9.56	1.4778	0.0027	4.0000	10.3333	E_3	一般
中汉 -578	0.3611	0.0409	0.004	16.67	2.4059	0.0072	8.6667	44.3333	E_3	一般
中驻 -2	0.3577	0.0375	0.001	6.41	0.6272	0.0011	3.3333	7.0000	$E_1 \sim E_3$	较好
中汉 -17	0.3506	0.0304	0.001	7.81	1.5040	0.0015	3.3333	7.0000	$E_1 \sim E_3$	较好
中汉 -22	0.3482	0.0280	0.001	7.90	1.6545	0.0015	2.6667	4.0000	E_1, E_3	一般
中驻 -6	0.3257	0.0054	0.003	15.99	2.3009	0.0054	10.0000	60.3333	E_3	一般
XL-74	0.3234	0.0032	0.000	5.76	1.0705	0.0007	4.0000	9.3333	$E_1 \sim E_3$	较好
中驻 -7	0.3205	0.0002	0.001	10.04	1.7552	0.0021	4.0000	9.3333	E_3	较差
I-69	0.3182	−0.0020	0.000	6.09	1.4741	0.0008	2.0000	3.0000	$E_1 \sim E_3$	较好
中驻 -5	0.2972	−0.0230	0.002	15.25	−0.0381	0.0041	12.6667	92.3333	E_2	较差
中汉 -592	0.2950	−0.0253	0.002	13.25	0.0667	0.0031	10.0000	56.3333	E_2	较差
中驻 -1	0.2914	−0.0288	0.000	1.87	1.0972	0.0001	2.0000	3.0000	$E_1 \sim E_3$	一般
Y-706	0.2875	−0.0327	0.000	3.79	1.2600	0.0002	4.0000	9.3333	$E_1 \sim E_3$	一般
450	0.2815	−0.0388	0.001	11.51	0.5397	0.0021	10.6667	65.3333	E_2	较差
中驻 -3	0.2802	−0.0401	0.001	10.66	0.2800	0.0018	6.6667	25.3333	E_2	较差
中嘉 -5	0.2780	−0.0423	0.002	16.88	2.0251	0.0044	10.6667	69.3333	E_3	较差
XL-50	0.2758	−0.0444	0.000	6.42	1.3171	0.0006	5.3333	21.3333	$E_1 \sim E_3$	一般
南抗 -3	0.2707	−0.0495	0.002	15.76	0.0887	0.0036	8.0000	39.0000	E_2	较差
中驻 -4	0.2669	−0.0534	0.001	10.25	0.6991	0.0015	8.6667	49.0000	$E_1 \sim E_3$	一般
浙 13	0.2635	−0.0567	0.000	3.11	1.2022	0.0001	4.6667	14.3333	$E_1 \sim E_3$	一般
中驻 -8	0.2609	−0.0594	0.000	4.89	0.7104	0.0003	1.3333	1.3333	$E_1 \sim E_3$	一般
55/65	0.2595	−0.0607	0.000	7.30	1.1232	0.0007	7.3333	30.3333	$E_1 \sim E_3$	一般
A65/27	0.2580	−0.0623	0.000	3.19	1.1425	0.0001	3.3333	7.0000	$E_1 \sim E_3$	一般
XL-71	0.2521	−0.0681	0.000	7.13	0.5921	0.0006	2.0000	3.0000	$E_1 \sim E_3$	一般
中驻 -9	0.2421	−0.0781	0.002	16.49	0.0281	0.0032	6.6667	28.0000	E_2	不好
南林 -80309	0.2209	−0.0993	0.002	19.57	1.5775	0.0037	6.6667	28.0000	E_1	不好
XL-70	0.2118	−0.1085	0.002	18.57	0.4398	0.0031	1.3333	1.0000	E_1	不好
平均值	0.3202	0.0000	0.0010	9.0119	1.0000	0.0019	4.9412	21.1078		

根据 Eberhart-Russell 模型 b_i 值及无性系 × 地点交互效应值对 34 个无性系的适应性进行划分，其中 XL-90、NL-85366、中驻 1、55/65、A65/27 为广泛生境型，在不同试点立地条件下均能较充分地发挥自身遗传潜力；XL-50、XL-58、XL-74、XL-101、中汉 17、中汉 22、中汉 578、中驻 6、中驻 7、中嘉 5、NL-80309、Y706、浙 13、I-69 为优良生境型，在立地条件相对较好时更能充分发挥其遗传潜力；XL-70、XL-71、XL-75、XL-77、XL-92、中潜 3、中汉 592、中驻 2、中驻 3、中驻 4、中驻 5、中驻 8、中驻 9、450、南抗 3 为不良生境型，在立地条件相对较差、参试无性系总体表现欠佳的环境下其速生特点表现得更为突出。

将无性系主效应值 $V_i > 0$ 的无性系定义为高产无性系，将 $S_i^{(1)} < 4.9412$ 的无性系定义为稳产无性系，最终将 34 个无性系划分为高产稳定型、高产不稳定型、低产稳定型、低产不稳定型四大类。以中汉 17 为参照，入选高产稳定型的无性系 9 个：XL-90、XL-77、XL-101、XL-75、XL-92、中潜 3、NL-85366、XL-58、中驻 2，其中 XL 系列 5 个无性系为首次选育出的美洲黑杨杂交新无性系。

同时，进一步选用单株材积、木材基本密度、纤维含量、抗病指数 4 个指标，采用灰色关联度分析的方法，对 18 个无性系进行综合评价。加权关联度分析中，综合考虑材积、木材密度、纤维含量、抗病性 4 性状的遗传变异幅度、改良潜力及其在生产应用中的重要程度，分别为其关联系数赋予不同的权重（0.6、0.2、0.1、0.1）。

表 4-8 生长、材性性状方差分析及遗传参数

性状		胸径（厘米）	树高（米）	材积（立方米）	纤维长度（毫米）	纤维宽度（微米）	长宽比	木材密度（克/立方厘米）	纤维含量（%）
均值		23.27	18.12	0.3262	1.0053	21.351	47.23	0.3164	49.97
方差分量	环境型 $\delta^2 e$	0.2895	0.0999**	0.0003*	0.00065	4.4E-07	3.8853	5.54E-05	5.0791
	基因型 $\delta^2 g$	2.7665**	0.5346**	0.0027**	5.85E-05	9.58E-07*	5.3132*	8.7E-05**	0.2642
	表现型 $\delta^2 p$	3.0560**	0.6345**	0.0031**	0.00071	1.4E-06**	9.1986*	0.0001**	5.3433
遗传参数	重复力 h^2	0.9053	0.8425	0.8968	0.0825	0.6851	0.5776	0.6109	0.0495
	表型变异系数 PCV	7.51	4.40	16.96	2.68	5.54	6.42	3.77	4.63
	遗传变异系数 GCV	7.15	4.04	16.06	0.77	4.58	4.88	2.95	1.03

分析结果评选出 XL-90、XL-77、XL-101、XL-75、XL-92 共 5 个以生长表现为主、兼顾材性与抗病性状的美洲黑杨杂交新无性系。其中 XL-90、XL-77 生长表现及综合性状尤为突出。与 I-69 比较，其 6 年生单株材积生长量分别提高 60.71% 和 46.45%，平均单株木材纤维产量分别提高 51.43% 和 44.13%；与中汉 17 比较，单株材积生长量分别提高 17.14%~28.57% 之间；平均单株木材纤维产量分别提高 15.86% 和 10.27%，增产效果十分显著。

同时，与中汉 17 等杨树无性系比较，XL 系列杂交新无性系具有较强的扦插生根能力，对杨树烂皮病、叶锈病、风弯等具有非常明显的抗性。

表 4-9　5 个杂交新无性系增益水平

无性系	与中汉 17 比较（%）				与 I-69 比较（%）			
	胸径	树高	材积	纤维产量	胸径	树高	材积	纤维产量
XL-90	115.61	95.39	128.57	115.86	123.07	106.85	160.71	151.43
XL-77	110.03	96.31	117.14	110.27	117.13	107.88	146.45	144.13
XL-101	106.35	93.28	105.98	97.92	113.22	104.50	132.68	127.98
XL-75	102.46	98.99	103.52	97.25	109.08	110.89	129.60	127.10
XL-92	103.17	96.57	102.73	96.27	109.83	108.18	128.61	125.83

　　滩地造林树种的选择除了适应性、经济性等要求外，还有血吸虫病防治的特定功能要求。选择栽培具有抑螺效果的树种，在抑制钉螺孳生、控制血吸虫病流行方面能够发挥积极效果，有着环保、经济、高效等显著特点，是生物控制血吸虫病的一条重要途径和方法。经试验研究表明，枫杨、乌桕、苦楝、枫香、桑树等树种具有良好的抑螺作用，可在长江中下游线的建设中进行大力推广应用。

表 4-10　枫杨叶浸提液抑螺效果试验

浓度（毫克/升）	钉螺死亡率（%）		
	24h	48h	72h
50	36.7	53.3	73.3
100	46.7	80.0	100.0
1000	63.3	100.0	100.0

（四）滩地主要树种造林技术

1. 造林地选择

　　滩地造林地选择，最关键的限制因子就是水淹。需要要考虑的是水淹深度和水淹时间。水淹深度过深，水淹时间太长，苗木都难以成活。根据研究得出，对于有季节性水淹的滩地，如用于造林地，其常年最高淹水深度不高于 3 米，常年最长淹水时间不超过 60 天。符合这两个条件的滩地，可进行造林，否则，不能作为造林地。另外，对于土壤较为黏重的滩地，可选择柳树等其他树种，也不适于作为杨树造林。

2. 优良品系的选择

　　根据长江中下游沿江"三滩"的立地条件海拔高程低、水位变化大、冬陆夏水的特点，应选择耐水湿性强的南方型杨树品种，属于美洲黑杨和欧美杂交杨。优良适生的品系主要有（中石 8 号、中石 7 号、中驻 2 号、中林 83-62、NL-80121）。

3. 大苗壮苗

　　在滩地造林，由于存在水淹胁迫，要求苗木必须具有一定的抗逆性能。尤其是可能会遭遇深度可达 3 米的淹水，这就要求杨树苗高至少要在 4.5 米以上，在汛期高水位时造林后的苗木仍有 1 米以上树冠高露出于水面，才能保证苗木不被水淹没顶，难以进行光合和呼吸作用，导致死亡。因此，滩地造林一定要选用大苗壮苗，这样不仅有利于造林成活，同时也有利于生长，提早成林、成材。

4. 密度及配置

滩地杨树造林密度及配置要考虑到功能要求、杨树本身的特性以及立地条件等多个方面。一般来说，对于近堤滩地，由于需要考虑放浪护堤功能要求，可采用较高密度的均匀配置，如 3 米 ×4 米或 3 米 ×5 米等；对于离堤滩地或洲滩，需要考虑行洪、经济等方面的要求，采用较低密度的非均匀配置，即窄株距宽行距配置，如 3 米 ×8 米、3 米 ×12 米、3 米 ×3 米 ×12 米等，且行距与水流方向一致。这样既利于行洪泄洪，同时又有利于杨树的生长，而且也便于林下间种农作物，提高经济收益。

5. 苗木种植

杨树苗木运输过程中容易失水，造林前应对苗木进行浸水等处理。浸水时间一天以上，以保证苗木充分吸水，提高生活力。

滩地造林一定要适当深栽。栽植深度一般不小于 60 厘米，深栽不仅有利于成活，同时能加深根系的分布，促进幼树的生长。另外，对于滩地来说，由于风多，且往往风力较大，深栽可起到抗风作用，防止风倒。在土壤沙性较大深厚疏松的地块，可深栽到 80 厘米。

杨树造林可采用无根苗扦插法，用钢钎打孔，将苗木插入孔中，填实扦插孔。也可以采用带兜造林，栽植穴为 0.8 米的规格。栽植时，向穴内填土，分层踏实，最终苗基周围填土要高于滩面，堆成馒头形，不要造成填土下陷而成积水凹宕。有条件的地方，在栽植的同时，分层施上基肥，肥料应与土壤拌匀。

6. 林分管理

造林后必须加强抚育管理，特别是前 2~3 年，是关系到成林、成材和速生丰产的根本问题。

加强耕牛看管。造林后严禁耕牛等牲畜闯入林地，可在林区周围开挖深沟，既防耕牛等牲畜毁坏林木。

及时清理沟渠。由于滩地上水，每年会带来大量泥沙淤积，常导致沟渠堵塞，造成积水，对林木生长造成影响。因此，应及时清理沟渠，保证林内沟渠通畅。

及时培土扶苗。滩地造林后，由于常遭受雨浸、浪击以及风吹，导致苗木松动歪斜，不利于苗木生长，应及时扶苗，培土加固。

做好整形修枝。根据培育目标及林木生长的不同阶段，进行合理修枝，调整树冠结构，促进林木，定向培育通直良材。

加强有害生物防治。对于杨树来说，蛀干害虫及食叶害虫较多，要加强预防，一旦发现，要及时治理，极力减轻病虫害对林木生长造成影响。

实行林农间种。在林下开展间种，以耕代抚，以短养长，不仅短期内有经济效益，同时加强了林分的抚育管理，能有效促进林木生长。极大地提高了滩地生产力。

（五）滩地类型及其模式构建技术

1. 滩地主要类型

滩地的模式构建取决于滩地的类型。而滩地的类型，基于科学简便易行的原则来划分的话，主要取决于滩地本身的高程以及在横向上的梯度位置。根据滩地的高程，又可分为高滩、中滩和低滩。根据在横向上的梯度位置，即距离江堤的远近，可分为近堤滩地、离堤滩地、以及洲滩。所谓高滩是指常年水淹时间 25 天以下的滩地，中滩是指常年水淹时间 25~45 天的滩地，低滩是指常年水淹时间 45~65 天的滩地。所谓近堤滩地是指与堤岸直接相连的滩地，一般宽度 20 米左右，多是指滩套与堤岸之间的滩地；离堤滩地是指近堤滩地以外、远离堤岸的滩地，多是指滩套与河道之间的滩地，具体宽度不一，从几十米到几千米不等；洲滩是指江湖中间四面环水的滩地。因此，基于滩地高程、以及滩地在横向上的梯度位置这两个主要影响因子，滩地的具体类型可划分为近堤低滩、近堤中滩地、近堤高滩、离堤低滩、离堤中滩、离堤高滩、以及低位洲滩、中位洲滩、高位洲滩等 9 个基本类型。

2. 不同类型的技术模式

（1）近堤低滩。

特点：靠近堤岸，地势较低，钉螺分布较多，人畜接触频繁，与等关系密切。

目标：保护堤岸，控制血吸虫病。

技术：平整土地，消除坑洼，形成平地或缓坡地，选择旱柳为主要树种，采用 3 米 ×4 米，4 米 ×4 米等密度，三角形配置方式，进行高密度造林。

（2）近堤中滩。

特点：靠近堤岸，地势一般，钉螺分布较多，人畜接触频繁，与等关系密切。

目标：保护堤岸，控制血吸虫病，经济收益。

技术：平整土地，消除坑洼，形成平地或缓坡地，选择旱柳、杨树为主要树种，靠近堤内侧栽植 3 行以上的旱柳，外侧栽植杨树，采用 3 米 ×4 米，4 米 ×4 米等密度，三角形配置方式，进行高密度造林。

（3）近堤高滩。

特点：靠近堤岸，地势较高，少有钉螺分布。

目标：保护堤岸，经济收益，景观。

技术：平整土地，消除坑洼。选择旱柳、杨树、乌桕为主要树种，靠近堤内侧栽植 3 行以上的旱柳、或垂柳、枫杨，外侧栽植杨树，采用 3 米 ×4 米，4 米 ×4 米等密度，三角形配置方式。另外，可在乔木下栽植耐水湿的杞柳等灌木，形成乔灌结合模式。

在高滩中，对于高程在警戒水位以上、常年几无淹水的更高的滩地，可根据滩地的具体情况与功能需求，技术模式在上述基础上，进行适当的调整构建。如位于城区的沿江滩地，进一步加强其景观绿化功能，多选择适生的绿化树种进行合理配置，提高景观效果，形成滨江绿色廊道，为城区居民提供良好的观光休闲健身场所。而对于处在农村等较为偏远地带，如果滩面具有一定的宽度，可考虑发展经济树种或用材树种，进一步提高滩地的经济功能。

（4）离堤低滩。

特点：远离堤岸，地势较低，钉螺分布较多，人畜接触频繁，与等关系密切。

目标：保护堤岸，控制血吸虫病。

技术：全面平整土地，消除坑洼，或采取沟垄整地，沿水流方向开沟抬垄。选择旱柳、杨树、池杉等为主要树种，采用6米以上的行距，进行造林。

（5）离堤中滩。

特点：远离堤岸，地势中等，钉螺分布较多，人畜接触频繁，与等关系密切。

目标：保护堤岸，控制血吸虫病，经济收益。

技术：全面平整土地，消除坑洼。选择杨树、杂交柳等用材为主的树种，采用3米×3米×8米等宽窄行配置方式，宽行内进行林下间种，间种的作物应为冬季播种、午季收获的品种，实施复合经营。

（6）离堤高滩。

特点：远离堤岸，地势较高，少有钉螺分布。

目标：保护堤岸，经济收益，景观。

技术：全面平整土地，消除坑洼。选择杨树、杂交柳等用材为主的树种，采用3米×8米或3米×3米×8米以上大行距的宽窄行配置，行内进行林下间种，间种的作物应为冬季播种、午季收获的品种，实施复合经营。

同样，对于高程在警戒水位以上、常年几无淹水的更高的滩地，可根据滩地的具体情况与功能需求，进行适当的技术调整构建。对于近城区的沿江滩地，构建滨江绿色廊道，进一步加强其景观绿化功能。对于处在农村等较为偏远地带的滩地，可考虑发展经济树种或用材树种，进一步强化滩地的经济功能。

（7）低位洲滩。

特点：位于河道之中，地势较低，钉螺分布较多与等关系密切。

目标：控制血吸虫病，生态绿化、经济收益。

技术：全面平整土地，消除坑洼，或采取沟垄整地，沿水流方向开沟抬垄。选择旱柳、杨树等为主要树种，鉴于行洪需要，采用8米以上的宽行距，进行造林。

（8）中位洲滩。

特点：位于河道之中，地势中等，钉螺分布较多，人畜接触频繁，与等关系密切。

目标：控制血吸虫病，生态绿化、经济收益。

技术：全面平整土地，消除坑洼。选择杨树、杂交柳等用材为主的树种，鉴于行洪需要，采用8米以上的行距进行窄株宽行配置，行内进行林下间种，间种的作物应为冬季播种、午季收获的品种，实施复合经营。

（9）高位洲滩。

特点：位于河道之中，地势较高，少有钉螺分布。

目标：生态景观、经济收益。

技术:全面平整土地,消除坑洼。选择杨树、杂交柳等用材为主的树种,鉴于行洪需要,采用 8 米以上的行距进行窄株宽行配置,行内进行林下间种,选择适宜的间种作物,间种一至两季,实施复合经营。

同样,对于高程在警戒水位以上、常年几无淹水的更高的洲滩地,在近城区,构建江中绿洲,加强其景观绿化功能。在偏远地带,可考虑发展经济树种或用材树种,提升滩地的经济功能。

3. 典型复合经营模式

复合经营是多种类型滩地中采用较多的具有多种产出、多种功能的高效技术模式,也是长江中下游滩地中应用最多、最广的一类技术模式。通过复合经营,既能提高林分的抚育管理水平,促进林分良好生长,又能充分利用林下土地资源和森林生态环境,发展林下经济,提高土地生产力,从而提升林分的整体效益。滩地复合经营按照因地制宜的原则,做到宜林则林,宜农则农,宜渔则渔,宜副则副,并根据生物的基本特性,进行合理选择和有效配置。具体模式多种多样,总体来看,主要包括林下种植的林粮(油)、林药、林蔬、林苗以及林下养殖的林禽、林渔等 6 类。

(1)林粮(油)模式。林粮(油)模式是在林下行间间作粮油作物,主要作物为小麦、油菜等,形成林—小麦、林—油菜复合模式。

该模式适用于造林后 1~3 年的林分,该阶段林分郁闭度较低,林下光照较好,能为小麦、油菜等生长提供良好条件。林粮模式,既获得了早期收入,又通过以耕代抚,促进了林木生长,同时由于林下种植的这类作物播种收获等集约经营技术的成熟,适合于机械化规模经营。

(2)林药模式。林药模式是在林下种植较为耐阴的药材,主要药材有益母草、半夏、夏枯草、石蒜等。

林药模式主要应用于造林 3~5 年后的林分。随着林木的生长,该阶段林分郁闭度逐步增大,林下光照逐渐减弱,为耐阴植物的生长提供了良好条件。此时,选择一些耐阴喜荫的中药材进行林下种植,进一步延长了间种年限,强化了林分的可持续经营管理。

(3)林蔬模式。林蔬模式是在林下行间种植蔬菜。根据林间光照条件和各种蔬菜的不同需光特性选择种植不同蔬菜种类和品种,可以发展耐阴蔬菜种植,也可根据林木与蔬菜的生长季节差异选择合适品种。适宜林下种植的蔬菜有大蒜、甘蓝、水芹菜、芦蒿、南瓜、马铃薯等。

另外,还可在林下种植食用菌。一般在造林 4~5 年后林分郁闭时进行,充分利用林分郁闭后林下空气湿度大、氧气充足、光照强度低、昼夜温差小、适合食用菌培育的特点。林菌模式的主要食用菌有双孢菇、平菇、草菇、鸡腿菇等。食用菌生产周期从菌棒投放到收获完毕一般不超过 3 个月,部分品种生长周期更短。因此,只要经营管理得当,林菌模式的经济效益非常显著。

(4)林苗模式。林苗模式是在林间种植苗木或灌木。造林前期的 1~3 年,在一些高滩上利用林分行间的地块,用作苗圃地,对一些适宜的植物材料,如杨、柳等树木进行种苗繁育,或者栽植培育杞柳等灌木树种, 提高土地利用率。

（5）林禽模式。林禽模式是利用林下发展家禽养殖。在滩地的林下,可饲养鸡鸭鹅等家禽, 自然放养、圈养和棚养均可。

这种模式具有林禽互补优势。一方面, 林内的环境及其草、虫等资源, 为家禽生长提供了极好的食物和场所, 另一方面, 家禽在食草、食虫、排泄粪便的同时, 为林木清除了杂草和害虫, 提供了肥料, 促进了林木生长。双方的互作形成了良性循环。

（6）林渔模式。林渔模式是滩地造林和滩地水面进行鱼类等水产养殖相结合的模式。

该模式适宜于两种情况:一是滩地中原本就有水面,水中发展养殖,水面周围的滩地进行造林;二是滩地上原有的低洼地,经改造后形成水面,如沟垄模式中,建立的宽沟进行养殖,垄面造林。从而使滩地得到充分合理的治理与利用。

三、河流线建设效果分析

（一）水土保持作用

1. 地上部分截留降水作用

据观测试验得知, 森林及茂密的植被, 一年中截留的水量可达年降水量的 25%~30%, 这些截留的水量供给雨期蒸发及雨后蒸发。此外, 通过截留作用, 减少雨滴对地面土壤的打击力, 从而削减降雨能量对地表土的冲击侵蚀作用。刘向东对森林植被垂向结构减弱动能的研究表明, 树冠截留作用削减的降雨动能约占降雨总动能的 17%~40%, 灌木草本层为 44.4%, 枯枝落叶层为 9% 左右。

2. 林地枯落物抗蚀作用

林地枯落物抗蚀特性是植被保持水土机理研究中的一个重要环节。无地表覆盖的缓坡地或平坦地的土壤侵蚀, 以雨滴溅蚀、细沟侵蚀、风蚀等方式为主, 其主要原因是土壤的抗剪应力小于各种外力。而枯落物正好充当了覆盖物的作用, 增加了地表的抗冲能力。汪有科对枯枝落叶层抗侵蚀作用的研究表明, 林地枯落物的抗冲能力随其厚度增加而提高, 与单位面积中的活植物茎数量成正相关。具有枯落物的林地土壤冲失量主要取决于冲刷的前 1~3 分钟, 而与更长的冲刷历时一关系不大, 但与冲刷径流强度关系紧密, 每当径流出现增值都会引起土壤冲失量新的峰值。

根据在官司河蒋家湾紫色土建立的桤柏混交林、柏木纯林、麻栎林、灌木林、裸地径流场观测研究表明:次降雨量相同,由于地面覆盖枯枝落叶层有无,土壤侵蚀量出现差异（见表）。一次降雨过程, 以灌木林侵蚀量最小, 裸地侵蚀量最大, 土壤侵蚀量由强变弱的顺序是裸地 > 柏木纯林 > 麻栎林 > 桤柏混交林 > 灌木林。裸地侵蚀产沙贡献大, 是由于无森林植被, 而灌木林侵蚀产沙贡献小是由于林地具有落叶层, 主要落叶灌木为黄荆和火棘、部分栓皮栎灌丛。表明:不同类型防护林枯落物具有很强的抗蚀作用。

3. 几种典型防护林的水土保持效益

根据绵阳新桥站径流场观测数据可知（表 4-11），防护林各景观类型的减沙效益比较明显。如紫色土上的各林分与裸地（对照地）比较，其年均减少径流 70.0%~87.3%，年均减少泥沙 78.6%~94.1%；第四纪冲积黄壤上的各林分与紫色土的裸地相比较，虽然土壤类型不同，第四纪冲击黄壤的容重比紫色土大，非毛管孔隙度及土壤有机质含量比紫色土小，因而相同降雨条件下，冲积黄壤的产流、产沙量比紫色土产沙量大，但是，冲积黄壤上的各林分仍然比紫色土的裸地年均减少径流 5.6%~39.6%，减少泥沙 48.9%~75.3%。

从防护林类型的水土保持效果比较来看（表 4-12），紫色土上桤柏混交林（85.3%）的水土保持效果优于柏木纯林（78.6%），冲积黄壤上的松柏混交林（75.3%）的水土保持效果优于马尾松纯林（70.6%）。紫色土上的桤柏混交林的保土效果优于冲积黄壤上的松柏混交林。

表 4-11　蒋家湾紫色土不同林分类型次暴雨下土壤侵蚀量比较

林分类型		桤柏混交林	柏木林	麻栎林	灌木林	裸地
土壤类型		紫色土	紫色土	紫色土	紫色土	紫色土
地形因子	海拔（米）	580	570	555	580	580
	坡度	20° 30′	22° 45′	33°	12° 45′	11° 45′
	坡位	上	中上	中	上	上
	坡向	90°	337°	341°30′	286°	286°
植被因子	郁闭度	0.7	0.8	0.8		
	灌木盖度	0.3	0.2	0.1	0.5	
	草木盖度	0.5	0.8	0.1		
	枯枝落叶层厚度（厘米）	1.0			2	2
次降雨量（毫米）		57.6	57.6	57.6	57.6	57.6
径流深（毫米）		26.8	15.1	25.3	9.3	42.8
平均含沙量（克/升）		0.390	1.390	0.441	1.022	2.133
侵蚀量（公斤/公顷）		104.51	209.41	111.46	95.09	904.00

表 4-12　不同类型防护林的水土保持效果

类型	郁闭度	径流深（毫米）			侵蚀产沙量（吨/公顷）		
		林地	对照地	减小（%）	林地	对照地	减小（%）
对照地	—		186.8	0.0		410.4	0.0
桤柏混交林	0.7	48.3		74.1	60.2		85.3
柏木纯林	0.8	43.2		76.9	88.0		78.6
麻栎林	0.8	56.0		70.0	45.2		89.0
马尾松纯林	0.2	176.3		5.6	209.7		48.9
马尾松纯林	0.6	130.3		30.2	120.7		70.6
松柏混交林	0.8	112.9		39.6	101.4		75.3

（二）水源涵养功能

对河流岸带不同植被类型的水源涵养功能进行研究，其结果表明（表 4-13），单位面积森林降水贮存量以冷杉林最高，达到 1320 吨 / 公顷，其次是各类竹林，为 1029.6 吨 / 公顷，以柳杉、华山松林最低，仅为 270.4 吨 / 公顷；就田间最大持水量而言，则以糙皮桦林最高，达到 4433.6 吨 / 公顷中，冷杉林次之，达 4176 吨 / 公顷，仍以柳杉、华山松林最低，为 2394.4 吨 / 公顷。这表明，在水源涵养功能体现上，柳杉、华山松林效率最低。

表 4-13 不同植被类型的水源涵养效应

植被类型	土层厚度（厘米）	毛管孔隙度（%）	非毛管孔隙度（%）	森林降水储存量（吨 / 公顷）	田间最大持水量（吨 / 公顷）
华山松林	80	29.93	3.38	270.4	2394.4
柳杉林	80	29.93	3.38	270.4	2394.4
杉木林	80	36.25	10.08	806.4	2900
冷杉林	80	52.2	16.5	1320	4176
铁杉、槭、桦木	80	40.65	11.47	917.6	3252
麻栎、栓皮栎林	80	46.28	11.57	925.6	3702.4
糙皮桦林	80	55.42	6.355	508.4	433.6
栓皮栎、苦槠、青岗栎林	80	38.4	4.7	376	3072
斑竹林	80	40.1	12.87	1029.6	3208
慈竹林	80	40.1	12.87	1029.6	3208
灌丛	80	32.91	9.09	727.2	2632.8
草甸	80	40.56	9.88	790.4	3244.8
旱作植被	80	50.59	4.615	369.2	4047.2
经济林（苹果、核桃）园等	80	36.55	12.48	998.4	2924
水作植被	80	50.59	4.615	369.2	4047.2

（三）养分的截留与转化作用

1. 不同宽度缓冲带径流量的变化情况

对不同宽度的竹林河岸缓冲带对地表径流和壤中流所截留的水量进行了观测，结果如图 4-4。

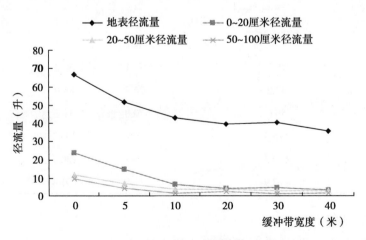

图 4-4 不同宽度径流量的变化

图 4-4 所示，通过自制的 2 米宽的土壤径流收集装置 2008 全年收集到农田径流量为 111.5 升，其中地表径流为 66.8 升，占径流总量的 59.9%，并在同一个剖面不同层次中，径流产量随着深度的增加而减少；农田径流再通过 5 米宽的竹林河岸缓冲带后径流输出总量为 77.3 升，截留转化了 34.2 升，截留转化效率为 30.67%，其中地表径流为 51.6 升，截留转化了 15.2 升，截留转化效率为 22.75%，地表径流的截留转化效率远低于壤中流；农田径流通过 10 米宽的竹林河岸缓冲带后径流输出总量为 54.7 升，截留转化了 56.8 升，截留转化效率为 50.94%，其中地表径流为 42.9 升，截留转化了 23.9 升，截留转化效率为 35.78%；农田径流通过 20 米宽的竹林河岸缓冲带后径流输出总量为 50.4 升，截留转化了 61.1 升，截留转化效率为 54.80%，其中地表径流为 39.6 升，截留转化了 27.2 升，截留转化效率为 40.72%；农田径流通过 30 米宽的竹林河岸缓冲带后径流输出总量为 49.9 升，截留转化了 61.6 升，截留转化效率为 55.25%，其中地表径流为 40.4 升，截留转化了 26.4 升，截留转化效率为 39.52%；农田径流通过最后一组 40 米宽的竹林河岸缓冲带后径流输出总量为 44.1 升，截留转化了 67.4 升，截留转化效率为 60.45%，其中地表径流为 35.8 升，截留转化了 31 升，截留转化效率为 46.41%。从折线图可以看出，20 米宽度的竹林河岸缓冲带就可以有效降低地表径流量 40.72%，而对于减少壤中流 10 米宽的竹林河岸缓冲带就已经足够了，因此，有效减少土壤径流总量的竹林河岸缓冲带宽度值应为 20 米。

2. 不同宽度缓冲带氮磷浓度变化情况

（1）不同宽度缓冲带硝态氮浓度变化情况。从图 4-5 中可以看出硝态氮在通过不同宽度竹林河岸缓冲带之后浓度发生了明显的变化，0 米处也就是直接由农田径流进入缓冲带时地表径流、0~20 厘米、20~50 厘米、50~100 厘米四个层次硝态氮的浓度分别为 9.24 毫克 / 升、8.79 毫克 / 升、5.94 毫克 / 升、2.41 毫克 / 升，不同层次径流硝态氮的浓度是随着深度的增加而递减的；而随着径流通过的竹林缓冲带越宽其浓度减小的程度也越大，但从图中可以看到 10 米宽的竹林河岸缓冲带便可有效地对硝态氮起到截留转化的作用，通过 10 米宽的缓冲带之后，其硝态氮由上到下的四个层次浓度分别为 3.17 毫克 / 升、2.96 毫克 / 升、2.62 毫克 / 升、1.97 毫克 / 升，截留转化效率分别达到了 65.7%、66.3%、55.9%、18.3%。之后随着缓冲带宽度的继续增加，硝态氮的浓度还是在逐渐减小，但减小幅度已经放缓。因此，10 米宽的竹林河岸缓冲带便可有效地降低硝态氮的浓度。

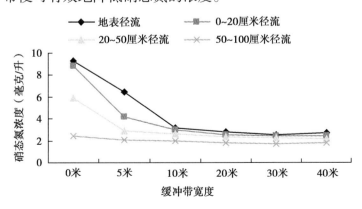

图 4-5　不同宽度径流硝态氮浓度的变化

（2）不同宽度缓冲带亚硝态氮浓度变化情况。从图 4-6 中可以看出亚硝态氮在通过不同宽度竹林河岸缓冲带之后浓度也发生了明显的变化，0 米处也就是直接由农田径流进入缓冲带时地表径流、0~20 厘米、20~50 厘米、50~100 厘米四个层次亚硝态氮的浓度分别为 0.81 毫克／升、0.75 毫克／升、0.44 毫克／升、0.23 毫克／升，与硝态氮的变化相似，不同层次径流亚硝态氮的浓度也是随着深度的增加而递减的；而随着径流通过的竹林缓冲带越宽其浓度减小的程度也越大，但与硝态氮变化情况不同的是，从图中可以看到 5 米宽的竹林河岸缓冲带便可有效地对亚硝态氮起到截留转化的作用，通过 5 米宽的缓冲带之后，其亚硝态氮由上到下的四个层次浓度分别为 0.32 毫克／升、0.24 毫克／升、0.18 毫克／升、0.11 毫克／升，截留转化效率分别达到了 60.5%、68.0%、59.1%、52.2%。之后随着缓冲带宽度的继续增加，亚硝态氮的浓度还是在逐渐减小，但减小幅度已经放缓。因此，5 米宽的竹林河岸缓冲带便可有效地降低亚硝态氮的浓度。

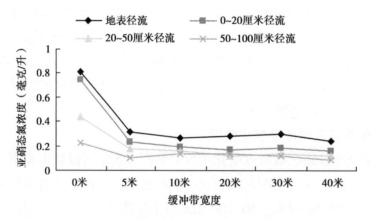

图 4-6　不同宽度径流亚硝态氮浓度的变化

（3）不同宽度缓冲带氨态氮浓度变化情况。从图 4-7 中可以看出氨态氮在通过不同宽度竹林河岸缓冲带之后浓度也发生了明显的变化，0 米处也就是直接由农田径流进入缓冲带时地表径流、0~20 厘米、20~50 厘米、50~100 厘米四个层次氨态氮的浓度分别为 3.14 毫克／升、2.86 毫克／升、2.26 毫克／升、1.14 毫克／升，与硝态氮的变化相似，不同层次径流氨态氮的浓度也是随着深度的增加而递减的；而随着径流通过的竹林缓冲带越宽其浓

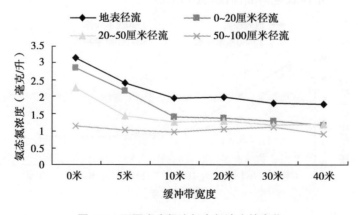

图 4-7　不同宽度径流氨态氮浓度的变化

度减小的程度也越大，同样从图中可以看到 10 米宽的竹林河岸缓冲带便可有效地对氨态氮起到截留转化的作用，通过 10 米宽的缓冲带之后，其氨态氮由上到下的四个层次浓度分别为 1.97 毫克 / 升、1.42 毫克 / 升、1.26 毫克 / 升、0.97 毫克 / 升，截留转化效率分别达到了 37.3%、50.3%、44.2%、14.9%。之后随着缓冲带宽度的继续增加，氨态氮的浓度还是在逐渐减小，但减小幅度已经放缓。因此，10 米宽的竹林河岸缓冲带便可有效地降低氨态氮的浓度。

（4）不同宽度缓冲带磷酸盐浓度变化情况。从图 4-8 中可以看出磷酸盐的变化趋势与亚硝态的变化类似，磷酸盐在通过不同宽度竹林河岸缓冲带之后浓度也发生了明显的变化，0 米处也就是直接由农田径流进入缓冲带时地表径流、0~20 厘米、20~50 厘米、50~100 厘米四个层次磷酸盐的浓度分别为 0.05 毫克 / 升、0.048 毫克 / 升、0.021 毫克 / 升、0.012 毫克 / 升，与亚硝态氮的变化相似，不同层次径流磷酸盐的浓度也是随着深度的增加而递减的；而随着径流通过的竹林缓冲带越宽其浓度减小的程度也越大，同样从图中可以看到 5 米宽的竹林河岸缓冲带便可有效地对磷酸盐起到截留转化的作用，通过 5 米宽的缓冲带之后，其磷酸盐由上到下的四个层次浓度分别为 0.021 毫克 / 升、0.018 毫克 / 升、0.009 毫克 / 升、0.003 毫克 / 升，截留转化效率分别达到了 58.0%、62.5%、57.1%、75.0%。之后随着缓冲带宽度的继续增加，磷酸盐的浓度还是在逐渐减小，但减小幅度已经放缓。因此，5 米宽的竹林河岸缓冲带便可有效地降低磷酸盐的浓度。但由于实验地上方的农田对磷肥的使用量很小，在实验当中磷酸盐的浓度一直较低，对于实验数据的准确性带来了较大的影响。

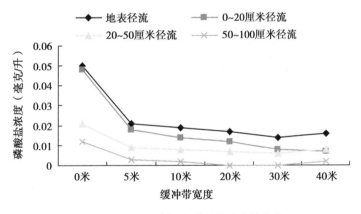

图 4-8 不同宽度径流磷酸盐浓度的变化

3. 不同宽度缓冲带氮磷养分输出变化情况

研究不同宽度竹林河岸缓冲带对氮磷的截留转化效率最后要落实到氮磷的养分含量上面，而对地表径流的拦截效应和对水质各种形态氮磷元素含量的净化机制都只是截留转化过程中的一部份。不同宽度竹林河岸缓冲带对氮磷的截留转化量的计算方法是输入减去输出，而输入和输出又要用不同层次的径流量乘以分别对应的各种离子形态氮磷的浓度。不同宽度缓冲带对氮磷养分的转化截留如图 4-9。

从图 4-9、图 4-10 中可以看出，硝态氮、亚硝态氮、氨态氮和磷酸盐这四种养分均随着

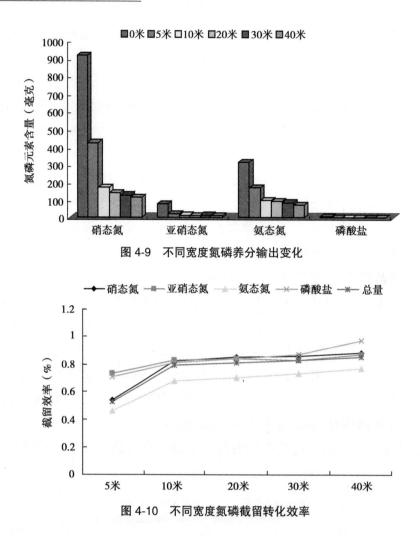

图 4-9 不同宽度氮磷养分输出变化

图 4-10 不同宽度氮磷截留转化效率

宽度的增加输出量减小，以 2 米宽的剖面为例农田径流输入的氮磷养分总量为 1315.57 毫克，经过 5 米的竹林缓冲带之后输出的氮磷养分总量为 617.61 毫克，经过 10 米的竹林缓冲带之后输出的氮磷养分总量为 282.52 毫克，经过 20 米的竹林缓冲带之后输出的氮磷养分总量为 244.43 毫克，此后在经过 30 米的竹林缓冲带之后输出的氮磷养分总量为 225.76 毫克，与 10 米宽的氮磷输出量变化已经不大。5 米、10 米、20 米、30 米、40 米缓冲带对氮磷总量的截留效率分别为 53%、79%、81%、83%、85。由此可知，10~20 米之间的竹林河岸缓冲带便可以有效地截留氮磷养分向河流的输入。

第二节　沿海线森林生态建设

一、沿海防护林体系建设现状与合理布局

我国海岸线北起辽宁鸭绿江口，南至广西北仑河口，大陆海岸线长达 18340 公里，岛屿海岸线长 11159 公里。沿海地区经济社会发达、城市化水平高、人口密度大、工厂企业密集，

是带动我国经济社会发展的"火车头"。同时，我国沿海地区处在陆海交替、气候多变地带，台风暴雨、洪涝干旱、风沙海雾、低温干热等自然灾害发生频率很高，严重威胁着人民群众的生命财产安全。

沿海防护林体系是包括海岸基干林带、红树林、农田林网、城乡绿化和荒山绿化等，加上滨海湿地的"绿色系统工程"。沿海防护林体系不仅具有防风固沙、保持水土、涵养水源的功能，而且具有抵御海啸和风暴潮危害、护卫滨海土地、美化人居环境的作用，对于维护沿海地区国土生态安全、人民生命财产安全、工农业生产安全具有重要意义。加强沿海防护林体系建设，对于提高沿海地区防灾减灾能力、维护沿海地区生态安全、促进经济社会可持续发展具有十分重要的意义。

（一）我国沿海防护林建设的发展历程

新中国成立前几乎无沿海防护林，自 50 年代初期，沿海区着手治理风沙、水土流失和旱涝危害，辽宁、河北、江苏、广东等省开始在沿海地区营造海岸防护林，从抗灾保产出发，沿海地带造林首先在沙质海岸地段试点，并在泥岸平原或沙岸台地上有重点规划。我国南方营建了热带作物防护林，在广东、福建沿海沙地引种木麻黄成功，江苏等省在泥质海岸营造了以刺槐为主的护堤林带，海岸防护林带、海岛绿化和丘陵山地绿化一起抓。随后，华南沿海大规模地营造以木麻黄为主要树种的海岸防护林，山东、辽宁和江苏等省开展了盐碱地造林和滨海沙地治理工作，积累了丰富的海岸防护林营造经验。70 年代开始，沿海地区一方面向内陆发展农田林网，另一方面绿化海岛，各沿海县在营造防护林的同时，也营造了大面积的用材林、经济林、特用林，开展了封山育林。沿海防护林逐步向带、网、片林结合和林农复合体系发展，建立了农田防护林、水土保持林、经济林和薪炭林结合配套的防护林体系。1978 年以后，开展了滨海盐碱地造林，沙地木麻黄防护林和窿缘桉、湿地松、相思树造林，海岸带防风固沙林、农田防护林和护堤林的营造等，取得了良好的成效。开展了珠江三角洲农田林网建设，在各海岸段分别平原、山丘引种优良树种，并进行混交林营造试验。沿海各省完成了海岸带林业调查工作。特别是 1988 年启动了沿海防护林体系工程后，防护林定位在建设完备生态体系这样一个较高层次上，在木麻黄等防护林树种良种选育和无性系造林取得了较大的进展。

20 世纪 90 年代后，各地在沿海防护林建设技术与功能的研究以及造林实践上，继续深入、规模化推进，取得可喜成果。到 2000 年，我国沿海 11 个省份有林地面积 838.3 万公顷，其中防护林 279.6 万公顷，用材林 253.6 万公顷，经济林 223.7 万公顷，薪炭林 33.2 万公顷，特种用途林 23.4 万公顷。

"十一五"以来，根据《全国沿海防护林体系建设工程规划》，防护林工程逐步向自然条件更为恶劣的困难地带全面推进，我国的沿海防护林体系建设正在沿着既定的目标不断走向完善。

（二）沿海防护林体系的合理布局

1. 沿海地区海岸类型区划

沿海防护林体系的构成，林种、树种的布局必须因地制宜，因害设防，综合治理，讲求实效。由于我国海岸地跨几个气候带，地貌类型和海岸类型都比较复杂，要搞好体系的规划设计，必须先对沿海地区进行类型区划。海岸主要分基岩质海岸、沙质海岸、泥质海岸 3 大类。实际上，3 种海岸类型常是交互错综分布的。泥质海岸中有时出现沙质海岸，基岩质海岸中的海湾处往往有小段泥质海岸和沙质海岸，泥质、沙质海岸中有时也出现小段的基岩质海岸。此外，还有珊瑚礁海岸及人工海岸，但在大陆海岸线中所占比例很小。

基岩质海岸又称岩质海岸，主要由比较坚硬的基岩构成，并同陆地上的山脉、丘陵毗连。主要特点是岸线曲折，岛屿众多，水深湾大，岬湾相间，多天然良港。基岩海岸由于岩性和海岸潮浪动力条件的不同，有侵蚀性基岩海岸和堆积性沙砾质海岸两种。

沙质海岸，又称沙砾质海岸，其特点是沙砾物质构成的海滩和流动沙地，有的在风力的作用下发育为流动沙丘，流动沙地的宽度多为 0.5~5 公里。其海岸线一般比较平直。

泥质海岸，又称淤泥质海岸，是沿海平原海岸的主要类型，主要由江河输送泥沙中的粉沙和土粒淤积而成。按其形成过程、组成物质和地形等的差异，又可分为河口三角洲海岸、平原泥质海岸、岩质海岸海湾中泥质海岸等。

2. 沿海防护林体系工程的总体布局

沿海地区自然地理和生态环境情况差异很大，造成的生态环境问题的原因、特点和机理也不相同，要针对不同海岸类型和环境单元（类型区）的特点，合理安排建设和治理项目。沿海防护林体系主要布局在陆地、海岛上，以县级行政区为单位。因此，沿海县域地貌类型对林种、树种的布局，起着更为主要的作用。由于一个海岸类型的陆地地貌类型不完全相同，故采用地貌类型与海岸类型相结合的方法，同时又照顾到气候带的不同，将自然地理环境具有一致性，而与其他又有明显区别的地带划为一个分区。据此将整个沿海地区区划为三大治理类型区 10 个分区。

（1）沙质海岸为主的台地丘陵防风固沙、水土保持治理类型区。以治理风沙、海潮和水土流失危害为主要目标，建立起第一道防线——海岸防风固沙林带。其次，结合水土流失的治理做好荒山荒地的绿化，因地制宜地营造水土保持林、水源涵养林和经济林、薪炭林、用材林等片林，建设农田林网，强化带网片的结合配置。

本区包括辽东半岛沙质、岩质海岸丘陵区，辽西、冀东沙质低山丘陵区，山东半岛沙质、岩质海岸丘陵区，闽中南、粤东沙质、淤泥质海岸丘陵台地区，粤西、桂南沙质、淤泥质海岸丘陵台地区，海南岛沙质、岩质海岸丘陵台地区等 6 个自然区，共 122 个县（市、区）。土地总面积 1512.10 万公顷，占工程区的 58.2%；海岸线长 15384.41 公里，占整个海岸线的 51.2%，其中大陆海岸线长 11409.65 公里，占大陆海岸线的 62.2%。

（2）泥质海岸为主的平原风、潮、旱、涝、盐、碱治理类型区。以防风护田，抗潮护堤，配合水土措施治理旱、涝、盐、碱为主要目的。建设的重点是农田防护林网；同时结合海堤、河堤、道路、渠道等的干线造林，四旁植树和林场造林、部门造林等的少量片林建设，形成带网片的结合配置。

本区包括辽中泥质海岸平原区、渤海湾泥质海岸平原区、长江三角洲泥质海岸平原区和珠江三角洲泥质海岸平原区等 4 个自然区，共 66 个县（市、区）。土地总面积 782.26 万公顷，占工程区的 30.1%；海岸线长 4828.60 公里，占 16.7%，其中大陆海岸线长 3677.84 公里，占 20.3%。

（3）基岩质海岸为主的山地丘陵水土保持、水源涵养治理类型区。以控制水土流失、涵养水源、掩护国防工程，减免水旱灾害，美化、绿化景区、海岛为主要目的。建设的重点是水土保持林、水源涵养林、经济林、薪炭林、用材林和特种用途林的片林建设。其次是小片冲积平原上的农田防护林和局部的海岸林带、防风固沙林建设，形成带网片的结合配置。

本区包括舟山岩质海岸岛屿区，浙东南、闽东岩质海岸山地丘陵区等 2 个自然区，共 32 个县（市、区）。土地总面积 12.57 万公顷，占工程区的 11.7%；海岸线长 8018.76 公里，占 29.2%，其中大陆海岸线 3085.87 公里，占 17.1%。

3. 各分区沿海防护林体系的建设要点

（1）辽东半岛、山东半岛沙质、岩质海岸丘陵区。本区是北方遭受台风袭击较多的地区，水土流失面积较大，沿海流动沙地较多。据此，应以治理风、沙、洪涝，减轻冬春旱灾为主要目的。沿海防护林体系布局应是，进一步完善防风固沙林带，沙滩面积很宽的，内侧营造固沙林网，网内发展经济林木。在缓坡丘陵耕地，推广胡枝子等径流调节林带，或于梯田地边埂造林。在小块平原，营造农田林网。根据全区丘陵地区已构成我国北方水果主要基地的情况，推行果园地边埂紫穗槐固埂林，同时在丘顶广泛营造水土保持林。山地应通过封育和造林结合的方法，扩大山多树种、多层次构成的水源涵养林。岩岸地带主要搞好国防林和风景林。在河滩地营造速生丰产用材林。由此构成水源涵养林、水土保持林、农田林网、防风固沙林带相结合，防护林与用材林、经济林、国防林、风景林相结合的防护林体系。

（2）辽西、冀东沙质海岸低山丘陵区。本区台风过境很少，但沿海风沙危害比较严重。同时，由于山地丘陵水土流失严重，平原洪涝与干旱的交替发生。据此，该地区应以减少沿海风沙危害与控制水土流失为主要目的。沿海沙地应全部营造防风固沙林带，滦河三角洲及其他平原应全部营造农田林网。荒山丘陵配置水土保持林为主，营造乔灌混交林，积极在坡度平缓处发展经济林。广泛结合"四旁"绿化，发展速生用材树种。风景旅游点重点营造风景林。构成防风固沙林带、农田林网与成片水土保持林、经济林、风景林相结合的防护林体系。

（3）辽、津、冀、鲁渤海湾泥质海岸平原区。本区台风过境极少，但有干热风危害，海潮内侵，盐渍化严重，内陆洼地排水不畅，盐碱地也较多。因此，本区应以减免风、潮、内涝灾害，治理开发盐碱地为主要目的。在综合治理中，林业与水利工程相结合。要建立完善的排水淋盐沟、渠系统，修筑沿海防潮堤和御潮排水闸。对沿海盐上荒滩实行林业、水利、农垦统一规划，综合开发。由于海滩逐步向外淤长的情况将持续下去，因此，在步骤上，要由近及远，先易后难，逐步推进。建设起以农田林网为主，农田林网与枣粮间作相结合，与海堤、河堤林带、片林相结合的防护林体系。

（4）苏、沪、浙北泥质海岸平原区。本区与上一平原区大体类似，不同处是水、热条件较好，河网密布，内涝较少，台风几年一遇，有风暴潮危害。因此，本区应以减免风、潮灾害，开发利用盐碱荒滩为主要目的。在步骤上，也要实行水利、农垦、林业相结合，由近及远，由易到难，逐步推进，综合治理。在林业方面，应将沿海已修或新修的层层海堤绿化起来，营造护堤林带。同时，结合滩涂开发，营造一定比例的用材林、经济林。但重点是搞好农田林网，广泛开展"四旁"绿化，构成以网为主，与海堤、河堤林带及片林相结合的防护林体系。

（5）浙东南、闽东岩质海岸山地丘陵区。本区临近沿海的荒山，水土流失严重，入海河口、海湾等处还有一些沙岸、泥岸小面积平原，遭受台风的严重危害。基岩海岸还是国防要地。本区有众多岛屿，淡水资源短缺。因此，本区重点是控制水土流失，涵养水源，减免水旱灾害，增加淡水供应，巩固国防为主要目的。同时，保护好小块平原，减轻台风危害。在防护林的布局上，海岸地带应是绿化沿海荒山丘陵，已垦为农田的山地，临海一面或退耕还林，或在梯田埂边植林木，实现海岸荒山绿化。岬湾间、河流入海处的小块平原和沙岸营造防风固沙林带，泥岸营造防风林带，面积较大，并在带内外营造林网。从全县内部来看，丘陵营造成片的水土保持林，土壤条件好的，适当营造一部分用材林、经济林。在山地营造或封育水源涵养林，并以多树种多层次的阔叶混交林为主，同时营造一定的用材林。构成以水土保持林、水源涵养林为主体，与用材林、经济林、薪炭林、国防林、风景林及海湾平原防风林带、林网相结合的防护林体系。

（6）闽、粤、桂沙质、泥质海岸丘陵台地区。本区为台风主要登陆或过境之地，台风危害严重，暴雨较多，水土流失严重，洪旱灾交替发生，风暴潮也较多；同时，在3000公里的沙质海岸段有风沙危害，是沿海地带灾害最为频繁的地区。据此，沿海防护林体系建设应以抗御台风，减免风沙，消浪护堤，减轻旱、涝灾害，美化侨乡为主要目的。沙质海岸段在滨海沙地营造防风固沙林带，在宽阔的沙滩内侧建立果园与配套的果园林网，在小片平原营造农田林网。在丘陵地带营造水土保持林，山地营造或封育由多树种多层次的阔叶混交林为主的水源涵养林。在丘陵山地亦可适当安排一些薪炭林、经济林、用材林等。特别是本区农村烧柴十分困难，应当优先发展一部分薪炭林，以解决群众烧柴问题，保障其他林种的合理经营。

本区的泥质海岸段多为平原农区，沿岸多为御潮堤，是风暴潮危害严重地带。应当在堤外泥滩营造宽度40米以上的红树防浪护堤林带，在堤上营造护堤林或种养草皮。在其内侧农田、丘陵、山地同上述安排。该区的基岩海岸多为沿海风景旅游区，重点是营造风景林、国防林。西部的雷州半岛、桂东合浦台地，在内陆地区应当由橡胶园、热带作物种植园防风林、水土流失地区的水土保持林及以桉树为主的大面积用材林相结合进行布局。

总之，防护林营建应由海岸防风固沙林带、防浪护堤林带、农田与果园、橡胶园林网、水土保持林、水源涵养林等多类型防护林相结合，防护林与薪炭林、经济林、用材林、风景林、国防林相结合的防护林体系。

（7）珠江三角洲泥质海岸平原区。本区为台风、风暴潮严重危害地区。应以防风护田、防浪护堤为主要目的。沿岸泥滩营造宽度40米以上的红树防浪护堤林带，海堤、河堤营造护堤林带，河道、大型渠道营造护岸林带，农田营造护田林网。在荒山丘陵营造水源涵养林、水土保持林、用材林、经济林、薪炭林、风景林等。构成以林网为主，网、带、片相结合，多林种相结合的防护林体系。

（8）海南岛沙质、基岩海岸丘陵台地区。本区是台风频繁影响、袭击的地区，台风、风沙危害严重，暴雨较多。岛西半湿润、半干旱地区经常受到旱灾的威胁。防护林建设应以减轻台风危害、控制风沙危害、涵养水源、减轻干旱为主要目的。沿海海岸防护林的布局根据不同岸段的具体情况，分别营造防风固沙林带，封育、营造红树防浪护堤林带、风景林等。在内陆台地，主要是营造农田林网、橡胶园、水土保持林、速生用材林及热带经济林。在内陆丘陵山区，主要营造水土保持林、水源涵养林、薪炭林、热带经济林等。

二、沿海防护林树种选择技术

我国大陆海岸线长达1.8万公里，北起辽宁的鸭绿江口，南至广西的北仑河口，纵跨热带、亚热带和温带3个气候带；海岸类型多样，包括沙质海岸、淤泥质海岸、岩质海岸、侵蚀海岸、三角洲海岸等；立地条件复杂多样。加之沿海地区普遍土壤贫瘠，盐渍化程度高，且淡水不足，冬春气温低，夏秋台风影响大，以及盐雾发生频繁等不利条件，给沿海防护林营造带来严重的困难。因此，选择适宜的造林树种是沿海防护林体系建设工程的首要问题。

（一）造林树种选择的原则

根据沿海地区立地条件复杂，自然灾害多的特点，结合已有研究结果，防护林树种的选择一般应遵循以下几个原则：

（1）根据造林目的选择树种。造林目的决定树种种类，树种选择应和林种类型、经营方向相结合。根据防护林体系建设需要选择树种，如基干林带外侧的灌草带以抗风沙、生物量大、沃土效果好的灌、草为主；基干林带是防护林的主要骨架，可选择生长快、抗逆性强、防护效益高的乔木树种，以豆科灌木、牧草等沃土植物为伴生树种；基干林带内侧的片林则可乔灌草结合，适当选择一些经济效益好的树种组成混交林；农田林网可选择冠幅小，生长快的乔木树种；四旁植树可选择经济价值高的珍贵乔木树种。

（2）针对立地条件选择造林树种。造林树种选择必须根据树木地理分布规律，植物区系特征，树木生态习性。沿海地区立地条件多样，不同树种的生态适应范围差异很大，每一树种都有其最适宜的分布区域，因此必须考虑不同的海岸段以及由海岸向内陆纵深扩展在空间上立地条件的差异，以及不同地段主要自然灾害，选择适宜的造林树种，如耐盐碱、耐水湿和抗风性强的树种。

（3）坚持乔灌草结合，增加生物多样性。单一的树种种植结构导致不稳定的生态系统，乔灌、乔草、灌草和乔灌草相结合能够有效提高防护林的结构稳定性。生物多样性的增加不仅有利于对环境资源的充分利用和改良土壤特性，提高系统的稳定性，增强系统抗干扰能力和生态防护功能，而且能够克服单一树种容易遭受病虫危害、防护林快速衰退的缺陷。因此，在造林树种选择上不仅要强调高大乔木的主导作用，同时也要重视灌草藤的辅助作用和对土壤改良、对环境利用的价值，注重各林种营造中多树种的合理搭配。

（4）注重速生与慢生树种合理搭配。一般而言，速生树种成林快，防护效益发挥早，但一般抗风性不高、成熟期短、易老化而丧失防护功能；而慢生树种虽见效慢，但寿命长，防护成熟龄晚，后期防护效果好，效益持久。因此，在进行防护林树种选择时必须注意速生树种与慢生树种的合理搭配，充分考虑各树种的生长特性与防护成熟年龄。

总之，沿海防护林体系树种一般应具备生长快、郁闭早、寿命长、防护作用持久、适应性强、繁殖容易等特性。由于防护对象不同，对树种选择的要求也不一样。如农田防护林以防止害风、保护农田增加产量为主要目的，树种选择时应着重考虑抗风力强、树形高大、枝叶繁茂、根系分布深、与农作物没有共同病虫害的树种；水土保持林主要用来减少地表径流、涵蓄水分、固结土壤，所以应选择树冠浓度、落叶丰富且易分解、根系发达、根蘗能力强、适应强的树种；固沙林因主要用于防止沙地风蚀、控制沙粒移动、保障工农业生产和人民生活，树种应选择那些根系发达、根蘗力强、抗风蚀、耐沙埋、耐干旱瘠薄、耐地表高温、耐盐碱的树种。

（二）泥质海岸适宜的造林树种

我国泥质海岸北起辽宁省鸭绿江口包括辽东湾鸭绿江、辽东半岛东侧丘陵港湾、辽东湾辽河三角洲、渤海湾平原、黄河三角洲、莱洲湾平原、海洲湾南部平原、废黄河三角洲、苏北中部平原、长江三角洲北部平原、长江口沙岛、长江三角洲南部平原、杭洲湾北岸平原、杭洲湾南部平原、浙东丘陵港湾、浙南丘陵港湾河口平原、粤东韩江三角洲、珠江三角洲、粤中丘陵台地港湾等淤泥质海岸段，海岸线长度 8789 公里，占大陆海岸线长度的48.5%。该海岸带平原地区面积大，滩涂面积分布很广，近 200 万公顷，是发展农林牧水产养殖和盐业最有利的海岸类型，并且资源丰富，生产潜力很大，是面向世界，开拓国际市场与对外的窗口，有着举足轻重的地缘政治、经济意义。然而淤泥质海岸也易受台风、暴潮、海啸的冲击和经常性的海风、海煞、潮汐、海流的侵蚀。并且长江以北还存在着气候干旱，严重的土壤盐渍化及土壤养分不足等现象。

1. 北方泥质海岸适宜的造林树种

（1）北方泥质海岸概况。北方三省泥质海岸线总长度为 1513 公里，占三省的海岸线总长度的 30%。北方泥质海岸是个更加脆弱的生态系统，植被稀少，森林覆被率只有 3%，自然灾害严重，经常受台风、暴雨、洪涝、海煞、海啸的侵袭。本地区为半干旱半湿润气候，降水量 500~600 毫米，而蒸发量为 1500~1800 毫米。土壤盐渍化程度高，有的地方土壤含盐量高达 20 克 / 公斤以上、碱化度 50%~60%、pH 值 9.5~10.5，很多土壤已形成碱化土及苏打盐渍土。土壤黏重，养分贫瘠。

（2）北方泥质海岸主要造林树种选择结果。通过对辽宁、河北、天津、山东黄河三角洲及苏北泥质海岸造林树种的野外调查、定位试验、室内盆栽试验以及大量的文献分析，选择出适合北方泥质海岸海防林体系建设的主要树种（4-14）。

表 4-14　北方泥质海岸主要造林树种选择结果

地区	土壤含盐量	树种
辽宁泥质海岸	轻	辽宁杨、绒毛白蜡、小胡杨、刺槐、白榆、群众杨、小叶杨、新疆杨、银中杨、中林46、旱柳、苹果、侧柏、丁香、杜梨
	中	绒毛白蜡、小胡杨、刺槐、白榆、沙枣、枸杞、沙棘、紫穗槐、枣树
	重	中国柽柳
河北天津泥质海岸	轻	洋白蜡、绒毛白蜡、刺槐、白榆、梧桐、辽宁杨、新疆杨
	中	绒毛白蜡、刺槐、白榆、金丝小枣、珠美海棠、紫穗槐
	重	中国柽柳
黄河三角洲	轻	刺槐、绒毛白蜡、廊坊杨、八里庄杨、白榆、槐树、臭春、苹果、梨桃、葡萄、文冠果、泡桐、侧柏、合欢、杏、玫瑰、蜀桧
	中	刺槐、绒毛白蜡、白榆、紫穗槐、金丝小枣、沙枣、枸杞、沙棘、桑、杜梨、槐树、皂角、苦楝、杞柳、构树、垂柳、臭椿、凌霄、火炬树、木槿、桃、葡萄、文冠果
	重	中国柽柳、白刺、单叶蔓荆
苏北泥质海岸	脱盐土	落羽杉、柳杉、水杉、池杉、杉木、榉树、紫薇、喜树、漆树、悬铃木、樟树、泡桐、麻栎、雪松、黑松、杜仲、石楠、马褂木、桂花、珊瑚、枳壳、桃、梅、李、杏、毛樱桃、柿、南酸枣、薄壳山核桃、板栗、猕猴桃、淡竹、刚竹、桂竹
	轻	Ⅰ-69杨、Ⅰ-72杨、枫杨、圆柏、龙柏、千头柏、洒金柏、桧柏、侧柏、白榆、榔榆、垂柳、旱柳、黄连木、重阳木、丝棉木、盐肤木、毛红椿、香椿、槐树、朴树、黄檀、桑树、厚壳树、合欢、海桐、大叶黄杨、复叶槭、扶芳藤、无患子以及枇杷、杜梨、棠梨、苹果、葡萄、乐陵小枣、核桃、银杏、乌桕、臭椿、白蜡、枸杞、杞柳、女贞、君迁子、无花果、石榴
	中	刺槐、苦楝、火炬树、铅笔柏、蜀柏、紫穗槐、沙枣、芦竹
	重	中国柽柳

2. 浙江泥质海岸适宜的造林树种

（1）浙江泥质海岸概况。浙江省泥质海岸线长 989.4 公里，占大陆海岸线长的 56.6%，淤泥质滨海围涂，地势平坦开阔，缺乏淡水源，排灌条件差，土壤黏重、土壤含盐量高（一般为 0.1%~0.6%），新围垦含盐量可达 0.7% 以上，土层深厚，质地黏重，土壤养分含量低，耕层土壤有机质含量 0.5% 左右，土壤保水保肥性能差，毛管作用强烈，洗盐和返盐速度较快，土体淹水时板结，失水后又较松散，土壤冲刷严重。

（2）浙江泥质海岸适宜的造林树种。滨海盐碱地造林树种选择与推荐如下。

抗盐碱能力 0.4% 以上：海滨木槿、夹竹桃、紫穗槐、柽柳、旱柳、石楠、弗吉尼亚栎、蜡杨梅、红千层、滨柃。

抗盐碱能力 0.2%~0.4%：白蜡、绒毛白蜡、白蜡树、洋白蜡、女贞、中山杉、东方杉、墨西哥落羽杉、龙柏、桧柏、侧柏、柏木、田菁、紫花苜蓿、槐树、金合欢、刺槐、无花果、构树、桑树、金丝垂柳、苦楝、石榴、无患子、黄连木、乌桕、臭椿、椤木石楠、棕榈、白哺鸡竹、凤尾兰、海桐、火棘、滨柃、香椿、白榆、银杏、单叶蔓荆、木槿、锦带花、结缕草、高羊茅。

抗盐碱能力 0.1%~0.2%；黄樟、大叶樟、香樟、普陀樟、舟山新木姜子、湿地松、罗汉松、水杉、池杉、月季、金焰绣线菊、垂丝海棠、碧桃、樱桃、红楠、红叶石楠、红叶李、紫叶李、梨、常绿白蜡、日本女贞、小叶女贞、白三叶、紫荆、香花槐、金合欢、金叶瓜子黄杨、大叶黄杨、杨树、金丝垂柳、榉树、大叶榉、珊瑚朴、重阳木、算盘子、蓝果树、喜树、北美薄壳山核桃、黄山栾树、青桐、杜仲、全缘冬青、苦槠、蚊母树、栀子、金边六月雪、厚叶石斑木、芙蓉菊、胡颓子、花叶蔓长春花、枇杷、柑橘、丝绵木、枣树、桤木、木芙蓉、紫薇、石榴、柿、醉鱼草、多花黑麦草、麦冬、矮麦冬。

（三）沙质海岸基干林带适宜的造林树种

1. 山东沙质基干林带适宜的造林树种

（1）山东沙质海岸概况。山东省沙质海岸长 837 公里，占全省海岸线的 30% 以上，主要分布在胶东半岛及鲁中南沿海的烟台、威海、青岛、13 照 4 个市，是山东省经济社会发展比较快的区域。由于海岸带处于海陆气候交汇区，台风、干旱、洪涝、海风、海雾、扬沙等自然灾害频繁，也严重影响了当地经济和社会的发展。由于过去林种单一、树种少、配置不合理，尤其是 80 年代以来，松毛虫及松干蚧大发生，使黑松林生长严重衰退，很多林地已退化为残次林地或无林地，制约了林业的大发展。因此，选择适生树种极为迫切。

（2）山东沙质海岸基干林带适宜的造林树种。通过多年的造林实践和试验研究工作，筛选出一些在山东沙质海岸基干林带中生长良好、防护性能高、抗病虫害能力强的造林树种。

主要针叶树种有黑松、火炬松、刚松、刚火松、侧柏等。黑松四季常绿，适应性强，抗海风，耐盐碱，耐瘠薄，天然更新能力强，是沙质海岸防护林建设的主要树种。火炬松喜光，深根性，主侧根均很发达，速生，抗松毛虫和松干蚧能力优于黑松。在胶南沿海同等立地条件下，火炬松的高径生长量是黑松的 2~4 倍，防风效果好。刚松耐海风、海雾，耐干旱，生长速度比黑松快，苍劲美观，可作为沙质海岸区域绿化美化树种。刚火松，在暖温带沙质海岸生长良好，生长速度高于刚松，耐寒性好于火炬松。侧柏喜光，幼苗幼树耐庇荫，耐干旱瘠薄，根系发达，寿命长，宜作为基干林带中的混交树种。

主要阔叶树种有刺槐、绒毛白蜡、火炬树、紫穗槐、单叶蔓荆等。刺槐生长快，适应性强，耐旱耐寒，能较快形成冠层发挥防护作用，根系发达，萌芽力强，对土壤要求不严，有良好的改土功能；但刺槐不耐水湿，在防护林中应种植在地势较高处，可与黑松等针叶树种混交。绒毛白蜡喜光也耐侧方庇荫，对气候土壤适应性较强，在含盐量 0.3%~0.5% 的盐碱地上能正常生长，寿命长；原为泥质海岸主要造林树种，引入沙质海岸后，表现良好，能较快形成冠层，可种植在基干林带的平缓低洼地段。火炬树喜光，耐干旱瘠薄，耐盐碱，稍耐寒，根系发达，萌芽力强，生长迅速，为防风固沙、保持水土的优良树种，但不耐水湿，寿命短，10~15 年开始衰退；可作为基干林带的辅助和过渡树种，种植于地势较高处。林下灌木以紫穗槐最好，其分蘖力强，抗旱耐涝，固氮能力强，有利于基干林带其他树种的生长。单叶蔓荆喜光，耐干旱瘠薄，固沙能力强，适于种植在基干林带前沿，而且与毛鸭嘴草、筛草等形成稳定的灌草群落。毛鸭嘴草、筛草、麦冬抗旱、耐沙埋，人工扩繁能很快覆盖沙滩，3 年盖度达 80%，麦冬又是中药植物，因此，毛鸭嘴草、筛草、麦冬是沙岸主要建群草本。

柽柳耐盐碱干旱和短期水浸，适生于低洼和潮间或海潮内浸区；毛鸭嘴草和筛草是沙质海岸灌草带的主要构成材料，其不仅是草本植物群落的主体，也是灌草群落的主体，在防风固沙方面发挥重要作用。

2. 福建沙质海岸基干林带适宜的造林树种

（1）福建沙质海岸概况。福建省海岸线长达 3324 公里，大部分沙质海岸，是风沙、干旱等自然灾害多发区，恶劣的自然条件严重威胁着人民生活和经济发展。自 20 世纪 50 年代木麻黄在福建省引种获得成功以来，在海岸线上营建起绵延不断以木麻黄为主的防护林绿色生态屏障，在防风固沙、抵御海潮和风暴潮等自然灾害方面发挥了重要作用，极大地改善了沿海地区的生态环境。但是也存在着树种单一，人工林群落结构简单，林分适应性和稳定性差等问题。

（2）福建沙质海岸基干林带适宜的造林树种。

① 海岸基干林带采用木麻黄无性系 701#、601#、厚荚相思等树种造林，生长表现较好。

② 海岸风口是指沿海风沙地形中最为严重的风蚀地形，是造林最为困难的地段。在前沿有少量稀疏木麻黄老林带保护的风口沙地上，厚荚相思是适宜的树种；纹荚相思和马占相思为较适宜树种，考虑适当使用。

③ 适宜在福建东南滨海后沿沙地上生长的树种有巨尾桉、刚果 12# 桉、厚荚相思、纹荚相思和马占相思等 5 个树种，生长量较大；山地木麻黄、山神木麻黄、柠檬桉、毛娟相思、大叶相思、肯氏相思、湿地松、火炬松、卵果松和加勒比松等 10 个树种生长量较低，但可以在这类立地上造林时使用，以增加滨海防护林的树种资源。

木麻黄惠安 1# 无性系和木麻黄澳大利亚 C38 种源是较好的适宜于在滨海风口沙地立地上造林的树种材料。另外，初步试验结果表明，短枝木麻黄、木麻黄澳大利亚 15198 种源、木麻黄无性系 701# 和细枝木麻黄在风口沙地上造林的成活率高，生长较好，受风害程度轻，在滨海风口沙地上栽植有一定的潜力。

（四）基岩质海岸适宜的造林树种

1. 浙江基岩质海岸概况

浙江省大陆海岸线总长 1748.06 公里，其中基岩质海岸线长 758.66 公里，占大陆海岸线长的 43.4%，以海岛和低山丘陵为主。其特点是山地丘陵岩岸直插入海，多港口、海湾向内陆延伸，多呈侵蚀沟谷状，地势起伏，坡陡源短。由于受严酷的自然条件（如台风、干旱等灾害危害及土壤瘠薄等）影响和人为的破坏，天然植被已被次生疏林地所取代，虽然实施沿海防护林体系建设工程后，已基本消灭了宜林荒山荒滩，但造林树种单一、结构简单，水土流失严重，水源涵养较差，严重地影响沿海各业生产的发展，制约着沿海经济开发区的建设。

2. 浙江基岩质海岸适宜的造林树种

基岩质海岸防护林树种的的空间布局为：分水岭布设先锋树种为主的分水岭防护林带，

如湿地松、晚松等，林下则配置胡枝子等；主山脊布设生物防火林带（木荷）；山脚布设护岸护坡林带，如海岸线前沿布设化香等灌木植物，之后布设湿地松、香椿、火炬松等树种；山腰布设如枫香、木荷、杜英、南酸枣等兼具用材和风景等多用途防护树种；山凹避风处及部分立地条件较好的山中部非迎风面布坡段布设二次结实板栗、杨梅、玉环长柿、胡柚等名特优经济林树种等，同时在林下套种黑麦草以进行模式栽培经营试验。真正做到水土保持林、水源涵养林、生态经济林等林种的合理布局。

浙江基岩质海岸适宜的造林树种推荐如下。

乔木：湿地松、火炬松、杜英、木荷、枫香、南酸枣、香椿、杨梅、板栗、黄连木、山合欢、黄檀、冬青、全缘冬青、铁冬青、女贞、楝树、榔榆、乌桕、柏木、化香、赤皮青冈、木荷、青冈、舟山新木姜子等。

灌木：柃木、滨柃、蜡子树、野梧桐、栀子、紫穗槐、日本女贞、日本荚蒾、海桐、紫薇、紫荆、南天竹、夹竹桃、绿叶胡枝子、单叶蔓荆、海滨木槿、木槿、刺柏、厚叶石斑木等。

藤本植物：爬山虎、薜荔、络石、扶芳藤、石岩枫、海风藤、风藤等。

3. 其他基岩质海岸适宜的造林树种

在辽东、山东半岛沙岸间岩岸丘陵山地上，主要造林树种有黑松、刺槐、白榆、麻栎、栓皮栎、油松、侧柏、辽东栎、紫椴、枫杨、赤松、落叶松、旱柳、毛白杨、沙兰杨、北京杨、加杨、楸树、香椿、臭椿、槐树、板栗、核桃、苹果、山楂、紫穗槐、胡枝子、黄栌等。在浙南、闽北岩质海岸山地丘陵区，主要造林树种有木麻黄、落羽杉、池杉、水杉、香椿、臭椿、朴树、檫木、喜树、樟树、苦楝、鹅掌楸、刺槐、泡桐、白玉兰、乌桕、黑松、柏木、柳杉、杉木、板栗、银杏、竹类、文旦、柑橘、桂花、麻栎、栓皮栎、马尾松、枫香、木荷、黑荆树、米槠、苦槠、青冈栎、红楠、闽楠、丝栗栲、格氏栲、胡枝子、山苍子、杨梅及杂灌木类等。

4. 海岛困难地造林树种选择

基岩质海岸（临海一面坡）造林树种选择根据立地条件，直接入海的岩质海岸（临海一面坡）下坡可造普陀樟、红楠、全缘冬青、杨梅、香樟、黄连木等，中上坡可营造青冈、石楠等，土壤极瘠薄干燥地块只能种植黑树、侧柏等耐极干旱瘠薄树种。距海 500 米以上的临海一面坡山地可造湿地松、苦槠、木荷、浙江樟、枫香等。

海滨沙滩造林树种选择要结合沙滩旅游业对景观需求，可优先选用木麻黄、全缘冬青、黄连木、沙朴，经改造立地条件相对较好地段可营造杨梅、石楠、四川山矾、普陀樟等，灌木宜选夹竹桃、海滨木槿、红叶石楠。

盐质泥岸营造沿海基干林带优选乔木树种是木麻黄、黄连木，其次是女贞、无患子、普陀樟、中山杉，邓恩桉、弗栎现生长好需继续观测。灌木树种可选用海滨木槿、柽柳、黄杨、苦槛蓝、夹竹桃等。

三、沿海困难立地造林技术

由于沿海困难立地自然条件恶劣，造林成活率一般维持在 50% 左右，其关键的问题是抗逆性树种较少,综合配套技术措施不完善。我们筛选了40余种耐盐碱、耐水湿的适生树种,提出生态-经济复合经营模式15种,依据课题研究技术成果,在辽宁、山东、江苏、浙江、福建、上海等地试验示范,造林成活率普遍达到80%以上,较常规造林提高近30%左右。

（一）泥质海岸防护林造林技术

1. 浙江新围海涂造林技术

在浙江省温岭市东海塘2006年新围滩涂重盐土（含盐量在0.62%~0.85%）上,采用开沟、筑台（垄）,排水降盐;地面覆盖与套种,防止返盐、增进肥力;选用抗风耐盐树种,实行多树种带状混交;选用2~3年生带土大苗适时栽种,并施用有机底肥;搭防风支架,防止风倒;及时防治病虫害等6项关键技术,营建的基干防护林带,造林成活率达到85%以上。

（1）生物技术措施。营造泥质海岸沿海防护林要根据当地的自然环境和立地条件进行科学规划。首先要对立地的土壤含盐量和物理性状进行分析,选择耐盐碱树种,这是因为:一可以提高造林成活率,并且耐盐碱树种植后,可降低土壤盐分含量,提高土壤有机质;二可以降低造林养护和管理费用。选择耐盐碱树种造林必须坚持常绿树种与落叶树种结合,乔灌结合,形成多树种、多层次、复合型防护体系。充分利用土地空间,提高土壤肥力,有利于树木生长,形成植物的季相变化,有利于生态景观的形成和对生境条件合理利用。

由于泥质海岸沿海防护林试验地远离居民区,添加客土、煤渣,施稻草、猪粪,运输距离远,成本较高,投资大,大面积造林难以推广应用,而水葫芦生长在海岸内河,繁殖快,就地取材,简便易行,运输方便,成本低,是一种有推广应用前途和经济有效的生物技术措施。

（2）工程技术措施。种植前,应对造林地进行规划,针对沿海滩涂地地下水位及含盐量高等特点,采取科学措施,做好工程建设。在大量研究基础上,目前的主要技术路径是以防盐治盐为重点,治盐防盐与改良土壤相结合。采取的措施有开沟筑垄、深翻深施、破除"咸隔"、整地挖穴、增施绿肥、淡水浇灌等技术手段,这是盐碱地造林成功的重要途径。

（3）管理技术措施。实行防护林营建与管理并重的方针,防护林营造后要精心管理。

苗木栽植要做到随起随栽,常绿树种应适当修去部分枝叶,以减少蒸腾。裸根苗应及时打泥浆,主根过长要适度修剪。栽植苗木时,不宜过深。四周不宜堆土过高,以减轻夏秋季干旱时土壤返盐对苗木的危害。

选择树冠紧凑、深根系树种以抗风防风。造林后设立固定支架,幼林每次台风过后,应及时检查苗木受害情况。对于倒伏的苗木要及时扶正加固。防护林每年抚育1~2次,对树木要进行修剪整枝,除草松土,抚育管理,防止病虫害,并注意做好防台排涝、保水抗旱等工作。

2. 黄河三角洲泥质海岸防护林造林配套技术

为提高造林成活率和造林效果,在选择适宜造林树种的基础上,采取科学的造林配套技术,可获得增效作用。根据多年的实践经验可知,沿海盐碱地造林除科学选择造林树种外,以下几条措施也是行之有效的。

（1）选用大苗植苗造林。树种的耐盐能力与植株的发育年龄有关，成熟植株的耐盐能力普遍高于种子和幼苗。因此，选用大苗造林可以提高苗木对盐分生境的适应性，提高造林成活率和造林效果。

（2）根际覆盖。根际覆盖能够有效地抑制土壤返盐，保持土壤水分，是促进表层土壤脱盐，提高造林效果的有效方法。根际覆盖可以采用两种材料。一是采用地膜覆盖，此法保持土壤水分、抑制土壤返盐效果良好，尤其是早春增温效果明显，有利于苗木根系较早恢复活力；二是采用秸秆覆盖，覆盖厚度一般10~20厘米。秸秆覆盖不仅能够有效保持土壤水分、抑制土壤返盐，而且秸秆腐烂后可以增加土壤有机质，提高土壤肥力，促进林木的生长。

（3）种植牧草、绿肥压青。种植牧草、绿肥压青是盐碱地土壤脱盐和培肥的有效技术。种植牧草的技术适合在轻中度盐碱地上应用，方法是选用耐盐牧草如紫花苜蓿，条带状种植于行间或株间，2~3年后将收割的牧草翻压于林木根际。重度盐碱地上不适合种植牧草，可将其他地块上收割的牧草压埋于根际。种植牧草技术对于土壤脱盐，提高土壤有机质和养分含量有明显效果；但干旱季节容易造成与林木争水，所以造林初期不适合种植牧草，最好在造林成活后开始种植。春季干旱时应注意灌水，防止干旱危害。

3. 北方泥质海岸防护林造林技术

（1）整地方式。泥质海岸整地应在雨季前完成。一般可采用全面整地、开沟整地、大穴整地、小畦整地，对低洼盐碱地和重盐碱地宜采用台、条田整地。

低洼盐碱地修筑台（条）田面宽50~100米，沟深1.5~2.0米，台、条田长度与沟宽要便于排涝洗盐；然后再按设计进行穴状或带状整地。

重盐碱地应先设立防潮堤，开挖主干河道，修建排水系统；然后修筑台（条）田。一般条田宽50米，长100米左右；条田沟深1.5米以上，支沟深3米以上。面积较小地块宜采用挖沟起垄（垄高30~50厘米）或修筑窄幅台田整地（一般排水沟深1.5米，台田面宽15~20米）。

（2）造林方法。植苗造林要浅栽平埋，植苗不要过深，根际周围要形成凹状穴，可以蓄积淡水，减轻盐分对幼树的伤害。造林前一年要先挖好坑，以便雨季蓄积淡水，冬季积雪，加速幼树周围脱盐过程。在重盐碱地区应采用造林穴内压沙（在台田表土10厘米以下埋5厘米河沙）、压秸秆或杂草（埋于台田表土5厘米以下）、覆地膜、覆草等措施。

（二）滨海风口沙地造林技术

在海岸带风口沙地，由于大风、流沙和严重干旱，木麻黄造林成活率极低，导致基干林带长期不能闭合，断带现象和风口长期存在，降低了基干林带的防护效能，上述种种自然灾害时有发生。据调查资料，仅福建省就有沙荒风口44个，面积134公顷，成了沿海防护林体系工程建设的难点问题（黄平江等，1995）。

根研究，木麻黄造林成活率与沙地土壤含水量有密切关系，在连续干旱气候条件下，土壤含水量高，特别是20厘米深土层含水量高，木麻黄幼树基本不会死亡，其造林成活率与土壤含水量成正相关关系，生长量也明显增加。沙坡上部土壤干旱、缺水，表层土壤干旱导致木麻黄造林成活率低，林木生长和根系生长受阻，且根瘤数量也明显减少，仅为坡地下部 1/5~1/4 左右。另外，幼林距潮水线越近相对风速越大，枝条中水浸液主要金属和非金属离子浓度越高，尤其是氯离子浓度大，常造成幼林严重枯梢，对造林成活率和生长均会造成重大影响。

表 4-15　沙地土壤含水量与木麻黄生长关系

样地号	地形坡位	土层深度（厘米）	土壤含水量（%）	林木生长				根系生长			
				成活率（%）	树高（米）	地径（厘米）	冠幅（厘米）	垂直分布（厘米）	水平分布（厘米）	侧枝数（条）	生根形态
12	坡地上部	20	1.1	87.5	1.9	1.4	74×76	10~15	10~31	4	2 层根
		40	2.1								
13	坡地中部	20	0.9	88.5	1.8	1.6	90×85	10~14	20~40	6	2 层根
		40	2.1								
14	坡地下部	20	4.9	100	2.1	1.7	90×87	15~35	7~35	16	3 层根
		40	4.8								
15	低洼积水地	20	13.6	100	3.1	2.5	130×130	12~25	25~70	37	3 层根
		40	18.5								

表 4-16　木麻黄枝条水浸液主要金属和非金属离子浓度变化情况

采样地点	距潮水线（米）	相对风速（%）	离子浓度 （毫克 / 公斤）					风害情况
			K^+	Ca^{++}	Na^{++}	Mg^{++}	CL^{-1}	
1	30	69	14.62	24.04	8.36	6.98	439.21	2/3 枝条干枯
2	50	37	9.25	17.66	8.04	6.48	210.02	1/4 主梢干枯
3	80	31	5.16	10.44	8.04	8.73	157.94	少量主梢干枯
4	100	31	6.41	14.46	7.41	6.85	92.87	未见枯梢
5	120	14	5.98	13.98	7.88	6.45	62.62	未见枯梢
6	140	9	5.74	11.88	7.99	6.40	68.16	未见枯梢

根据试验研究结果和对造林失败主要原因的比较分析，我们认为采取如下一些措施有助于提高基干林带前沿风口沙地木麻黄造林成活率和林木生长量。首先，在种苗方面，应选用抗逆性较强的新引进的木麻黄澳 15198 种源子代苗，澳 C38 无性系苗或惠 1#、701# 无性系等优良苗木造林，并实行混系配置造林，以增强其抗逆功能，提高造林成活率，增加防护林遗传多样性和稳定性。其次，在造林技术方面，必需尽量采用已被证明是切实可行的风口干旱沙地抗旱造林配套技术，如大穴深挖整地、放客土、拌泥浆保持土壤水分；提早造林时间，由夏季 6~7 月高温季节改为春末 4~5 月雨季，大雨天冒雨造林；大苗深栽 30~40

厘米等适用技术。以往，我国北方干旱沙地造林也把抗旱造林技术看成是保证造林成活率的关键，普遍采用深挖整地和大苗深栽，提高造林成活率效果明显，与常规穴植相比较可提高成活率15%（阎树文，1993）。第三，在造林方式方面，重视风口沙地微地形差异和土壤水分条件，因地制宜采取不同造林方式，如丛植、双行或多行篱式、岛状或团块状等造林方式，以利于尽快形成群体结构防护林，增强对风口不良生境的抗御功能，提高造林成活率。第四，切实加强幼林抚育管理和采取适当工程措施加以保护。在风口造林初期，幼苗抗逆性较差，有必要在林带前用木麻黄枝条编筑1~2道风障，高1.5米左右，透风度0.6~0.7，对幼林进行保护，临海低洼沙地需筑沙堤，以防海潮浸泡死苗。夏季幼林需进行培土抚育，有利蓄水保墒，秋冬季大风干旱天气，视土壤墒情，进行浇水抗旱保苗，确保造林成活率。

（三）基岩质海岸困难立地造林技术

1. 基岩质海岸临海一面坡困难地段造林技术

鉴于岩质海岸特别是临海一面坡立地条件的特殊性及造林成活率普遍较低的现状，进行了容器苗、施肥、挖穴大小、覆草等相关技术试验研究。为沿海岩质海岸防护林、特别是以湿地松为主的岩质海岸防护林建设提供了技术措施。

（1）不同树种比较。

① 生长量比较。与马尾松比较。在宁海和临海试验点营造的4年生湿地松，其树高、胸径生长量超过当地5年生马尾松，分别为马尾松树高、胸径生长量的134%和137%、311%和312%（表4-17）。

表 4-17　湿地松与马尾松生长量对比

地点	树种	树龄(年)	树高生长量（米）	平均	胸径生长量（厘米）	平均
宁海试点	湿地松	4	2.08	0.52	3.11	0.78
临海试点	湿地松	4	2.07	0.52	2.81	0.70
临经试点	湿地松	6	3.07	0.51	5.57	0.93
宁海22号标	马尾松	5	1.88	0.38	1.0	0.20
临海23号标	马尾松	5	1.88	0.38	0.9	0.18
舟山08号标	马尾松	5	1.65	0.33	1.3	0.26

与其他主要造林树种比较。通过对浙江省沿海岩质海岸湿地松及其他主要造林树种林分调查综合分析结果（表4-18）表明：湿地松树高、胸径和单株材积的年平均生长量，仅低于木麻黄，高于其他树种，分别为马尾松的173%、190%和406%，黑松的441%、323%和913%，枫香的124%、121%和109%，木荷的177%、173%和261%。

可见，湿地松在气候土壤条件较差的沿海岩质海岩，生长速度还是比较快的，尤其是粗生长。5年生左右的幼年湿地松，树高和胸径年均生长量分别可达0.5米和0.8厘米，15年生左右的中年湿地松树高和胸径年均生长量分别为0.8米和1.0厘米左右，其生长量显著大于其他造林树种。

表 4-18　林分年平均生长量比较 *

树种	标准地数量	树龄（年）	树高生长量		胸径生长量		材积生长量	
			（厘米）	%	（厘米）	%	（立方米）	%
木麻黄	3	12	1.18	151	1.38	142	0.0117	160
松木	2	11~15	0.61	78	0.68	70	0.0056	66
柏木	1	14	0.45	58	0.78	80	0.0024	33
黑松	4	23~30	0.19	24	0.30	31	0.0008	11
马尾松	7	11~25	0.42	54	0.51	53	0.0018	25
枫香	2	15~25	0.63	81	0.80	82	0.0067	92
香樟	1	8	0.58	74	1.25	129	0.0031	43
桉树	4	18~20	0.58	74	0.69	71	0.0051	70
木荷	2	22~26	0.44	56	0.56	58	0.0028	38
湿地松	5	6~17	0.78	100	0.97	100	0.0073	100

② 树种适应性比较。木麻黄、桉树等树种，虽然生长迅速，生长量大，但栽植范围受到地理位置限制。若超越纬度，树木要受冻害甚至死亡；海拔高了，也难以成林。枫香在局部地段（如山岙、山坞）生长不错，是良好的乡土树种；但在开阔的山坡造林，幼树易遭受风折为害。木荷也是乡土树种，但它幼年喜阴湿的生境，常出现在针阔叶混交林中。杉木虽是重要的用材树种，但它对立地条件要求较高，在风口、土壤干燥瘠薄的山坡营造杉木，也难以成材。而湿地松较之以上树种，具有明显的优越性，它对土壤要求不严，有较强的适应性，抗风性能好，即使遭受强台风袭击，也不会（或很少）被折断，长年受海风吹刮，除少数针叶叶尖发黄，但不影响正常生长发育。

（2）基岩质海岸湿地松营造技术。由于沿海基岩质海岸土壤干燥瘠薄，常年风大，因此，湿地松营造技术措施，不能脱离保持水土、涵养水源、提高质量、改善生境的宗旨。

① 造林技术。岩质海岸湿地松造林技术，可概括为"挖穴造林、适当密植、掌握时机、深栽紧打"。

挖穴造林。无论带状整地或者块状整地（一般不提倡全面整地），都必须挖穴造林。其目的，不仅是提高造林成活率，同时为了防止水土流失，成片的栽植穴好似"鱼鳞坑"，可起蓄水保土作用，栽植穴规格，不小于 0.4 平方米，0.3 米深。栽植穴挖好后，如不马上造林，则要在清除穴内石块、树根等杂物后，回土穴内，这样保持穴内土壤湿度，可提高造林成活率，促进树苗发根生长。

适当密植。合理的适当密植，不仅使林分提早郁闭，缩短林地裸露时间，早日发挥林分保土蓄水功能，而且可提高林分防风效果，以紧密合理的群体结构，免受或减轻风害的影响保证个体正常生长发育。造林密度还须因地制宜，在风口、土壤贫瘠的山地可密一些；在缓风、土壤较深厚的山岙山脚，可稀一点。株行距一般为 2.0 米 ×2.0 米 ~1.5 米 ×1.5 米，即每公顷 2500~4500 株。

掌握时机　实生苗造林，应在"休眠期"即树木停止生长后至翌年芽萌动前进行，宜早不宜迟，造林时间选择在雨后阴天或细雨天。容器苗造林，应在 6 月份（芒种至夏至）雨后天进行。

深栽紧打　沿海风大，湿地松不仅要深栽一些（以树苗根基部位入土 0.1 米左右为好），而且必须在栽植后，将穴内的土壤压紧打实，使舒展的树苗根系与土壤紧密结合。

另外，湿地松实生苗造林，应选用 1 年生良种壮苗，容器育苗也要选用良种。栽植时可用钙镁磷肥打浆蘸根，亦可直接施放穴内。

② 抚育管理。湿地松造林后头 3 年，尤其是前期，幼树还处在成活发根阶段，此时必须加强抚育管理，每年抚育不少于 3 次。第 1 次抚育在春梢生长前期即 4 月下旬至 5 月上旬进行，抚育方法以栽植穴四周块状削草为主，有条件的可结合追肥和割草覆穴抗旱（即将草平铺在穴面上），施肥量，第 2 年施复合肥 0.15 公斤 / 株，第 3 年 0.30 公斤 / 株。第 2 次抚育在幼树营养生长前期即 9 月下旬至 10 月上旬进行，方法是栽植穴四周块状松土，并逐年扩穴松土，一般 3~4 年生幼林即可郁闭。如有病虫害发生，应及时防治。

③ 幼林整枝与间伐。湿地松幼林郁闭后，树高、胸径生长相继迅速加快，自然整枝也开始发生；随着树龄增长，林分逐渐出现分化现象，这时应及时进行修枝和间伐。

修枝。通过修枝可调节林冠密度，使树木光合作用正常进行，促进干材生长。5~10 年生湿地松树冠应占树高的 2/3~3/4，10 年生以后树冠约占树高的 1/2。

间伐。间伐的目的是为了调节林分密度，使林分能保持正常的生长发育。间伐起始期即首次间伐时间，应视林分分化程度和林分生长量而定。一般林分出现分化现象，但林分生长量仍比较大（胸径和树高年均生长量在 0.8 厘米和 0.7 米以上），间伐时间可推迟一点。首次间伐时间不小于 10 年生，间伐强度 25%，首次间伐后林分郁闭度在 0.8 左）以后也小于 0.6-0.7，两次间伐相隔时间不小于 5 年。

2. 舟山海岛困难地造林综合配套技术

海岛作为海洋的重要组成部分，在海洋生态系统中起着极其重要的作用；海岛蕴藏着丰富的自然资源，在海洋的可持续发展战略中也有着重要的地位。同时，与陆地相比，海岛环境独特、生态条件严酷、植被种类贫乏、优势种相对明显、生态环境脆弱，极易受到破坏，且破坏后很难恢复。近年来，随着海岛开发利用以及全球气候异常带来的自然灾害，加速了对海岛生态环境的破坏，一些海岛生态失衡严重。因此，对被破坏海岛进行生态修复，对于保护海岛、合理利用海岛，促进海岛可持续发展具有十分重要的意义。

但由于海岛具有与陆地明显不同的资源环境特征与自然生态系统，对其进行生态修复比较困难。海岛困难地造林亦是一种重要的生物生态修复。根据近年来的研究成果，总结海岛困难地造林综合配套技术如下：

（1）海岛困难地防护林容器苗培育技术。海岛困难地防护林苗木需选择适宜的乡土树种，进行容器苗培育。具体技术措施主要为：①在海岛困难地防护林造林树种选择上，比较适合的海岛乡土常绿树种为普陀樟和红楠。②在容器苗培育基质选择上，在舟山地区采用黄心土、泥炭、猪粪等 3.5：3.5：2，另加 2% 过磷酸钙为适宜，经过高温发酵，并在移栽前每立方加 2~3 公斤缓释肥来保证苗木生长期的肥料需要的基质配比方式最适用于实际生产。③在培育一年生容器苗时，采用电温系统育苗可比常规育苗提前 2 个月左右，苗木质量基本和常规育苗相同。④在培育二年生容器苗时，宜采用 15 厘米 ×13 厘米规格营养钵，相对于 12 厘米 ×10 厘米规格营养钵可减少被挤压苗，提高苗木质量并减少不必要的损失。⑤在培育三年生容器苗时，可采用二年生壮苗移栽直径 20 厘米规格控根容器中采用滴灌给水继续培育，相对于常规营养钵和大田育苗，苗木的地径和苗高均有较大提高。

（2）海岛困难地造林技术。

① 基岩质海岸（临海一面坡）造林技术。海岛自然条件恶劣,可各山坡落叶乔灌木较多,造林时留防风带进行带状清理，块状挖鱼鳞坑，采用上述选择出来的树种造林。乡土常绿树种用口径 15 厘米左右容器的两年或一年半生容器苗靠壁，再在容器苗周围放 15 克左右颗粒保水剂、100 克复合肥，再覆土压实种植。用裸根苗造林的，在起苗时用保水剂加生根粉浸蘸，种植时再放入颗粒保水剂来提高造林成活率。抚育管理，新造的常绿阔叶树夏季可留草遮荫降温，有条件的进行割草覆盖，第一年抚育要放在秋季，第二年在早春和秋季进行二次施肥除草。

② 海滨沙滩造林技术。荒滩先造木麻黄、黑松等耐干旱树种，立地条件改善后可营造落叶阔叶树，有条件地方可适当套种常绿阔叶树。沙滩造林要挖大穴填客土施基肥，用容器苗放 10~30 克保水剂种植。树根覆草压沙减少水份蒸发、降低地温，及时进行浇水抗旱。荒滩用 30 厘米 ×30 厘米间距进行嵌草，可减少沙土流失，有利于保水、保土、保肥。

③ 盐质泥岸造林技术。中、重盐碱地造林，应用当地盐碱地培育的带土球苗木；整地采用深沟高畦，来洗盐和降低地下水位；造林后每年抚育 2~4 次，出梅时和秋季杂草结籽前一定要进行抚育管理；在 pH 值高的盐碱地中种植的樟科树种出现黄化时，可选用 0.5% 无机铁，每隔 7 天叶面喷施一次，重复 3~4 次防治。

（3）抚育管理技术。

① 基岩质海岸（临海一面坡）抚育管理。岩质海岸（临海一面坡）风大、土壤干燥瘠薄，山坡困难地造林都采用带状林地清理，定点挖穴造林方法，而营造的常绿阔叶乡土树种用常规的入伏前抚育办法，不利于苗木生长。从综合因素考虑，新造林地第一年抚育要放在秋季，第二年在早春和秋季进行二次以施肥除草为主抚育管理。

② 海滨沙滩抚育管理。沙地造林抚育工作主要压沙降温，有条件浇水抗旱是最有效的措施。项目组在岱山后沙洋造林中，对空地进行 30 厘米 ×30 厘米间距嵌草减少沙土流失，树根覆草压沙减少水分蒸发、降低地温，起到了较好效果。

③ 盐质泥岸抚育管理。盐质泥岸造林抚育工作主要是松土除草,造林后每年抚育 2~4 次，第一次抚育要在出梅时及时进行除草松土，并把削除的杂草覆盖在树根四周，起保湿降温

作用。松土在雨后进行，可切断土壤毛细管，提高抗旱能力。秋季在杂草结籽前一定要进行一次抚育管理，以减少翌年杂草。在 pH 值较高盐碱土中种植的红楠会出现黄化现象，根据项目组用 0.5% 无机铁和 0.2% 络合铁浇根和叶面喷施，除 0.5% 无机铁浇根处理外，其他处理均有显著差异，而叶面喷施效果明显高于浇根，络合铁比无机铁防治效果更显著，但络合铁价格贵，大面积防治可选用无机铁，每隔 7 天喷一次，重复 3~4 次。

四、沿海防护林体系优化模式配置

沿海防护林体系建设是一项"绿色持续发展的系统工程"，其组成和结构决定了系统的功能和效益。加强树种空间配置和林分结构优化是进一步提升和改善沿海防护林功能的关键所在。

（一）沿海防护林体系的林种配置

我国沿海防护林体系是由防风固沙林、水土保持林、水源涵养林、农田防护林等多林种组成的综合体，它是由消浪林带、海岸基干林带、内陆纵深防护林带构成的系统工程。

1. 海岸基干林带

海岸基干林带是沿海防护林体系的第一道防线，沙质海岸和泥质海岸以建防护林带为主，岩质海岸以营造人工片林为主。林带宽度一般在 100~200 米。沙质海岸防护林带建设目的是为了防风固沙、防止海风长驱直入并阻隔流沙移动。为防止风沙危害，营造成单条林带，宽度一般要求在 50 米以上。营造成 2 条以上林带，防护效果更佳，第一条林带要求 30 米以上，第二、三条林带宽 10~20 米，带间距 100~150 米较适宜。海岸沙滩因质地粗透水性强、持水力差、比较干燥。必须选择根系发达、抗风力强的树种，如木麻黄、相思树等。泥质海岸在其淡水资源较好的地区，通过人工围堤以及淋盐养淡，大多已垦殖利用，成为农耕区，海岸林带建设可以同农田防护林建设结合起来规划。海岸林带一般均沿海堤规划，带宽 10 米左右便可。

2. 防风固沙林

我国沙质海岸带占沿海地区总面积的 59%。海岸基干林带后受海潮和风力影响，常形成宽度不等的海积、风积沙土，有的沙垅深入内地达 10 余公里，形成各种流动、半流动沙地和固定沙地。防风固沙林是根据沙质海岸带历年来受风沙灾害严重，为减轻和消除风沙危害而设置的人工林。通过大面积防风固沙林的营造对改良土壤、调节气候、促进和保证农业生产起到了重要的作用。如福建省平潭县历史上有"一夜大风，沙埋十八村"的记载，农业无法正常生产，自营造 2000 公顷木麻黄为主的防风固沙林后，不仅使粮食增产，还扩大 1300 公顷耕地。

3. 农田防护林

农田防护林为海岸带的第二道防线，不仅具有进一步减弱强风暴的防御功能，更重要的是对调节气候、改善生态环境具有重要作用。农田防护林多呈方格网状，由主林带和副林带组成。主林带和主害风向垂直，以疏透结构为主；副林带与主林带垂直，通常采用通风结构。一般在暖温带沿海地区，农田防护林网格面积在 10~13 公顷左右，亚热带沿海地区在 6.6~10 公顷，南亚热带和热带为 3.3~6.6 公顷。通过农田防护林网的建设，不仅对农业的稳产增产起到了重要的保证，同时为沿海地区发展经济林和经济作物创造了有利的条件。

4. 防浪林

防浪林是在潮间带或潮上带的盐渍滩涂上造林种草，以消浪、促淤、造陆和护堤为目的的一个特殊林种。适宜在盐渍滩涂上生长的耐盐、耐湿、耐瘠薄的树种或草本，可用于营造消浪林。我国热带和亚热带地区主要有红树林、水松林，暖温带则以桂柳林、大米草为主。防浪林的宽度一般均在数百米至千余米以上，具体宽度根据海岸线以下适宜造林种草的宽度和消浪护堤的需要而定，如温带海岸地区典型设计是自海堤向海营造 2 条以上，宽 50~150 米的桂柳林带，带间距 100~200 米，带间分布白茅、芦苇、芒、大穗结缕草等自生群落或人工导入大米草人工群落。红树林主要分布于广东、海南、广西、福建和台湾，在海岸线以下常出现一道 1~5 公里的红树林带；水松林主要分布于广东省新会、斗门等地。

5. 水土保持林、水源涵养林

沿海地区多为丘陵、山地，水土冲刷较为严重，据统计平均每年每水土流失面积约 3000 吨 / 平方公里。因此，加快沿海山丘垂直绿化建设，营造水土保持林，增加森林植被覆盖率，可调节地表径流，防止土壤侵蚀。水源涵养林以涵蓄降水、调节流量为主要目的，最好是阔叶树种混交或针阔叶树种混交、阴阳性树种混交、乔灌木混交、深根性与浅根性树种混交所组成的复层混交林。水源涵养林在经营中，不得大面积皆伐，并应采取各种有效措施，以维护和增强其涵养水源、调节流量的作用。

（二）沿海防护林体系的优化模式配置

以水土保持林、水源涵养林为主的综合防护林体系的配置，是以防治土壤侵蚀，提高水源涵养能力，改善生态环境，保障农业稳定高产为目的。所以，防护林体系的配置与布局，必须从当地的自然生态平衡来考虑，根据当地水土流失防护目的要求和发展林业生产的需要，进行全面规划，精心设计，合理布局，在规划中要做到因地制宜，因害设防，将生物措施与工程措施紧密地结合起来，要把眼前利益和长远利益结合起来，做到长短结合，以短养长。

1. 北方泥质海岸防护林农林复合经营模式

通过对北方泥质海岸防护林农林复合经营模式对盐渍土壤养分、土壤微生物、土壤物理性质、树木生长指标及脱盐效果的长期定位观测，初步筛选出适合北方泥质海岸防护林林农复合经营模式 5 种。

（1）107 杨 +NAPA 盐草模式：株距 3.0~4.0 米，行距 15~20 米，每亩栽植 8~15 株。通过本模式建设，区域的生态环境明显改善，土壤结构趋向良好，土壤含盐量下降 0.1%~0.2%，地下水矿化度下降 3~6 克 / 升；造林成活率提高 10%~15%，树木生长量显著提高；10 年生 107 杨和辽宁杨的平均胸径达到 26 厘米。

（2）枣粮间作滨海盐碱地土壤改良模式：选择以矮秆、耐阴、生长期短，需肥、水高峰与枣树交错，且与枣树无共同病虫害的作物为宜，株距 3.0~4.0 米，行距 15~20 米，每亩栽植 8~15 株。枣粮间作是一种集经济效益、社会效益、生态效益于一体的先进的盐碱地区农作方式，实地测产表明，平均亩产小麦约 260 公斤左右；大豆约 150 公斤；产干枣 32.6 公斤，每亩纯收入是纯粮田的 2 倍以上，对于改善区域生态环境也有良好作用。

（3）滨海大堤重盐土柽柳＋枸杞混交林模式：株距 1.0~1.5 米，行距 1.5~2.0 米，采取行混或株混方式，栽植 3 年后，林地完全郁闭，6 年后，造林地土壤含盐量下降了 55%，具有明显的降盐改土和护坡作用。10 年后，树高可达到 5~7 米高，林已形成规模，具有防风效应，林带背风处 5 倍树高内风速较空旷地降低 44%。

（4）苏打盐渍土沙枣＋绒毛白蜡＋刺槐混交林模式：株行距为 2 米 ×2 米，绒毛白蜡与非豆科和豆科固氮树种混交，可以显著提高土壤的肥力，降低土壤盐分和 pH 值，改善土壤的物理性质，减少水土流失，并且在 3~5 年成林，起到应有的抵御海风海煞的作用。成林后 1 倍树高内风速较空旷地降低 53%，土壤含盐量降低了 50%。

（5）中度盐碱地林粮、林草混交模式：株行距 2 米 ×4 米。在两行杨树之间种植田菁和苜蓿等耐盐牧草，并于秋季用机犁埋压于树下，牧草埋于地下可培肥地力，增加土壤有机质，改善土壤物理化学性质，促进林木生长。9 年后杨树树高可达 20 米，平均胸径大 18 厘米。受林带保护的水稻田亩产可达 1200 公斤。林带风速减低率达到 34.92%~41.27%。林带内空气湿度与林带外相比增加了 20%，地表温度较林外增加 1.5℃。

2. 长江口泥质海岸多树种基干林带配置技术

针对长三角地区沿海基干林带树种单一，结构简单，防护功能不强的现状，开展了大量的模拟和田间试验及生理生态特征分析，初步筛选出一批耐盐碱、耐水湿的优生树种。根据树种生长特性，进行合理配置，优化林分层次结构，如中山杉＋洋白蜡＋红叶椿＋女贞＋夹竹桃，水杉（杨树）＋红叶石楠＋蚊母＋海桐＋栀子等模式。形成常绿落叶混交、针阔混交、乔灌复合的多树种基干林带，不仅改良了土壤，提高了林分的稳定性和生态防护效益，也有很好的景观效果，而且部分耐盐果树的引进还可带来一定经济效益。

3. 东南沿海防护林主要配置模式

选取生态防护价值、经济价值、社会价值 3 大类 8 个指标，建立评价指标体系，运用层次分析的方法对东南沿海木麻黄防护林基干林带后沿沙地现有防护林体系主要配置模式的综合效益进行分析，结果表明，各配置模式的综合效益排序为：木麻黄与相思类混交（D1）＞林果（柑橘、龙眼、番石榴）复合经营（D6）＞木麻黄与多树种混交（D4）＞木麻黄与桉树类混交（D2）＞木麻黄与其他树种混交（D5）＞木麻黄与灌木（D7）混交＞麻黄与松树类混交（D3）。优化后各配置模式（表 4-19）的比例结构为：22%、17%、8%、16%、12%、17%、9%，分析结果比较客观地反映了各种配置模式的现状。

福建省林科院通过多年试验研究，总结出一套沙质海岸中小尺度纵深防御型防护林构建配套技术优化模式（表 4-20）。

表 4-19　优化后各种配置模式

混交模式	配置树种
木麻黄与相思类混交（D1）	厚荚相思、大叶相思、马占相思、直干大叶相思、纹荚相思、毛娟相思、肯氏相思等
木麻黄与桉树类混交（D2）	巨尾桉、柠檬桉、刚果 12 号桉等
木麻黄与松树类混交（D3）	湿地松、火炬松、卵果松、加勒比松等
多树种混交（D4）	木麻黄与相思、桉树、松树 2 种以上混交或林下套种
木麻黄与其他树种混交（D5）	乌墨、池杉、竹类等
林果复合经营（D6）	柑橘、龙眼等
木麻黄与灌木类混交（D7）	红花夹竹桃、潺槁树等乡土适生灌木树种

表 4-20　福建沙质海岸带纵深防御型沿海防护林配套技术优化模式

项目	配套技术具体模式			
	风口沙荒地	基干林带	农田林带	后沿片林
造林树种	木麻黄抗 8 无性系、60 号及 66 号家系	木麻黄无性系 A13 和平 2、尾细桉 Y24 和甘氏、粗皮桉、巨桉、厚荚相思、湿地松	木麻黄无性系 A13、粤 501、平 2	木麻黄无性系 A13、粤 501、平 2、柠檬桉、湿地松、厚荚相思等
苗木规格	1-2 年生 I 级苗木，高 50 厘米以上，健壮木麻黄容器苗	1 年生 I、II 级苗木，高 50 厘米左右，健壮容器苗木		
造林措施	挖大穴（穴规格 50 厘米 ×50 厘米 ×50 厘米），下客土（20 公斤 / 穴），施少量过磷酸钙和保水剂，雨天深栽。设置简易风障削风阻沙	挖中大穴整地（穴规格 40 厘米 ×40 厘米 ×40 厘米或 50 厘米 ×50 厘米），下客土（15 公斤 / 穴），施少量过磷酸钙和、雨天深栽。		
造林密度	10000 株 / 公顷	2500 株 / 公顷	2500 株 / 公顷	2500 株 / 公顷
更新方式		强风区宽矮林带隔带、窄林带林下套种、弱风区块状	块状	块状
林带结构		疏透	疏透	疏透
配置模式	木麻黄纯林	木麻黄纯林、木麻黄厚荚相思混交林、木麻黄湿地松混交林、林下套种厚荚相思复层林	木麻黄纯林	木麻黄纯林、木麻黄柠檬桉混交林、木麻黄厚荚相思混交林、湿地松纯林、厚荚相思纯林

4. 海岛困难地防护林主要配置模式

通过防护林生长、生态效益分析研究，配置了 4 种海岛困难地防护林优化结构模式：生态景观型混交模式——湿地松 × 木荷、湿地松 × 小叶青冈、生态经济型混交模式——普陀

樟 × 杨梅等，及其他阔 × 阔混交模式。

生态景观型混交模式—湿地松 +（木荷）、生态型常绿落叶针阔叶混交模式—湿地松 + 小叶青冈，特点是通过引入水土保持效益好的常绿或落叶阔叶树种，改善以往的水土保持、水源涵养效益差的针叶纯林林分层次结构，提高防护林的综合效益。由于树种之间的相互作用，更能有效地发挥种间的互补效应和协调促进的有益影响，促进林分生长和提高森林质量，收到良好的造林效果。但须注意混交比例的调配，并在林分生育过程中根据种间关系的发展变化，采取各种有效措施适时进行调节，保证混交林分的顺利生长。

生态经济型混交模式—普陀樟 + 杨梅，特点是充分利用现有防护林地，通过引入经济价值高、水土保持效果好的树种，并利用杨梅改良土壤、增加林分固土防蚀作用，改善林分层次结构，提高防护林的综合效益和农民群众的造林积极性，并增加直接经济收入。

5. 沿海防护林体系优化模式

经过多年研究，提出优化模式配置 13 种。其中包括泥质海岸 5 种，沙质海岸 4 种，基岩质海岸 4 种（表 4-21）。

表 4-21　沿海防护林优化混交模式体系

防护类型	编号	模式	关键技术	防护功能
泥质海岸防护林（以防风护田，抗潮护堤，配合水土措施治理旱、涝、盐、碱为主要目的）	1	杨树 + 刺槐、杨树 + 紫穗槐混交	轻盐碱地，开沟、筑台（垄、垛），排水降盐，选用耐盐抗风树种，实行混交造林	造林成活率及保存率均达到 80% 以上。混交林全盐量比纯林多降低了 1.8 克 / 公斤，pH 值多降低了 1.46 个单位。混交比纯林高增长 9.4%~38.9%，地径增长 5.9%~45.8%。1~5H 区域内风速降低程度最大，降低幅度为 39.48%~56.71%。而在 10~20H 区域内风速降低程度相对较小，风速降低约 8.45%~17.45%。本模式林带有效防护距离为 20H
	2	绒毛白蜡 + 紫穗槐、绒毛白蜡 + 沙枣混交	在苏打盐渍土，进行立地—植物群落分类，施用有机肥或磷肥等土壤改良措施	
	3	绒毛白蜡 + 刺槐、小胡杨 + 刺槐、小胡杨 + 紫穗槐混交	中盐碱地，开沟、筑台（垄、垛），排水降盐，选用耐盐抗风树种，实行混交造林	
	4	柽柳 + 枸杞、柽柳 + 白刺效果混交	重盐碱地，采取开深沟、筑土垛、穴施有机肥、带土苗或容器苗栽种和地面覆盖等技术措施	
	5	杨草（107 杨 + 苜蓿、107 杨 +NAPA 盐草）、白蜡 + 盐草等农林复合经营模式	造林苗木均采用 2~3 年生壮苗，造林密度为 2 米 ×2 米，采取大坑客土，根系蘸泥浆、根系蘸生根粉等技术措施	

（续）

防护类型	编号	模式	关键技术	防护功能
沙质海岸防护林（以治理风沙、海潮和水土流失危害为主要目标）	6	木麻黄 + 相思混交林	挖大穴整地、下客土和磷肥、容器苗雨天深栽的技术措施和团状、篱状等造林方式。木麻黄防护林林龄超过 30 年后，防护能力下降，要进行改造更新	林后风速较林前减弱可达 22%。要发挥木麻黄基干林带的防风效能，宽度不应小于 40 米。确定木麻黄基干林带最佳结构的技术参数为：林带密度控制在 1755~2505 株 / 公顷，林带枝下高 2.0~4.0 米
	7	木麻黄 + 湿地松混交林		
	8	黑松 + 麻栋混交林	采用容器苗、高分子吸水剂、深栽客土、根基覆盖（覆草十膜、覆草）、设防沙障等困难沙地抗旱造林和绿肥压青、施用有机肥等痔薄沙地土壤改良新技术	提高造林成活率 10%~30%，林木保存率达 85% 以上；具有较强生态功能，在改良土壤、涵养水源和调节小气候等方面均明显优于黑松纯林，是滨海沙地造林理想结构模式
	9	黑松 + 刺槐混交林		
岩质海岸防护林（以控制水土流失，涵养水源、美化、绿化景区、海岛为主要目的）	10	常绿阔叶混交模式红楠 + 普陀樟（或木荷）	株行距 2 米 ×2 米，大穴整地，根系蘸生根粉和高分子保水剂等技术措施	土壤含水率比对照提高 17.94%，土壤侵蚀模数比对照削减 39.97%，造林成活率普遍达到 80% 以上，较常规造林提高近 30% 左右
	11	常绿落叶阔叶混交模式红楠 + 黄连木（枫香）		
	12	生态经济型防护林模式 I枫香（或普陀樟）+ 杨梅	株行距 2 米 ×2 米，大穴整地，根系蘸生根粉和高分子保水剂等技术措施，混交比例 1:4	土壤含水率比对照提高 17.94%土壤侵蚀模数比对照削减 43.71%，特点是充分利用现有防护林地，通过引入经济价值高，水土保持效果高的树种，改善林分层次结构，提高防护林的综合效益，增加农民群众的造林积极性和经济收入
	13	生态经济型防护林模式 II枫香 + 板栗		

五、沿海防护林的技术效果

沿海防护林体系在防风固沙、保持水土等方面的作用十分显著，开展其防护效益的监测是进行防护林计量评价的重要依据，也能为制定、实施沿海防护林管理措施提供重要的决策支持。本章依据研究监测成果，对沿海防护林的相关效益进行评价，以期为沿海防护林体系的合理布局与可持续经营提供科学依据。

（一）沿海防护林的防风固沙效能

台风、风暴潮、风沙等是沿海地区的主要自然灾害，沿海防护林的抗风沙能力，是防御海岸带自然灾害、改善生态环境的重要体现。国外众多沿海地区均很重视防护林带的建设，尤其是营造防风固沙林来满足农业发展的需要；国内也进行了沿海防护林防风固沙功能的大量研究。叶功富等试验表明，木麻黄防护林可抵抗季风对作物的侵害，林带背风面 5 倍树高处的风速平均减退 65.7%，15 倍树高处减弱 44.7%。康立新等从区域性防风效应、蒸发效应和温湿效应方面进行了研究，结果表明沿海防护林体系可以明显降低区域内的风速，其降低值占相应月平均风速值的 14%~18%；对苏北沿海林网 1H 高度上防风效应值的实际计算表明：林网冬季使风力减弱 15.5%，夏季使风力减弱 42.3%，林网的防风效能为 15%~45%，风力越大，被林网削弱的程度也就越大。我们以木麻黄为主的防护林和林带防护效益监测与评价为例。

以福建东山县木麻黄为主的防护林和林带后农田防护林为对象，研究了不同类型防护林的结构特征与防风效能，进行定量评价，获得显著进展。

（1）木麻黄与湿地松、厚荚相思、刚果桉等树种混交有利于提高其防护效能。其中木麻黄与厚荚相思混交比例为 1∶4、木麻黄和湿地松混交比例为 1∶3 的林带防风效果较好；木麻黄与湿地松、厚荚相思混交形成的复层林比木麻黄单层林带后 20H 范围内风速平均降幅多 3.3 个百分点。

（2）木麻黄防护林林龄年龄超过 30 年后，防护能力下降，37 年生林分防风效能仅为 32.2%，比 30 年生木麻黄林分下降 16.6%，甚至比处于生长期林龄为三年的幼林防风效果还低 4.4%。说明林龄为 37 年的木麻黄防护林已处于衰退阶段。

（3）林带宽度是组成林带结构的因子之一，对宽度为 0.5H、0.5~1H、1~2H 三种主林带防风效能观测的结果表明：三种林带带后 20H 范围内的最低风速均为 45% 左右，且出现在带后 3~4H。在疏透度和生长状况相近时，增加林带宽度，防风效能略有下降。

（4）林带高度影响林带的防风效能，对平均树高为 6.2 米、8.5 米和 11 米的三条林带研究结果表明：林带高度增加，能提高林带的防风效能，且林带防护距离的绝对值的增大与树高的增加成正比，而相对值则变化不大。

（5）主林带间距不同，林带的连续防风效应有差异。对 150 米 ×100 米、200 米 ×150 米和 80 米 ×150 米三种不同规格的林网内风速变化研究表明：主林带间距小的林带防风效能较高，150 米 ×100 米和 80 米 ×150 米林网带后防护效能分别比 200 米 ×150 米的高 12.5 和 2.1 个百分点。

（6）对同一条林带风速大小不同时的防风效能研究表明：风速增大，则林带的防风效能增加，风速从 4.5 米 / 秒增大到 10.6 米 / 秒，带后 20H 范围内平均防风效能从 9.8% 增大到 55.1%。

（7）海岸林带、林网对改善当地生态环境十分有益，秋冬季节平均可降低林带背风面距地面 0.5 米和 1.5 米的气温 0.84℃和 1.68℃；平均相对湿度可增加 2.4%，可有效的帮助农田林网内作物越冬、生长和防止冻害发生。

（8）运用数量化理论 I 得到的沿海木麻黄基干林带防风效能预测方程可很好地预测其防风效能，精度较高。影响木麻黄基干林带防风效能的主要因子为冠幅、胸径和树高，地貌类型和林分密度也对基干林带的防风效能有一定的影响，而枝下高和林带宽度对基干林带的防风效能的影响较小。建议在营建木麻黄基干林带和划分基干林带的保护范围时，基干林带的宽度不应小于 40 米。

（9）根据因地制宜的原则和提高林带防护效能的要求，分别设计出滨海前沿基干林带的单层林与复层林经营，后沿沙地的纯林与混交造林等木麻黄防护林经营模式的优化配置和农田防护林网优化配置方案，包括：树种组成、配置方式、初植密度、调整技术等技术环节和防风效能指标，可供东南沿海防护林营造实践中参考和推广应用。

（二）沿海防护林涵养水源的功能

1. 沿海防护林对土壤水分物理性质的影响

齐清等对山东省日照沙质海岸防护林不同植被类型涵养水源的功能进行测定，结果表明（表4-22）不同类型群落土壤的物理性状差异明显。5种植被群落类型的土壤均以0.05~1毫米的沙粒为主，上层土壤细沙含量都高于下层土壤；从草甸到黑松＋麻栎混交林，粗沙含量逐渐减少，细沙含量逐渐增加，其中黑松＋麻栎和黑松＋刺槐的细沙含量要比草甸增加2倍以上。保水保肥性较好的粉粒土壤含量也有较大差异，土壤粉粒含量以黑松＋紫穗槐的最高，草甸最低，表明有林地尤其是混交林地具有较好的机械组成。除土壤容重外，有林地的土壤孔隙度、饱和持水量、贮水总量均明显高于草甸。在有林地中，其各项指标均表现为黑松＋紫穗槐＞黑松＋刺槐＞黑松＋麻栎＞黑松纯林，上下层土壤亦表现出同样的趋势。5种群落类型的粉沙含量、总孔隙度、饱和持水量差异显著。可见不同类型群落林地土壤的物理性质以黑松紫穗槐混交林最佳，黑松、刺槐和黑松麻栎混交林次之，在有林地中黑松纯林最差，但好于草甸。

表 4-22　不同类型群落的土壤水分物理性质

植被类型	土层深度（厘米）	土壤容重（克/立方厘米）	总孔隙度（%）	毛管孔隙度（%）	非毛管孔隙度	毛管持水量	饱和持水量	0~40厘米贮水总量（吨/公顷）
草甸	0~20	1.75	32.51	28.86	3.65	16.96	12.59	1404
	20~40	1.48	37.67	29.68	7.99	20.03	25.41	
黑松紫穗槐混交林	0~20	1.25	50.80	33.92	16.88	27.08	40.58	1959
	20~40	1.45	47.14	43.33	3.81	29.82	32.44	
黑松纯林	0~20	1.37	41.96	29.36	12.60	21.36	30.52	1627
	20~40	1.39	39.41	21.01	18.40	15.14	28.40	
黑松刺槐混交林	0~20	1.31	42.66	32.17	10.49	24.51	32.91	1739
	20~40	1.38	44.28	38.11	6.17	27.66	32.14	
黑松麻栎混交林	0~20	1.37	44.43	34.76	9.67	25.38	32.43	1684
	20~40	1.38	39.78	30.88	8.89	22.30	28.82	

2. 沿海防护林对土壤渗透性能的影响

由于树木对改良土壤作用，与草甸相比，有林地表层土壤的毛管孔隙和非毛管孔隙都得到了增加，这就使得水分能够快速下渗，大大提高了土壤表层的渗透能力。从图4-11测定结果表明，土壤稳渗速率，以黑松＋麻栎混交林最大，达到14.29毫米/分钟，是草甸的7倍多，黑松＋紫穗槐和黑松＋刺槐的次之，黑松纯林最差（8.93毫米/分钟），但显著高于草甸。下层土壤则相反，黑松＋刺槐混交林下层土壤渗透速率最小，而黑松纯林的最大。这可能是刺槐较黑松改良深层土壤效果好的缘故。

在不同类型群落中，有林地上层土壤的渗透性能高于草甸，但下层土壤的渗透性能低

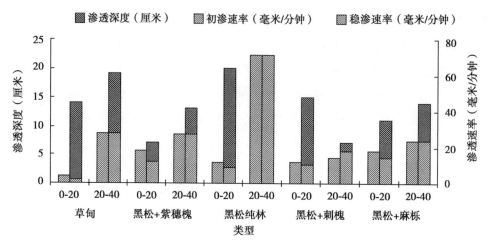

图 4-11　不同类型群落林地土壤的渗透性

于草甸。在有林地中，上层土壤的渗透性以黑松＋麻栎混交林最好，黑松＋紫穗槐混交林和黑松＋刺槐混交林次之，黑松纯林最差；而下层土壤的渗透性以黑松＋刺槐的最好，黑松＋麻栎、黑松＋紫穗槐的次之，黑松纯林最差；这说明混交群落有良好的土壤结构，能有效地阻止水分在下层土壤的快速下渗，具有良好的保水性。

3. 沿海防护林对土壤贮水能力的影响

土壤是水分贮存的主要场所，其贮水能力常以土壤的贮水总量为表征，是反映森林涵养水源能力的一个重要指标。土壤毛管孔隙和非毛管孔隙的增加，都可以提高土壤的贮水能力。比较土壤贮水总量（表4-23）看出，有林地都明显高于草甸，这说明有林地土壤的贮水能力强于草甸。在有林地中，土壤的贮水总量差异也存在较大差异。黑松紫穗槐混交林由于枯枝落叶量和细根量大，每年归还土壤的有机质多，使土壤的物理结构得到改良，因而土壤的贮水总量大（1959 吨／公顷）；黑松麻栎混交林和黑松刺槐混交林次之；黑松纯林（1627 吨／公顷）较差，比黑松紫穗槐混交林低 332 吨／公顷。不同类型群落中有林地土壤的贮水能力显著优于草甸。在有林地中，黑松紫穗槐混交林的土壤贮水能力最强，黑松麻栎混交林和黑松刺槐混交林次之，黑松纯林最差。

表 4-23　不同类型群落枯落物的持水能力

植被类型	枯落物层	厚度（厘米）	贮量（吨／公顷）	含水量（％）	最大持水率（％）	饱和持水率（吨／公顷）
草甸	A	0.5	2.40	33.33	166.67	2.50
	A0+A00	0.5	7.50	41.67	172.50	6.90
黑松紫穗槐混交林	A	0.2	2.50	44.51	157.23	2.72
	A0+A00	0.4	5.75	45.57	216.46	8.55
黑松纯林	A	1	2.55	70.00	400.00	6.00
	A0+A00	1.9	11.25	127.38	411.67	16.15
黑松刺槐混交林	A	1.5	6.00	15.12	192.32	10.02
	A0+A00	2.5	23.50	58.14	223.62	33.40
黑松麻栎混交林	A	2	3.00	50.00	295.00	5.90
	A0+A00	5.5	45.50	14.29	89.52	9.40

4. 沿海防护林对枯落物持水能力的影响

枯落物除了防止降雨对土壤表面的击溅，增加土壤有机质外，具有很大的吸水能力和透水性，对水源涵养起着一定的作用，因而枯落物持水量是评价植被水源涵养功能的一个重要指标。其吸持水分的能力与枯落物的性质和蓄积量有很大关系。黑松麻栎的枯落物蓄积量最大，为29.50吨/公顷；黑松刺槐混交林次之，为13.80吨/公顷，其中黑松麻栎的枯落物蓄积量比黑松纯林和草甸分别高258%和198%，这与阔叶树种凋落物多有关。在所调查的5种植被类型中，半分解层和已分解层枯落物蓄积量全部高于未分解层，都占到总蓄积量的70%以上，其中，黑松＋刺槐和黑松＋麻栎的较高，达到了82%和80%，黑松纯林的最低为70%。

枯落物有较强的吸水能力，最大持水率都达到157.23%~411.67%。枯落物半分解层和已分解层的最大持水率都高于末分解层，高出范围在5.83%~59.23%之间，因此半分解和已分解层具有较强的吸水能力，半分解层和已分解层枯落物所占比例越大，枯落物的吸水能力越强。枯落物饱和持水量反映了林分枯落物的涵养水源能力。由观测结果，不同类型群落枯落物的饱和持水量差异较大，最大的是黑松麻栎混交林，为43.42吨/公顷；为9.4吨/公顷。总的来说，针阔棍交林由于枯落物蓄积量和持水率都较大，最小的是草甸，其持水量相对较高，黑松纯林的较低，再次为草甸。经过方差分析，各群落类型的枯落物持水量差异显著。

枯落物性质和蓄积量对水源涵养能力有一定影响。黑松紫穗槐林除外，黑松麻栎混交林的枯落物蓄积量最大，半分解和已分解比例较高，其涵养水源的能力最强，黑松纯林由于枯落物不易分解且蓄积量较小，其涵养水源的能力较弱，草甸的涵养水源能力最低。

5. 防护林土壤水源涵养能力综合评价

依据林地总蓄水量（土壤贮水总量＋枯落物饱和持水量）的大小，评价5种不同群落类型土壤水源涵养功能。黑松紫穗槐林总蓄水量最大，可达1973.97吨/公顷，黑松刺槐混交林和黑松麻栎混交林相似，总蓄水量分别为1760.95吨/公顷和1727.44吨/公顷，黑松纯林次之，为1638.60吨/公顷，草甸最差，仅为1413.04吨/公顷。方差检验证明，这5种群落类型的土壤蓄水功能差异显著。土壤的贮水量占总蓄水量的97%以上，水源涵养功能以土壤层为主。总的来说，针阔混交林群落的水源涵养功能明显好于针叶纯林，草甸最差（图4-12）。

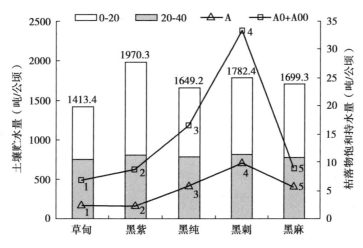

图4-12　不同类型群落的水源涵养能力

依据土壤总蓄水量（土壤贮水总量＋枯落物饱和持水量）的大小，对5种群落类型的水源涵养功能进行了综合评价，其大小顺序为黑松＋紫穗槐＞黑松十刺槐＞黑松＋麻栎＞黑松纯林＞草甸，方差分析差异显著。研究结果表明，乔灌混交林、针阔混交林群落在沙质海岸的土壤改良和涵养水源等方面都具有较强的功能。因此，建议在沿海防护林的建设中，应大力营造乔灌、针阔混交林。

（三）沿海防护林保持水土的功能

高智慧等在浙江省宁海和临海试验区分别设置地表径流小区，观测了基岩质海岸不同类型防护林保持水土的效应。

1. 降水性质对产沙量的影响

雨滴击溅和径流冲刷是导致坡面土壤侵蚀的主要动力，各地类由于地表植被覆盖情况、土壤物理化学性质不同，以及林木根系的密度和根量差异，致使土壤抗冲性、抗蚀性和渗透性的不尽相同，各地段的土壤侵蚀量间表现出较大的差异。以1999年8月份4次侵蚀性降雨的产沙量为例进行分析（表4-23）。

表4-23　各林分类型次降雨产沙量统计

降雨时间	雨量(毫米)	平均雨强（毫米/小时）	产沙量（吨/平方公里）			
			对照区	杨梅、桃形李林	湿地松林	日本扁柏林
1999.08.14	44.0	4.0	8.35	5.24	3.14	2.95
1999.08.20	27.0	1.80	1.30	1.87	1.19	0.69
1999.08.24	40.0	2.70	8.16	4.84	2.98	2.57
1999.08.30	15.50	1.05	1.40	1.10	0.76	0.78

由表4-23可以看出，各防护林类型林地次降雨产沙量随着雨量和雨强的增大而增加。就同一场降水而言，林地的减沙能力明显较裸地为强。各地段土壤侵蚀量由大到小排序依次为对照区＞杨梅、桃形李混交林林地＞湿地松林地＞日本扁柏林地。

2. 各防护林类型土壤侵蚀量年际变化

由于年际间的降水量和降水性质的不同，致使同一地段不同年份间的土壤侵蚀量存在较大差异。表4-24给出了我国亚热带岩质海岸主要防护林类型不同年度间的土壤侵蚀量。可以看出，1999年的土壤侵蚀量较1995年的低，各地类土壤侵蚀量减少值日本扁柏林为47.82吨/平方公里，湿地松林为44.63吨/平方公里，杨梅、湿地松混交林为22.76吨/平方公里。其减沙率分别为62.45%、58.28%、29.72%。1995年林地的平均减沙率为40.18%，而1999年则为50.15%。表明随着林分年龄的增大和郁闭度的提高，林分的防蚀效应进一步增强。

3. 不同植被类型的减沙效应

土壤侵蚀量除与降水特性有关外，还与植被类型有关。郁闭状况好的林分，能大大降低坡面土壤侵蚀量，表4-25给出了不同土地利用类型的降水土壤侵蚀量。从中看出，亚热带岩质海岸不同植被类型的侵蚀模数比对照平均削减39.29%。宁海试验区不同植被类型的侵蚀模数比对照平均削减40.08%，对削减率的排序依次为：日本扁柏纯林＞杨梅×桃形李

表 4-24　不同年份的土壤侵蚀量统计

林分类型	1995 年（4~10 月）		1999 年（4~10 月）	
	土壤侵蚀量(吨/平方公里)	减沙率（%）	土壤侵蚀量(吨/平方公里)	减沙率（%）
对照区	99.15	-	7657	-
杨梅、桃形李林	66.06	35.41	53.81	29.72
湿地松林	55.81	43.71	31.94	58.28
日本扁柏林	37.34	62.24	28.73	62.45
平均值	59	40.08	47.17	50.15

注：1995 年降水量为 1122.7 毫米，1999 年降水量为 1208.4 毫米。

表 4-25　不同植被类型土壤侵蚀量比较

植被类型	宁海试验区		临海试验区	
	流失量(吨/平方公里)	流失量削减率（%）	流失量(吨/平方公里)	流失量削减率（%）
湿地松 × 板栗	80.36	18.95	/	/
湿地松 × 木荷	59.52	39.97	89.64	34.19
湿地松纯林	64.04	35.41	77.93	42.79
日本扁柏纯林	37.34	62.24	/	/
杨梅 × 桃形李	55.81	43.71	/	/
荒草坡	99.15	/	136.22	/
平均	59.41	40.08	83.79	38.49

> 湿地松 × 木荷 > 湿地松纯林 > 湿地松 × 板栗。由于林木处在幼龄阶段（4 年生），林木混交与否对侵蚀模数的影响较小。

第三节　京九铁路沿线森林生态建设

　　京九线被誉为 20 世纪我国最伟大的铁路工程之一，是我国南北重要的铁路运输大通道，是贯穿我国中东部铁路交通网的脊梁。它北起北京西站，南至香港九龙，跨越京、津、冀、鲁、豫、皖、鄂、赣、粤九个省级行政区的 98 个市县，包括同期建成的霸州至天津和麻城至武汉的两条联络线在内，全长 2553 公里。京九线建设，对于改善沿线交通运输条件，加快中部地区与环渤海、珠三角经济区的交流，对于促进我国区域经济的快速、协调和可持续发展具有重要意义。

　　京九线既是我国铁路网络中的重要干线，也是我国森林生态网络体系线的重要组成部分，其绿化建设，不仅对于保护京九铁路安全、美化京九铁路景观，而且，这条南北绿色大动脉的建设，对于沿线区域的生态、社会、经济的持续协调发展，乃至于我国森林生态网络体系结构的平衡完善及其功能的有效发挥都有着十分重要的作用。

京九铁路横贯南北，所经地区社会经济自然条件复杂多样，差异很大，本文选取了京九铁路北段—北京大兴段、中段—安徽阜阳段、以及南段—广东深圳段分别进行沿线绿化建设技术研究，以期为京九铁路沿线的森林生态网络体系建设提供示范与借鉴。

一、"京九"北段——大兴段沿线建设

"京九"铁路北段沿线选取大兴段进行示范建设，"京九"铁路北京大兴段全长40公里。大兴段内的黄村镇为大兴区政府所在地，也是北京西站始发后的第一站（黄村站），处于进出北京的南大门。因此开展大兴段沿线绿化建设，对于"京九"铁路北段平原区绿化具有较为典型的示范意义。

（一）自然条件

"京九"铁路北京大兴段位于北京市南郊。属温带大陆性季风气候，年平均气温12.1℃，7月平均气温26.0℃，1月平均气温–5.1℃，极端最高气温40.6℃，极端最低气温–27℃，无霜期为209天，年平均降水量566.4毫米，7~8月份降水量占全年降水量的65%左右。春季干旱多风，全年大于8米/秒以上的风沙日平均达23.3天，为北京地区主要风沙区之一。土壤多为河流冲积的沙壤土，主要土壤类型有轻壤质褐潮土、厚层红黄土和沙壤土等。全区地势平坦，西北高、东南低，平均海拔高度为32.5米。

（二）建设思路

根据大兴段的社会自然特点，结合段内可绿化用地状况，大兴段沿线绿化建设是以围绕景观生态型和生态经济型防护林为主体的带、网、点相结合的森林生态体系为目标。"带"是以铁路、公路、河堤两侧的景观生态型防护林为主，"网"是以农田路渠周边以生态经济型农田防护林网为主，"点"是以人口相对密集的村镇为中心的村镇四旁绿化，街心公园等绿化景点果园等为主。形成带、网、点相结合，既各有特点、各有侧重，又相互依存、相互补充，共同发挥社会公益的森林生态体系。

（三）建设技术

1. 树种选择

主要造林树种为杨树（毛白杨、I—214、沙兰杨）、柳树（苏柳、漳河柳、金丝柳、垂柳）、槐树（刺槐、槐树）、椿树（臭椿、千头椿）、元宝枫、银杏、栾树、法桐、侧柏、桧柏、白皮松、雪松、油松等，以及紫叶李、火炬树、红端木、丁香、连翘、紫薇、木槿、海棠、碧桃、月季、竹类植物等适应性较强的优良植物材料。

2. 防护林带的主要结构配置

防护林带主要包括铁路、公路以及河道两侧的绿色通道。为加大和提高通道的绿量和"绿视率"，以生态、景观和经济效益紧密结合为原则，在规划实施中，对国家级主要通道两侧各拓宽为200米，其中内侧30米宽为景观生态型永久绿化带，外侧170米宽为生态经济型产业绿化带。

（1）铁路防护林带结构配置。

① 景观生态型结构配置：带宽30米。以毛白杨3行，垂柳、火炬松、桧柏各1行组成乔灌、

针阔混交的多层次、多树种防护林结构配置模式。

②生态经济型结构配置：带宽 170 米，以营造杨树速生丰产林（株行距 4 米 ×8 米）和果园（梨、桃为主）或果农间作 3 种种植模式交错配置，每种种植模式平均为 1 公里长。

（2）公路防护林带结构配置。

大兴段绿色长廊范围内共涉及 6 条国家级公路，其中京开和京津塘高速公路是进京的两条重要通道，以此为例，分述公路防护林配置模式。

①开高速公路（又称明珠大道）：长 38.1 公里、绿化面积 1016 公顷（其中 30 米宽为永久绿化带，绿化面积为 366 公顷，170 米宽为绿色产业带，绿化面积 650 公顷），是穿越大兴区区政府所在地黄村镇的一条进京的重要通道。林带不仅绿量大，而且应以人为本，绿美结合，将观赏和休闲融为一体。

景观生态型结构配置：带宽 30 米，基本格局是以一树一球一花为主。由内向外依次是观赏乔木（千头春）、花灌木（木槿、紫薇、红端木、紫叶李菜）、常绿树（侧柏、桧柏、黄杨等）组团式种植和球型，亚乔木（垂柳）、乔木（毛白杨为主）、林下种植花草等地被植物，组成乔、灌、草立体种植模式，形成内低外高梯次结构配置模式。平均每隔 500 米即建一片绿色休闲广场。

生态经济型结构配置：带宽 170 米，以营造速生丰产林、果园、苗圃（以圃代林）等 3 种种植模式，因地制宜地自然配置。

②京津塘高速公路（又称彩虹大道）：大兴区内全长 22.6 公里，为北京至天津的必经之道，绿化面积为 999.6 公顷（其中 30 米宽为永久绿化带、绿化面积 235.8 公顷，170 米宽为绿色产业带、绿化面积为 763.8 公顷，林带突出景观和色彩为主。

景观生态型结构配置：带宽 30 米，从内向外，由花灌木（红端木、紫叶李、月季花）、亚乔木（2 行金丝柳）、乔木（6 行毛白杨）组成，不仅绿量大，而且色彩浓，形成红绿分明的景观绿色通道。

生态经济型结构配置：带宽 170 米，因地制宜地发展速生丰产林 231.6 公顷，果园（葡萄）451 公顷，以圃带林的苗圃 27 公顷。

除上述两条大型高速公路外，尚有 4 条国家级公路、绿化带带宽一般为 20 米左右，分别由杨树、法桐、槐树、元宝枫、垂柳等树种组成，株间混交，林下种花灌木和沙地柏。形成一路一树的园林景观格局。

3. 田园防护林（网）主要结构配置

沿线范围内农田纵横交错的路、渠总长为 1000 公里，农田防护林网造林 1400 公顷，在大兴区属城郊结合地带。根据其特定的地理位置，农田防护林（网）建设，在防风固沙、改良土壤、保护农田的前提下，还应具有改善环境、增加经济等多种功效的目标。作为绿色长廊内的重要组成之一，农田防护林网因地制宜地采用景观生态型和生态经济型防护林结构模式为主；其配置原则是主林带以营建景观生态型防护林为主，副林带以营建生态经济型防护林为主。根据该地区的自然条件和特点，主带距平均为 200~250 米，副带距平均为 500~550 米，网格面积 10~14 公顷。

（1）景观生态型防护林带结构配置。主林带主要是防止害风为主的林带，一般由 4~6 行林带组成，第一层以高大的乔木（毛白杨或沙兰杨等）组成，第二层为亚乔层（由垂柳或元宝枫、银杏、刺槐、侧柏等），第三层是花灌木（有木槿、桧柏、紫叶李、紫穗槐等）。

（2）生态经济型防护林结构配置。此类结构林带主要以配置副林带为主，多采用用材树种和经济林木行间混交或采用单一的经济林木组成的配置模式。以 3 或 4 行林带组成，林带外侧以杨树（毛白杨等）为主，内侧种植 2~3 行经济林木（如嫁接银杏、核桃、枣树等）组成用材树种与经济林木行间混林带的下种植黄花菜或金银花。达到在时间上有长、中、短期的经济效益。在空间上有层次的结构配置模式。

4. 村镇绿化配置模式

国家确定小城镇建设的方针以后，园林进农村，城乡一体化已逐渐成为现实。人们对自然风光的认识，随着历史、文化和经济的发展而不断更新演变，由原始人神化自然、人化自然，到现代人崇尚自然，向往自然和重返自然。村镇园林化已成为把北京建设成国际一流绿色大都市不可分割的一部分。村镇作为绿色长廊的一个"点"，又处于北京郊区城乡结合地段，也属于京九铁路进入北京的一项形象建设。其村镇园林绿化包括四旁绿化、街道绿化、广场绿化、村镇公园林果片林和环村林建设等主要绿化内容。

"京九"大兴段沿线范围内在已有半壁店森林公园、野生动物森林公园基础上，大力开展城市公园，街心休闲广场建设，达到每 500 米即有一个园林绿化休闲的绿色广场。同时，加强村庄绿化，形成以街心公园为中心，以一路一树一花为辐射的基本绿化格局，如栾树紫薇路、法桐月季路、垂柳碧桃路、银杏海棠路等。将每个自然村建成一个大型的绿色板块，与周边的防护林带，农田防护林网相连接，形成一个完整的森林生态体系。

二、"京九"中段——阜阳段沿线建设

阜阳是我国重要的铁路枢纽，京九铁路穿市而过，阜阳北站是京九铁路自动化程度为之冠，也是京九线上最大的编组站。京九铁路自北向南贯穿阜阳地区境内 192 公里。

（一）自然条件

阜阳地区地处黄淮海平原南端，安徽省的西北部（东经 114°52′~116°49′，北纬 32°25′~34°04′）。阜阳市气候类型属于暖温带半湿润季风气候，年降水量 820~950 毫米；年平均气温 14.5~15℃，有效积温 5300~8500℃，无霜期 220 天左右。地形属黄淮海平原的南缘部分，全区除极少数残丘外，皆为平原，海拔一般为 15~50 米。土壤从北到南主要是黑土和砂姜黑土，地带性植被为暖温带落叶阔叶林，现有森林植被以人工植被为主。

在对京九铁路安徽段采取的多样点调查分析的基础上，对京九铁路安徽段进行了立地类型的划分。提出了以地貌、局部地形、土壤因子为主要依据的分类系统。共划出 3 个立地类型小区，8 个立地类型组，20 个立地类型（表 4-26）。为京九铁路沿线进一步开展适地适树、科学造林提供了基础。

表 4-26　京九铁路安徽段立地类型的划分

立地单元	立地区	立地亚区	立地类型小区	立地类型组	立地类型
分类依据	大地貌	水热条件	小地貌及成因	土类及局部地形	土壤性质及地下水位
立地单元名称	华北平原立地区	黄淮平原立地亚区	北部黄泛平原小区	黄潮土组	松散砂土型
					砂黏两合土型
				黄泛淤土组	淤黑土型
					淤土型
				堆积土组	河提堆积型
					路堤堆积型
					村庄堆积型
			中部河平原小区	普通砂姜黑土组	湖地浅表砂姜土型
					湖地中位砂姜黑土型
					湖地淤积深位砂姜黑土型
				河岸潮土组	沙土型
					沙淤两合土型
				砂姜黑土堆积组	河岸堆积型
					村庄堆积型
					路堤堆积型
			南部湾岗小区	湾地潮土组	麻沙土型
					沙泥土型
					泥骨土型
				岗坡棕壤组	坡黄土型
					白黄土型

（二）建设思路

针对当地自然条件以及社会经济较为落后的状况，提出生态景观经济相结合，绿、美、富相结合的基本原则，将沿线道路两侧、道口、水塘、农地等最为典型的不同地类或地带，因地制宜，统筹规划，打造富有特色的京九铁路阜阳段沿线森林生态体系，最终实现"一带林荫道、一带渔儿跳、一带花果香、一派新气象"的绿化目标。

（三）建设技术

1. 植物材料选择

根据阜阳地区的自然条件和沿线绿化建设的原则与目标，选择适应性强、经济价值高、绿化效益好的树种。其中乔木树种有杨树、枫杨、刺槐、槐树、垂柳、杂交柳、桂花、紫薇、棕榈、香椿、银杏、泡桐、楸树等；灌木有杞柳、紫穗槐、小蜡、花椒、黄杨、大叶黄杨等；经果林树种有桃、油桃、李、柿、石榴、葡萄、梨、樱桃等。

另外，通过对当地的植被调查，依据植物的根系的固土能力，植物的覆盖度和植物的重要值 3 个因子，对铁路护坡植物进行了筛选，表现良好的灌木有紫穗槐、簸箕柳；草本植物有羊蹄、野艾、薄荷、刺儿菜、小飞蓬、苔草、狗牙根等。

2. 铁路两侧林带建设模式

林带沿铁路两侧，离开路基 20 米处向外侧 50 米内，各配置 10 行乔木树种，株行距为 4 米 ×5 米，林冠郁闭后形成一个较宽的防护、绿化、观赏等多功能林带。

在主林带外侧再配植一定面积的经果林作为辅助林带，既可以增加林带的面积，扩大林带的功能，又可以促进沿线经济发展和产业结构调整。具体配植列于表 4-27。

表 4-27　树种配置模式

树种	品种	配植比例	株行距（米）
梨	丰水、金秋、爱宕	1∶2∶1	4×5
李	蜜思李、玫瑰皇后	2∶2	4×5
桃	安农水蜜、早凤王	2∶1	4×5
油桃	早红霞、曙光、危田 1 号	3∶2∶2	4×5
柿	无核方柿、富有、藤八	2∶2∶2	4×5
樱桃	大樱桃等		4×5
杞柳	筐柳、条柳等	2∶2	0.1×0.15
石榴	大青皮甜、三白、大红袍甜	2∶2∶2	3×4
葡萄	巨峰、京亚	3∶3	1×3

3. 道口绿化

道口是铁路与公路相交汇的地方，是铁路沿线的一个有机组成部分。阜阳段沿线的道口其周围是零星点缀的村镇和广阔无垠的田野，在意境上是城乡结合的交汇点，是城乡一体化的标志。其绿化的环境应与周围的自然环境协调互补，使之成为自然与城镇空间的过渡。

道口绿化主要以树林、树丛、孤植树、草坪、错落有致的花坛、绿荫广场及水体的相互融揉，形成一个灵活多变、富有生机活力的绿色空间，使之成为镶嵌在京九线上的一颗颗璀璨的明珠。

阜阳段沿线的道口绿化，是在原有绿化基础上进行美化，并以池塘、林网、道路组成的绿色环境作为背景，结合景观设计，适当调整补充，使之成为变化丰富的生态园林空间。树种选择地域化、乡土化，结合果、荫、林、渔综合发展。考虑到养护问题，选择了管理粗放、病虫害少、观赏性较好的树种，主要有雪松、广玉兰、蜀桧、棕榈、垂柳、合欢、银杏、乌桕、樱花、碧桃、紫荆等。植物配置注重色、香、形的搭配，合理配置观形（雪松、黄杨、垂柳），赏色（乌桕、枫类、银杏、花木类），闻香（广玉兰、蜡梅、桂花）等树种，充分突出季相变化，做到春花烂漫、夏荫浓郁、秋色绚丽、冬景苍翠。从组织上层背景的广玉兰、杨树，到作为中层景观的小乔木（棕榈等）和常绿灌木，再到由四季花草过渡至地被植物，形成一个层次丰富的植物群落，最大限度地提高了绿化面积系数，强化了生态效应。如道口边界多用高直的树木间隔作背景，中间多用冠型优美的雪松、碧如翡翠的黄杨等观形、观色树种，形成变化丰富的林缘线、天际线、色彩线，打破了平地造园的单调呆板，软化了生硬的铁路线形象。另外，整齐的绿篱加强了绿化的整体效果和气氛。花木树林异彩纷呈，镶嵌在绿色长廊上，形成沿路收放有致、高低错落的韵律。同时，兼顾实用功能，对于一些花坛可结合座凳加以设计。在种植池中，也可将台阶和座凳结合起来，从而实现游人既可观景又能休息的需要。

4. 池塘绿化

针对京九铁路阜阳段两侧池塘及其周边环境的具体情况，提出以下几种主要建设模式。

（1）渔塘模式。分为林—塘模式、经塘模式、果塘模式和花塘模式。

① 林—塘模式。"垂柳—花椒—桑基"渔塘模式：该模式在近铁路一侧的渔塘平台上栽植经济植物花椒，株距1米；渔塘斜坡上栽植两行桑树，株行距1米×1米（栽植在设计水位以上，矮化栽培）；在远离铁路一侧的渔塘平台上栽植一行垂柳，株距4米，苗高2米；水塘里养鱼。

"垂柳—花椒—柳基"渔塘模式：该模式在近铁路一侧的渔塘平台上栽植经济植物花椒，株距1米；渔塘斜坡上栽植两行杞柳，株行距1米×1米（栽植在设计水位以上，每年砍萌取条）；在远离铁路一侧的渔塘平台上栽植一行垂柳，株距4米，苗高2米，水塘里养鱼。

"垂柳—花椒—槐基"渔塘模式：该模式在近铁路一侧的渔塘平台上栽植经济植物花椒，株距1米；渔塘斜坡上栽植两行紫穗槐，株行距1米×1米（栽植在设计水位以上，每年砍萌取条）；在远离铁路一侧的渔塘平台上栽植一行柳树，株距4米，苗高2米；水塘里养鱼。

"垂柳—花椒—草基"渔塘模式　该模式在近铁路一侧的渔塘平台上栽植经济植物花椒，株距1米；渔塘斜坡上播种青草，在远离铁路一侧的渔塘斜坡上配植一行木槿，株距2米，平台上栽植一行柳树，株距4米，苗高2米；水塘里养鱼。

② 经—塘模式。"银杏—花椒—桑基"渔塘模式：该模式在近铁路一侧的渔塘平台上栽植经济植物花椒，株距1米；渔塘斜坡上栽植两行桑树，株行距1米×1米（栽植在设计水位以上，矮化栽培）；在远离铁路一侧的渔塘平台上栽植一行银杏，株距4米，苗高1.5米；水塘里养鱼。

"银杏—花椒—柳基"渔塘模式：该模式在近铁路一侧的渔塘平台上栽植经济植物花椒，株距1米；渔塘斜坡上栽植两行杞柳，株行距1米×1米（栽植在设计水位以上，每年砍萌取条）；在远离铁路一侧的渔塘平台上栽植一行银杏，株距4米，苗高1.5米；水塘里养鱼。

"银杏—花椒—槐基"渔塘模式：该模式在近铁路一侧的渔塘平台上栽植经济植物花椒，株距1米；渔塘斜坡上栽植两行紫穗槐，株行距1米×1米（栽植在设计水位以上，每年砍萌取条）；在远离铁路一侧的渔塘平台上栽植一行银杏，株距4米，苗高1.5米；水塘里养鱼。

"银杏—花椒—草基"渔塘模式：该模式在近铁路一侧的渔塘平台上栽植经济植物花椒，株距1米；渔塘斜坡上播种青草，在远离铁路一侧的渔塘斜坡上配植一行木槿，株距2米，平台上栽植一行银杏，株距4米，苗高1.5米；水塘里养鱼。

③ 果—塘模式。"柿树—花椒—桑基"渔塘模式：该模式在近铁路一侧的渔塘平台上栽植经济植物花椒，株距1米；渔塘斜坡上栽植两行桑树，株行距1米×1米（栽植在设计水位以上，矮化栽培）；在远离铁路一侧的渔塘平台上栽植一行柿树，株距4米，苗高1米；水塘里养鱼。

"柿树—花椒—柳基"渔塘模式：该模式在近铁路一侧的渔塘平台上栽植经济植物花椒，

株距 1 米；渔塘斜坡上栽植两行杞柳，株行距 1 米 ×1 米（栽植在设计水位以上，每年砍萌取条）；在远离铁路一侧的渔塘平台上栽植一行柿树，株距 4 米，苗高 1 米；水塘里养鱼。

"柿树—花椒—槐基"渔塘模式：该模式在近铁路一侧的渔塘平台上栽植经济植物花椒，株距 1 米；渔塘斜坡上栽植两行紫穗槐，株行距 1 米 ×1 米（栽植在设计水位以上，每年砍萌取条）；在远离铁路一侧的渔塘平台上栽植一行柿树，株距 4 米，苗高 1 米；水塘里养鱼。

"柿树—花椒—草基"渔塘模式：该模式在近铁路一侧的渔塘平台上栽植经济植物花椒，株距 1 米；渔塘斜坡上播种青草，在远离铁路一侧的渔塘斜坡上配植一行木槿，株距 2 米，平台上栽植一行柿树，株距 4 米，苗高 1.5 米；水塘里养鱼。

④ 花—塘模式。"桂花—花椒—桑基"渔塘模式：该模式在近铁路一侧的渔塘平台上栽植经济植物花椒，株距 1 米；渔塘斜坡上栽植两行桑树，株行距 1 米 ×1 米（栽植在设计水位以上，矮化栽培）；在远离铁路一侧的渔塘平台上栽植一行桂花，株距 3 米，苗高、冠径均为 1.5 米；水塘里养鱼。

"紫薇—花椒—柳基"渔塘模式：该模式在近铁路一侧的渔塘平台上栽植经济植物花椒，株距 1 米；渔塘斜坡上栽植两行杞柳，株行距 1 米 ×1 米（栽植在设计水位以上，每年砍萌取条）；在远离铁路一侧的渔塘平台上栽植一行紫薇，株距 3 米，苗高 1.5 米，地径 1.5 厘米，每株 3-4 茎；水塘里养鱼。

"石榴—花椒—槐基"渔塘模式：该模式在近铁路一侧的渔塘平台上栽植经济植物花椒，株距 1 米；渔塘斜坡上栽植两行紫穗槐，株行距 1 米 ×1 米（栽植在设计水位以上，每年砍萌取条）；在远离铁路一侧的渔塘平台上栽植一行石榴，株距 3 米，苗高 1.5 米，冠径大于 0.5 米；水塘里养鱼。

"樱花—花椒—草基"渔塘模式：该模式在近铁路一侧的渔塘平台上栽植经济植物花椒，株距 1 米；渔塘斜坡上播种青草，平台上栽植一行樱花，株距 3 米，苗高 1.5 米，冠径大于 0.5 米；水塘里养鱼。

（2）藕塘模式。"垂柳—花椒—桑基"藕塘模式：该模式在近铁路一侧的渔塘平台上栽植经济植物花椒，株距 1 米；渔塘斜坡上栽植两行桑树，株行距 1 米 ×1 米（栽植在设计水位以上，矮化栽培）；在远离铁路一侧的渔塘平台上栽植一行垂柳，株距 4 米，苗高 2 米；水塘里栽藕。

"银杏—花椒—柳基"藕塘模式：该模式在近铁路一侧的渔塘平台上栽植经济植物花椒，株距 1 米；渔塘斜坡上栽植两行杞柳，株行距 1 米 ×1 米（栽植在设计水位以上，每年砍萌取条）；在远离铁路一侧的渔塘平台上栽植一行银杏，株距 4 米，苗高 1.5 米；水塘里栽藕。

"柿树—花椒—槐基"藕塘模式　该模式在近铁路一侧的渔塘平台上栽植经济植物花椒，株距 1 米；渔塘斜坡上栽植两行紫穗槐，株行距 1 米 ×1 米（栽植在设计水位以上，每年砍萌取条）；在远离铁路一侧的渔塘平台上栽植一行柿树，株距 4 米，苗高 1 米；水塘里栽藕。

（3）菱塘模式。"垂柳—花椒—桑基"菱塘模式：该模式在近铁路一侧的渔塘平台上栽植经济植物花椒，株距 1 米；渔塘斜坡上栽植两行桑树，株行距 1 米 ×1 米（栽植在设计水位以上，矮化栽培）；在远离铁路一侧的渔塘平台上栽植一行垂柳，株距 4 米，苗高 2 米；

水塘里养菱。

"银杏—花椒—柳基"菱塘模式：该模式在近铁路一侧的渔塘平台上栽植经济植物花椒，株距1米；渔塘斜坡上栽植两行杞柳，株行距1米×1米（栽植在设计水位以上，每年砍萌取条）；在远离铁路一侧的渔塘平台上栽植一行银杏，株距4米，苗高1.5米；水塘里栽菱角。

"柿树—花椒—槐基"菱塘模式：该模式在近铁路一侧的渔塘平台上栽植经济植物花椒，株距1米；渔塘斜坡上栽植两行紫穗槐，株行距1米×1米（栽植在设计水位以上，每年砍萌取条）；在远离铁路一侧的渔塘平台上栽植一行柿树，株距4米，苗高1米；水塘里栽菱角。

5. 农地绿化

针对一些效益较低的农地，通过产业结构调整，积极发展以林果为主的生态经济。根据当地的自然条件，建立薄壳山核桃模式，株行距6米×7米；李子模式，株行距4米×5米，品种为密思李、玫瑰皇后、黑琥珀；香椿模式，株行距4米×5米，；桃树模式，品种为中红霞、安农水蜜、油桃等；柿树模式，品种为富有、藤八、无核方柿等品种，株行距4米×5米；石榴模式，品种为大青皮、三白、大红袍等，株行距3米×4米；葡萄模式，株行距1米×3米；梨树模式，品种为日本三水、爱宕、金秋、早酥等品种，株行距4米×5米；枣树模式，品种有鸡蛋酥、冬枣、梨枣等。为进一步提高收益，很多林分采取了林下间种，间作的有蔬菜（蒜苗、西瓜、冬瓜、萝卜）、药材（白芍等）、牧草（紫花苜蓿等）、油料作物（花生、油菜），以及黄豆、红芋、其他杂粮等。另外，对于农田林网的构建，以2~4行杨树、侧柏组成，或槐树、泡桐等组成林网，以保护农作物，增强农业的抗灾能力。

上述模式的建立，不仅改善了沿线的环境，而且有效地促进了群众增收致富，带动了地方社会经济的发展。

三、"京九"南段——深圳段沿线建设

京九绿色长廊深圳段既是内地通往香港特别行政区的桥头堡，也是特区同胞和海外友人进入内地的窗口。京九铁路深圳段沿线的绿化，构建具有岭南特色和特区风格的京九铁路沿线自然景观，对于改善特区环境、展示内地大好河山和优美生态，都有着积极意义。

（一）自然条件

京九铁路深圳段的沿线绿化具体选择在布吉，全长约3公里，位于九龙半岛北部，东临大亚湾，南与香港毗邻。属南亚热带海洋性季风气候，四季温和，雨量充沛，年平均气温22.4℃，年均降水量2000毫米。每年4~9月为雨季，10月至翌年3月为旱季。成土母岩主要是花岗岩和砂页岩，地带性土壤是赤红壤，pH值4.4，有机质含量较少。现有植被为低山丘陵马尾松灌丛芒萁群落和荒山台地琉林灌丛矮草群落。

（二）建设思路

根据现实需要和生态优先原则，基于自然条件，以景观生态学和森林生态学理论为指导，遵循审美学原理，从平视和远眺的视景关系出发，视频率高的地段，以近景为主，中、远景为辅，小群落，大混交，利用树木本身花、叶、果、冠的季相变化，突出自然美感，逐步再现南亚热带常绿阔叶林森林景观。沿线山地丘陵，以水源涵养和远山森林景观为主，

配置乔灌草花；沿线台地，选择具有防护效能和花叶俱佳的乡土阔叶树，营造出具有良好生态景观为主要目标的森林生态体系。

（三）建设技术

1. 树种选择

深圳属于南亚热带季风气候区，原生植被为南亚热带常绿阔叶林，优势种以金缕梅科、茶科以及壳斗科和樟科的热带种为主，伴生种属于藤黄科、番荔枝科、桃金娘科、太戟科、桑科、橄榄科、无患子科、楝科、梧桐科。沿线绿化树种的选择，强调以乡土阔叶树种、长寿树种为主，长寿树种与速生树种相结合。在了解植物原产地、生态条件、伴生植物的前提下，具体应用了红苞木、红木荷、夹竹桃、三角梅、火力捕、樟树、红千层、杜鹃花、山乌桕、木棉、黎蒴、红锥、白木荷、凤凰木、乌桕、秋枫、海南红豆、铁冬青等 18 个树种，分属于 14 个科（表 4-28），反映当地植被特征和物种多样性。其中，常绿乔木 9 个种，常绿小乔木 2 个种，常绿灌木 1 个种，落叶乔木 3 个种，落叶小乔木 2 个种，落叶灌木 1 个种。常绿与落叶种的比例为 2∶1，乔木、小乔木和灌木种的比例为 6∶2∶1，表明京九沿线绿化是以乔木为主体的常绿阔叶林。其中 17 个种是自然分布于华南地区的乡土阔叶树种，外来树种红千层经多年引种驯化，具有速生、粗壮、花期长、花色艳丽的性状，在城镇绿化中广泛应用。考虑到铁路沿线的视觉走廊，在常绿基调中配置 4 种秋叶变红的落叶树。

表 4-28 试验钟种的生物生态学特性

树种	科名	形态	生物学特征	观赏性状
红苞木	金梅科　Harname hdacene	常绿乔木	耐阴，不耐干旱贫瘠	花期 2~4 月，殷红色
红木荷	茶科　Theaceae	常绿乔木	耐火，耐贫瘠，萌芽力强	花期 6~7 月，白色
白木荷	茶科　Theaceae	常绿乔木	耐火，萌芽力强	花期 4~5 月，白色
夹竹桃	夹竹桃科　Apocynaceae	常绿小乔木	抗污染，萌芽力强	花期 6~11 月，色彩缤纷
三角梅	紫茉莉科　Nyctaginaceae	常绿灌木	耐旱、耐贫瘠、耐火、抗污染	花期周年，色彩缤纷
火力楠	木兰科　Magnoliaceae	常绿乔木	抗风、耐火、速生	叶厚革质，花期 1~3 月，白色、芳香
樟树	樟科　Lauraceae	常绿乔木	喜光，速生	叶椭圆状卵形，有芳香气味
红千层	桃金娘科　Myrtaceae	常绿小乔木	喜光，耐高温	树冠球形，叶革质，菜黄花序，红色，花期 6~8 月
杜鹃花	杜鹃花科　Ericaceae	落叶灌木	耐阴、耐酸性土	花期 4~5 月，红色
乌桕	大戟科　Euphorbiaceae	落叶乔木	速生、抗风、耐盐	树冠球形，秋叶紫红
山乌桕	大戟科　Euphorbiaceae	落叶小乔木	喜光、耐贫瘠	冬季叶色变红
秋枫	大戟科　Euphorbiaceae	落叶小乔木	速生、耐旱、耐贫瘠、抗风	秋叶紫红
木棉	木棉科　Bombacaceae	落叶乔木	速生、耐旱、耐火、抗风	花期 2~4 月，鲜红
黎蒴	壳斗类　Fngaceae	常绿乔木	幼时喜庇荫	花期 4~5 月，白色

（续）

树种	科名	形态	生物学特征	观赏性状
红锥	壳斗类　Fngaceae	常绿乔木	萌芽力强，速生	花期4~6月，白色
凤凰木	苏木科　Caesalpinaceae	落叶乔木	喜光、耐贫瘠、速生	羽状叶，花期5~8月、灿如朝霞
海南红豆	蝶形花科　Papiliomaceae	常绿乔木	喜光、耐寒、抗风	树冠伞形、花期6~7月，白色、清香
铁冬青	冬青科　Aquifoliaceae	常绿乔木	喜光、耐湿、耐寒，萌芽力强	花期4~5月，浅红色，冬果深红色

由表 4-28 可知，红苞木和夹竹桃应用频率最高。南亚热带常绿阀叶林在群落外貌上，不似北方落叶林有丰富色彩，红苞木殷红的花在圣诞至春节期间开放，夹竹桃色彩缤纷的花四季盛开，使得京九铁路深圳段的绿化，具有较明显的景观美学特征。

2. 基本模式

京九铁路深圳布吉段为缀坡丘陵地，自布吉镇镇政府至深圳市平湖镇，全长约 3 公里，沿线多为稀疏人工林或疏林灌丛。依据生态功能和景观功能相结合的原则，按照试验树种的生物生态学特性，设计了 12 个种植模式（表 4-29），分别属于无林地造林型、疏伐改造型、林内套种型和补植造林型等类型，包括带状混交和块状混交两种作业方式。

表 4-29　京九铁路深圳布吉段沿线绿化设计模式

树种	模A	模B	模C	模D	模E	模F	模G	模H	模I	模J	模K	模L
红苞木 Rhodoleia paruipatala K.Y.Tong	◆		◆	◆			◆		◆	◆		◆
红荷木 Schima wallichii Choisy	◆		◆	◆			◆		◆	◆		◆
夹竹桃 Ncriam indicum Mill	◆	◆	◆					◆	◆	◆		◆
三角梅 Bougainvillea glabra Choisy	◆	◆		◆					◆	◆		
火力楠 Michelia macclurci Dandy		◆		◆			◆		◆			
樟树 Cinnamamun camphora（Lion.）Preal		◆		◆								
红千层 Callisumon mgidus R.Br		◆					◆		◆			
杜鹃花 Rhododendrom simsu Planch			◆		◆		◆				◆	
山乌桕 Sapium sidcdor（Champ.ex Benth）Muell.Arg			◆		◆		◆				◆	◆
木棉 Gossampinus malabarica（DC.）Merr			◆	◆	◆							
黎蒴 Cauanopsis fissa Rehd. et Wils.				◆			◆					
红锥 Cauanopsis hystrx A.DC				◆					◆			
白木荷 Schima scbiferba Gardn.et Wils.				◆					◆		◆	
凤凰木 Delonix regia（Boj.）Raf							◆					
乌桕 Sapium scbifcrum（L.）Roxb.							◆		◆		◆	
秋枫 Bishofia javamcu Bl											◆	
海南红豆 Ormosia pimnata（Liour.）Merr.											◆	
铁冬青 Ilex ralunda Thumb											◆	
规模（公顷）	0.5	0.6	13.0	3.5	10.00	0.6	1.5	1.1	3.7	0.67	5.6	0.4
主要特征	景观	防护	固土	景观	景观	防护	景观	防护	景观	景观	景观	景观
作业方式	行状	行状	块状	块状	块状	行状	块状	行状	块状	行状	块状	块状

3. 技术特色

（1）亚热带常绿阔叶林的地带性和结构复杂性。自然植被具有协调、稳定的种间关系，独特的物种组成和群落结构产生有效率的生态系统，时间尺度上表现为物种类型的进化与演替，空间尺度表现为乔、灌、草的层次分异，水平尺度上表现为景观要素的镶嵌和群落外貌的季相。

森林是以乔木为主体的植物群落，也是一个不断演替的生态系统。每个物种有特定的环境需求，有其生长发育的生态位。沿线绿化由防火和景观树种及开花灌木组成，构建具综合生态效能的森林体系。所选的18个种，10个种属于耐旱、耐贫瘠的先锋树种，布置在水肥条件较差的阳坡或坡顶，8个种为亚热带常绿阔叶林的建群种，如红苞木、樟树、黎蒴、红锥等，先锋树种的庇荫和改良土壤可缓解高温、强光和干旱胁迫，维持群落稳定和景观持续性。

黎蒴、红锥、术荷在自然植被中常集群分布，形成生长小环境。按照植物生活型理论和景观格局理论，依据造林立地条件，采取小群落、大混交的方法，以黎蒴、红锥、火力楠等大乔术为主体，配置红千层、夹竹桃、三角梅等开花灌术，按照群落学理论，以植生组的配置方式，为树木个体发育构建良好的小环境，形成合理的群落结构。

（2）独特的美学价值和景观属性。深圳段是京九铁路南端的门户，视频率高，景观要素的组成必须合理、和谐、有新意。空间布局强调亚热带常绿阔叶林的多样性特征，依据地形地貌特征，运用乡土植物凸显森林树术的朴素之美。

红苞木、夹竹桃、术棉、凤凰木、红千层是华南地区著名的术本花卉树种，有深厚的文化积淀。冬春之交，红苞木、木棉先花后叶，满树繁花，灿若云锦；春夏之间，凤凰术的满树红花艳若云霞，黎蒴的白花如雪，片林配置，非常壮观。四季之间，夹竹桃、红千层花开不绝，火力楠、樟树芳香扑鼻。三角梅、杜鹃花、夹竹桃等开花灌木配置在铁路路基及沿线坡脚，作为列车旅客的近景；火力楠、术荷等防火树种配置在铁路沿线的第一重山坡上，叶色深绿，树冠舒展。红苞木、凤凰木、术棉等花色树种，配置在山坡上，作为旅客平行视线的主要景观；樟树、黎蒴、海南红豆等枝叶浓密的常绿树种，与乌柏、秋枫等红叶树种混交配置，形成景观要素的合理布局，可以有效地打破视觉的单调和乏味。

景观愈接近自然，愈使人愉快。按照自然地形，由铁路路基过渡到沿线第一重山，乡土阔叶树种成片林种植，树冠形成起伏的林冠线，与蓝天白云映趣，风起树摇，林冠线在山水之间随风流动。视线所及之处，林相郁郁苍苍，森林植物的节奏和韵律与自然同在，形成传承岭南传统文化和现代城市文明的景观走廊。

（3）多重环境效益及其持续性。京九绿色长廊深圳段，是深圳特区环境建设的重要组分。沿线绿化及铁路两侧第一重山的植被恢复，须体现绿色长廊以人为本的指导思想和优化环境的综合生态效益口，在森林结构、系统功能和群落外貌上达到持续经营的目的。森林的环境效益因物种组成、种间关系和群落结构的差异，而有不同的侧重。沿红绿化首先要保障铁路的安全运行，对沿线居民的工作和生活环境产生积极影响。

京九铁路深圳布吉段长3公里，铁路两测的丘陵台地已基本开发，难以大片营造防护林。

缓坡地多为待开发用地或临时菜园、果园，少数搁置土地与生产区、生活区混杂一起。沿线坡地普遍种植马占相思和尾叶桉，因土壤贫瘠和地力衰退，林相参差不齐，林分质量低下，多退化为疏林灌丛。铁路两侧，工厂区、居民区繁多，公路网密度大，车流、人流和物流密集。火力楠、红木荷、白木荷、木棉、铁冬青和夹竹桃是优良的耐火树种，可以避免铁路轮轨摩擦产生的火灾意外，增加沿线生态脆弱带的安全系数。

深圳属于亚热带气候，夏秋两季温度高、光照强，绿化树种的遮阴效能很重要。模式所用的乡土树种，树冠浓密、四季常绿，有遮荫、消除噪音、吸附飘尘的功能。噪音的传送路径和浮尘的运动轨迹是渡浪形的，品字形配置的灌木、小乔木和常绿太乔木，形成多重防护屏障，音波被破碎，飘尘被过滤，铁路运行的环境响应会逐步改善。

（4）人与自然相协调。世界上最快乐的人，就是他能住在十分协调的自然环境之中"。人类很清楚环境因子的重要性，也了解自身生活所需要的适宜的自然环境。在诸多要素中，只有树木在改善生态环境和营造景观方面具有不可替代的作用。森林景观"虽由人作，宛自天开"，师法自然，艺术再现自然，是岭南文化的传统风格和特征，也是深圳特区森林生态体系建设的基本思想。

人来自自然，又将回归自然。环境建设旨在让我们拥有真正意义的美好家园。应用常绿、繁花、芳香、抗污染的优良乡土阔叶树，避免产生飘絮、风折、聚集蚊虫等不良环境效应，容易得到城镇居民认同。沿线绿化不仅具有美学、文化、景观和生态价值，也是铁路两侧居民的生存环境和经济特区的一处自然风景。

第五章　中国森林生态网络体系"面"的建设

按照中国森林生态网络体系建设的构想，"面"的建设主要在东北区、西北区、黄土高原区、华北区、南方区、西南区、热带区、青藏高原区等八大林区，选择 14 个试验示范点，采取封山育林为主，辅之以人工措施，通过一定时期的封育来恢复自然植被，提高林地的生态功能，并在此基础上人工引进一些经济价值高的目的树种。

第一节　东北区的试验示范

一、吉林松原示范点

中国森林生态网络体系建设松原试验点本年度，共建立了 3 种类型试验示范基地。其中在吉林省长岭县建立多功能生态经济型防护林试验示范基地 300 公顷（3 个点）、前郭县乌兰图嘎林场建立复合农林业试验示范基地 440 公顷，在前郭县东三家子乡建立生态草试验示范基地 500 公顷。完成了 500 公顷生态草试验示范基地草原防护林设计及造林任务，在盐碱地、沙地等困难地段采用营养钵、吸水剂及土壤改良剂等措施进行不同树种造林试验，对自然封育、直播种草、补播种草、枯草层铺设、压沙种草及羊草移植等 8 种不同生态草恢复模式进行了研究、评价。按照研究计划的要求进行了相关的研究工作。

（一）松嫩平原农牧区防护林体系改造建设模式与示范研究

进行了农田防护林改造试验。在吉林省林业厅大力支持下，特批农防林更新采伐指标 2000 立方米，分别在长岭县流水乡碱草村、十家户乡十七号村、前进乡西沟村按三种不同模式改造老龄过熟农田防护林带 12 条、6000 米；结合更新采伐进行了标准木、解析木调查，编制了材积表、进行了林木生长规律调查，并选用晚花杨、中黑防、银中杨等适宜当地的优良杨树品种进行农防林秋季造林试验。

（二）复合农林业可持续经营管理技术研究

建立林粮、林经、林草等农林复合业试验示范林 240 公顷，造林保存率达 90%。复合经营模式为杨树、樟子松间作玉米、大豆、绿豆、花生、以及桔梗、苜蓿、羊草等，对复合经营可持续经营模式及指标体系进行了研究。

（三）抗逆性优良树种、草种及经济植物材料选择

引进适宜吉林省西部抗寒、耐干旱、耐瘠薄、耐盐碱树种 15 种、草种 10 种。其中从加拿大引进耐盐碱树种银莓种源 23 个。此外，还引进牦牛梅、雪梅、俄罗斯沙枣、四翅澳黎等抗逆性强的灌木，培育苗木 7 万株，营造各种试验示范林 30 公顷。对抗逆性强的银莓、白林 1 号、白林 2 号、白城 2 号、银新杨、新疆杨等树种组培进行了培养基的优化筛选，解决了关键技术、建立了组织培养系统，得到银莓 4 个优良种源，组培苗及 8 个抗盐碱胁迫无性系无菌苗，得到各类组培苗近万株。对适于东北西部杨树及银莓等乔、灌木树种进行了盐碱胁迫试验，测定了各种杨树不同处理的生长节律、生物量、相对含水量、色素含量、根系活力及银莓不同种源抗胁迫相关指标。此外，还对银莓的营养成分，以及盐碱胁迫对根瘤形成的影响进行了探讨。

二、吉林省安图试验点

根据专题任务书的要求，中国森林生态网络体系建设安图试验点在 2003 年开展天然林恢复技术、退耕还林、还草示范基地、经济沟建设、林下经济作物栽培实验等方面的内容，具体如下：

（一）天然林恢复技术

在设立的天然林恢复试验区内选择 0.5 公顷，采用人工直接播种青海云杉方式（株行距为 2 米 ×2 米），研究探讨天然林恢复改造机制，同时在试验区附近选择相似林分条件的林地 2 公顷，按常规造林方法种植红皮云杉 2 年生苗作为对照区（株行距同前）。

（二）退耕还林示范基地建设

在安图县石门林场退耕还林基地（原种植红松 4 公顷），利用人工播种方式，播种青海云杉、长白落叶松、花楷槭、白扭槭、白桦、紫穗槐等 7 种树种，主要目的是使最后恢复起来的林分接近天然林组成。

（三）退耕还草示范基地建设

在安图林业局福满林场退耕还草示范基地上，采用一定的设计方法营造紫花苜蓿、白三叶、红三叶、猫尾草、无芒雀麦等牧草近 4 公顷，目的是为了通过种植牧草，在吉林省东部山区探讨养殖业的可行性与效果。

（四）经济沟发展过程中经济作物栽培实验示范基地建设

在福满林场朝阳经济沟内于 6 月初栽培平贝母 0.3 公顷，牛膝 0.1 公顷，红花 0.1 公顷，防风 0.1 公顷，探索中草药种植技术，除防风近失败外，其他良好。

（五）刺嫩芽复壮实验

通过截杆、掘根等方式，对刺嫩芽进行复壮试验，分别于次年年 6 月、7 月、10 月进行过三次调查，效果良好，对实验结果进行总结。此外还通过联合进行了松茸、树莓、越橘等栽培实验活动。

三、辽宁省抚顺试验点

辽宁抚顺试验点主要研究内容为：以浑河上游重点水源涵养林区，提高森林皆伐、择伐迹地水源涵养功能造林技术，开展高效人工林植物群落的树种筛选、结构配置及针阔混交模式研究，探索提高林分质量，增强水源涵养功能的有效途径。针对浑河上游低质低效次生林及人工林，研究主要次生林类型、结构的树种更替、林分结构改造、抚育措施等改造技术的研究。）针对浑河上游石质山地、裸岩、淌石流等特殊困难立地，选择适宜的乔、灌、草，进行植被恢复和物种配置等综合治理配套技术研究。泥质海岸防护林体系中树种混交、林分结构、林种配置及不同栽培模式的研究与示范；泥质海岸防护林体系的降盐改土功能及农田林网防护效益的研究。

（一）植被恢复

生态脆弱地块植被恢复和营建技术研究：脆弱地块植被恢复；铜矿污染区造林绿化树种筛选。

（二）良种引进

优良树种引进丰富生物多样性。桦树引进试验、白水曲柳与绿水曲柳引进试验、重点水源涵养林区抗寒杨树品种筛选。

（三）结构调控

辽宁泥质海岸防护林体系中树种混交、林种配置及各栽培模式的扩展。泥质海岸防护林体系的降盐改土功能的观测，重盐土组柽柳林地效应的观测；柽柳林对拦海大堤重盐土盐碱的影响，碱化盐土组土壤改良措施效应的观测。

第二节　西北区的试验示范

一、内蒙古大青山试验点

大青山位于阴山山脉中段，是呼和浩特、包头二市及土默川平原主要水源补给区。但由于自然因素及人为不合理的经营活动，植被遭到严重破坏，森林面积只有 8.2 万公顷，且分布不均，水土流失面积达 3.55 万公顷，占山区总面积 10.08 万公顷的 35.2%，森林生态系统严重失调，而且地下水资源亏缺越来越严重，直接影响着工、农、牧业生产和人民生活。

大青山山地土壤成垂直带谱分布，总趋势是：海拔 1800 米以上，浑圆或平缓的山地顶部生长着草甸植被，分布着山地草甸土。山体中上部的阴坡，植被以次生林、灌丛为主，分布着淋溶灰褐土和灰褐土。坡麓地带，植被以草本为主，分布着栗钙土。在山地阳坡或半阳坡，植被以灌丛、草本植被为主，分布有栗钙土和灰褐土。

大青山山地的阴坡部位主要是山地森林植被，主要是以白桦和山杨为建群种的混交次生林。在 1900 米以上可见到少量的云杉和杜松。森林下部，常有中生性灌丛伴生，层次较明显，生长繁茂，主要建群种有虎榛子、绣线菊等。除此而外，尚有山刺梅、珍珠梅、水栒子、辽宁山楂、山荆子、单瓣黄刺玫、山杏、小叶茶藨子、东陵八仙花、菫叶山梅花等灌木生长。其中草本植物有唐松草、委陵菜、白芍药、黄花菜、铁杆蒿、羊草、地榆、野豌豆、胡枝子等。

　　该流域地处半干旱地区，气候寒冷。年均降水量 350~450 毫米，年均蒸发量 1800~2300 毫米，湿润度 0.5~0.7℃，年平均气温 3~5℃，绝对最高气温 39.3℃，绝对最低气温 -35.6℃，平均风速 2.04 米/秒，大风多集中在 4~5 月，平均风速 2.9 米/秒，是平均风速的 1.42 倍。主要灾害性天气是干旱、霜冻。降雨主要集中在 7、8、9 三个月，占全年降水量的 70% 以上，4~6 月降雨较少，占全年降水量的 12%，因此，春旱频繁，该区温差大，山区内部增加了地形雨，夏季雨热同期，有利于林木生长。

（一）示范内容

　　本项目从内蒙古干旱半干旱区生态脆弱带的自然地理和社会经济实际出发，结合重点生态县和绿色通道建设工程，重点进行了干旱阳坡、绿色通道和山前冲积、洪积平原农田防护林等三个类型森林生态网络体系的构建技术研究。基本完成了项目计划规定的具体内容。

1. 半干旱区干旱阳坡森林生态网络体系建设

　　造林树种选择了油松、山杏、沙棘、柠条、黄刺玫等。林分以混交林为主。同时针对原有的人工植被，从提高水分利用率出发，测定不同林分、不同结构林分的生长过程与土壤含水量的关系，探索干旱坡持续稳定发展的林分结构。2001~2003 年共完成人工造林 10 万亩，其中乔木林 7 万亩，灌木林 3 万亩。本年度对缺苗进行了补植。

2. 绿色通道林建设规模

　　绿色通道林的树木选择注重观赏性以及城市园林与绿色通道林的配置，树种配置以常绿与落叶树种，乔木与花灌木搭配，形成种类丰富多层次景观带，重点研究生态脆弱带雨养型公路绿色通道林的树种选择、配置模式和提高大苗移植造林成活率、保存率的综合配套技术，本实验区内的 110 国道通道防护林设计为三个模式即：以土左旗察素齐镇为中心，途经镇内以槐树、侧柏、花灌木等与草坪组合公路绿化带，长度为 3 公里，具有小城镇绿化、美化景观。途经察素齐西面的淘思浩乡境内，选择柳树防护林，长度为 5 公里。途经察素齐东面，以油松和新疆杨混交防护林为为主，长度为 7 公里。

3. 山前冲积洪积平原农田防护林建设规模

　　在大青山山前冲积洪积平原上结合生态建设工程，构建不同立地、不同树种和不同功能的农田防护林试验示范区。项目示范区西起土左旗与土右旗接壤处，东至兵州亥乡兵州亥村东，北至大青山前生态路，南以京兰铁路为界。项目建设集中在沿 110 国道两侧，总长度 55 公里，平均宽度 1.0 公里，涉及陶思浩、把什、察素齐、毕克齐、兵州亥 5 个乡镇。从 2001 年实施到 2003 年共营造农田防护林 5868 亩，营造 195 条林带，组成 410 个网眼，林网控制农田总面积 58680 亩。项目区建设以农田防护林为主，林、路、渠、沟、田统一规划，因地制宜，合理布设，设计树种有旱柳、垂柳、樟河柳、垂暴 109、新疆杨、合作杨、北京杨、多种速生杨等。

（二）支撑技术研究

1. 干旱阳坡森林生态网络体系构建技术

结合呼包前山干旱阳坡生态林业建设工程从提高水分利用率出，重点在干旱阳坡适生树种选择、抗旱保水造林技术、稳定林分结构配置技术等方面开展研究。

（1）造林技术措施。大青山区土壤水分主要来源与大气降水，因此，最大限度的使降水渗入土壤内，达到蓄水保墒，提高土壤含水率，是造林成功的关键。所以适时整地和合理的整地方法是提高林成活率的重要条件。

① 整地时间与方法。

整地时间：在造林前一年整地。

整地方法及规格：为能控制水土流失，采用局部整地，主要整地方法如下。

水平沟整地：沿水平线挖水平沟；沟长：1 米；上口宽：80 厘米；底宽：45 厘米；沟深：50~60 厘米；回填表土：30 厘米；沟间距离视坡度大小而定，一般坡度，小于 20°在 1.2 米，坡度大于 20°在 2.2 米左右，水平沟整地方法主要适合小于 25 度阳坡，轻度或无水土流失的立地条件类型。

鱼鳞坑整地：沿水平线成品字型排列挖鱼鳞坑，坑长 1 米，坑中心宽度上口宽 80 厘米，下口宽 40 厘米，坑深 60 厘米，回填表土 30 厘米，坑间距纵向距离 1.2~2.2 米，横向距离 1.0 米，该方法用于坡度大于 25°的阳坡，具轻度或中度水土流失的立地条件类型。

② 整地后效果调查。通过以上整地措施，在雨季过后的 9 月份测定土壤含水量，由表可见，不用坡度上的阳坡通过整地后土壤含水量均比对照区提高在 1.4%~2.4% 之间（表 5-1）。

表 5-1　大青山前山阳坡不同坡度整地与不整地土壤含水量对比

坡度（度）	40~45	对照	25~30	对照	10~15	对照
土壤含水量（%）	12.5	10.1	8.7	7.3	14.4	12.5
土层厚度（厘米）	10~40	10~40	10~40	10~40	10~40	10~40

③ 造林树种选择、配置及造林时间。在确定造林地立地条件类型的基础上，根据树种的生物学特性，遵循"适地适树"的原则，根据干旱阳坡的特点选择树种要适应大陆性气候、抗旱、抗寒能力较强、且喜光、耐贫瘠，所以确定造林树种为：山杏、沙棘、酸枣、油松。造林密度为 2 米×3 米。在坡度大于 25 的造林地段造林密度为 2 米×4 米，经过整地的造林地，雨季以后有良好的土壤水分条件，能够促使树木根系的伤口恢复，提高造林成活率，并能在翌年春季土壤化冻后，在苗木根基塌实，使根系与土体紧密结合，是消除冻拔害的有效措施。

④ 造林苗木规格及栽植方法：选择无病虫害、无机械损伤、顶芽饱满、根系完好、无失水的 2 年生沙棘苗、侧柏、沙地柏、油松容器苗，采用 2 年生的酸枣、榆树、扁桃壮苗，

进行植苗造林，山杏采用直播造林。造林方式以乔、灌混交为主。

（2）造林后苗木生长情况调查（表5-2）。

表5-2　造林后苗木生长情况及成活率调查

树种	平均高（厘米）	平均基径（厘米）	成活率（％）	造林时间
油松	15.0	1.0	85	2001 春季
山杏	18.0	0.8	92	2001 春季
沙棘	20.0	0.9	95	2001 春季

2. 山前冲积、洪积平原农田防护林建设技术

结合山前冲积、洪积平原农田防护林工程，研究树种配置规律，营建技术，建立高效、稳定的农田防护林结构体系。

（1）农田防护林构建技术方案。

① 林带布设走向。根据统计年害风频率及风向，确定当地大于 14 米 / 秒的风为害风，害风在当地生长季节的风向为西北风和北风，次害风的风向为西风和西南风。在确定害风向的同时，重点还利用了项目区内现有的道路、林带和渠道，所以主林带布设走向取与害风夹角 68°~84°，副林带走向取与害风夹角 158°~174°。

② 带间距离。确定当地害风旷野风速为 20 米 / 秒，林带设计高度为 15 米，最大参考风速按 14 米 / 秒计算，其防风效能为 30%。计算有效防护距离按公式：

$$L_\Delta = A（B - a_o）ae^{ba_o} \approx 23（米）$$

式中：e——自然对数的底；

　　　a_0——最佳透风系数，取 0.56；

　　　A、B、a、b——分别取系数 13.4、0.84、0.71、2.57。

计算林带间距：

$$S = L_\Delta \times H = 23 \times 15 = 345（米）$$

根据有效防护计算的带间距离，同时尽可能的利用现有林路渠，确定本农田林网主副林带间距为 300~400 米之间。

③ 林带宽度及高度。根据当地害风情况和土地利用现状以及立地条件，项目区内农田防护林主林带设置 3 行，宽 6 米，副林带 2 行，宽 4 米，林带宽度不含道路和渠道宽度。

设计林带达到最佳防护效果的高度为 15 米。

④ 林带结构。在考虑树种组成、栽植密度、土壤条件及防护对象等因素，确定项目区内农田防护林采用通风结构，透风系数要求为 0.56。

（2）农田防护林样板带造林技术措施。

① 整地规格：挖坑前，先用推土机推平工程带 2.2 米宽，使其低于地平面 30 厘米，用挖坑机挖植树坑 90 米 ×90 米 ×100 米，株行距 3 米 ×2 米。

② 树种的选择：农田防护林样板林带选择树种为京种和新疆杨、银中杨、槐树等。

③苗木规格及配置：京柳和新疆杨均为4根3杆苗，粗为3.5厘米以上，2行配置，株行距3米×2米。

④栽植方法：样板林采用挖大抗，坐水栽，施保水剂，一水成功的抗旱，保水，造林技术。

（3）农田防护林样板林带、林木生长情况调查（表5-3）。

表5-3 防护林带、林木生长及成活率调查

树种	平均高（米）	平均胸径（厘米）	成活率（%）	造林时间
京柳	3.0	2.5	99.8	2001春季
新疆杨	4.2	4.6	90.0	2001春季

3. 内蒙古大青山区人工造林效果

（1）人工林林分生长状况调查。

①林分保存率和郁闭度。见表5-5营建在Ⅰ立地条件类型上的华北落叶松林保存率达92%，林分郁闭度达0.8；而营造在Ⅱ立地条件类型上的油松林保存率最低也达83.6%，林分郁闭度也达到0.7。在此同类立地条件下18年生人工油松林郁闭度最低也达0.6。

表5-4 人工林立地条件类型

立地条件类型	地形部位	坡向	土壤	土层厚度（厘米）	水土流失程度
Ⅰ	海拔1600~1700米	阴坡	山地淋溶灰褐土灰褐土	0~80以上	无
Ⅱ	海拔1600米以下	阴坡	山地灰褐土栗钙土	0~80	无—轻
Ⅲ	海拔1600米以下	阳坡	粗骨质灰褐土	0~60	轻—中

表5-5 不同立地条件类型造林保存率及郁闭度

立地类型	整地方式	株行距（米×米）	树种	年龄（年）	现有密度株数/公顷	保存率（%）	郁闭度
Ⅰ	水平沟	2×2	华北落叶松	15	2295	92.0	0.8
Ⅱ	水平沟	2×2	油松	15	2130	85.5	0.8
	水平沟	2×3	油松	21	1680	89.6	
Ⅲ	鱼鳞坑	1×3	油松	20	2775	83.6	0.7
	鱼鳞坑	2×2	油松	18	2175	87.2	0.6

②林分生长状况。由表5-6可见，在Ⅰ立地条件类型的华北落叶松林，生长状况良好，平均胸径达8.4厘米，平均树高8.3米，平均冠幅2.7米×2.6米，郁闭度0.8。在Ⅱ立地条件类型下，造林后21年的油松林生长最好，平均胸径达9.8厘米，平均高7.1米，平均冠幅为2.9米×2.6米，林分郁闭度0.8。生长指标最低的Ⅲ立地条件类型下造林18年生油松林平均胸径也达6.1厘米，平均高3.3米，平均冠幅2.0米×1.9米，郁闭度0.6。

表 5-6 不同立地类型人工林生长状况

立地类型	树种	年龄（年）	平均胸径（厘米）	平均树高（米）	平均冠幅（米×米）	地上部分鲜重（公斤）	生物量干重（公斤）	地下部分鲜重（公斤）	生物量干重（公斤/株）
I	华北落叶松	15	8.4	8.3	2.7×2.6	21.8			
II	油松	15	5.8	3.8	2.1×2.0	62.7	27.9	14.0	7.5
	油松	21	9.8	7.1	2.9×2.6				
III	油松	20	6.0	3.6	2.4×2.3				
	油松	18	6.1	3.3	2.0×1.9				

③ 林分年生长进程分析。从解析木生长进程（表 5-7）看出，I 立地条件类型的华北落叶松年度生长指数最大，胸径平均生长量从造林后 6 年开始加快，从第 9 年到第 15 年的近 7 年内平均每年直径生长量达 0.22 厘米，树高平均生长量从 12 年开始明显加快，从第 12 年至第 15 年近 4 年内年度高生长量平均达 0.22 米，直到 1996 年达到最大 0.48 米。无论是树高或直径生长均趋向速生期，进入生长上升阶段，如图 5-1。

表 5-7 不同立地条件类型人工林生长进程

立地条件类型	树种	年龄（年）	胸径（厘米）				树高（米）				材积（立方米）			
			总生长量	平均生长量	连年生长量	生长率（%）	总生长量	平均生长量	连年生长量	生长率（%）	总生长量	平均生长量	连年生长量	生长率（%）
I	华北落叶松	3	0.00	0.00	0.00	0.00	0.38	0.13	0.13	67.00	0.00004	0.00001	0.00001	67.00
		6	1.90	0.32	0.63	67.00	1.50	0.25	0.38	40.00	0.00030	0.00005	0.0009	53.00
		9	4.50	0.50	0.87	27.00	2.50	0.28	0.33	17.00	0.00179	0.00020	0.00050	47.00
		12	6.50	0.54	0.67	12.00	4.75	0.40	0.75	21.00	0.00796	0.00066	0.00206	42.00
		15	7.90	0.53	0.47	6.00	7.20	0.48	0.82	14.00	0.01564	0.00104	0.00256	22.00
II	油松	5	0.70	0.14	0.14	40.00	1.00	0.20	0.20	40.00	0.00038	0.00008	0.00008	40.00
		10	4.40	0.44	0.74	29.00	2.83	0.28	0.37	19.00	0.00279	0.00028	0.00048	30.00
		15	6.50	0.43	0.42	8.00	4.83	0.32	0.40	10.00	0.00994	0.00066	0.00143	22.00
		20	8.30	0.42	0.36	5.00	6.83	0.34	0.39	7.00	0.01919	0.00096	0.00185	13.00
		21	8.70	0.41	0.40	5.00	7.60	0.36	0.80	11.00	0.02181	0.00104	0.00261	13.00
III	油松	5	0.00	0.00	0.00	0.00	0.85	0.17	0.17	20.00	0.0000	0.0000	0.0000	0.00
		10	2.30	0.23	0.23	10.00	2.25	0.23	0.28	12.44	0.00074	0.00007	0.00015	20.00
		15	4.70	0.31	0.48	10.21	3.50	0.23	0.25	7.14	0.00261	0.00017	0.00037	14.33
		20	6.10	0.31	0.28	4.59	4.60	0.23	0.22	4.78	0.00628	0.00031	0.00073	11.69

海拔 1600 米以下的油松则水分条件好的阴坡明显优于阳坡，阴坡从造林后 10 年开始进入速生期，胸径平均生长量达 0.17 厘米，年度树高平均生长量达 0.13 米，而阳坡在造林后 15~20 年的 5 年内年度直径胸径平均生长量为 0.12 厘米，树高年平均生长量为 0.09 米。从直径、树高生长分析看，无论是阴坡或阳坡，华北落叶松或油松均已进入速生期（图 5-2

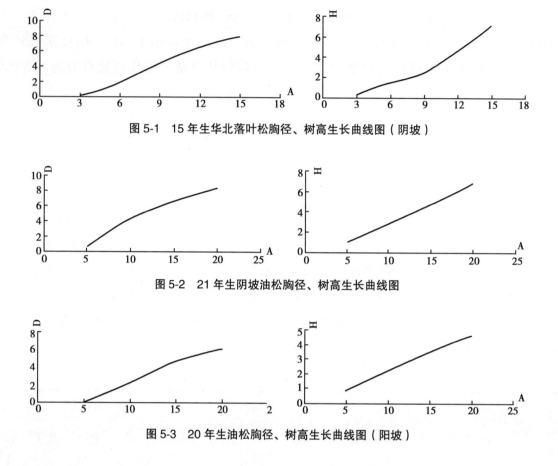

图 5-1 15 年生华北落叶松胸径、树高生长曲线图（阴坡）

图 5-2 21 年生阴坡油松胸径、树高生长曲线图

图 5-3 20 年生油松胸径、树高生长曲线图（阳坡）

和图 5-3）。说明造林密度和配置均对华北落叶松和油松是合理的，造林树种符合适地适树原则。

④ 林分结构分析。林木长势均衡，直径分化不明显，立地条件好的华北落叶松林其胸径分布高峰为 10 厘米径阶，≥8 厘米径阶的株数占总株数的 78.8%，6 厘米径阶和 <6 厘米径阶的株数占总株数的 21.2%，立地条件较好的阴坡油松林其胸径分布高峰为 8 厘米径阶，≥8 厘米径阶的株数占总株数的 46.1%，≤6 厘米径阶的株数占总株数的 53.9%，立地条件较差的阳坡油松林其胸径分布高峰为 6 厘米径阶，≥6 厘米径阶的株数占总株数的 34.9%，≤6 厘米径阶的株数占总株数的 65.1%。这说明林木胸径分布高峰的大小，直接与立地条件类型有关，而林木直径分化是均匀的，造林密度合理，林分生长稳定（表 5-8）。

（2）人工林林地土壤有机质及养分的变化。土壤有机质是土壤肥力的重要指标之一，对林地土壤来说，有机质的变化，一方面反映了土地肥力的高低，另一方面也反映了死地被物的分解状况及林地生物量的变化。

从表 5-9 可知不同林分中土壤有机质的变化很大：华北落叶松林，林地土壤表层有机质 10.57%，而油松林和灌木林表层土壤有机质只有 7.6% 和 5.45%；油松林 5~25 厘米层只有 2.69%，而落叶松林土壤有机质 30~60 厘米层分别为 4.64% 和 6.12%。土壤中全 N、全 P、水溶性 N 也有上述变化。因此说明森林土壤养分的表聚性是有条件的。不同林分下土壤有机质的差异主要与死地被物和林地生物量有关。经测定落叶松枯枝落叶层贮量为 53.7 吨 / 公顷，油松为 7 吨 / 公顷，由此可见落叶松林涵养水分要比油松林多，因为有机质含量丰富，水分易于吸收和渗透，使地表径流转变成地下径流；枯枝落叶转化变成腐殖质后，吸水量可提高到自重的 2~4 倍。可以说华北落叶松林更能有效地涵养水源，保持水土。

表 5-8　不同立地条件类型人工林径级分布　　　　　　　（单位：株）

立地类型	树种	调查面积（平方米）	年龄（年）	2	4	6	8	10	12	14	16	Σ
I	华北落叶松	144	15		2	5	10	13	2	1		33
II	油松	600	15	10	23	36	41	16	2			128
III	油松	500	18	6	32	33	19	12	3	3	1	100

表 5-9　不同人工林林地土壤有机质及其养分的变化

森林类型	层次（厘米）	颜色	有机质（%）	全 N（%）	全 P（%）	水溶性 N（微升 / 升）	C/N	pH
华北落叶松	0~5	灰黑	10.57	0.574	0.112	224	10.68	
人工林	5~30	灰黑	9.09	0.364	0.104	210	14.48	
	30~60	褐	6.12	0.126	0.136	112	28.17	
	60~75	褐	4.64	0.140	0.040	98	19.21	
油松	0~5	灰黑	7.60	0.328	0.10	84	13.45	6.84
人工林	5~25	褐	2.69	0.179	0.08	70	8.72	6.20
	25~50	栗	1.21	0.108	0.064	42	6.50	6.92
	50~85	栗	0.65	0.056	0.12	31.5	6.79	6.20
天然灌木林	0~5		5.45	0.32			9.9	8.7
对照	10~25		3.47	0.15			13.4	7.3
	25~35		1.67	0.14			6.9	8.8

（3）人工林林地土壤水分物理性质与下渗特性。森林下渗性能直接与土壤中孔隙度的大小有关。表 5-10 说明油松林地土壤容重均较小，0~60 厘米土层平均容重为 1.12 克 / 立方厘米，田间最大持水量为 52.07%。由于油松林有丰富的非毛管孔隙，而且可以保持畅通，使水分迅速下渗，经实测 0~20 厘米层土壤下渗速度，油松林地为 1.99 毫米 / 分钟。可见林地土壤的下渗速度远远大于降雨强度，因而无地表径流发生。

表 5-10　人工林林地土壤水分物理性质

森林类型	土层厚度（厘米）	容重（克 / 立方厘米）	总孔隙度(%)	非毛管孔隙度（%）	毛管孔隙度（%）	田间持水量（%）
油松林	0~20	1.06	58.41	4.10	54.31	52.07
	20~40	1.07	58.83	4.30	54.53	51.30
	40~80	1.24	51.53	4.13	47.40	38.72
荒坡灌丛	0~20	1.13	53.37	4.67	48.70	43.45
	20~40	1.14	55.87	4.00	51.89	45.45

（4）人工林林地土壤蓄水能力和对地表径流的影响。土壤蓄水能力是土壤非毛管孔隙对降水的短期滞蓄量，根据森林土壤贮存的降水量（吨／公顷）=10000 立方米 × 森林土壤的非毛管孔隙度（％）× 森林土壤平均深度（米）的计量模型，通过对林分土壤孔隙度的测定值导算出人工林林地土壤蓄水量见表 5-11。

表 5-11　不同森林类型土壤蓄水量

土层深度 （厘米）	油松林		荒坡灌丛	
	非毛管孔隙度（％）	土壤蓄水量（吨／公顷）	非毛管孔隙度（％）	土壤蓄水量（吨／公顷）
0~20	4.10	8200	4.67	9340
20~40	4.30	8600	4.00	8000
40~80	4.13	16520		
0~80	4.18	33320	4.32	17340

表 5-11 揭示了油松林土壤蓄水量为 33320 吨／公顷，是荒坡灌丛土壤蓄水量的 1.92 倍。

由于油松林具有较大的蓄水能力，故经测定在一次性降雨小于 120 毫米时，均不产生地表径流，在一次性降雨等于 120 毫米时，虽然有径流产生，但径流系数仅为 0.85％，冲刷量为 16.6 公斤／公顷，也不会造成水土流失。而作为对照区的荒坡灌丛林则随着降雨量的增加，其冲刷量明显增大，当一次性降雨量等于 120 毫米时，其冲刷量达 4987.2 公斤／公顷。可见人工生态林有效地拦蓄了地表径流。

综合以上调查分析结果，在大青山区营造以华北落叶松和油松为主要树种的人工生态林体系是适合研究区的生态气候条件的，整地造林技术措施是有效的，使造林成活率和保存率达到了较高水平，密度配置也是合理的，使造林 15~21 年的林分保存率达到 83.6％~92.0％，郁闭度为 0.6~0.8。这三种不同立地类型的林分均已形成了很好的枯枝落叶层，其贮量在 7~53.7 吨／公顷，林地土壤有机质含量丰富，土壤容重小，水分易于吸收和渗透，使地表径流转变成地下径流，枯枝落叶转化层腐殖质后，吸水量提高到自重的 2~4 倍。土壤蓄水能力得到提高，油松林地土壤蓄水量为 33320 吨／公顷，是荒坡灌丛蓄水量的 1.92 倍，有效地涵养了水源，发挥出显著的生态效益。

二、内蒙古磴口试验点

乌兰布和沙漠地处我国华北和西北的接合部，位于河套平原的西南部，东临黄河，总面积 129.8 万公顷，流沙占 39％，半固定沙丘占 31％，固定沙丘占 30％，在西北风的吹扬下，每年有 7000 多万吨沙物质进入黄河，占黄河输沙量的 4.4％，是造成黄河河床不断抬高和当地防洪形势恶化的主要原因之一；其东北部的流沙直接威胁三盛公水利枢纽、110 国道、包兰铁路的安全运行和河套灌区的农业生产，也严重影响着磴口县城的生态环境。

乌兰布和沙漠是我国的八大沙漠之一，是我国西北区荒漠半荒漠的前沿地带，属于亚洲中部温带荒漠气候区，典型的大陆性干旱气候，平均气温 8.5℃，年降水量 80~150 毫米，年蒸发量高达 3500 毫米，蒸发量是降水量 23~44 倍。区内除黄河外没有内陆河流，自然环境十分严酷。境内地带性土壤为灰漠土，非地带性土壤有风沙土、灌淤土和盐化草甸土。境内植被稀少，以耐干旱的灌木和半灌木为主。

乌兰布和沙漠的主要地貌特征是：各种类型沙丘的分布具有明显的区域差异，沙漠的东南部主要为连绵起伏的流动沙丘链，西北部则以具有湖泊残余的半固定沙垄及白刺沙堆，沙漠的东北部为古代黄河冲积平原，呈现沙丘链、灌丛沙堆、古河床洼地与平坦的黏土质平地相间分布的特点。

乌兰布和沙区在干旱、多风的气候条件和各种人为活动的影响下，导致土地荒漠化发生和发展，成为黄河沿岸冲积平原区沙荒化程度严重的地区之一。由于风沙活动剧烈而频繁，乌兰布和沙漠现在每年仍以 8~10 米的速度向东扩展，对黄河构成严重危害。在磴口县东南部及南部，黄河干流流经乌兰布和沙漠的东侧，在风力作用下沙漠每年向黄河侵泄的流沙高达 7000 万吨，流入黄河的风沙在进入后套地区后便大量沉积，致使河道抬高变浅，河床每年抬高 0.15 米，航运无法进行，并使磴口段黄河干流较西部高出 10~20 米，形成地上悬河，有引发洪水的威胁。

（一）示范内容

在区域内建立功能完善、生态、经济、社会效益相统一的森林生态网络体系，开展磴口县干旱沙区绿洲防护林体系建设模式与示范，进行磴口县黄河护岸林体系的效益监测与评价，本研究将对西北黄河沿岸沙漠地区的治理开发与经济的可持续发展具有重要的现实意义。

（二）支撑技术研究

1. 治沙造林树种引种选育

沙林中心多年来主要围绕固沙树种和农田防护林树种进行资源的收集、引种和选育改良。先后引种优良沙旱生乔灌木树种 134 种，分属 22 科 45 属，筛选出 20 多种乔木和 30 多种灌木推广造林。先后开展和完成科研课题有"优良沙旱生乔灌木树种资源的收集与引种试验"、"干旱沙区后备树种资源收集与引种"和"沙棘遗传改良研究"。其中，"盐渍化沙地抗逆树种选择及造林技术研究"课题 1992 年获林业部科技进步二等奖，"沙棘遗传改良研究"项目 1996 年获得林业部科技进步一等奖，1998 年获得国家科技进步一等奖。研究表明，梭梭、花棒、沙拐枣、柠条、柽柳、沙枣、沙棘等灌木和小乔木适合营造固沙林和阻沙林；新疆杨、二白杨、群众杨、旱柳、白榆等乔木适合营造护田林带、林网；适宜栽培的经济林树种有苹果、梨、葡萄、枣树、枸杞、大果沙棘等。

目前，沙林中心是我国沙棘选育试验保留试材最全、鉴定品种最多的核心基地。建成有沙棘基因库、多功能育种园、良种繁育区，总面积为 14 公顷。目前推广的主要品种有乌兰沙林、桔丰、桔大、草新 1 号、草新 2 号、森森、红霞、乌兰蒙沙 8 个品种，沙棘良种现已推广到全国十三个省、市、自治区，沙林中心每年提供优良无性系苗 30 万株，优良实生苗 50 万株。除积极推广现有优良品种外，正致力于通过杂交育种和辐射育种培育性状更为优越的新一代生态经济型沙棘良种，力争为我国生态危困地区造林绿化做出更大贡献。

2. 人工绿洲防护林体系营造技术

目前，沙林中心建成树种丰富、结构多样、功能较为完备的人工绿洲示范基地，建设模式对同类地区林业建设起到良好示范作用。防护林体系建设模式分为三个层次：①封沙育草区。该区为绿洲外围主害风的上缘，采取封育和禁牧措施，保护天然植被。天然荒漠植被对防止沙漠活化和土地沙漠化具有重要作用。②防风固沙阻沙林区。在绿洲上风部，采用1米×2米草方格沙障或2米×2米黏土沙障，先固定流沙，选用极耐旱、耐沙埋的树种梭梭、沙拐枣、花棒，营造人工固沙片林；在其内侧选用沙枣等营造窄带多带式阻沙林带，防止流沙向绿洲内部侵入。中心结合"乌兰布和沙漠防风固沙林体系优化模式的选定与实验示范区的建设"（"七五"国家攻关课题）研究，通过营造不同树种规格的林带、片林进行固沙阻沙效能的测定，筛选出阻沙、固沙林的优化组合模式进行推广。该项目1992年获林业部科技进步二等奖。③农田防护林网建设。在人工绿洲内部建立乔灌木防护林网，主要以二白杨、新疆杨、旱柳、沙枣、沙柳、紫穗槐等，营造疏透结构的林网，保护农田不受风沙侵害。沙林中心结合"林带防风效应的实验"（"六五"林业部攻关）、"大范围绿化工程对环境质量作用的研究"（"七五"国家攻关）、"乌兰布和沙区生态经济型防护林营造技术"（"八五"国家攻关）、"乌兰布和沙漠荒漠化土地治理技术与示范"（"九五"国家攻关）等一系列课题的研究，形成了一套干旱沙区防护林体系设计与营造的完整技术。研究表明，我国北方沙区风沙灾害以春季为最强，而此时落叶阔叶树种尚处在无叶期或少叶期，结构设计应以冬季相为基准；以五年内控制风沙危害计，枝条稀疏的新疆杨1米林带段内应有2株树，枝条较为密集的二白杨、群众杨1米林带段内应有1株树；立地条件较好的地段应以两行式紧密型林带为好，立地条件较差的地段应适当增加行数以保证林带的连续性；主林带垂直于主害风西北风，主林带间距应为树高的10~15倍，副林带间距可适当加大。

3. 防护林体系生态经济效益评价

"大范围绿化工程对环境质量作用的研究"取得的定量指标是我国治沙史上前所未有的。为同类地区防护林建设和综合开发提供了理论依据，也为评价"三北"防护林的生态效益提供了宝贵的科学数据。该成果1990年被林业部鉴定为国际领先水平，1991年获林业部科技进步一等奖。

通过长期大尺度的对比观测试验获得的大量物理化学数据表明：防护林体系建设和人工绿洲的形成，对环境质量具有明显的改善作用。在防护林保护下的绿洲开发区内部，短波辐射多吸收10%~20%；7月前后可降低大气蒸发量30%~40%；绿化区中部风速降低37%；改变了风沙流结构，林网内沙尘输移减少80%；来自远方上风区的降尘减少40%；大气浑浊度降低35%。绿洲开发十年后，荒漠土地的经济产值提高了300倍。以防护林为主体的荒漠水土资源开发，不仅能改善生态环境，而且在经济上也是可行的，在开发初期，可承受年利率9.7%的银行贷款。人工绿洲良好的生态环境保证了小麦、玉米、甜菜、葵花、西瓜等农作物和苹果、梨、葡萄等经济果木的优质高产，绿洲内种植业效益逐年提高。

第三节　黄土高原区的试验示范

中阳县位于吕梁山脉中段西侧，山地丘陵占总面积的97.5%，年均降水量536毫米，降水时空分配不均，暴雨强度大，水土流失严重，年蒸发量为降水量的3.7倍，是典型的干旱山区。区内沟壑纵横，梁峁起伏，属典型黄土高原地区，黄土厚度分布不等，薄的仅几十厘米，厚的达100余米；气候属大陆性季风气候区，从南到北依次为暖温带半湿润气候、暖温带半干旱气候、温带半干旱气候。年均气温4~14℃，无霜期120~220天，年均降水量400~650毫米，降水分布不均，7、8、9月占全年的60%~80%；土壤以山地棕壤、褐土性土为主；植被主要为屡遭破坏再重新恢复的天然次生林，其次为建国后营造的人工林。南部植被主要为暖温带落叶阔叶林。中部地区，高中山地带为寒温性山地常绿针叶林，落叶针叶林和针阔混交林，低山及丘陵为暖温带落叶灌丛和干旱草原。北部属温带半干旱草原地带。

一、示范内容

中国森林生态网络体系"面"的研究与示范中阳试验点共建设试验示范区总面积3665.4亩，其中高效经济林400亩，水土保持经济林298.6亩，生态林1125.6亩，植被恢复林1426亩，引种64.8亩。示范区的造林任务全部完成。

结合示范区建设，提出了不同地貌类型的水土流失治理模式，对区域（小流域）气象要素变化规律，各种治理模式土壤水分和土壤温度的时空变化动态以及土壤水分—物理性质，防护林体系中生态林和经济林（主要乔、灌木）树种的水分、光合生理生态特征进行了系统的观测研究；同时对各个树种的造林成活率、保存率及其林分生长规律作了详细调查分析。按年度研究计划的要求和内容，基本完成了预期的研究计划，取得了一些前期的研究成果。

（一）林地土壤水分及气象环境因子动态观测分析

在引进一些国外一些气象站、土壤水分时域反射测定仪等先进仪器的基础之，进行了相关的测定和研究工作。对实验区范围内的风速、风向、空气相对湿度和温度、降水量、太阳辐射强度、蒸散量等气象要素实施动态观测（设置自动记录间隔时间为30分钟）。同时布设了简易水面蒸发器（直径20厘米），人工观测水面蒸发强度，获得区域蒸发能力（潜力）的时间变化动态。

采用传统重量法和现代精密仪器测定方法相结合，对试验区范围内土壤水分和温度的时空变化动态实施监测。所用仪器是美国产土壤水分探测仪（TDR），对不同地形部位（立地条件类型）、不同治理模式（造林模式）的土壤水分（相对含水量）和温度实施定时、定位观测。

共设置观测标准地18个，布设35个观测空间点（即埋设35根测定管）。空间点分别布设于不同地形部位（立地条件类型）包括：峁坡的顶部，卯状阴坡上部、中部、下部，卯状阳坡上部、中部、下部；侵蚀沟坡的阴坡中部、下部，沟坡的阳坡中部、下部以及沟底的沟坝地等）和不同治理模式（造林模式包括：不同林种、不同树种及其组成、不同整地方法等）。每个空间点的观测深度为 1.0 米（即测定管的长度为 1.0 米），观测层分为 5 层（每 20 厘米一层）；观测时间间隔（观测频率）为：常规观测每 5 天进行一次，较大降雨以后增加观测频率。

土壤温度的观测与土壤水分观测同步进行。每次观测可分别获取土壤相对含水量及土壤温度数据各 175 个（每个月可分别获取观测数据至少 1050 个）。通过土壤田间含水量（毛管最大持水量）的测定，还可以获取同等数量的土壤质量含水量数据。在比较典型的地形部位和造林模式中，如卯顶的核桃、仁用杏经济林，峁坡的刺槐 × 侧柏混交水土保持林、坡面退耕机修梯田的核桃、山桃及山杏经济林等，我们对土壤水分—物理性质进行了测定。内容包括土壤容重、孔隙状况、持水及蓄水能力、入渗性能、水分特征曲线等。

（二）植物抗旱（光合）生理生态特性研究

对近 30 个主要生态防护型林与生态经济型乔、灌木树种的抗旱—光合生理生态特性进行了试验研究。在 3 月份集中布设了近 30 个乔、灌木树种（包括乡土树种与引进树种）的盆栽试验，每个树种布设 5~10 次重复（布设 5~10 盆）。所试验的乔、灌木树种分别有：以生态防护林建设为主要目的树种 14 种（侧柏、油松、刺槐、杨树、五角枫、榆树、漳河柳、杠柳、丁香、杜梨、山桃、山杏、柠条、黄刺玫）；以生态经济林建设为主要目的树种 11 种（核桃、仁用杏、冬枣、花椒、宝石李、君迁子、柿子、樱桃、石榴、新世纪杏）。

在植物生长的旺盛期（7~8 月份），集中力量对各个树种的抗旱（水分）生理生态特征实施观测。在观测中应用露点水势仪和重量（烘干）法分别测定盆栽的土壤水势和土壤（质量）含水量；应用英国 PPS 公司生产的 CIRAS-2 型光合作用系统测定光合生理参数（包括净光合速率、气孔导度、细胞间隙 CO_2 浓度、气孔限制值、叶—汽水蒸汽压差、蒸腾速率和水分利用效率等），以及相应的光合环境参数（包括光量子通量密度、大气 CO_2 浓度、空气温度和叶片温度以及空气湿度等）。

（三）造林成活率、保存率及幼林生长量调查

2003 年 10 月份，对工程示范区和引种示范区范围内各种造林模式中不同树种的造林成活率、保存率作了全面调查。查明了各个树种及其不同造林方法（如播种造林、植苗造林等）的造林成活率（保存率）。

另外，在主要造林模式的林分中，建立了 10 多块固定标准地，对幼林生长状况及经济林结实状况进行了调查，同时为以后的林分生长与生产动态调查打好了基础。标准地设置包括：卯顶核桃、仁用杏经济林，峁坡刺槐单纯林、侧柏单纯和刺槐 × 侧柏混交林（水土保持林）、坡面退耕机修梯田核桃、山桃及山杏经济林等。标准地调查内容包括：树高、胸径（地径）、冠幅、生物量、根系分布等指标，以及经济林的结实状况（如 2~3 年生的核桃幼林和 10 年生以上核桃成林等）。

二、支撑技术研究

（一）晋西黄土高原封山育林中植被演替规律

1. 弃耕地植物群落演替

离石严村流域由于村民迁移，有较大面积不同时期的弃耕地，最早的有40~50年，晚的仅2~3年，现已形成不同的植物群落类型，处在不同的演替阶段。据张金屯等研究，随着弃耕时间的延续，不同阶段群落组成及结构特征都有差异。

（1）草本植物群落阶段：

草本群落的弃耕时间较短，在15~20年以内，是弃耕地演替的初级阶段，也是最不稳定的阶段，因此群落又多有分化，依群落特征，可分为以下群落类型。

① 苦苣+狗尾草群落。出现在弃耕1~3年的坡地上，群落盖度50%~70%，种类较多，变化较大，除苦苣和狗尾草外，还有刺儿菜、箭叶旋花等。其组成、结构都不稳定，是变化速度最快的演替初级阶段。

② 蒿类草丛群落。主要分布在弃耕5~10年的坡地上，总盖度在80%以上，高的达90%。优势种以蒿类为主，其他种类有苦苣、黄香草木樨等。

③ 野艾蒿+披碱草群落。主要出现在弃耕8~15年的坡地上，总盖度80%左右。种类组成丰富，伴生种多，主要有兴安胡枝子、苦苣等。

④ 披碱草+早熟禾+蒿类群落。主要出现在弃耕10~20年的坡地上，总盖度大，在90%~100%间。除优势种外，还有多种草本植物如苇、兴安胡枝子、甘草等。另外，在群落中尚散生一些灌木种类，如沙棘、黄刺梅及榆树幼苗等，表明该类型为草本群落向灌丛群落的过渡类型。

（2）灌丛群落阶段：

灌丛群落阶段是草本植物演替到一定阶段的产物。一般出现在弃耕15年之后，20~25年后可形成灌木群落，25~30年能达到较成熟且较稳定的灌丛群落阶段。在严村流域，灌丛群落面积不大，且群落类型单一，主要是因为人工造林使灌丛群落向乔木群落的演替加快所致。灌丛仅有一个类型：沙棘灌丛，灌丛群落生长繁茂，总盖度90%以上，灌木种除沙棘外，尚有黄刺玫、杠柳等。草本层种类较丰富，优势种有蒿类和披碱草，在不同的地段占优势，由此该类型可分划为2个群落类型：沙棘—蒿类灌丛和沙棘—披碱草灌丛。

（3）乔木群落阶段：

灌木群落发展到一定阶段，乔木种类开始在群落中定居，并逐步发展为乔木群落，一般在弃耕30~50年后，开始形成乔木林，但在人为作用下，这一时间可以缩短。自然状态下，栎类等阔叶树能够在此定居，并发展成林，但因其材质差，当地农民有意识地限制其生长，所以在撂荒地上发展的乔木主要是油松和华北落叶松林。

① 油松林。油松林主要出现在弃耕30~50年的坡地上，海拔1300~1400米，有自然林，也有人工栽种的，林龄约30年，这里人工栽种起到了加快演替的作用。群落总盖度95%以上，油松占绝对优势，乔木层盖度90%以上。灌木层种类多，但盖度低，在30%以下，主要种

类有黄刺玫、牛奶子、三裂绣线菊、二色胡枝子、山桃等。草本层种类多，盖度可达50%，主要种类有羊胡子草、兴安胡枝子等。油松林在该区可以维持很长的时间。

② 华北落叶松林。林龄在30~40年，是弃耕后人工栽植的群落。分布在海拔1400米山坡上，坡度较小，土壤富含有机质。群落盖度95%以上，林下阴湿，水分条件好。华北落叶松占绝对优势，树高5~10米，胸径15~20厘米，乔木层混有榆树。灌木层盖度30%，主要灌木种类有黄刺玫、枸子木、扁担木等。草本层盖度约40%。林下有较厚的枯枝落叶层。

2. 封禁（育）地植被演替

吉县雨院小流域，经过12年封禁，植被得到迅速恢复，据张津涛等通过样线技术与样方调查，植被自然恢复情况如下。

（1）植被种类的恢复：由于封禁，植物的种类迅速增加，经过12年，木本植物的种类达41种，分属于16科34属，其中种类较多的科有蔷薇科（6属10种）、豆科（5属5种）、杨柳科（3属3种），其余科在2种以下。就其来源讲，是以周围次生林的种源为主，辅以人工引种。

（2）植被恢复的坡向差异。

阳坡：以雨院小流域为例，植物以草类和沙棘为主。草类主要是白草和蒿类，形成盖度在0.50左右的植物群丛；沙棘形成单种群丛，盖度在0.70左右。

半阳坡：以树种的重要值衡量其在植被中的重要性。半阳坡以沙棘（124.92）、达乌里胡枝子（81.07）、黄蔷薇（24.55）和虎榛子（21.49）为主。树木种类较阳坡有所增加，为14种，出现乔木树种，有山杨、辽东栎及小乔木树种杜梨、山杏等。植被总的覆盖度为72%。

半阴坡：乔木有山杨（53.20），灌木有杭子梢（58.03）、虎榛子（53.03）、沙棘（29.91），与半阳坡相比，乔木的作用增加，沙棘作用减少。树木种类增加到19种。总覆盖度为90%。

阴坡：乔木以山杨作用最大（28.75），灌木树种中虎榛子作用大大增加，重要值为157.45，其次是杭子梢（34.12）。

雨院小流域经过12年的封育，植被总覆盖率为80%，其中覆盖度>0.60的林地占60%，覆盖度>0.40的草地占20%。

3. 主要植物群落

（1）白草群丛：主要分布在阳坡、半阳坡，覆盖度可达0.40以上。

（2）沙棘群丛：首先分析沙棘的分布情况，见表5-12。沙棘是一种耐贫瘠、耐干旱的先锋树种，由半阳坡到半阴坡，沙棘的密度与优势逐步减小，半阳坡密度为4882~3726株/公顷，优势度为47%；在半阴坡土壤水分条件较半阳坡有所改善，其他树种与沙棘同时出现，依据各自的生物、生态学特性形成一定的分布格局，这样沙棘扩展的范围就有所限制，但仍占主要地位。在阴坡，水分条件进一步改善但光照条件减弱，遮荫对沙棘这种喜光树种来说会使其生长不利，竞争力减弱，而与沙棘同时出现的树种如虎榛子则占主要地位，同时山杨出现形成乔木层。

表 5-12 不同立地沙棘分布情况（样线调查结果）

坡向	半阳坡		半阴坡		阴坡
	西坡	西坡	东北坡	西北坡	北坡
海拔（米）	1100~1170	1130~1250	1160~1180	1160~1250	1120~1170
密度（株/公顷）	4882	3726	2300	3838	2700
优势度（%）	47	46	23	25	8
频度（%）	100	95	56	38	45

（3）虎榛子群丛：主要分布在阴坡、半阴坡，形成密度很高的单种群丛，密度为 47500~690000 株/公顷，冠幅为 23 厘米×23 厘米~70 厘米×70 厘米，平均高在 55~157 厘米之间，最大林龄为 11 年。同沙棘相比，虎榛子的个体较小，主要表现在冠幅和树高上，而密度为沙棘的 4~10 倍。虎榛子亦具有很强的根萌蘖特性，因此一旦侵入便迅速扩展成片。与沙棘相比，虎榛子需要一定的遮荫条件，对土壤、水、肥要求较严格，因此往往呈条带状分布。

（4）山杨—虎榛子群丛、山杨—沙棘群丛：在雨院小流域 51 个区段的样线调查结查表明，山杨的分布频度为 67.4%，仅次于沙棘（89.4%）。表明山杨具有广泛的分布，其重要值为 30.92，小于虎榛子（74.60）、沙棘（65.34），亦为主要树种。山杨分布于环境梯度中湿润、土肥的地段。根据样方调查，山杨在阴坡、半阴坡分布密度为 2000~22800 株/公顷，平均高度 2.38~4.16 米，最高 6.80 米，胸径 11.0 厘米。山杨为乔木层的建群种。林下的灌层由一些先行侵入的树种组成，作为优势种，沙棘、虎榛子、胡枝子、黄蔷薇等与山杨构成群丛，其中山杨—虎榛子群丛为稳定。

（5）侧柏群丛、辽东栎群丛：侧柏能在干旱、贫瘠的阳坡、半阳坡形成群丛但生长缓慢，覆盖度较小。在海拔为 1250 米左右的东南坡上部，覆盖度为 40%，密度为 1067 株/公顷，平均高 3.41 米，平均胸径 6.9 厘米，林龄 45 年，下木有文冠果、栾树等。在阴坡、半阴坡有残存的辽东栎，树形高大，覆盖度 20%。在其附近已形成的山杨植物群落中，有大量的高度小于 1 米的辽东栎幼苗，密度为 1600 株/公顷，在最密集的地段，4 平方米的样方有 15 株。很有可能辽东栎最终占据该地段形成以其为建群种的群丛，包括辽东栎—虎榛子群丛。

4. 植物群丛的演替序列

干旱贫瘠的阳坡、半阳坡首先为一些草本植物群落所占据，或同时为草本和沙棘所侵入形成植物群落，或是形成灌丛混交林，而且越是在贫瘠、干旱地段从草本到灌丛形成的时间越长，而这些地段亦较长时间地为灌丛所占据。

半阳坡、半阴坡形成的灌丛植被中，很快被乔木树种侵入，最突出的是被山杨侵入。山杨由山沟底到梁坡迅速扩展郁闭，在半阳坡形成山杨—沙棘群丛，半阴坡形成山杨—虎榛子群丛。

在阴坡山杨侵入、扩展、定居的速度更快，形成山杨—虎榛子群丛，而且随着时间延续，最终将为辽东栎—虎榛子群丛所取代。

作为这一地区的顶极群落，自然演替的结果将为以油松为建群种的植物群丛以及辽东栎为建群种的植物群丛所占据。

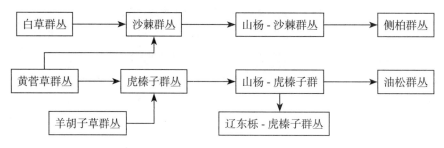

图 5-4　封禁流域植被演替示意图

（二）植被恢复技术

针对刺槐的生物学特性，选择海拔 1000 米以下地带，或者在山沟边、田旁。风口、阳坡有冻害的地方不宜营造刺槐林。

1. 旱地育苗技术

在旱地育苗中，主要掌握利用土壤水分，以保证种籽发芽出土、幼苗生长期的需要。

早春开水浸种育苗：将刺槐种籽倒入开水（90℃）缸中浸泡 3 小时，然后捞出堆积催芽。每日可洒些清水，三天以后，种籽裂嘴后即可播种。当年苗高可达 1 米多，秋季即能出圃造林。当初夏卡脖子旱出现时，苗木已生出侧根，增强了抗旱能力。利用开水浸种有两个好处，一是催芽效果好，出苗整齐；二是可减少病虫害。

白露播种育苗：趁秋末土壤湿度较大的时机，将种子播入圃地，越冬时苗高 10~20 厘米，根系深 15~25 厘米，能安全越冬，不受冻害，第二年生长迅速，可达 1.5 米以上，秋季用以造林。

2. 提前整地、蓄水保墒

预整地是提高造林成活率的重要保证。据中阳县暖泉镇多年抽样调查，预整地的刺槐林平均树高是未整地的 2 倍（表 5-13）。

表 5-13　整地与不整地对刺槐生长的影响

调查点	措施	树龄（年）	平均树高（厘米）	平均胸径（厘米）	单株材积（立方米）
暖泉	预整地	5	4.5		
	未整地	5	2.1		
	预整地	23	15.0	18.0	0.157
	未整地	23	8.5	15.0	0.101

鉴于西山为沟壑区，试验中预整地采用了水平阶、水平沟、鱼鳞坑和反坡梯田等方式，结果表明，反坡梯田整地是目前各种整地方法中蓄水保土能力较高的一种（表 5-14）。当保水面积占到总面积的 40%，且每小时降水不超过 20 毫米时，不会产生水土流失。

试验还表明，反坡梯田整地的刺槐幼林，其根系较发达，与水平阶、鱼鳞坑整地方式相比，根条数增加了 15.4%~57.9%（表 5-15）。

表 5-14 不同整地方法蓄水保土效能对比

整地方法	初渗量（毫米）		本身贮水量（毫米）	保水面积占总面积（%）	流失面积占总面积（%）	保存降水量（毫米）
	未翻	深翻				
30°坡地对照	1		0	0	100	
鱼鳞坑	3	15	100	10	90	
水平沟	3	15	100	15	85	
反坡梯田	3	15	150	40~70	30~60	26~48

表 5-15 不同整地方法对刺槐根系的影响

整地方法	树龄（年）	树高（米）	地径（厘米）	根幅（米）	集中分布范围(米)	直径>5毫米	直径5~1毫米	直径<1毫米	总计
鱼鳞坑	1	0.90	0.86	1.03	0.80		10	9	19
水平阶	1	0.95	1.06	2.03	0.40	1	12	13	26
水平沟	1	1.07	0.99	2.08	0.70	1	13	11	25
反坡梯田	1	0.20	1.12	1.74	0.80	2	17	11	30

3. 截干栽植

利用刺槐萌芽性强的特点，造林前对苗木进行截干，一般保留干长5~10厘米，截干苗栽植后露出地面1厘米，若露出3厘米以上时，容易萌出多茎干，形成丛状（表5-16），影响主干生长，且造成整枝修剪工作量的增大。

表 5-16 不同密度条件下的刺槐生长量 厘米

龄阶	3300株/公顷			1425株/公顷		
	总生长量	平均生长量	连年生长量	总生长量	平均生长量	连年生长量
2	1.80	0.50		1.6	0.80	
4	3.15	0.79	0.63	4.6	1.15	1.5
6	5.00	0.83	0.83	7.8	1.27	1.5
8	7.80	0.90	0.80	9.8	1.20	1.0
10	9.10	0.91	0.75	11.6	1.16	1.0
12	9.50	0.79	0.20	13.6	1.13	1.0
14	10.00	0.71	0.25	15.6	1.12	1.0
16	11.00	0.69	0.50	16.0	1.07	0.4
17	11.80	0.59	0.80			

4. 合理调整造林密度

1993年6月对暖泉镇刺槐林进行了树干解析，不同密度下的林木生长状况见表5-17和表5-18。

表 5-17　不同密度条件下的刺槐胸径生长量（厘米）

龄阶	3300 株 / 公顷			1425 株 / 公顷		
	总生长量	平均生长量	连年生长量	总生长量	平均生长量	连年生长量
2	0.90	0.45	1.38	0.60	0.300	
4	3.65	0.91	0.78	2.85	0.712	1.112
6	5.20	0.87	0.26	6.40	1.067	1.775
8	5.72	0.72	0.30	9.45	1.181	1.625
10	6.32	0.63	0.13	11.35	1.155	1.200
12	6.57	0.55	0.07	13.95	1.150	1.025
14	6.70	0.43	0.03	15.50	1.107	0.800
16	6.75	0.42	0.40	15.45	1.097	0.950
17	7.15	0.42				

表 5-18　不同密度条件下的刺槐材积生长量（立方米）

龄阶	3300 株 / 公顷			1425 株 / 公顷		
	总生长量	平均生长量	逐年生长量	总生长量	平均生长量	逐年生长量
2	0.000018	0.000007	0.000148	0.000029	0.000015	
4	0.000274	0.000070	0.000150	0.000181	0.000045	0.000075
6	0.000564	0.000094	0.000117	0.000029	0.000172	0.000425
8	0.000803	0.000100	0.000347	0.002888	0.000334	0.000320
10	0.001487	0.000149	0.000130	0.003809	0.000381	0.000570
12	0.001739	0.000149	0.000120	0.005840	0.000470	0.000915
14	0.001880	0.000141	0.000116	0.007970	0.000569	0.001165
16	0.002189	0.000137	0.000104	0.014570	0.000871	0.006600
17	0.002495	0.000145	0.000230			
带皮	0.003409			0.176900		

从表 5-18 中可以看出，密度为每公顷 3300 株的树高生长最快期出现在 10 年前，10 年后迅速下降；密度为每公顷 1425 株的 7 年前树高生长较快，但 7 年后生长量下降缓慢；每公顷 3300 株的直径生长最高峰在第 6 年，其后生长迅速下降，每公顷 1425 株的直径生长最高峰在第 10 年，到 14 年时年生长量仍在 0.8 厘米，此时胸径为前者的一倍多；材积生长也与密度有很大关系，每公顷 1425 株 15 年生时的单株材积为每公顷 3300 株 17 年生时单株材积的 5 倍。

5. 混交造林

刺槐是一个很好的混交树种，由于其改土作用强，往往混交后，混交树种均比纯林表现速生，暖泉镇有几十公顷刺槐与小叶杨的行间混交林，表现良好，小叶杨比未混交者高粗生长量均大 1/3 以上。

第四节　华北区的试验示范

九龙山位于太行山系东部北段，属太行山低山丘陵区，海拔在 100~997 米之间。山坡坡度多在 25°以上。气候条件为暖温带大陆东岸半湿润季风气候，夏秋炎热多雨，年均降水量 623 毫米，降水主要集中在 6~9 月，年均蒸发量 1870 毫米。无霜期 216 天。土壤主要是在砂岩风化坡积物上发育起来的山地粗骨性褐土和山地淋溶褐土，质地为轻壤，山地土层普遍较薄，含石量高。

北京市九龙山是落叶阔叶林和温性针叶林的适生地区，现状植被是从 60 年代开始封禁，以次生灌丛和灌草丛为主。该地区经过近 40 年的封山育林、植树造林，植被得到了更新和恢复，植物种类得到了保护，形成了针、阔叶人工林与大量天然次生植被类型镶嵌状分布。

九龙山封育植被可划分为四大植被类型，14 个植被群丛（Association），它们隶属于温性针叶林、温性阔叶林和落叶阔叶林 3 个植被型（Vegetation Type），和油松林侧柏林、栓皮栎林、荆条灌丛、蚂蚱腿子灌丛、胡枝子灌丛、金雀儿灌丛 6 个群系（Formation）。

一、示范内容

（一）封山育林林分结构及生态效益研究

封山育林林分结构的变化：九龙山封育植被群落发生了明显的变化。荆条灌丛已基本形成。其长势旺盛，油松、侧柏和栓皮栎人工林的郁闭程度更加明显。枯落物的厚度和盖度明显增加。整个植被群落的水土保持和水源涵养等生态功能进一步增强。这反映出九龙山林场植被经过多年的封山育林后的生态效果。这对研究我国森林生态网络分布中"面"的生态作用具有积极的参考价值。

封山育林对林地枯落物的影响：经过 20 年的封山，枯落物比不封山的增加了 1~2 倍。增加最多的栓皮栎林为 191.8%，增加较少的荆条灌木林也有 82.4%。枯落物的增加幅度，乔木林大于灌木林。主要原因有两个，一是前面提到的油松、侧柏为针叶树，栓皮栎叶子较厚，均分解较慢；二是灌木林内出入不方便，采摘物较少，人为活动多在乔木林中进行，如采摘蘑菇、挖野菜、游玩等。

封山育林后生物多样性的变化：根据对九龙山地区多样性指数、生态优势度和群落均匀度的对比分析，结合李昌哲等人对该地区次生演替的研究，其阴、阳坡植被分别将会形成从灌草丛向灌丛，直至侧柏栓皮栎林、油松林和阔叶林及灌丛混交林方向进行次生演替的生态序列。据此，可以通过一些人为管理措施，改变灌丛群落中不同种类植株的密度，去除一些非目的树种，提高群落均匀度，从而加速灌丛群落的进展演替。由此可见，封山育林是一项恢复森林植被，促进植被演替的重要措施。同时在封山育林过程中，注意封、管结合，更有利于植被演替。

（二）植被恢复与重建优化模式的筛选

北京九龙山地处太行山北段，以发展水土保持林为主。而水土保持林的两大功能为生态屏障功能和社会经济功能，即在达到防治土壤侵蚀和涵养水源的基本要求下，尽可能获得最大的社会经济效益。这种认识的形成与产生，是在长期水土保持生产实践中不断总结，不断演化的结果。尽管当前在水土保持理论和技术实施的见解上仍有所不同，可是增加山区植物（特别是林木）覆盖，发展以木本植物为主体的林业产业，则几乎成了人们的共识。这就为水土保持理论和技术，由单纯防护型或水土保持型向生态经济型转换创造了条件，从而使水土保持林的实施真正体现出上述两大主要功能。研究以上述基本认识为出发点，选择了人工乔木纯林、混交林、天然灌木林等7种育林模式进行调查研究，以提出优化模式，以加速植被的恢复与重建。

（三）水土保持林生态效益监和综合评价

结合以前的观测，结果表明：在不同的植被类型当中，油松林的水土保持功能最强，侧柏林最差。其排序为：油松林、油松×黄栌＞灌草1＞华山松林1＞侧柏林。关于灌草2和一个华山松林2的处理，均为2年前清除了地表覆盖。灌草2小区的灌草植被经过2年的恢复已具备了一定的水土保持能力，而华山松林2小区由于有华山松的存在，地表灌草很少，2年积累的枯落物也极为有限，所以水土保持功能比灌草2小区要差。总之，在太行山砂页岩区，只要有较好的植被覆盖，不论是乔木还是灌草，均可以产生良好的水土保持效益。

二、支撑技术研究

（一）北京九龙山封育植被群落物种多样性及其与演替的关系

植被群落中的物种数目及物种所包含的个体数量，体现了群落的发展阶段和稳定程度。九龙山现阶段的各个群丛都是植被次生演替过程中的不同阶段类型。一般来说，群落的物种多样性是其种数、个体总数和均匀程度的综合概念。从演替的角度看，物种多样性总体趋势是随着演替的不断深入而增大。

1. 侧柏林、栓皮栎林

主要生长在阳坡，群落结构有乔灌草三层结构，而阳坡的灌丛群落中，1、4、11、19、20、21、22号群丛主要分布于阳坡、半阳坡，土壤条件差，主要建群种为耐旱性灌木荆条，即使在11号群丛中，荆条也是主要植物。在阳坡灌丛群落中，主要还有禾本科中的白羊草、隐子草等，物种组成较简单。

阳坡侧柏、栓皮栎林群落的多样性指数中，$Shannon\text{-}Wiener$ 指数介于3.22~3.90；$Simpson$ 指数介于5.79~11.60；种间相遇机率 PIE 指数介于0.83~0.91之间。生态优势度介于0.09~0.17之间；群落均匀度介于0.26~0.51之间。而阳坡灌丛群落的多样性指数中，$Shannon\text{-}Wiener$ 指数介于1.79~3.54；$Simpson$ 指数介于2.34~8.45；种间相遇机率 PIE 指数介于0.57~0.88之间。生态优势度介于0.12~0.43之间；群落均匀度介于0.23~0.51之间。侧柏栓皮栎林与阳坡灌丛群落相比，它们的物种多样性及群落均匀度均较高，生态优势度要低。同时在阳坡灌丛群落中，其中荆条林群落（群丛 1、4、19、20、21、22）与红花锦鸡儿群落（群丛 11）相比，它们的物种多样性指数和均匀度较小，优势度较高，说明了在荆条灌丛中的植物种类很少，建群种荆条及其下层的草本（如白羊草、黄背草、隐子草等）占绝对优势，因而也使均匀度很低。而红花锦鸡儿群丛属于中生高灌丛，其多样性指数、均匀度又比荆条灌丛群落要高，而优势度要低，反映了它们由多物种组成及其优势种并不十分突出，而且成层现象较明显（表 5-19 和表 5-20）。

表 5-19　北京九龙山植被群丛的植物群落物种多样性、均匀度、生态优势度一览表

| 群丛号 | 群落名称 | 种数 | 总个体数 | 多样性指数 | | | 均匀度 J | 优势度 C |
				D	HS	PIE		
2	侧柏	32	918	3.75	8.74	0.89	0.26	0.11
3	侧柏	21	369	3.22	5.79	0.83	0.26	0.17
9	侧柏	18	431	3.41	6.67	0.85	0.36	0.15
10	栓皮栎林	22	691	3.90	11.60	0.91	0.51	0.09
1	荆条 - 白羊草	10	151	2.80	5.46	0.82	0.51	0.18
4	荆条 - 矮丛苔草 + 狗尾草	21	392	3.42	7.67	0.87	0.35	0.13
11	金雀儿 + 荆条 - 矮丛苔草	21	330	3.54	8.45	0.88	0.38	0.12
19	荆条 - 北京隐子草	13	127	3.08	6.76	0.85	0.47	0.15
20	荆条 - 北京隐子草	10	292	1.79	2.34	0.57	0.23	0.43
21	荆条 - 白羊草	12	155	2.93	6.45	0.85	0.50	0.15
22	荆条 - 黄背草 + 北京隐子草	22	369	3.25	5.83	0.83	0.25	0.17
6	油松林	23	451	3.60	6.53	0.85	0.27	0.15
8	油松疏林	24	426	3.97	12.12	0.92	0.48	0.08
12	油松疏林	25	490	3.99	13.12	0.93	0.50	0.08
5	蚂蚱腿子 + 荆条 - 矮丛苔草	25	240	3.68	7.52	0.87	0.27	0.13
7	荆条 + 三裂绣线菊 - 矮丛苔草	30	708	3.29	4.86	0.79	0.16	0.21
13	胡枝子 + 蚂蚱腿子 - 矮丛苔草	18	507	3.33	6.84	0.85	0.37	0.15
14	荆条 + 杠柳 - 矮丛苔草	16	180	3.30	8.53	0.88	0.49	0.12
15	胡枝子 + 荆条 - 矮丛苔草	17	722	2.75	4.94	0.80	0.28	0.20
16	荆条 - 白羊草	18	316	3.23	7.00	0.86	0.37	0.14
17	荆条 - 矮丛苔草 + 猪毛蒿	13	202	3.10	7.11	0.86	0.51	0.14
18	蚂蚱腿子 + 荆条 - 矮丛苔草	21	323	3.45	7.50	0.87	0.34	0.13

表 5-20　九龙山植被类型的物种多样性指标的比较

群落类型	D	Hs	PIE	J	C
阳坡侧柏栓皮栎林	3.22~3.90	5.79~11.60	0.83~0.91	0.26~0.51	0.09~0.17
阳坡灌丛	1.79~3.54	2.34~8.45	0.57~0.88	0.23~0.51	0.12~0.43
阴坡油松林	3.60~3.99	6.53~13.12	0.85~0.93	0.27~0.50	0.08~0.15
阴坡灌丛	2.75~3.68	4.86~8.53	0.79~0.88	0.16~0.51	0.12~0.21

因为就侧柏林、栓皮栎林来说，处于演替的后期阶段，种类组成较为丰富，群落结构较为完整，生境条件较为优越，所以它的 D 和 J 指数应该都较高。通过本次植被调查，与上次植被调查相对照，九龙山地区的灌丛群落将随着灌草丛进一步发育为灌丛阶段，植被的盖度都大大增加。但是仍旧处于植被演替的初期。现在一些灌丛种类大量入侵、定居，一些阔叶种类如山榆、大果榆、白蜡、臭椿等也相继侵入、生长，在原来的灌草丛中，一些优势草本植物如白羊草、北京隐子草等逐渐萎缩，生活力有所减弱。所以，整个种类组成较灌丛前期——灌草丛明显增多。但其物种多样性与处于演替后期的侧柏、栓皮栎林相比，一般都较低。而生态优势度要大。因此对于阳坡植被来说，已经由荆条灌草丛阶段发展为荆条灌丛阶段，通过人为干扰有向侧柏、栓皮栎林和灌丛混交林方向演替的趋势。

2. 油松林

主要生长在阴坡，它们大多数都快郁闭。阴坡的灌丛群落主要包括 5、7、13、14、15、16、17、18 号群丛，主要分布在阴坡、半阴坡。主要建群种为蚂蚱腿子和胡枝子，另外还有荆条、三裂绣线菊。而 14、16 号群丛位于沟底。7、17 号群丛分布在半阴半阳坡，具有阴、阳坡的过渡性质。它们的建群种仍旧是荆条—矮丛苔草。整个阴坡群由于生境条件较好，植被生长较茂盛，物种多样性及群落均匀度较高，生态优势度低。

阴坡油松林群落的多样性指数中，Shannon-Wiener 指数介于 3.19~3.99；Simpson 指数介于 4.81~13.12；种间相遇机率 PIE 指数介于 0.79~0.93 之间。生态优势度介于 0.08~0.21 之间；群落均匀度介于 0.22~0.50 之间。而阴坡灌丛群落的多样性指数中，Shannon-Wiener 指数介于 2.75~3.68；Simpson 指数介于 4.86~8.53；种间相遇机率 PIE 指数介于 0.79~0.88 之间。生态优势度介于 0.12~0.21 之间；群落均匀度介于 0.16~0.51 之间。油松林与阴坡灌丛群落相比，它们的物种多样性及群落均匀度均较高，生态优势度要低。同时在阴坡灌丛群落中，蚂蚱腿子灌丛群落与胡枝子灌丛群落的多样性指数要高于荆条—矮丛苔草群落。而生态优势度又低于它们。另外蚂蚱腿子灌丛群落与胡枝子灌丛群落相比，其物种多样性指数较高，生态优势度要低。说明了在蚂蚱腿子灌丛中的植物种类更多，它们由多物种组成及其优势种并不十分突出，而且成层现象较明显，因而也使多样性稍高，而生态优势度要低。

对于阴坡植被来说，因为油松林处于森林植被演替的后期阶段，种类组成较为丰富，群落结构较为完整，生境条件较为优越，所以它的 D 和 J 指数应该都较高。因此对于阴坡植被来说，通过本次植被调查，与上次植被调查相对照，已经由一些荆条—矮丛苔草群落发展到三裂绣线菊、蚂蚱腿子、胡枝子灌丛群落。整个种类组成明显增多。但其物种多样性与处于演替后期的油松林相比，一般都较低。现在在阴坡灌丛群落中，一些阔叶林植物，如山榆、大果榆等榆类植物也入侵、生长在这些阴坡灌丛群落中。因此，在阴坡植被群落由于人为干扰的作用，有向油松林和阔叶林和灌丛混交林方向演替的趋势。

三、北京九龙山封山育林效果

九龙山地区经过多年的封山育林，植被群落发生了明显变化。指出封山育林是一项恢复森林植被的重要措施。九龙山林场一直处于封山育林状态，人为活动的影响小。通过对比，可以清楚地反映九龙山林场植被经过多年的封山育林后的生态效果。

北京市九龙山是落叶阔叶林和温性针叶林的适生地区，现状植被是从60年代开始封禁，以次生灌丛和灌草丛为主。该地区经过近40年的封山育林、植树造林，植被得到了更新和恢复，植物种类得到了保护，形成了针、阔叶人工林与大量天然次生植被类型镶嵌状分布。

根据对九龙山林场植被的初步踏查，我们把九龙山封育植被划分为14个植物群落，其中人工乔木林群落3个，即油松林、侧柏林和栓皮栎林，天然灌草群落11个。

（一）人工植被类型及其变化

在北京九龙山试验区的两个试区内，人工林以侧柏（*Platycladus orientalis*）、油松（*Pinus tabulaeformis*）、栓皮栎（*Quercus variabilis*）为主。

1. 油松林

主要分布在九龙山大杨树沟试区的阴坡、半阴坡。坡度在20°~35°。因此我们对大杨树沟较密和较疏状态的人工油松林分别进行了标地调查，结果见表5-21至表5-22。

表5-21　油松林详查表　　　　　试验区：大杨树沟

样方号	年份	种树组成	林龄（年）	株数（株）	相对密度（%）	频度（%）	郁闭度（%）	枯落物厚度（毫米）	枯落物盖度（%）	平均胸径（厘米）	平均高（米）	平均单株材积（立方米/株）	每亩材积（立方米/亩）	标准地面积（平方米）
6	2001	油松	34	160	42.1	93.8	80	60	100	11	6	0.031	8.27	20×20
	1984	油松	17	180	—	—	70	—	—	3.98	3.76	0.003	0.84	

表5-22　油松疏林详查表　　　　　试验区：大杨树沟

样方号	年份	种树组成	林龄（年）	株数（株）	相对密度（%）	频度（%）	郁闭度（%）	枯落物厚度（毫米）	枯落物盖度（%）	平均胸径（厘米）	平均高（米）	平均单株材积（立方米/株）	每亩材积（立方米/亩）	标准地面积（平方米）
12	2001	油松	34	28	5.50	75	58	40	95	11	5	0.026	1.213	20×20
	1984	油松	17	17	—	—	25	—	—	3.47	1.98	0.002	0.057	10×20
8	2001	油松	34	40	9.39	100	66	60	95	9	4	0.015	0.979	20×20
	1984	油松	17	21	—	—	30	—	—	2.78	1.88	0.001	0.035	10×20

通过调查可知，现在的油松一般已经高达4~6米，胸径10厘米左右。油松林的枝条分枝角度较大。根据调查结果可以看出，随着油松的逐渐成长和郁闭，林内植被数量明显减少。主要原因其一是光线不足；其二枯枝落叶分解困难，限制草本的生长。林内灌木主要有荆条、

三裂绣线菊、蚂蚱腿子、胡枝子等;草本植物主要有半夏、热河黄精、蛇葡萄、紫花地丁等;现在油松林内已不存在苔藓蕨类层,而在上次对油松林的调查中还有苔藓植物密叶绢藓,蕨类植物中华卷柏等。现在油松林已在水土保持和水源涵养功能上担当主要角色。其中油松林在400米以上阴坡及沟头附近都已经郁闭成林,地表完全被松针所覆盖,已经有原生油松林的"氛围"。而原来的油松疏林的郁闭度也大大提高,其下只能形成疏林或小块状片林。

2. 侧柏林

主要分布在阳坡、半阳坡,坡度15°~45°不等。侧柏林在大杨树沟和增产路北坡都有分布。我们分别在这两个试验点进行了样方标地调查,结果见表5-23。

表5-23　侧柏林详查表　　　　试验区:大杨树沟、增产路北坡

样方号	年份	种树组成	林龄（年）	株数（株）	相对密度（%）	频度（%）	郁闭度（%）	枯落物厚度（毫米）	枯落物盖度（%）	平均胸径（厘米）	平均高（米）	平均单株材积（立方米/株）	每亩材积（立方米/亩）	标准地面积（平方米）
2	2001	侧柏	35	124	13.5	100	60	40	85	10	6.5	0.032	6.58	20×20
	1984	侧柏	18	140	—	—	70	—	—	0.80	3.10	0.001	0.23	
9	2001	侧柏	35	145	33.6	93.8	85	50	90	11	7	0.040	9.77	20×20
	1984	侧柏	18	153			60			2.25	2.26	0.001	0.26	
3	2001	侧柏	35	130	35.2	87.5	80	40	90	9	6.3	0.025	5.52	20×20
	1984	侧柏	18	151			70			2.40	2.84	0.001	0.25	

根据现在的调查,侧柏林一般已高为6~7米,胸径为10厘米左右。侧柏林外部颜色呈深绿色,树冠尖塔形,分枝角度较小,叶片侧生,这决定了它对降雨的截持作用比油松林差。侧柏林内灌木主要有荆条、河朔荛花、三裂绣线菊、多花胡枝子、酸枣等,但是数量明显减少。而小叶鼠李也已经消亡。在大杨树沟侧柏林内,草本植物已经由过去典型旱生植物:禾本科植物白羊草、黄背草、荩草、北京隐子草等转为中华卷柏、蛇葡萄、半夏等,而增产路北坡虽然还存在北京隐子草、荩草,但数量也很稀少,而白羊草、黄背草等典型的阳坡旱生植物已不存在。这些都说明随着侧柏林的郁闭,林下环境正在逐步向湿润的森林气候条件转变。现在侧柏林内枯枝落叶层盖度约为90%,厚度为40~50毫米,明显比上次调查的盖度50%、厚度10~20毫米要高。

九龙山地区侧柏林在阳坡能正常生长发育,其高度、胸径和材积有明显增加。只是在九龙山当初造林中,侧柏林营造密度普遍偏高,论林龄相比于原生侧柏林,其长势并不喜人。所以郁闭度变化不是很大,林内植被种类和数量都不少。大杨树沟250米阳坡的侧柏林和增产路北坡470米的侧柏林（#3号样方地）是该试区最好的两块侧柏林。

3. 栓皮栎林

栓皮栎林主要集中分布在增产路北坡试区半阳坡。调查结果见表5-24。

表 5-24　栓皮栎人工林详查表　　　　　　　　　　　　试验区：敬明寺

样方号	年份	种树组成	林龄（年）	株数（株）	相对密度（%）	频度（%）	郁闭度(%)	枯落物厚度（毫米）	枯落物盖度（%）	平均胸径（厘米）	平均高（米）	平均单株材积（立方米/株）	每亩材积（立方米/亩）	标准地面积（平方米）
10	2001	栓皮栎	42	119	17.2	100	85	25	95	10	8	0.033	6.57	20×20
	1984	栓皮栎	25	126	—	—	69	—	—	5.43	4.65	0.0072	1.5061	

该样方位于敬明寺附近。现在栓皮栎林树高在 8 米左右，胸径 10 厘米。郁闭度 85%，外部呈黄绿色。与上次调查时相比，栓皮栎生长了很多。林下灌木主要有荆条、三裂绣线菊、多花胡枝子、河朔荛花等组成。草本植物主要北京隐子草、半夏、地黄、紫花地丁、茜草、苦荬菜、南蛇藤等，出现了一些阴性植物。而在上次调查中，只有禾本科植物，如狗尾草、矮丛苔草等阳性植物。林内枯枝落叶层盖度达到 95%，厚度有 25 毫米。

总之，在人工林植被中，油松林、侧柏林和栓皮栎林的郁闭度都大大提高。植株生长正常，个体高度和胸径都大幅度增加。林下植被的数量都大为减少。

（二）天然灌丛和灌草丛植被类型及其变化

灌丛包括一切以灌木为优势种所组成的植被类型，主要是灌丛建群种多为簇生的灌木生活型。灌丛有原生灌丛和次生灌丛。次生灌丛是生境条件改变后，经长期适应而稳定下来的次生植被。如胡枝子、黄栌、蔷薇、绣线菊等，它们是森林植被破坏后的次生类型。灌草丛也是与森林破坏有密切关系。它们是森林或次生灌丛经反复砍伐后，导致土壤日益贫瘠，生境趋于干旱造成的。这种次生植被的主要特征是：组成本试区植物群落的主要建群种往往不是最占优势的科属，而是广泛分布于热带、亚热带的一些灌木和多年生禾本科草类。如荆条就是起源于热带干旱草原的植物，现已形成大面积群落。

大杨树沟试区由于人为活动少且地形造成小气候环境较湿润，灌丛、灌草丛分布广泛且生长旺盛；增产路北坡由于受到人为活动较大，且整个地形是阳坡，仅在条件好的地方才有分布，且长势远不如大杨树沟试区。经调查有如下主要群落类型（群丛）。

1. 荆条—矮丛苔草 + 狗尾草群丛（表 5-25）

此群丛原来在试区内分布较广，阴阳坡均有分布，坡度一般在 20°~35°，阴坡、半阴坡生长好于阳坡；经过此次调查，该群丛的生长范围有所缩小，只是特别集中在坡面的流水道旁、防火道等路边。主要伴生植物有河朔荛花、蚂蚱腿子、酸枣等。这是由于建群种荆条的强烈生长和遮阴，使得狗尾草难以生存。此次调查荆条和狗尾草生长比较旺盛，但是狗尾草也并不是生存在荆条林下，因此其频度较小。同时矮丛苔草的生长衰弱，植株矮小，繁殖力衰退。枯落物层厚度 15 毫米，盖度在 95%。

2. 荆条—矮丛苔草 + 猪毛蒿群丛（表 5-26）

该群落分布在海拔 500 米以上，同时相比于上次调查，向更高海拔分布。这里生境条件较差，风速较大，温度较低，土壤保水能力弱。此类植被水分养分循环相对而言较差。经过多年的封山育林，现在荆条的生长比较好，盖度和高度也大大提高，但相比于其他地方荆条高度较低。而矮丛苔草和猪毛蒿的生长均已经很弱。相对于其他地方枯落物也

表 5-25　荆条—矮丛苔草 + 狗尾草群丛建群种样方详查表　　　　调查地点：大杨树沟

样方号	年份	植物名称	亚层	植株高（厘米）	株数（株）	相对密度（%）	计数多度	多度	盖度（%）	茂盛度	频度（%）	枯落物厚度（毫米）	枯落物盖度（%）	样方面积
4	2001	荆条	I	230	48	12.2	1.00	Cop^2	80	⊕	88.0			5×5 米
		矮丛苔草	II	26	5	8.9	0.21	Sp	12	⊖	7.56	15	95	33×33 厘米
		狗尾草	II	80	19	19.1	0.79	Cop^1	70	⊕	8.89			33×33 厘米
	1984	荆条	I	150	55	—	1.00	Cop^2	70	⊕	—			5×5 米
		矮丛苔草	II	38	28	—	0.55	Cop^1	40	⊖	—	10	85	33×33 厘米
		狗尾草	II	90	23	—	0.45	Sp	20	⊖	—			33×33 厘米

表 5-26　荆条—矮丛苔草 + 猪毛蒿群丛建群种样方详查表　　　　调查地点：大杨树沟

样方号	年份	植物名称	亚层	植株高（厘米）	株数（株）	相对密度（%）	计数多度	多度	盖度（%）	茂盛度	频度（%）	枯落物厚度（毫米）	枯落物盖度（%）	样方面积	生境条件
17	2001	荆条	I	120	48	19.0	1.00	Cop^2	75	⊕	80.0			5×5 米	海拔 560 米坡度 20°坡向 E 坡位上部
		矮丛苔草	II	30	6	12.7	0.60	Cop^1	40	⊖	8.00	8	80	33×33 厘米	
		猪毛蒿	II	80	4	3.97	0.40	Sp	40	⊖	3.56			33×33 厘米	
	1984	荆条	I	80	19	—	1.00	Cop^1	50	⊖	—			5×5 米	海拔 580 米坡度 40 坡向 E 坡位上部
		矮丛苔草	II	30	73	—	0.90	Cop^2	80	⊕	—	2	60	33×33 厘米	
		猪毛蒿	II	70	8	—	0.10	Sp	30	⊖	—			33×33 厘米	

稀少，厚度较薄。但是相比于同样的群丛，其枯落物比上次调查时的厚度和盖度都大大增加。

3. 荆条—白羊草群丛（表 5-27~ 表 5-28）

此种群丛主要分布在干旱阳坡或半阳坡，坡度 20°~40°。主要伴生植物有河朔荛花、黄背草等。在增产路北坡，由于位于低海拔，受人类活动影响较大（此海拔处坟地遍地分布且接近人类居住区），加上阳坡水分条件较差，荆条的生长高度远远低于其他群丛的荆条。但是相比于上次调查，荆条和白羊草的生长势衰退现象均有所缓解。在增产路北坡试区的沟底，也分布荆条—白羊草群丛，如 16 号样方，虽然沟道常年干枯，但与上述阳坡相比，荆条和白羊草生长情况均比较好。伴生植物种类也较多，出现了半夏、唐松草、孩儿拳等植物。在大杨树沟，该群丛由于立地条件和小气候环境好于增产路北坡，荆条的生长还十分旺盛，盖度也较大，使处于第二亚层的白羊草旱生植物出现衰退，恰好与十几年前的情况相反。而且该群丛的分布海拔有所提高，说明该地区的土壤及水分条件在不断改善。另外群丛下枯落物的厚度和盖度都大大增加。

表 5-27　荆条—白羊草群丛建群种样方详查表　　调查地点：增产路北坡

样方号	年份	植物名称	亚层	植株高（厘米）	株数（株）	相对密度（%）	计数多度	多度	盖度（%）	茂盛度	频度（%）	枯落物 厚度（毫米）	枯落物 盖度（%）	样方面积
1	2001	荆条	I	90	52	26.5	1.00	Cop²	90	⊖	92.0	1	20	5×5 米
		白羊草	II	80	3	13.8	1.00	Sp	30	⊖	8.89			33×33 厘米
	1984	荆条	I	40	57	—	1.00	Sp	30	○	—	<1	10	5×5 米
		白羊草	II	40	8	—	1.00	Cop²	70	⊖	—			33×33 厘米
16	2001	荆条	I	160	37	10.8	1.00	Cop¹	70	⊕	100	10	15	5×5 米
		白羊草	II	150	7	21.2	1.00	Cop¹	70	⊕	26.7			33×33 厘米
	1984	荆条	I	110	47	—	1.00	Cop²	50	⊖	—	<1	<10	5×5 米
		白羊草	II	40	8	—	1.00	Sp	30					33×33 厘米

表 5-28　荆条—白羊草群丛建群种样方详查表　　调查地点：大杨树沟

样方号	年份	植物名称	亚层	植株高（厘米）	株数（株）	相对密度（%）	计数多度	多度	盖度（%）	茂盛度	频度（%）	枯落物 厚度（毫米）	枯落物 盖度（%）	样方面积	生境条件
21	2001	荆条	I	300	28	12.3	1.00	Cop³	90	⊕	92.0	7.5	80	5×5 米	海拔 390 米坡度 35°
		白羊草	II	110	10	8.77	1.00	Sp	30	⊖	2.22			33×33 厘米	坡向 ES 坡位中部
	1984	荆条	I	90	96	—	1.00	Cop²	75	⊖	—	<2	40	5×5 米	海拔 370 米坡度 35°
		白羊草	II	60	180	—	1.00	Cop²	50	⊕	—			33×33 厘米	坡向 ES 坡位中部

4. 荆条＋杠柳—矮丛苔草群丛（表 5-29）

此群丛主要分布在大杨树沟试区的沟底和沟底边坡面上，此处水分、养分条件好。伴生植物有胡枝子，贝加尔唐松草、构树等，并且出现了半夏、天门冬等植物。荆条、杠柳和矮丛苔草生长均比较旺盛。荆条高度达到 3.2 米左右。杠柳，为木质藤本，缠绕在荆条上面。枯落物厚度有 50 毫米，盖度 85%。

表 5-29　荆条＋杠柳—矮丛苔草群丛建群种样方详查表　　调查地点：大杨树沟

样方号	年份	植物名称	亚层	植株高（厘米）	株数（株）	相对密度（%）	计数多度	多度	盖度（%）	茂盛度	频度（%）	枯落物 厚度（毫米）	枯落物 盖度（%）	样方面积	生境条件
14	2001	荆条	I	320	19	7.6	0.58	Sp	60	⊕	40.0			5×5 米	海拔 250 米 沟底边坡
		杠柳	I	1800	14	5.6	0.42	Cop¹	70	⊕	24.0	50	85	5×5 米	
		矮丛苔草	II	30	12	39.2	1.00	Cop²	60	⊕	87.1			33×33 厘米	
	1984	荆条	I	190	52	—	0.73	Cop²	90	⊕	—			5×5 米	海拔 290 米 沟底有流水
		杠柳	I	400	19	—	0.27	Cop²	50	⊕	—	40	80	5×5 米	
		矮丛苔草	II	30	31	—	1.00	Cop²	60	⊕	—			33×33 厘米	

5. 荆条—北京隐子草群丛（表 5-30）

此群落是干旱阳坡具有代表性群落，主要分布在阳坡，水分条件较差，坡度 20°~35°。伴生植物主要是耐旱型的河朔荛花、酸枣等。此群丛荆条生长正常，高度在 1.5~2.5 米，盖度 80% 以上，生长力明显强于上次调查。垂直结构比较简单明显，分二层：第一亚层是荆条；第二亚层是以北京隐子草为主的草类，在大杨树沟试区，草类植物出现蛇葡萄、艾蒿、何首乌等。增产路北坡的草本植物主要还是禾本科植物，如狗尾草、荩草等。枯落物层的厚度和盖度大大增加。

表 5-30　荆条—北京隐子草群丛建群种样方详查表

调查地点：大杨树沟、增产路北坡

样方号	年份	植物名称	亚层	植株高（厘米）	株数（株）	相对密度（%）	计数多度	多度	盖度（%）	茂盛度	频度（%）	枯落物 厚度（毫米）	枯落物 盖度（%）	样方面积
19	2001	荆条	I	250	38	24.1	1.00	Cop²	80	⊕	40.0	15	70	5×5 米
		北京隐子草	II	30	2	5.47	1.00	Sp	30	○	2.67			33×33 厘米
	1984	荆条	I	90	61	—	1.00	Sp	20	⊖	—	1	50	5×5 米
		北京隐子草	II	20	41	—	1.00	Cop²	50	⊖	—			33×33 厘米
20	2001	荆条	I	150	178	61.0	1.00	Cop³	100	⊕	100	7	50	5×5 米
		北京隐子草	II	25	5	22.9	1.00	Cop²	40	○	24.9			33×33 厘米
	1984	荆条	I	125	187	—	1.00	Cop²	80	⊖	—	2	40	5×5 米
		北京隐子草	II	40	8	—	1.00	Cop²	40	⊖	—			33×33 厘米

6. 荆条—黄背草 + 北京隐子草群丛（表 5-31）

该群丛与荆条—北京隐子草群丛分布的生境基本相同，也在干旱阳坡。在大杨树沟试区阳坡的侧柏林内也有这种植物分布。其主要伴生植物有耐干旱的河朔荛花、酸枣等。荆条长势比较旺盛，植株高度达到 2 米以上，盖度 85% 左右。黄背草和北京隐子草长势都不太强，其中黄背草的相对密度和频度都比较低。它主要分布在干旱阳坡防火道崩塌下来的坡面上，在整个群丛的荆条林中很少有分布。枯落物厚度和盖度大大增加，分别达到 15 毫米和 80%。

表 5-31　荆条—黄背草 + 北京隐子草群丛建群种样方详查表

调查地点：大杨树沟

样方号	年份	植物名称	亚层	植株高（厘米）	株数（株）	相对密度（%）	计数多度	多度	盖度（%）	茂盛度	频度（%）	枯落物 厚度（毫米）	枯落物 盖度（%）	样方面积	生境条件
22	2001	荆条	I	220	89	24.1	1.00	Cop³	85	⊕	84.0	15	80	5×5 米	海拔 200 米 坡度 30° 坡向 S 坡位下部
		黄背草	II	130	12	6.5	0.27	Sp	30	⊖	0.89			33×33 厘米	
		北京隐子草	II	40	32	31.4	0.73	Cop¹	40	⊖	24.9			33×33 厘米	
	1984	荆条	I	110	98	—	1.00	Cop²	40	⊖	—	2	40	5×5 米	海拔 230 米 坡度 20° 坡向 S 坡位下部
		黄背草	II	120	8	—	0.29	Sp	30	⊖	—			33×33 厘米	
		北京隐子草	II	40	20	—	0.71	Cop	40	⊕	—			33×33 厘米	

7. 胡枝子 + 蚂蚱腿子—矮丛苔草群丛（表 5-32）

此群落主要分布在试验区的阴坡、半阳坡。坡度 20°~30°。土层较厚，土壤肥力较高，土壤湿润，立地条件较好，周围有油松林分布。主要伴生植物有三裂绣线菊、大花溲疏、杭子梢等。胡枝子和蚂蚱腿子长势旺盛，且分布较均匀。胡枝子一般高在 170 厘米左右，蚂蚱腿子为 100 厘米左右。矮丛苔草的长势衰落。垂直结构可分为三个层次：第一亚层是胡枝子，盖度 40% 左右，不影响其他植物生长；第二亚层是蚂蚱腿子；第三亚层为矮丛苔草。枯落物厚 50 毫米，盖度达到 100%。

表 5-32 胡枝子 + 蚂蚱腿子—矮丛苔草群丛建群种样方详查表　　调查地点：大杨树沟

样方号	年份	植物名称	亚层	植株高（厘米）	株数（株）	相对密度（%）	计数多度	多度	盖度（%）	茂盛度	频度（%）	枯落物厚度（毫米）	枯落物盖度（%）	样方面积
13	2001	胡枝子	I	170	67	13.2	0.30	Cop²	50	⊕	60.0			5×5 米
		蚂蚱腿子	I	100	160	31.6	0.70	Cop²	50	⊕	80.0	50	100	5×5 米
		矮丛苔草	II	25	6	8.88	1.00	Sp	20	○	10.2			33×33 厘米
	1984	胡枝子	I	150	158	—	0.61	Cop¹	40	⊕	—			5×5 米
		蚂蚱腿子	I	70	99	—	0.39	Cop¹	30	⊖	—	30	70	5×5 米
		矮丛苔草	II	35	20	—	1.00	Cop²	80	⊕	—			33×33 厘米

8. 胡枝子 + 荆条—矮丛苔草群丛（表 5-33）

此群丛与胡枝子 + 蚂蚱腿子—矮丛苔草群丛分布的生境基本相同，也是阴坡、半阴坡，但在阴坡的长势明显好于阳坡。坡度 20°~30°，土壤肥力较高，周围有油松和刺槐林分布。主要的伴生植物有三裂绣线菊、蚂蚱腿子、黄栌、河朔荛花等。荆条生长旺盛，高度有 2 米以上；胡枝子生长不是很强，一般高有 150 厘米左右。矮丛苔草个体生长衰落。但在整个群丛中分布还不是太少。其相对密度和频度都较大。枯落物厚度 40 毫米以上，盖度达 100%。

表 5-33 胡枝子 + 荆条—矮丛苔草群丛建群种样方详查表　　调查地点：大杨树沟

样方号	年份	植物名称	亚层	植株高（厘米）	株数（株）	相对密度（%）	计数多度	多度	盖度（%）	茂盛度	频度（%）	枯落物厚度（毫米）	枯落物盖度（%）	样方面积
15	2001	胡枝子	II	150	94	13.0	0.60	Cop²	10	⊖	76.0			5×5 米
		荆条	I	230	64	8.9	0.40	Cop³	90	⊕	16.0	40	100	5×5 米
		矮丛苔草	III	20	35	30.2	1.00	Sp	10	○	37.3			33×33 厘米
	1984	胡枝子	I	80	61	—	0.46	Sp	30	⊕	—			5×5 米
		荆条	I	150	71	—	0.54	Cop¹	40	⊕	—	30	95	5×5 米
		矮丛苔草	II	40	20	—	1.00	Sp	20	⊕	—			33×33 厘米

9. 蚂蚱腿子 + 荆条—矮丛苔草群丛（表 5-34）

该群丛分布在阴坡、半阴坡和半阳坡。坡度 20°~40°。土壤肥力较好，主要伴生植物有酸枣、胡枝子、河朔荛花、小叶鼠李等。荆条一般高为2米左右。垂直结构可分为三层，第一亚层是荆条，生长旺盛，其相对密度虽较小，但频度最大，说明荆条个体生长良好且分布均匀；第二亚层是蚂蚱腿子，第三亚层是矮丛苔草。枯落物厚度有15毫米，盖度达到85%。

表5-34 蚂蚱腿子＋荆条—矮丛苔草群丛建群种样方详查表

调查地点：大杨树沟、增产路北坡

| 样方号 | 年份 | 植物名称 | 亚层 | 植株高（厘米） | 株数（株） | 相对密度（%） | 计数多度 | 多度 | 盖度（%） | 茂盛度 | 频度（%） | 枯落物 | | 样方面积 |
											厚度（毫米）	盖度（%）	
5	2001	蚂蚱腿子	Ⅰ	70	36	11.1	0.60	Cop¹	15	⊖	24.0			5×5 米
		荆条	Ⅰ	210	24	7.41	0.40	Cop²	70	⊕	68.0	15	85	5×5 米
		矮丛苔草	Ⅱ	30	5	22.5	1.00	Cop²	40	⊕	27.6			33×33 厘米
	1984	蚂蚱腿子	Ⅰ	80	293	—	0.83	Cop²	55	⊕	—			5×5 米
		荆条	Ⅰ	120	59	—	0.17	Cop¹	40	⊕	—	10	70	5×5 米
		矮丛苔草	Ⅱ	28	12	—	1.00	Sp	30	⊕	—			33×33 厘米
18	2001	蚂蚱腿子	Ⅱ	120	70	21.7	0.65	Cop²	30	⊕	32.0			5×5 米
		荆条	Ⅰ	200	37	11.5	0.35	Cop²	65	⊕	84.0	15	85	5×5 米
		矮丛苔草	Ⅲ	20	8	24.5	1.00	Sp	15	⊖	22.7			33×33 厘米
	1984	蚂蚱腿子	Ⅰ	80	54	—	0.59	Cop²	30	⊕	—			5×5 米
		荆条	Ⅰ	160	38	—	0.41	Cop²	40	⊕	—	10	50	5×5 米
		矮丛苔草	Ⅲ	20	25	—	1.00	Cop²	40	⊖	—			33×33 厘米

10. 荆条＋三裂绣线菊—矮丛苔草群丛（表5-35）

该群丛主要分布在半阴坡、半阳坡。具有阴、阳坡的过渡性质，土壤肥力中等。主要伴生植物有酸枣、白羊草、狗尾草、北京隐子草等。荆条、三裂绣线菊分布均匀且生长正常，荆条一般高1.6米左右，三裂绣线菊1.2米。枯落物厚度和盖度分别达到15毫米和90%左右。

表5-35 荆条＋三裂绣线菊—矮丛苔草群丛建群种样方详查表

调查地点：大杨树沟

| 样方号 | 年份 | 植物名称 | 亚层 | 植株高（厘米） | 株数（株） | 相对密度（%） | 计数多度 | 多度 | 盖度（%） | 茂盛度 | 频度（%） | 枯落物 | | 样方面积 | 生境条件 |
												厚度（毫米）	盖度（%）		
7	2001	荆条	Ⅰ	160	57	8.1	0.51	Cop²	50	⊕	60.0			5×5 米	海拔430米坡度25°坡向E坡位中上部
		三裂绣线菊	Ⅰ	120	55	7.8	0.49	Cop¹	15	⊕	20.0	15	90	5×5 米	
		矮丛苔草	Ⅱ	26	20	6.6	1.00	Sp	60	○	9.3			33×33 厘米	
	1984	荆条	Ⅰ	130	85	—	0.59	Cop²	70	⊕	—			5×5 米	海拔420米坡度35°坡向E坡位中上部
		三裂绣线菊	Ⅰ	70	60	—	0.41	Cop²	70	○	—	5	80	5×5 米	
		矮丛苔草	Ⅱ	30	15	—	1.00	Sp	70	○	—			33×33 厘米	

11. 金雀儿 + 荆条—矮丛苔草群丛（表5-36）

此群丛在两个试验区分布的面积都很小，主要分布在半阴坡海拔较高的地方，坡度25°~35°，土壤水分条件较好。因而伴生植物较多，主要有贝加尔唐松草、毛樱桃、雀儿舌、大花溲疏、唐松草、沙参等。金雀儿的生活力相比于以前有些衰退，而荆条的生活力旺盛，生长正常，高度有3米左右。金雀儿一般高为2米以上，数量不多。该群丛垂直结构可分为二层：第一亚层由金雀儿和荆条组成，第二亚层是矮丛苔草。枯落物厚度为10毫米，盖度85%左右。

表5-36　金雀儿 + 荆条—矮丛苔草群丛建群种样方详查表　　调查地点：大杨树沟

样方号	年份	植物名称	亚层	植株高（厘米）	株数（株）	相对密度（%）	计数多度	多度	盖度（%）	茂盛度	频度（%）	枯落物厚度（毫米）	枯落物盖度（%）	样方面积
11	2001	金雀儿	I	230	8	2.42	0.17	Sp	20	⊖	20.0			5×5 米
		荆条	I	300	39	11.8	0.83	Cop^2	60	⊕	92.0	10	85	5×5 米
		矮丛苔草	II	30	8	14.2	1.00	Cop^1	70	⊖	17.8			33×33 厘米
	1984	金雀儿	I	110	84	—	0.63	Cop^2	60	⊕	—			5×5 米
		荆条	I	130	50	—	0.37	Cop^1	40	⊖	—	8	80	5×5 米
		矮丛苔草	II	30	24	—	1.00	Cop^3	90		—			33×33 厘米

（三）封育植被类型的演替

九龙山地区由于早期森林植被的破坏而导致该区严重的水土流失，使原有的生境条件（特别是土壤条件）发生了很大的变化后，形成了目前适应而稳定下来的次生灌丛植被类型，其组成与原落叶阔叶林存在密切关系，许多植物种是原来林下的灌木及草本植物种。但不同的次生灌丛植被具有不同的结构、组织特征、生境以及保持水土、涵养水源的能力。现状植被仍以次生灌丛和灌草丛为主。

在14个植被群丛中，有6个属于荆条灌丛（群系）。除油松（郁闭）林、胡枝子 + 蚂蚱腿子—矮丛苔草群丛外，其余6个群丛，均有荆条作为主要组成植物种。这说明该系统属于干旱性。而且对比两次的调查可以看出，荆条的生长十分旺盛。外来植物种〈荆条〉广泛取代原生植物和次生植物。对于多数群丛，草本植物的生长有所衰退。说明九龙山地区经过几年的封育，从上次调查的草丛、灌草丛阶段，向灌丛阶段的转化，裸岩向灌草丛、灌丛群落的转化。从一定程度上说，现在，九龙山的植被经过封山育林之后，其生境条件已发生了一些"质"的飞跃，完成了从"量变"到"质变"的转化。

因此，九龙山地区植被的演替趋势逐渐向耐干旱性发展，在森林化方向，则逐渐向更高层次的森林群落发展。随着土壤厚度增加，土壤水分条件渐好，物种多样性增加。阴坡会逐渐向油松林或阔叶林混交林方向发展；而阳坡则逐渐由荆条—北京隐子草、黄背草、白羊草灌草丛向荆条灌丛演替，并由于人为干扰，有向侧柏林、栓皮栎林方向发展的趋势。在封育过程中，结合人工造林，如油松、侧柏，并充分利用原有植被，形成复层结构的以保持水土、涵养水源为宗旨的人工防护林，增加植被保持水土，改良土壤的功能，逐渐改善生境条件，从而加快该地区植被演替的步伐。从而使植被演替既符合自然规律，又有利于人类经济活动，使生态环境逐步朝良性循环方向发展，进而在我国的森林生态网络中发挥应有的作用。

第五节　南方区的试验示范

一、示范内容

秭归试验点将项目研究与国家林业局退耕还林示范区的工作紧密结合，在示范区中选定典型的小流域进行研究；研究充分利用了国家级科研院所的自身特点和优势，组合成以研究所为主体、多学科相结合的研究团队，结合依托亚热带林业研究所承担的科技部社会公益研究专项基金项目《三峡库区林业生态综合治理技术研究与示范》，根据当地具体情况引进和选用成熟的新品种和新技术，体现了技术的组装集成；在生态优先的前提下，在树种、品种选择和经营方式选择上充分考虑到了试验区群众的经济收益，体现生态、经济和社会效益的统一。

二、支撑技术研究

（一）试验林生长性状调查

1. 水土保持林模式植被生长特性调查

对此模式生长特性调查的树种主要有马尾松、杉树、枫香、樟树、杜英、桤木、刺槐、木荷等，调查指标主要是树高、冠幅、郁闭度和胸径或地径，此外，对马尾松林材积也进行了调查。

2. 生态型经济林模式植被特性及产量调查

调查的生态型经济林品种主要有茶叶、大果锥栗、大果板栗、本地板栗、长红柑橘、本地柑橘、脐橙、日本甜柿、杨梅、雷竹、高节竹、红竹等。其中茶叶主要调查其分枝数、分枝高、茶叶产量和茶芽产量，采取定期调查形式；竹类主要调查其出笋数量、笋粗、笋重以及竹子胸径、郁闭度等指标；大果锥栗、大果板栗、长红柑橘、脐橙、日本甜柿、杨梅、香椿等树种由于是 2001 年种植，树型较小，主要调查其树高、地径、冠幅和分枝数；本地板栗和柑橘除调查树高、地径、冠幅和分枝数等外，还定期调查其开花枝、开花数、结果枝、结果数以及郁闭度等。

3. 生物篱模式生长特性调查

生物篱主要引用金荞麦、地石榴、紫穗槐、茶叶、黄花菜、百喜草等 7 个品种，每一种生物篱均种植 8 带，每带面积为 100 平方米，定期进行调查，调查时每带固定 3 个样方，调查指标主要为分枝数、分枝高、绿肥产量和盖度等。

（二）水土保持特性观测野外观测研究与内容

1. 全年降雨量观测

降雨量观测采取仪器自动监测和人工观测相结合的方法，自动监测仪器采用 ZDR 数据记录仪进行自动记录每一场的降雨量，共 2 台；人工观测采用雨量筒的形式，共 10 个，这样确保了降雨量数据的可靠性和可信度。

2. 全年泥沙流失量观测

泥沙流失是流域内水土流失的主要形式之一。试验点流域内共建 26 个径流场，编号依次为 1-26 号，分别于不同的坡度和治理带，场内有经济林树种、水保林树种和植物篱树种等，其中各模式径流场除 23 号、24 号外，均采取一个重复、成对出现布设建造。观测泥沙流失量的模式类型依次是竹林、茶叶、柑橘、马尾松林、针阔混交林、板栗间种、板栗退耕、金荞麦、地石榴、紫穗槐、茶叶篱、黄花菜、百喜草和裸地等。观测方法主要是通过从承水池中取混合水样进行实验。

3. 全年径流流失量观测

径流量观测也是在径流场内进行，观测的模式类型分别是竹林、茶叶、柑橘、马尾松林、针阔混交林、板栗间种、板栗退耕、金荞麦、地石榴、紫穗槐、茶叶篱、黄花菜、百喜草和裸地等。观测方法主要是通过量测承水池中水的深度来换算确定其流量。

4. 土壤养分流失量观测

土壤养分观测主要于竹林、柑橘、马尾松林、针阔混交林、板栗间种、板栗退耕、金荞麦、紫穗槐和裸地等 9 种类型里进行定期采土样分析，以及通过从所有径流场承水池中取混合水样进行养分测定来衡量。

泥沙流失量研究：室内泥沙量研究，主要是从野外取回的混合水样，经过搅匀、过滤、烘干、称量等一系列实验过程，经过换算得到各模式的泥沙流失量。

土壤理化特性研究：土壤的理化特性是反映土壤能力的综合指标。通过野外采集土壤样品，进行室内土壤理化特性研究，主要包括土壤容重、孔隙度、含水量、土壤养分（N、P、K）、有机质、PH 值等的测定。

5. 径流泥沙浓度与养分流失动态研究

该研究取样点设在试验点流域出水口，主要是反映整个流域的泥沙流失和养分流失随降雨的变化情况。养分指标主要测定其水解 N、速效 K 和速效 P。

第六节　西南区的试验示范

一、四川省攀枝花试验点

攀枝花市地处长江上游和川西南山区，金沙江（长江上游）水系贯穿整个攀枝花市，金沙江及其支流（雅砻江、安宁河等）下切较深，形成本区典型的山地峡谷地貌。攀枝花市属中国中亚热带西部中段季风气候，处于东南季风和西南季风的交汇部位，受印度洋来的西南季风进退的影响，同时也受到来自太平洋的东南季风进退的影响。境内相对高度巨大，高山、中山、低山、丘陵、河谷平原及山间盆地交错分布，地形十分复杂，从而形成了与同纬度地区相比别具一格的显著垂直带性的气候类型类型，即以南亚热带为基带的立体气候类型它具有垂直地带性显著，干、湿季明显，四季相对不分明，太阳辐射强，日照充足，蒸发量大，干季午后多风和局部小气候复杂多样等特点。

气温分布具有显著的垂直地带性特征，可划分出六个气候垂直带：类似于南亚热带的垂直基带（海拔 1000~1400 米），类似于水平分布的中亚热带垂直带（海拔 1400~1800 米），类似于水平分布的北亚热带垂直带（海拔 1800~2100 米）类似于水平分布的南温带垂直带（海拔 2100~2500 米），类似于水平分布的温带垂直带（海拔 2500~3300 米），类似于水平分布的北温带垂直带（海拔 3300~4195.5 米）。

由于山地气候的影响，水热状况在地貌上的垂直分异和阴阳坡的不同，直接影响以致制约着植被和土壤类型、性态特征及地理分布的不同，因此本区山地垂直分布有两个系列：一是半干旱、半湿润型的阳坡系列，从稀树灌草丛下的山地褐红土（1300 米以下）—山地红壤（1300~1700 米）—山地棕红壤（1700~2900 米）—山地草甸土（2900 或 3000 米以上），相应的植被类型呈稀树灌草丛—松栎混交林或常绿阔叶林—灌丛草地—山地草甸。二是半湿润、湿润的阴坡系列，呈山地褐红土（1100 米以下）—山地赤红壤（1100~1300 米）—山地红壤、山地黄红壤（1300~2600 米）—山地黄棕壤（2600~2900 米）—山地暗棕壤（2900 或 3000 米以上），相应的植被类型呈稀树灌草丛—常绿阔叶林—云南松林或松栎混交林 落叶阔叶针阔混交林—针阔混交林。

全区有林用地 54.15 公顷，有林地 45.25 公顷，其中天然林 29.68 公顷，人工林 4.06 公顷；有灌木林地 5.83 公顷，森林覆盖率 445%。森林资源中，云南松占 80% 以上，其次为栎类林。

全市水土流失面积 36.51 平方公里，占 49.1%，年均侵蚀量 624.2 万吨，境内雅砻江年平均输沙量 0.93 万吨，全河江年均输河量 1.22 万吨，安宁洒年均输河量 0.29 万吨。

（一）示范内容

攀枝花试验点的任务是重点解决西南林区天然林保护工程建设中存在的两个关键技术问题，即山地森林的更新恢复技术和困难地带（干热河谷）造林与植被恢复技术，通过攻关研究，深入探讨山地森林群落的动态演变，更新机理与规律以及干热河谷植被重建与"适度"造林等植被恢复的生态学过程，开展试验示范，建立植被恢复与重建模式，提出山地森林生态恢复与重建技术及其配套技术措施。

（二）支撑技术研究

1. 攀枝花试验点植物区系分析

攀枝花市植物区系起源古老。距今大约 1.8 亿年前，在中生代的三叠纪，本区即露出海面成为陆地，先后出现了大量的苔藓植物、蕨类植物和裸子植物。至距今 2500 万年，当进入第三纪后，特别是中新世以来，在亚热带湿润气候的作用下，出现了众多的被子植物，亚热带植被居主导地位。至距今约 200 万年的第三纪末和第四纪初，在喜马拉雅造山运动的影响下，本区迅速抬升，河流深切，形成了高山峡谷地貌。在第四纪冰期时，虽然没有受到大陆冰川的直接侵袭，但高海拔地段受到山岳冰川的影响，气候明显变冷。所以亚热带植物种群和植被退居低海拔的峡谷中，而高海拔地段却成了古北大陆起源的古老植物的定居场所。本区起源古老的植物在生态环境不断改变的条件下，产生了新的适应、分化和繁衍，逐渐形成了现今极其复杂和丰富多样的植物区系组合状况。

在中生代的三叠纪和侏罗纪就生长繁盛的蕨类植物，至今仍保留了 28 个科 52 属 135 种 15 变种 2 亚种，分别占中国蕨类植物科数的 53.9%，属数的 23.3% 和种数的 5.8%，而攀枝花市的面积仅占全国陆地面积的 0.077%，这说明本区是中国古老蕨类植物的重要避难所之一。

裸子植物中的攀枝花苏铁和银杏都是特产于我国的著名中生代孑遗植物。松科中的松、冷杉、云杉、铁杉、油杉和落叶松等属的许多种类，也都是起源古老，并在现代植被中占有重要地位和分布面积广阔的优势成分。

被子植物中起源于白垩纪的木兰科至今在本区仍保留有 5 属 9 种，分别占中国该科植物属数的 45.5%，种数的 9%，分别占世界该科植物属数的 33.3% 和种数的 3.9%，而本市面积仅占全球陆地面积的 0.005%。起源于白垩纪至第三纪的壳斗科、桦木科、胡桃科、杨柳科、榆科和桑科中的许多种、属，也都在现代植被中占据着显著的地位。

本市植被种群极其丰富多样。根据初步统计攀枝花市共有高等植物（等于维管植物与苔藓植物之和）219 科 822 属 2146 种，分别占中国高等植物科数的 47.3%，属数的 21.6%，种数的 7.3%。其中维管植物（等于蕨类植物、裸子植物和被子植物之和）有 193 科 766 属 1639 种 356 变种 34 亚种 26 变型。分别占中国维管植物科数的 54.4%，属数的 22.9%，种数（包括变种、变型和亚种）的 7.5%（表 5-37）。

表 5-37　攀枝花市高等植物科、属、种在中国的地位

植物科属种	科			属			种（包括变种亚种变型）		
数量门以上类别	本市	全国	占全国 %	本市	全国	占全国 %	本市	全国	占全国 %
蕨类植物门	28	52	53.9	52	223	23.3	152	2600	5.8
裸子植物门	10	12	83.3	20	41	48.8	44	326	13.5
被子植物门	155	291	53.3	694	3075	22.61	859	24357	7.6
维管植物	193	355	54.4	76	63339	22.9	2055	27283	7.5
苔藓植物门	108	24.1	56	471	11.9	91	2330	3.9	26
高等植物	219	463	47.3	82	23810	21.62	146	29613	7.3

从表 5-37 可以看出，在一些主要科的属、种组成中，攀枝花市的植物种群在全国占有重要的地位；在世界植物属、种组成中也占有一定的地位（表 5-38）。

表 5-38 所列植物科中，在攀枝花市出现的属数，多数占全国总属数的一半左右；松科和壳斗科的属数更占到全国总属数的 70% 以上；苏铁科的属数则与全国的属数相等。本市

出现的属数与全球该科的总属数比较，则多数占全球总属数的的 10%~15%；槭数科、木兰科和蔷薇科则占 1/3 左右；而松科和壳斗科则占到 2/3 左右。

表 5-38　攀枝花市主要植物科的属种组成及在全国和全球的地位

植物属种类别	属					种（包括变种、亚种 和变型）				
数量科名称	本市	全国	占全国 %	全球	占全球 %	本市	全国	占全国 %	全球	占全球 %
松科	7	10	70.0	10	70.0	21	93	22.6	230	9.1
壳斗科	5	7	71.4	8	62.5	46	300	15.3	900	5.1
槭树科	1	2	50.0	3	33.3	20	140	14.3	200	10.0
蔷薇科	33	55	60.0	124	26.6	108	1000	10.8	3300	3.3
禾本科	66	190	34.7	600	11.0	130	800	16.3	6000	2.2
桔梗科	8	17	47.1	60	13.3	27	172	15.7	2000	1.4
豆科	59	127	46.5	600	9.8	171	1200	14.3	12000	1.4
木科科	5	11	45.5	15	33.3	9	100	9.0	230	3.9
莎草科	12	30	40.0	80	15.0	56	500	11.2	4000	1.4
苏铁科	1	1	100.0	10	10.0	2	11	18.2	110	1.8
杉科	1	5	20.0	10	10.0	3	8	37.5	17	17.7

　　表 5-38 所列攀枝花市主要植物科所包括的种数占全国该科植物总数的 9%~18%；松科（占 22.6%）和杉科（占 37.5%）所占比重更高。如果与全球该科植物的总种数比较，则多数占全球总数的 1.4%~10.0%；而杉科的比重（17.1%）则更高。

　　将攀枝花市与一些生态环境条件相近似的省级单位的植物属、种组成进行比较（表5-39），可以进一步看出本市植物种群的丰富多样性程度。本市行政上属于四川省，但面积只占四川省和重庆市面积之和的 1.33%。然而一些主要植物科所包括的属数却占到川渝区域该属数的 50%~100%；种数也占到川渝区域该科植物种数的 30%~58%，由此可见本市植物属、种组成在川渝区域也占有极其重要的地位。与同纬度浙江省相比，本市面积只有浙江省面积的 7.3% 那么大，但一些主要植物科所包括的属数却占到浙江省该科植物总属数的 80%~120%，即基本持平。而种数所占比重更高，多数占浙江省该科植物总种数的 100%~350%，其余的一般也占浙江省该科植物总种数的一半以上。由此可见攀枝花市是我国植物种群极其丰富多样的一个区域。

　　本市植物区系与世界各州区系有广泛的联系。攀枝花市属于全热带分布的属有榕（Ficus）、厚皮香属（Ternstoemia）和羊蹄甲属（Bauhinia）等。属于热带美洲与热带亚洲间断分布的有楠木属（Phoebe）、木姜子属（Litsea）等。旧大陆热带分布的属有合欢属（Albizia）、野桐属（Mallotus）和芭蕉属（Musa）等。与南半球热带澳洲共有的属有樟属（Cinnamomum）、椿属（Toona）等。以上各属常见于本市南亚热带常绿阔叶林中。木棉属（Bombax）、铁仔属（Myrsine）和牛角瓜属（Calotropis）等是热带亚洲和热带非洲共有的成分，常见于干热河谷稀树灌草丛中。木荷属（Schima）、龙竹属（Dendrocalamus）和木蝴蝶属（Oroxylum）等是热带亚洲东南亚区系成分。

表 5-39　攀枝花市与川渝及浙江省植物属种组成的比较

植物属种类别	属					种（包括变种、亚种和变型）				
数量科以上类别	本市	四川和重庆	本市占川渝%	浙江	本市比浙江%	本市	四川和重庆	本市占川渝%	浙江	本市比浙江%
蕨类植物门	52	121	43.0	116	44.8	152	708	21.5	499	30.5
裸子植物门	20	28	71.4	34	58.8	44	89	49.4	60	73.3
单子叶植物纲	165	—	—	287	57.5	390	—	—	780	50.0
双子叶植物纲	529	—	—	930	56.9	1469	—	—	2539	57.9
被子植物门	694	1474	47.1	1217	57.0	1859	8457	22.0	3319	56.0
维管植物	733	1623	47.2	1367	56.0	2055	9254	22.2	3878	53.0
松科	7	9	77.8	6	116.7	21	48	43.8	6	350.0
壳斗科	5	6	83.3	6	83.3	46	79	58.2	42	118.0
桔梗科	8	13	61.5	10	80.0	27	75	36.0	19	142.1
苏铁科	1	1	100.0	引 1	100.0	2	4	50.0	引 2	100.0
蔷薇科	33	33	100.0	28	117.9	108	357	30.3	198	54.6
杜鹃花科	6	—	—	5	120.0	54	—	—	30	180.0
报春花科	3	—	—	5	60.0	47	—	—	32	146.9
杉科	1	4	25.0	2	50.0	3	6	50.0	2	150.0
豆科	59	—	—	62	95.2	171	—	—	195	87.7
毛茛科	13	—	—	14	92.9	43	—	—	71	60.6
槭树科	1	2	50.0	1	100.0	20	63	31.8	37	54.1

※ 表中—表示未统计此项数据，引表示"引种"。

北温带分布的冷杉属（*Abies*）、云杉属（*Picea*）、松属（*Pinus*）、槭属（*Acer*）、桤木属（*Alnus*）、桦属（*Betula*）和柳属（*Salix*）等常见于本市亚高山针叶林和针阔混交林中。东亚和北美间断分布的属有铁杉属（*Tsuga*）、石栎属（*Lithocarpus*）、栲属（*Castanopsis*）和木兰属（*Magnolia*）等。中国—喜马拉雅及东亚分布的属有油杉属（*Keteleeria*）、梧桐属（*Firmiana*）和四照花属（*Dendrobenthamia*）等。属于温带世界广布的属有龙胆属（*Gentiana*）、银莲花属（*Ancmonc*）、眼子菜属（*Potamogcnton*）、灯心草属（*Juncus*）、苔草属（*Carex*）、芦苇属（*Phragmites*）和羊茅属（*Festuca*）等。此外还有中国特有的属，例如巴豆属（*Craspedolobium*）、栌菊木属（*Nouelia*）和金铁锁属（*Psammosilene*）等。

本市在植物区系分区中属泛北极区，中国—喜马拉雅植物亚区，横断山系东南段植物小区。本区含有多种地中海分布模式的硬叶栎类，例如黄背栎（*Quercus pannosa*）、川西栎（*Q. gilliana*）、锥连栎（*Q. franchetii*）和铁橡栎（*Q. cocciferoides*）等，它们在中低山分别形成各类硬叶常绿阔叶林，或在森林破坏后形成旱生萌生灌丛。本区还富含中国—喜马拉雅分布的许多特有种，例如云南松（*Pinus yunnanensis*）、滇油杉（*Keteleeria evelyniana*）、高山栲（*Castanopsis dealbatus*）、滇润楠（*Machilus yunnanensis*）、南亚含笑（*Michelia doltsopa*）、四蕊朴（*Celtis setrandra*）和云南泡花树（*Meliosma yunnanensis*）等。在本市的干热河谷中还可见到古老的孑遗植物栌菊木（*Nouelia insignis*），热带亚非成分的铁仔（*Myrsine ofriana*），北极高山成分的中华山蓼（*Oxyria sineasis*）及特有种滇牡荆（*Vitex yunnanensis*）等。

总之，本区的植物区系起源于古北大陆和古南大陆之间，含有较多的古地中海万分。在喜马拉雅造山运动中，地面不断抬升，河保深切，各类植被类型随气候垂直带的变化，沿山体上下迁移，植物种群发生分化演变，出现了大量中国—喜马拉雅分布区特有的植物，也保留了一些古老的孑遗植物。同时也与周围区域的植物区系发生密切联系和相互影响，迁移及演化。从而使本区的植物区系不仅十分丰富和多样化，而且使一些重要科（特别是松科、壳斗科、槭树科、杉科、蔷薇科、木兰科、苏铁科、禾本科、桔梗科、豆科和莎草科等）的种、属组成相对密集。所以攀枝花市和与其毗邻的横断山系东南部可能是中国—喜马拉雅植物区系的主要发源地之一；也是一些特有种、属的发源地。

2. 森林植被演替规律研究

群落演替是植物生态学的重要研究内容，是近年来国际生态学研究的热点之一，对区域植被演替规律的认识，是植被管理、利用、改造的基础依据，具有重要的理论和实际意义。在黄土高原综合治理中，人们认识到对坡地退耕还林（草）是恢复植被的有效途径，在植被恢复过程中，必须遵循植物群落的演替规律。

（1）长江上游金沙江干热河谷森林演替及更新。

① 云南松林演替及更新：云南松林是我国西南地区的特有森林类型，也是本区的主要林分类型，大量分布了海拔 2800 米以下的地区。从森林植被的自然演替规律来说，云南松林大多数是次生演替的一个过度阶段，按理应向地带性顶群落——常绿阔叶林发展和变化。但目前大面积的云南松都表现出稳定的状态，向常绿阔叶林演变的过程极为缓慢，有的甚至还有向演替的趋势，从演替动力（内因和外因）来

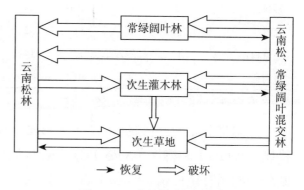

图 5-5　云南松林演替示意图

分析，主要原因：一是云南松林本身改善环境的作用较差，林分蒸腾强烈，林内干燥，林下植被稀少，土壤贫瘠，水土保持能力较差；另一方面是，人为活动频繁，经常发生山林火灾，致使喜湿植物和常绿叶树种的更新和生长十分困难，而云南松则可世代相传，长期稳定发展；所以，一旦形成云南松林后，要自然演变成为其他类型的森林就有一些困难了，特别是在干旱瘠薄的立地条件下，云南松因其耐干旱瘠薄、天然更能力强而成为优势种，又成为建群种，云南松林的更新换代得以持久保持下去。

在地势平缓的阴坡，以及靠近沟渠两岸的低洼地段，由于水分条件较好，一些喜湿树种如蒙自桤、栎类等常侵入，形成小块状混交林，在采伐迹地上，残留小块状阔叶林和一些阔叶母树，以及在立地条件适合的地方，松栎混交林中云南松被采伐后，可能形成次生阔叶林，从而可以人为地加速森林向上演替的进程，但是，云南松林或松栎混交林，遭受毁林开荒等严重破坏，造成严重水土流失，生境破坏，几年之后就变成荒山草坡，甚至变

成大片岩石裸露的不毛之地，另外，松栎混交林，遭受较严重的破坏后，云南松因种源缺乏或火灾频繁而无法更新，但阔叶栎类却可多代萌发生长，从而形成次生灌木林。

云南松为强阳性树种，天然更新能力强，是荒山造林的优良先锋树种（飞播、人工撒播造林）。但云南松天然更新效果受各种自然因素的制约。在调查中发现，影响更新效果的因素主要有鸟兽危害、海拔影响、植被盖度等。

鸟兽危害：云南松种子在天然情况下，于3~4月份陆续散落在林地上，到5月末雨季开始时，平均要在林地上放置30~50天，这段时间也是林地上的鼠、鸟觅食旺季，大量的种子在雨季到来之前便被取食，只有少数种子能够等到雨季节吸水发芽。据初步调查；约有70%~80%的种子鸟兽危害而损失。

海拔的影响：海拔高差的差异导致水热光等生态因子的变化，从而直接影响着云南松的天然更新的效果。初步调查表明，本区主要受干、热条件的限制，云南松适生海拔为1600~2500米，在海拔1300米以下地段可以说是云南松天然更新的禁区，由于此地段，4~5月份，地表绝对最高温可达60~70℃，加之旱季末期林地土壤水分缺乏，土壤干燥层达40厘米以下，1年生幼苗往往因烧苗或缺乏水分而无法成活。

植被盖度或林分郁闭度影响：在样方调查中发现，植被盖度过大会影响云南松种子着土，阻止阳光照射，抑制苗木生长，从而影响更新；林分郁闭度过大，由于林内光照不足，1年生幼苗尚可生长，2~3生幼树常常因需光要求得不到满足而死亡，出现"只见幼苗，不见幼树"的现象。值得一提的是，从80年代中期以来，由于外来种"飞机草"——紫荆泽兰的侵入，对云南松林天然更新带来很大的影响，由于紫荆泽兰喜阳，适应能力强，种子传播速度快，生长迅速；在适当条件下，一般2~3年即可迅速覆盖地表，一般高度0.8~1.8米；目前其分布范围基本上与云南松一致，即在海拔1300~2600米范围内。据样地调查，80%以上的样地内有不同程度的紫荆泽兰。一旦紫荆泽兰侵入，林下其他植被取而代之，因其生长茂密，乔木树种种子很难着土和更新；特别是采伐迹地大部分已被紫荆泽兰所覆盖。据了解，现紫荆泽兰以每年30公里的速度向外扩展。因此，紫荆泽兰的侵入可能成为云南松无然更新的一大难题，这有待于进一步研究。紫荆泽兰在热带地区国家如新西兰、危内瑞拉等作为一种害草已开展研究，但成熟的治理技术尚没有。

② 次生阔时林的演替与更新：本区除云南松林外，大量是经过多年人为砍伐之后形成的次生阔叶林，据初步调查发现，海拔1500米以上的次生阔叶林由于水热条件较好，逐渐向常绿阔叶林演变，这主要在于天然林保护工程实施后，人为干扰少，林分处于自然演替状态。在海拔1500米的以下的次生阔叶林常成小片状或块状分布，林分稀疏而不均匀，林相不整齐，林下植坡较少。森林的演替与更新主要取决于人为活动的影响，现有林分的演替方向存在以下几种可能：

向常绿阔叶林演变。现有稀疏的次生阔叶林可通过封山育林，便林分处自然更新演变过程中，林内的大量萌生植株将得以继续生长发育，林下少量实生幼苗也可生长成材，从而逐渐向常绿阔叶林发展。

向云南松林方向发展。现存的次生阔叶林，如果继续受到砍伐和火灾的干扰，林分进一步稀疏透光,林中空地和林窗不断扩大,周围的云南松就有机会侵入,从而占据林地,形成松栎混交林,甚至为云南松林。

变向灌木林地。靠近居民点的林分,在护林防火等保护管理措施不落实的情况下,林分遭受连续樵采砍伐和火灾的干扰,使生长缓慢的各种阔叶树逐渐变为多代萌发的灌丛林。目前,锥连栎已有相当一部分已成为灌丛林地。

向稀树草坡演变　次生阔叶林由于遭受长期连年的破坏,乃至毁林开荒,林地上的树木绝大部分消失,林地裸露,水土流失加剧,立地条件日益贫瘠,乔木树种无法更新。一些耐旱的禾草(扭黄茅、野香茅、野枯草等)大量繁殖生长,形成稀树草坡或荒山秃岭。

3. 干热河谷植被恢复技术探讨

(1)干热河谷区立地分类:在分析干热河谷生态环境条件的基础上,通过设置样地,综合调查各项立地因子,包括母质、土壤类型、土层厚度、土壤含水量、土壤石砾含量、机械组成、坡向、植被、水土流失等,运用数学方法,筛选出主导因子,即坡向、土层厚度和土壤类型。初步确定了4个干热河谷立地类型(表5-40)。

表5-40　干热河谷土地类型概况

立地类型	立地特征			
	母质类型	水土流失状况	土壤条件	植被条件
干热河谷阴坡中厚赤红壤土立地类型 Ia1	残积母质,多为变质岩,白云岩	轻度片蚀	中厚层赤红壤,厚度 >50 厘米,中壤重壤土,pH 值5.6~6.0	云南松栎混交、青冈、栎、小桐子和灌丛草坡
干热河谷阴坡薄层赤红壤立地类型 Ia2	残积母质,多为变质岩,白云岩	轻度片蚀	薄层赤红壤,厚度 <50 厘米,中壤土,含石砾 >20%,pH 值5.1~5.4	同上,只是覆盖度较小
不热洒谷阴坡中厚层山地褐红土立地类型 Ib1	有第四纪冲积物残积物母质或白云岩	中度片蚀、沟蚀	山地褐红土,厚度 >50 厘米,中壤土,石砾含量 >20%,pH 值6.0~6.5	稀树灌丛草坡
干热河谷阳坡薄层山地褐红土立地类型 Ib2	残积母质,片麻岩、花岗岩、白云岩	中度片蚀	粗骨性褐红土,厚度 <50 厘米,中壤土,含量 30%~50%,pH 值6.0~6.5	灌丛草坡

(2)干热河谷植被恢复途径:干热河谷生态环境恶劣,是典型造林困难地带,自"七五"以来,对干热河谷植被恢复和造林技术连续开展了攻关研究,以至今尚未形成一个行之有效的配套技术,对于干热河谷地段植被恢复的生态学过程尚未进行过深入研究。国外干旱地区生态恢复与重建技术多采用保护与植树造林相结合的技术措施。如美国的免耕技术和地表覆盖技术,加纳北部干旱地区在生态恢复中推广节能炉灶、向人口稀少区和植树造林;印度在干旱地区采用种草、建立生物栅栏、引进满足不同需要的多用途树种如合种树等,制定合理的放牧制度,来恢复和重建生态环境,促进干旱地区经济可持续发展等。在植树造林方面国内外均不同程度的研究,主要包括抗旱树种选择、地表覆盖降蒸保水技术、施有机肥改良土壤技术、使用保水剂提高土壤保水能力技术、集水抗旱造林整地技术等。

攀枝花干热河谷具有明显的干热河谷特点，但又与云南元谋等地干热河谷不同，表现在本区山高坡陡，不同于元谋的低山丘陵，因而土层浅薄，大部分土层厚度在50左右，特别是阳坡地带，造林难度增大。根据现有植被特点，依据生态演替原理，实行"分类分阶段，模拟自然，逐步恢复"的原则，进行该区植被恢复。

（1）对阳坡立地条件差的地段，采取封山育草，在封育的基础上，先草、后灌、再乔木，逐步改善微生境条件。

（2）对阳坡高地条件好的地段，采取封补，在封山基础上，补植适宜的灌木树种，建立灌草结构的群落模式，逐步改善土壤条件，为引入乔木树种创造条件；有条件的地方，可建立稀树灌草结构模式。

（3）对阴坡高地条件差的地段，采取封育补灌，形成乔灌草结构模式，改善生境条件。

（4）对阴坡高地条件好的地段，采取封禁，严格保护，使之自然演替。

在干热河谷造林技术上，坚持适地适树的原则，以选树适地为主，配以抗旱保水技术，营建灌草结构和乔、灌、草结构模式，但这种模式应不同于原有防护林建设的模式，应模拟干热河谷自然植被，形成"适度"结构，进行"适度造林"。所谓"适度造林"，就是不按传统造林以营造乔木树种为主的思路，而是在现有抗旱造林技术的基础上，以灌、草为主，模拟干热河谷的自然植被，可以适当加入乔木树种；在乔木或灌木树种的密度上，强调"稀疏"，以适宜的密度，形成"适度"结构；营建一个"适度"的"稀灌草丛"或营建一个"稀树灌草丛"模式即在干热河谷条件下的最佳结构模式，从而使该模式既适应生境条件又能最大限度地发挥造林的技术经济效益。值得提出的是，这个"适度"的量化指标的确定，应从生理生态角度、系统生态承载能力、水分生态占用度等方面进行深入研究，需要进行大量的试验研究。

耐旱性树种选择，应以引进树种结合，并通过树种（乔木、灌木）耐旱性机理研究，筛选出适宜的树种。到目前为止该区引进的树种有：赤桉、兰桉、直干桉、柠檬桉、台湾相思、新银合欢、加勒比松、牛筋巴、泡火绳、澳洲坚果、木麻黄、银桦、杧果、凤凰木、石栗、山毛豆、木豆、印度楝、塔拉、西蒙德木等，乡土树种有小桐子、余甘子、密柚籽、车桑子、木棉（攀技花）、酸角、番石榴、山麻黄、五色梅、三角梅、云南黄杞、麻栎、栓皮栎、铁刀木等。目前，生产上进行成片造林的树种有台湾相思、印度楝、余甘子、密柚籽、新银合欢、小桐子、西蒙德木等。

目前，该区的抗旱造林技术主要集中在集水整地方式（如大穴深窝整地、水平阶整地、大竹节沟整地等）、保墒保水技术（保水剂施用、地表覆盖等）和土壤改良（施有机肥、客土等）等抗旱降蒸、保墒蓄水技术的研究上。

因此，本区干热河谷地段造林技术应走耐旱性树种＋抗旱造林技术措施＋"适度"结构模式的"适度造林"技术路线，从而形成适合于干热河谷生态环境条件的造林技术。

4. 干热河谷植被恢复效果

（1）干热河谷区植被及其生物量。干热河谷区主要植被类型主要有稀树藻丛，稀琉藻草丛和草坡等类型。阳坡主要有少量块状分布的稀疏草丛和大面积的荒草坡，阴坡、半阴坡有木块状或块状的稀树落丛，分布于干热河谷上缘和夹沟中，旱季呈现出 Savana 景观。不同植被类型生物量见表 5-41。

表 5-41　干热河谷植被生物量（吨／公顷）

类型	密度（株／公顷）	高度（米）	乔木生物量	灌木生物量	草本生物量	总生物量
栎滇黄杞灌丛	23.80	5.16	6.3	26.02	4.46	36.77
滇黄杞灌丛	4100	5.8	10.09	47.01	5.02	62.12
小桐子灌丛	4920	2.72	2.72	62.94	4.76	67.70
密柚籽余甘子灌丛	5980	1.66		120.28	3.88	124.15
密柚籽黄荆灌丛	3120	1.32		29.09	5.51	34.59
番石榴灌丛	3400	2.87		45.58	4.10	49.68
台湾相思灌丛	5900	2.1		24.53	2.69	27.22
密柚籽灌丛	9520	1.40		20.21	4.93	25.15
余甘子灌丛	5200	1.8		17.68	6.01	23.69
台湾相思灌丛	5200	1.8				5.48

（2）干热河谷植被水土保持作用。从不同类型植被蓄水容量看（表 5-42），由于该区降雨集中，多以暴雨形式，地表枯落物多被冲走（除栎滇黄杞灌丛灌丛和小桐子灌丛因覆被较好外），植被蓄水能力主要以土壤蓄水为主。一般情况下。灌丛植被要大于草坡，密柚籽灌丛因其土壤为马布夹土，石砾含量高，土壤蓄水能力差。因此，在干热河谷区，灌草植被的恢复，有利于良土壤，增加土壤蓄水能力。

表 5-42　不同类型植被蓄水容量（立方米／公顷）

类型	土壤类型	土壤蓄水容量	枯落物持水量	总蓄水容量
栎滇黄杞灌丛	赤红壤	468.08	11.31	479.38
滇黄杞灌丛	赤红壤	326.57		326.57
密柚籽余甘子灌丛	褐红土	254.46		254.46
密柚籽灌丛	马布夹	165.50		165.50
密柚籽黄荆灌丛	褐红土	260.46		260.46
小桐子密柚籽灌丛	褐红土	305.91	2.57	308.48
草坡	褐红土	243.56		243.56

从干热河谷区不同类型的径流场观测数据看（表 5-43）：①与标准径流场（对照）相比，植被可以明显减少水土流失，地表径流可减少 39%~42%；这说明干热河谷区植被恢复与建设对于改善该区生态环境、减少水土流失具有十分重要的意义。②灌丛植被比草坡要好。③在新造林地中，旱季浇水与不浇水相比，减少水土流失效果明显，土壤流失量降低 22%。需要说明一点，由于径流场新修建，对径流场边界处的植被有所破坏，加之 2000 年较为干旱，年降水量仅 725.7 毫米，低于多年平均值；从而影响观测与结果分析。

表 5-43　不同类型径流场观测数据

径流场类型	地表径流量（立方米／公顷）	减少（％）	土壤流失量（吨／公顷）	减少（％）	备注
新造林地（浇水）	141.03	36.89	2.19	87.81	新银合欢
新造林地（未浇水）	143.79	35.66	6.11	65.83	新银合欢
小桐子蜜柚子灌丛	131.35	41.23	1.47	91.78	4 年生
草坡	136.25	39.03	2.79	84.40	
标准径流场	223.48		17.88	84.40	无灌木、草本

5. 山地森林植被恢复效果

（1）主要森林植波类型及其生物量（表 5-44）。

表 5-44　不同森林类型生物量（吨／公顷）

森林类型	密度（株／平方公里）	$D_{1.3}$（米）	H（米）	乔木层生物量	灌木层生物量	草木层生物量	总生物量
滇石栎多变石栎林	121	24.69	18.78	522.33	61.45	—	583.78
川滇高山栎林	460	28.93	16.67	415.85	0.65	7.24	423.96
滇石栎林	2080	19.78	16.80	168.95	23.14	—	182.09
黄背栎林	694	16.51	14.14	160.01	7.65	3.61	171.27
多变石栎林	1300	36.15	19.62	1281.99	51.2	—	1333.20

① 高山针阔混交体：主要分布在海拔 2800 米以上的山地阳坡、半阳坡地带，主要树种有川滇冷杉、云南铁杉、丽江云杉、川滇高山栎、石栎、杜鹃等，针叶树高大，占据上层，一般每公顷 40~200 株，阔叶树占据下层，一般 300~500 株／公顷。据测定，云南铁杉石栎混交林林生物量可达 1636.52 吨／公顷。

② 高山阔叶混交林：主要分布于海拔 2000 米以上的阳坡地带，主要树种有川滇高山栎、滇石栎、多变石栎、黄背栎等，密度多为 500~2500 株／公顷。

③ 高山灌木林：主要分布在 2000 米以上的阳坡地带，主要有矮山栎灌木林、杜鹃灌丛等（表 5-45）。

表 5-45　高山灌木林基本情况

类型	H（米）	灌木层生物量（吨／公顷）	草木层生物量（吨／公顷）	总生物量（吨／公顷）
矮山栎林	2.1	36.73	—	36.73
杜鹃林	1.8	18.91	0.26	19.17

④ 云南松林：主要公布在海拔 1400~2800 米地带，在本区分布面积最大。主要类型有云南松纯林、松栎混交林和滇油杉云南松林等（表 5-46）。

表 5-46　不同类型云南松生物量（吨／公顷）

类型	密度（株／吨／公顷）	D（米）	H（米）	乔木层生物量	灌木层生物量	总生物量
云南松纯林	333	33.80	20.50	780.59	19.05	824.59
云南松林	1180	15.76	14.47	49.82	15.90	71.66
松栎混混交林	2700	8.25	5.25	132.12	5.64	133.123
滇油杉云南松林	1700	10.37	8.83	20.38	62.47	87.38

⑤ 山地次生阔叶林：分布于 1300~1800 米的地带，主要有阳坡的锥连栎林和阴坡的栓皮栎麻栎林、滇青冈林等（表 5-47）。

表 5-47　不同类型阔叶林的生物量（吨 / 公顷）

类型	密度（株 / 公顷）	D（米）	H（米）	乔木层生物量	灌木层生物量	草木层生物量	总生物量
连栎林	1900	5.97	4.56	199.59	49.26	14.13	262.97
栓皮栎麻栎林	2109	5.29	5.24	28.48	31.84	3.40	63.71
滇青冈林	1009	6.62	5.61	14.36	21.67	1.6	37.63

⑥ 人工林：在海拔 1600 米以上，森林采代后营造的人工林，主要有华山松、米德杉、滇柏木、直干蓝桉、蒙自桤人工林（表 5-48）。

表 5-48　不同类型人工林生物量（吨 / 公顷）

类型	海拔	密度（株 / 公顷）	D（米）	H（米）	乔木层生物量	灌木层生物量	草木层生物量	总生物量
华山松人工林	2510	4640	8.72	8.51	97.16	—	—	97.16
米德杉人工林	1880	1559	14.59	12.47	241.60	27.98	5.33	272.90
滇柏木林	2190	2440	12.53	16.02	79.30	—	—	79.5
直干蓝桉林	2380	1330	5.54	5.03	8.17	—	—	8.17
蒙自桤林	2050	700	32.00	17.50	179.2	—	6.37	185.57

由于本区在地理位置上处于相对较低的地理纬度带，加之切割较深的河谷地形，以及大气环流和人类活动的综合影响，气候干热使本区海拔 1200 米以下的河谷地带实际上为具准热带性（或称南亚热带）的干热河谷稀树草丛类植被所踞；加之云南松的排挤，而亚热带常绿阔时林则成为水平基带以上的山地植被类型，并以适应干湿交替、冬暖夏凉气候之壳斗科植物如锥连栎、黄栎、毛枝青冈、滇青冈、高山栎、多变石栎等组成的常绿阔叶林。在山地重直带上随山体上升，温底增高，此类型其分布幅度极宽，上限可达 3000~3200 米。值得指出的是由于本地区开发较早，人为经济活动频繁，山地下部的常绿阔叶林保存较好者已不多，在适于常绿阔叶林发展的地段，大多已为云南松所占据。高海拔的云南铁杉、川滇冷杉、丽江云杉等针叶林成片分布已很少。根据攀枝花市森林资源清查，本区森林植坡主要以云南松林和次生阔叶林为主。因此，对该森林植被类型的保护技术的研究是该区山地森林生态网络工程体系建设技术研究重点之一。

（2）山地森林水土保持作用。

由表 5-49 可知：①总体上看，阔叶林蓄水容量高于针叶林，乔木林大于灌木林，有林地大于草坡，这说明森林植的改良土壤作用，提高了土壤的蓄水能力。②不同森林植类型中，阔叶林枯落物层较丰富，持水能力强。③不同类型森林的蓄水容量均较荒草坡好。在海拔 2000 的以下植坡类型中，森林蓄水容量可达草坡的 2 倍以上。因此，在山区生态环境建设中，应积极开展山地森林生态系统的保护与建设，增强山地森林蓄水保水能力，对改善生态环境和调节江河径流等都具有十分重要的意义。④减少水土流失能力。

表 5-49 森林类型蓄水容量（立方米/公顷）

类型	土壤蓄水量	枯落物特水量	总蓄水容量
滇石栎多变石栎林	868.55	115.20	983.75
黄背栎林	841.30	20.38	861.69
川滇高山栎林	883.12	29.10	912.22
青冈林	584.65	10.40	594.75
矮山栎灌丛	353.84	—	353.84
华山松人工林	554.52	1.89	556.41
米德杉人工林	483.34	10.30	493.64
滇柏木人工林	269.28	2.71	272.05
杜鹃灌木林	288.91	—	288.91
云南松林	401.97	12.27	414.24
滇油杉云南松林	330.52	5.9	336.42
松栎混交林	308.35	12.26	320.61
连栎林	341.77	8.81	350.58
栓皮栎麻栎林	458.66	9.63	468.29
黄栎林	615.78	9.49	625.27
草坡	243.56	—	243.56

由表 5-50 可知：①地表径流，以对照、农耕地和退耕地为大，共次草坡，有林地相对较小，比对照与农耕地减少70%以上，比草坡减少40%以上（除阳坡锥连栎林外）。②土壤流失量（除锥连栎外）呈对照（标准径流场）>草地>草坡>有林地，有林地可减少土壤侵蚀90%以上。③锥连栎林因在低海拔阳坡地带，林下土壤干燥，植被稀少，水土保持能力相对其他有林地要差。

表 5-50 不同类型径流场水土流失量

类型	地表径流量（立方米/公顷）	土壤流失量（吨/公顷）
滇青冈林	334.87	0.09
锥连栎林	550.57	2.81
黄栎林	346.66	0.03
松栎混交林	267.85	0.02
草坡	599.21	1.24
农耕地	2237.01	8.73
退耕地	2218.55	2.8
标准径流场（对照）	2184.57	21.19

二、四川省宜宾试验点

宜宾市地处长江上游干流的始端，已被列为四川退耕还林工程的重点地区和生态环境建设的重点地区。结合退耕还林工程建设和该区天然竹林资源利用，重点研究长江上游干流沿线森结构与功能（"线"）、低山丘陵过度带森林植被生态恢复、可持续经营的退耕还竹技术和天然竹林更新技术（"面"）问题，开展低山丘陵区宜宾市森林生态网络工程体系建设研究及示范，建立长江上游可持续经营的生态环境建设模式。宜宾市试验点的主要研究内容为：

（一）长江上游干流沿线森林结构与功能研究

通过长江上游干流沿线两岸森林植被调查，根据生态需求，进行生态功能区划分和森林空间配置、林分结构优化模式、森林功能评价等研究。

（二）低山丘陵区可持续经营的退耕还竹技术研究

在生态优先的前提下，以提高经济效益为目标，开展天然竹林资源利用途径和退耕还竹技术研究，建立退耕还林可持续经营模式。

（三）天然竹林更新技术研究

开展低山丘陵区天然竹林植被类型调查，进行生态系统结构与功能分析；在此基础上，以提高森林生态效益为前提，通过竹林经营利用技术研究，提出天然竹林更新技术。

本年度主要工作及研究内容为：开展面上调查，完成固定样地设置，确定试验示范区和观测地点，并组织试验示范；进行长江上游干流沿线现状调查和退耕还林地立地分类研究；进行生态竹林造林试验研究和天然竹林更新技术试验研究；开展调查与定位观测，采集数据；进行数据整理与初步分析。具体的研究内容为：①长江上游干流沿线森林结构与功能研究。②低山丘陵区可持续经营的退耕还竹技术研究。③天然竹林更新与经营技术研究。

本专题按合同要求的年度计划任务与考核目标，已经基本完成了规定各项指标，根据调查，进行现场实地勘测，分别在长宁县的梅硐、双河、竹海等乡（镇）选择具有代表性的林分和地类，具体按设计进行修建工作，修建了径流场 11 个，进行定位观测，主要类型有：楠竹林、黄竹林、杉木林、麻栎林、苦竹林、退耕还楠竹林、退耕还苦竹林、退耕还杂交竹（撑绿林）林、天然楠竹林（经营技术）、坡耕地和标准径流场。2003 年进入正常观测试阶段，收集生态效益数据。同时分别在长宁县的梅硐、双河、竹海等乡（镇）调协退耕还竹试验地 400 亩，天然竹林更新试验地 250 亩，主要有退耕还楠竹、退耕还苦竹、退耕还撑绿竹各 100~150 亩，天然楠竹林更新试验 100 亩，楠竹、苦竹、撑绿竹经营技术试验各 50 亩，已落实到位。

三、重庆缙云山试验点

中国森林生态网络体系建设重庆试验点，按研究计划的要求，本年度的研究主要为在重庆北碚缙云山设立 5 个不同森林植被类型的径流小区作为研究对象，每月降雨采集地表径流和地下径流水，进行分析，研究不同森林植被对地表径流和地下径流水质的影响。每个季节收集不同植被下的凋落物一次，测定其凋落物量和厚度以及养分含量，每月测定其分解速率，研究不同森林植被对凋落物量和分解的影响。同时，进行了三峡水库护岸林建设及其生态效应的研究。

（一）缙云山不同森林植被条件下水文特征与水化学性质的研究

在缙云山布设 5 个不同森林植被的径流小区，分别为针阔混交林、常绿阔叶林、毛竹林、灌木林、农耕地径流小区，小区面积 5 米 ×20 米，小区四周用水泥墙围起，水泥墙截留至母岩层，且在集流槽上、下端的墙体留有过水孔，分别用管将地表径流和地下径流水引入接水设备中。每月采集水样 1~2 次，每次降雨后采集大气降水及各个径流小区的地表和地下径流水 5000 毫升，带回实验室分析。

用尼龙网袋按随机布点法分别在针阔混交林、常绿阔叶林、毛竹林、灌木林地内收集 3 个面积为 1 平方米的凋落物并称重，从而计算径流小区的凋落物量。将新鲜凋落物一部分装入 2 个尼龙网袋中缝合，随机放置于相应的径流小区内，让其与土壤表面接触，每月称重测定其水分和分解率，另一部分带回实验室在 105℃下烘干至恒重，算出其含水量，并将烘干样粉碎，测定 N、P、K、Na、Ca、Mg、S、Cl 等养分。凋落物每个季节取样一次，每年取 4 次。凋落物量和养分含量每季一次，水分和分解速率每月测定一次。

研究目的主要为，研究不同森林植被对水物理性质和化学性质的影响，不同森林植被对水生物化学性质的影响，不同植被对凋落物分解的影响以及水质的季节变化规律等。

（二）三峡水库护岸林建设及其生态效应的研究

三峡水库护岸林大致包括 172~175 米的消落区和距 175 米水面线以上约 100 米左右的库岸。2000~2003 年的研究表明，营造三峡水库护岸林原则上应根据各段库岸的自然状况，以护岸固堤为目的，充分考虑经济效益，经济林、风景林和特用林互相兼顾，因地制宜，美化环境，护岸固堤，拦截泥沙，防洪减灾，提高生态效益。

主要研究内容为：三峡水库护岸林立地类型的研究，护岸林各树种营养特性研究，护岸林各树种生长特性研究，护岸林造林技术和造林模式的研究，护岸林净化水体、护岸固土的研究等。

同时对护岸林适宜树种的进行了引进、筛选，结果表明在三峡库区营造库岸林比理想的树种是水杉、池杉、竹子（慈竹、麻竹、吊丝竹等）、楸枫、意杨、麻柳等。尤其，发现在三峡库区芭茅是一种非常好的固土植物，耐湿耐淹耐瘠，生长迅速，将它们种植在淹没区和浪击区的前沿，再进行植树造林的效果良好。总之，课题按照合同和计划任务的要求，研究进度符合规定，圆满完成年度任务。本项研究成果具有较高的推广价值。

第七节　热带区的试验示范

一、试验林调查

开展了不同树种、林龄、经营模式林分的生长状况、林下土壤调查，同时采土壤进行理化性质分析。在热林中心林区中选择有代表性树种、林龄、经营模式的林分分别设置 20 米 ×20 米的调查样地共 38 个，并对标地内林木生长量、主要植被类型、腐殖质层及土层厚度进行了调查，共采集土样 52 个，分析其物理、化学性质。

二、营建多树种高效混交林

在实验中心的伏波实验场营建高标准的多树种高效混交模式林（500 亩）后，本年度又在实验中心的白云实验场营造以热带珍贵树种为主的高效混交林，面积 150 亩，主要造林模式有：

针阔叶混交林，共有 3 种模式：红椎 × 马尾松；铁刀木 × 马尾松；格木 × 马尾松。

阔阔叶混交林，2 种模式：山白兰 × 格木；柚木 × 格木。

三、石质岩溶区经营模式造林地选择、育苗及整地

在广西天等县典型的石质岩溶山区选择试验地 100 亩，作为经营模式试验，本年完成试验林营造任务，主要造林模式有：

林果混交：①在任豆林下套种山葡萄；②肥牛树与枇杷混交。

林农混交：①肥牛树下套种牧草；②任豆林下套种玉米。

林药混交：任豆林下套种金银花。

第六章 中国森林生态网络体系建设评价

第一节 生态建设评价研究概述

在人口增长、社会经济发展及全球变化的影响下，生态退化和环境破坏已达到前所未有的程度，危及到人类自身的福利和可持续发展，从而引起全世界的普遍关注。为遏制生态退化和环境破坏，推进区域可持续发展战略的实施，生态建设越来越受到广泛重视。

"生态建设"一词是由我国著名学者马世骏先生首先提出的。马世骏（1987 年）在《加强生态建设促进我国农业持续发展》文章中对"生态建设"一词的基本含义作了清晰的表述：生态建设"是研究包括人类在内的生物与环境的相互关系的科学……简单言之，生态建设是根据现代生态学原理，运用符合生态学规律的方法和手段进行的旨在促进生态系统健康、协调和可持续发展行为的总称"。"生态建设"主要是对受人为活动干扰和破坏的生态系统进行生态恢复和重建，它既包括对现有生态系统的修复、调整和完善也包括建立新的生态系统；是根据生态学原理进行的人工设计，生态建设是一个人为化的过程，是人类建设过程中的一部分，它必须依据生态学的相关原理进行建设，遵循生态系统的自然规律；是利用现代科学技术，充分利用生态系统的自然规律，是自然和人工的结合，达到高效和谐，试图实现经济、社会、环境效益的统一。由此看来，生态建设作为一种人类适应和改造自然的实践活动在中国已有几千年的历史（Liu GB，1999），然而，有关生态建设的科学研究直到20 世纪 50 年代末期才开始起步（Ren H，2003）。

生态建设以改善生态环境、提高人民生活质量，实现可持续发展为目标，以科技为先导，把生态环境建设和经济发展结合起来，促进生态环境与经济、社会发展相协调。全国层面上的生态建设有：退耕还林工程、天然林保护工程、环京津风沙源治理工程、野生动植物保护和自然保护区建设工程、重点地区防护林建设工程。省级、市级还有其他林业生态建设重点工程。

改革开放以来，随着国民经济的快速增长，在自然和人为因素的双重胁迫下，生态环境问题日益显现，引起了中国政府的高度重视。国务院积极推进《中国：世纪议程》的实施，做出《关于环境保护若干问题的决定》，批准并实施《全国生态环境建设规划》和《全国生态环境保护纲要》，从国家层面，已经把生态建设和环境保护作为国民经济和社会发展五年计划的重点专项规划之一。国家在生态建设和环境保护上的投入规模空前："九五"期间，中央财政安排用于生态建设的基本建设投资 3400 亿元，比"八五"期间增长了 8 倍多；1998~2002 年间，中国在环境保护和生态建设方面的投入共达 5800 亿元。经全社会的共同努力，生态建设取得明显进展。然而，中国西部生态恶化趋势未得到扭转；中东部生态退化的实质没有改变，趋势在加剧，生态问题更加复杂化（国家环境保护总局，2004）。

生态建设是中国生态学家于 20 世纪 80 年代末提出来的一种科学学说（陈国阶，1993），其理论和方法体系仍在不断探索之中。虽然"生态建设"一词在学术界、政府文件、领导讲话和大众传媒中已经广泛应用，但到底什么是生态建设，一直缺乏规范的界定，从而导致具体应用中的混乱。纵观近年来国内有关生态建设的研究文献，可以发现以下情形：①生态建设与生态环境建设的混用，在具体语境中所指代的内容并无显著差异（贾敬敦等，2004），但是理论上讲，"生态"中已经渗透了"环境"的含意（黎祖交，2003），所以用生态建设更为妥当。②生态建设作为修饰语，强调的是主体建设内容的生态化（刘洪贵等，1999；李成杰等，2003；谢小立等，2003；史培军等，2004）。③生态建设作为一定区域背景下，为解决生态退化和环境破坏问题而采取的一系列人为干预活动的统称，含有生态恢复与重建的意思（李文华，1999；程国栋等，2000；杨传平，2001），具有一定的综合性。而在西方生态学文献中，很难找到与生态建设直接对应的词汇（ecological construction），即便偶见应用，也已经成为一个建筑学的术语。从语义上与生态建设相近的有一系列英文生态学词汇（Sweeney S，2000），应用较为广泛的包括 ecological redtoration，ecological rehabita-tion，ecological reclamation 和 ecological re-creation。这些词汇都有生态恢复和建设的涵义，但在强调的恢复和建设过程所能达到的目标状态上，从促进受损生态系统恢复原状到建立全新的生态系统而有所区别。

综合国内外相关文献，认为生态建设是人类理性行为参与下积极的生态恢复与重建过程。生态恢复和重建可以通过积极的抑或是消极的方式去实现（Lake PS，2001）。所谓消极方式是指当引起生态退化和环境破坏的因素得到控制或消除以后，依靠纯自然力的修复过程；而积极方式是在自然力无法实现修复或者需要加速修复过程的情形下，以积极的人为参与和调控为主要特征的生态恢复和重建过程，即生态建设。生态建设的直接目标是修复受损生态系统和景观的结构、功能和过程并使之达到健康的状态（Society for Ecological Restoration，1995；Bradshaw AD，1996），因此，生态建设的参照系未必是原生的生态系统和景观。恢复或重建的系统能够长期持续地自我维持，是生态建设的最终目标。生态建设的特点包括：①复杂性。生态建设不可能超越一定历史、社会、经济、文化等多种因素的影响和制约，所以不单纯是技术问题（Higgs ES，1996），相反具有相当的复杂性。因此，生态建设中的非技术因素，特别是人文社会因素也必须引起足够重视（Higgs ES，1996；Sweeney S，2000）。②针对性。必须针对具体区域的生态环境问题进行规划、设计和实施，即所谓因地制宜。③动态性和不确定性。生态建设的动态性源于生态系统本身组成、结构、过程和功能的动态性，而且，生态系统的动态演替或灾变更多地表现为复杂的非线性，导致实践中生态建设作用下生态系统和景观演变方向的不确定性，也就意味着，生态建设不可避免地存在风险。因此，开展相关评价工作就成为生态建设过程中的重要环节。

生态建设评价指标体系是将生态建设区域可视为一个庞大而复杂的复合生态系统，每个子系统的多个因子都是在质量上和数量上有序地表现为一个指标（变量），根据生态建设的内涵以及指标体系方法学，筛选出具有代表性的指标，并按照其各自特征进行组合，就构成了区域生态建设发展指标体系，从而能够整体反映出生态建设的基本状况并应用于实际评价。开展生态建设评价，建立科学的指标体系，有助于区域生态建设规划得以落实，建立一套适合区域发展目标的具体指标体系，定量评价，能直观地表达当前区域的生态问题，一方面可方便决策者和群众了解区域生态环境建设的总体情况，另一方面可监测生态建设不同方面的动向，反映成绩与缺陷，便于找出存在的不足，以利于今后生态建设的进一步开展。

一、国内外生态建设及其理论研究概述

（一）国外生态建设及其理论研究综述

从国外相关研究看，生态建设是在人类理性的指导下，对生态系统的修复、调整和完善的过程，它的直接目标包括对现有被人为破坏的生态系统的修复和建立新的生态系统两个方面，企图调节人工环境与自然环境的平衡状态。

1. 生态工程建设相关理论研究

从 20 世纪 60 年代开始，"生态工程"作为一个新研究城市生态资源配置的学科领域被提出。80 年代初期欧洲生态学家 Ulmann、Straskraba 与 Gnauck 提出了"生态工程"即为模拟自然生态的协同、竞争和发展原理，并运用系统工程的原理、方法和技术来调控人工环境的结构要素，疏通物质、能量、信息的流通渠道，使人与自然双赢的工程技术。Kim Cuddington 介绍了关于生态系统工程不同的定义，研究了广泛的物种及生境，包括地上与地下的，水生的与陆生的，现存的与古代的范例，展示了如何了解和管理自然资源以及将生态系统工程方法作为理解生态与进化关系的一种方式所具有的价值。

在相关实践的研究中，John Todd 等（2003）首先提出城市生态工程系统的概念，重点研究城市的污水处理、固体废弃物治理、工业废气的综合处理等方面的管理和控制城市生态资源等方面的内容。Joan Marulli 与 Josep M.Mallarach（2005）在对巴塞罗那大都市地区的研究中，运用生态足迹理论，对区域生态工程的建设、生态系统的修复进行研究，建立了一整套完整的生态系统建设的理论。

2. 生态系统恢复相关理论研究

目前西方生态恢复学研究主要从如下三方面展开：一是生态系统退化的原因，通过对城市生态系统的构成进行相应的理论分析，剖析生态系统的结构，分析人类行为对生态系统破坏的种种方面；二是生态系统各要素之间关系的研究，通过梳理生态系统各要素之间的主次关系、层次关系，确定各要素在影响生态系统完整性方面的作为；三是寻求恢复生态系统

的途径，通过对破坏生态系统原因的分析，研究生态系统恢复的路径。

Zev Naveh 在其所著《Landscape and Restoration Ecology》中从生态学的角度对生态系统的恢复做出了深层次的思考，对景观与生态系统、景观多样性、生物多样性等内容做了深入剖析，指出人类对大自然的保护和可持续性利用是人类得以和谐发展的唯一途径。Villiam R. lori 在《Dam Politics Restoring America's Rivers》中重点讨论了政策环境与河流建设之间的相互关系，指出特定政策的制定能促进或阻碍河流保护的建设，河流保护的建设进展情况又能够反馈实施的信息，促使新的政策的颁布于实施，政策的制定与河流保护的实施进展是双向的互动过程。Michela Marignani 等（2008）通过创建生态恢复规划与景观生态学之间的理论桥梁，重申生态恢复过程中景观建设的重要性，指出生态恢复规划的前期研究、规划制定和规划实施的过程中都要综合考虑景观的价值，基于现状景观评价基础上的生态恢复规划才具有科学性。Mark T. Simmons 等（2007）通过关注外来入侵物种与现有物种之间的相互作用，对生态系统产生的影响，客观评价了生物的入侵、替代和退化过程对景观设计的影响，确立了生态系统恢复的影响因子体系。Chris Hagerman（2007）则关注原有的工业地区，滨水景观的恢复和利用，强调了生态规划在生态恢复过程中的作用，说明了人类行为在生态恢复过程中的积极作为。

3. 生态现代化建设相关理论研究

生态现代化理论是 1970 年代由德国学者 Joseph Huber 所创立，将生态现代化的建设理论从传统的工业环境研究领域带到人工环境领域，强调人工环境与自然环境的融合，给人工环境领域的研究引入了新的视角。F. H. Buttel（2000）将生态现代化理论归结为社会学领域，认为生态现代化与社会学有诸多的关联，生态现代化建设理论应当作为社会学领域的一个分支来看待。Andrew Gouldson 等（2008）强调了生态现代化理论与实践的关联，认为理论的来源和最终的归宿都应当是实践，强调现代科学技术在生态建设过程中的应用。Bent Sondergard 等（2004）学者主要研究了丹麦的纺织业发展与生态现代化建设之间的关系，他们强调在生态现代化建设过程中环境政策的重要性。Martin Janicke（2008）指出在全球化的宏观背景下，生态现代化建设应当重视区域之间的联系与相互作用，将生态现代化建设融入到城市发展战略中，做好长期的计划和安排。

4. 生态安全与生态建设评价体系的理论研究

生态安全是指生态系统的健康和完整程度，是人类在生产、生活和健康等方面不受生态破坏与环境污染等影响的保障程度，包括饮用水与食品安全、空气质量与绿色环境等基本要素。1989 年，"生态安全"一词被国际应用系统分析研究所首次使用，生态建设被正式提升到国家发展战略的高度，涉及到经济发展、社会发展等多方面内容。1998 年发表的《生态安全与联合国体系》中，各国专家就生态安全的组成要素、造成不安全的原因、未来的发展趋势以及相应的对策提出了诸多见解。国外关于生态安全的研究主要围绕其概念以及生态安全与城市安全、国家安全、全球化、可持续发展等议题相联系（Rogers KS，1997）。Norman Myers 是研究生态安全的先驱者之一，强调生态安全的建设是协调地区资源短缺以及全球生态危机相互之间的关系，指出生态安全的建设将影响到城市的经济安全和社会安全的很多方面。Kim 认为生态安全是与生态威胁相对应的概念，而生态威胁正式由于人类活动所造成，强调生态安全的建设也应是人类的职责所在，需注重生态安全与国家安全以及公共安全之间的关系。1992 年联合国召开环境与发展高峰会议，专门研究威胁生态安全的因素，制定了相应的公约和章程。欧美的诸多学者将生态安全作为生态系统完好程度判断的基本标准，建立生态安全的评价体系和评价标准，将生态安全的各项定性的要素量化，促进了生态安全研究的发展。生态建设评价体系的研究也就应运而生，将城市生态建设的各项内容，分层级、分类别的进行定量分析，能直观的反映出生态建设各方面要素的状态（Khan FI, et al，2004）。

此外，自 20 世纪 90 年代以来、可持续发展理论以及生态景观学理论的发展对生态建设理论的发展产生了深刻影响，生态建设的方向更侧重于自然景观的生态维护、人工景观的生态塑造以及可持续性的建设，更多了强调了生态建设与区域生态环境之间的关系，研究领域更为广泛。遥感技术、地理性信息系统以及计算机技术的发展，将地域生态建设的各要素量化处理，更有利于对现有地域的生态建设评价，更有利于建立生态建设的检测系统，进一步促进了生态建设的研究。

目前，国外生态建设相关文献的研究热点主要集中在以下几个方面：①生态建设。强调微观生态环境的塑造和生态设计，更多的是基于生态建筑的角度，促进生态社区的建设和发展，注重将生态建设的思想运用到生态社区、生态建筑的设计、实施和维护的各个环节。②生态恢复。注重宏观上生态环境的塑造，强调生态建设与区域生态系统、生态经济以及生态社会之间的关系，注重将生态建设的技术环节、程序流程和设计思想运用到更为宏观的设计规划当中，具有更为宽泛的应用价值。③生态修复。这部分的研究文献主要侧重于对已有的被破坏地区的生态修复，譬如对河道的生态修复、对被工业污染地区的生态修复、被破坏自然环境地域的生态修复等。

（二）国内生态建设及其理论研究综述

我国生态建设的研究始于 20 世纪 80 年代，代表性的学者包括马世骏、王如松等，这些研究的基本立足点是将生态学的相关理论运用到生态系统建设的各个方面，包括对现有生态系统的修复和新建新的生态系统两个方面，强调整体的协调，强调资源的可持续利用，强调人工环境与自然环境的结合。

1. 生态建设相关研究

生态建设的重要内涵就是生态工程的建设，我国著名学者马世骏先生（1987）提出了以"整体、协调、循环、再生"为核心的生态工程建设内涵，认为"生态工程的建设要注重相关各子系统的整体性，注重人工环境与自然环境的协调，注重资源的循环利用，以及可再生资源的利用。生态工程的建设是一个系统而长期的过程，涉及到多方面的内涵，渐进式的建设是必然选择"。生态工程以建设内容划分，可以分为绿地生态工程、湿地生态工程、固体废弃物生态工程等。

廖福霖（2003）在《生态文明建设理论与实践》中系统阐述了在生态文明观的基础上，注重城市、乡村、河流、山体的复合建设，环境的整治与保护，以及发展生态文化、绿色科技和生态建设的重要的城市生态建设实践问题；王祥荣（2004）《生态建设论：中外城市生态建设比较分析》在综合国内外关于城市生态建设的理论和实践的基础上，结合作者多点积累的国家及多个省市的研究课题成果，尝试建立城市生态建设研究的基本框架和路线；高甲荣（2006）《生态环境建设规划》总结生态环境建设规划的基本思路和方法，指出生态环境规划要以统筹考虑生态、经济、社会等多方面的要素，以人工环境和自然环境的共同发展为最终目标；俞孔坚（2005）《"反规划"途径》创造性的逆向规划思维，从地域现状资源环境的保护入手，提出了生态基础设施的概念，极大地促进了生态建设方面的理论研究和实践动态。

方创琳（2010）详细分析了欧洲90年代以来生态系统建设的理论、方法、技术和相关程序后，得出如下看法：无论是发达国家还是发展中国家都在大力推行生态建设，将生态建设与经济社会的可持续发展相结合；通过相应的规划建设机构，将城市的生态建设转变为政府的一种职能；产生了一系列有助于生态建设的研究和实践的引用技术；初步建立了城市生态建设的指标体系和评价模型；加强了生态建设的预测系统和监测系统的研究；将生态建设与国家的宏观战略，公共安全战略相结合。2007年出版的《中国可持续发展总纲》第11卷为"中国生态建设与可持续发展"，围绕我国可持续发展与生态建设的关系进行了深入的研究，初步解释了威胁我国生态建设的原因，进行生态建设的基本目标、原则和方法，着重强调了生态分区的重要性，注重生态建设不同地域的差异性。

从生态建设的基本要求来看，应从生态系统的基本特点出发，认真分析生态系统循环的生产、消费的各个环节，并最终达到控制生产、预防过度消费的目的，即将生态化的要求融入到生态建设当中。从区域生态建设的要求和内涵来看，生态建设的内容大致包括以下几个方面：①对地域土地进行生态化的分析，对影响生态建设的要素作适当的归类，借助计算机技术，对相关内容作量化的研究。②生态基础设施的建设，充分利用地域现有的水、山体等自然景观，构筑生态基础设施的基本内容，对现有的生态基础设施情况作相应的评价。③将景观生态学方面的相关研究成果运用到生态建设当中，生态建设的一个重要方面就是生态景观建设，生态景观的建设有助于适宜的人工环境的营造。④地域发展空间结构的生态化建设，它涉及到多方面的内容，包括地域发展方向的选择、空间结构模式的选择、各种用地类型关系的均衡，景观结构的塑造等。总之，生态建设与国土资源的保护战略相结合，与可持续发展战略想结合是生态建设理论研究新的方向。对生态建设补偿机制的研究，对生态建设规划的安排，对生态规划实施效果的监控等方面是生态建设研究的重点。

2. 生态系统恢复相关研究

近十年来，国内学者在生态系统恢复方面做了大量的研究，取得了丰硕的研究成果，主要包括以下几个方面：①研究内容更为宽泛，不仅包括传统的绿地系统、湿地系统等自然系统的恢复建设，还包括固体废弃物、工业污染等人工环境恢复方面的研究。②研究的领域更加广阔，包含了大气、土壤、水体、绿地植被等方面。③研究的内涵更为严谨，不仅包括了生态系统的预测还包括生态系统的实施检测等。④更加注重理论对实践的指导。理论指导下的生态建设实践近年来发展势头强劲。李洪远（2005）《生态恢复的原理与实践》介绍了全球范围内生态系统恢复的理论研究进展和实践动态，总结了生态恢复的基本方法和程序路径；周志宇（2010）《干旱荒漠区受损生态系统的恢复重建与可持续发展》阐述了干旱荒漠地区生态系统恢复建设的重要性，指出干旱荒漠地区生态系统恢复的基本路径，初步建立了干旱荒漠地区生态系统恢复建设的评价指标体系。

此外，随着人们对生活环境质量要求的提高，绿地生态系统的建设成为生态系统建设的重要内容，自 20 世纪 80 年代以来，建设部安排了诸多关于绿地生态系统修复的研究课题，目前完成的研究课题包括《绿地生态系统修复与生态环境学研究》《绿地生态系统的可持续发展研究》以及《城市绿地生态系统研究》等。我国绿地生态系统恢复研究取得了丰硕的成果，极大地促进了我国关于绿地生态系统恢复的研究。

3. 生态安全相关研究

1999 年以来，国内许多学者对生态安全的概念定义及生态安全的评价指标体系的建立方面都做了许多的研究，丰富和发展了生态安全的概念及内涵。陈国阶（2002）提出应当广义的理解生态安全的概念，生态安全不仅仅指人类系统的安全，也包括其他生物和非生物系统的安全。另外，生态安全的建立和修复应当视为一个动态的过程，静态的蓝图式的生态安全建设是不可持续的。郭中伟（2001）从生态系统的状态定义生态安全，认为生态安全的关键点就是确定生态系统结构的完好程度和相对应的被破坏的程度。曲格平强调了生态安全应当被列为国家安全的一部分，是公共安全的组成部分，生态安全的建设情况会间接影响国家经济安全和社会安全。彭少麟等（1997）指出生态安全包括生物系统安全和人类系统安全两部分，生态安全具有自然和社会双重属性，两者的均衡发展是促进生态安全建设的必要环节。肖笃宁（2002）指出了区域生态安全建设的基本内容，大致包括了生态系统的安全评价，生态系统的规划设计以及生态系统的实施监测等方面。邹长新等（2003）强调了生态安全建设的整体性、协调性、长期性和动态性等特点。多数学者都认为生态安全的建设需要自然、社会和经济的统一，自然安全是载体，社会安全是保障，经济安全是动力，三者的和谐统一是生态安全建设的内在要求。2000 年国务院发布的《全国生态环境保护纲要》中首次明确提出了"维护国家生态环境安全"的目标，主要包括两方面的内容：一是防止生态环境的恶化，影响经济安全的建设；二是防止环境问题带来一系列的社会问题，造成社会的不稳定，防止生态安全的建设对社会安全产生负效应。

国内学者对生态安全的建设方法以及生态安全评价体系的研究，取得丰硕的研究成果。俞孔坚（2005）基于生物多样性和生态安全格局的营造，初步建立了生态安全建设的基本方法步骤、技术路线，并给出了相应的实证研究；徐海根（2001）运用地理信息系统的现代化的计算机技术，对丹顶鹤自然保护区做了实证研究，具有十分重要的理论和实践价值；董险峰（2010）在《环境与生态安全》中主要阐述了生态安全与环境安全两者之间的相互关系；戴星翼（2005）在《经济全球化与生态安全》中将生物的入侵视为威胁生态安全的重要因素，研究了生态安全的背景、动力、目标等内容；沈渭寿（2010）在《区域生态承载力与生态安全研究》中以区域生态安全为研究对象，结合相关的实例研究，建立了生态安全的评价体系、预警体系与评价模型，为生态安全的理论研究开拓了新的领域。

国内对生态安全评价指标体系的研究很多，建立了生态安全评价体系大相径庭，目前还没有被公认的标准化的生态安全评价体系。如谢花林（2008）、李波（2007）对生态安全的评价体系和评价模型做了深入研究。中国科学院对生态安全的评价体系也做了相应的研究。马克明等（2004）在深入研究区域生态安全格局的基础上，建立了对应的生态安全评价体系。部分学者对特定地域的生态安全也做了充分的研究，如长江流域、黄河流域、珠三角地区、三峡地区等，取得了丰富的研究成果。

目前国内外关于生态建设的研究领域基本趋同，但研究的广度和深度差异性明显，我国与西方发达国家相关领域研究的差距依然存在。国外生态建设的研究更注重具体的设计特征和技术特征，强调针对生态建设的具体方案，其理论与生态城市实践相结合的十分紧密，具有很强的实践性；国内关于生态建设各个领域的理论研究所涉及到的内容比较丰富，与国外城市生态建设研究相比，国内的生态建设研究以定性研究为主，强调整体性、系统性，但对实践的指导意义比较有限。因此，深入开展生态建设实践及其评价体系研究，具有十分重要的必要性和迫切性。

二、国内外生态建设评价相关研究概述

（一）国外相关研究概述

随着全球经济的快速发展，生态恶化、环境污染、气候变暖等矛盾也日益突出，生态建设也随之被各国政府和专业人士所重视。各种相关主体也都意识到将生态建设的相关因素得以量化的必要性和紧迫性，然而，到目前为止关于生态建设评价指标体系的研究尚未形成统一的标准，与之相关的比较成熟的评价体系主要包括可持续发展的评价指标体系和区域生态建设的评价指标体系。

1969 年，美国 McHarg 出版的《Design with Nature》深入剖析了人工环境与自然环境之间的关系，强调人工环境的塑造过程中需对自然环境的尊重，他提出的对现状自然环境进行评价的千层饼模式影响深远。20 世纪 90 年代以来，国外学者相继提出了多种关于区域可持续发展的评价模型，从不同的角度将可持续发展的诸多因素量化，极大的促进了可持续发展建设领域的研究进展。比较有代表性的是以下五种：基于经济学的评价模型（economics-based models）；压力和压力影响评价模型（stress and stress-response models）；多资本评价模型（multiple capital models）；包括"社会、经济、环境"的 3 成分和 3 专项评价模型（three-part or theme" social, economic, environment" model）；同人类生态系统相关的福利评价模型（the linked human-ecosysytem well-being model）（张坤民等，2003）。这些定量的评价方法，在很多研究和实践中均得到了广泛的应用。

生态建设相关的评价指标体系总体上说仍处在不断发展的过程中，尚未形成统一的评价标准。不同的国家政府和国际机构对该问题进行研究的角度不同，侧重也就有所不同，得出来的评价体系差异性较大。下面就分为国际层次和国家层次对现有的相关研究成果加以

介绍。

1. 国际层次的指标体系

（1）UNCSD 指标体系。联合国可持续发展委员会（UNCSD）设计的关于可持续发展的评价指标体系在国际上有较大影响。该评价体系使用了"驱动力—状态—响应"（DSR）模型，共有 134 个指标。UNCSD 指标体系强调政策对可持续发展的影响；划分了社会、经济、环境和体制 4 个一级指标层；与《21 世纪章程》的内涵一致，对应关系良好。该指标体系具有普遍的实用性，但研究所需的统计数据量大、面广，阻碍了该指标体系的应用范围（UNCSD，1996）。

（2）世界银行的国家财富指标体系。长期以来，世界银行以人均 GDP 来衡量一个国家的经济发展水平。这种衡量的标准将国家经济的发展片面定格为经济的增长，忽视的经济发展的同时带来的社会效益和环境效益。鉴于此，1995 年世界银行提出了"真实储蓄"的定量方法来衡量一个国家的真实财富。这种衡量标准涵盖了自然资本、社会资本、人造资本以及人力资本四个方面，能够较为全面的反应一个国家的实质性财富水平。新国家财富指标具有更强的综合性，能够直观的反应各类资本之间的相互关系，同时还具有较强的未来导向性，按照新国家财富指标的判断能够反应出国家经济发展过程中的薄弱环节。但是，新国家财富指标的操作，对于技术的要求较高，通常难以进行（World Bank，1997）。

（3）近似调整的 GNP 或绿色 GNP。作为衡量城市"可持续发展"的综合指标，"绿色GDP"应运而生，它被定义为：在不减少现有资产资本的条件下，所能保证的收入。"绿色GDP"为相关部门提供了很有价值的信息，促使相关部门在制定政策时考虑经济效益的同时也要考虑自然资本的消耗以及所带来的环境影响。但是，目前"绿色GDP"的涵盖范围大多是经济和环境两个领域，对于社会问题的考虑很少（雷鸣，2000）。

（4）耶鲁大学、哥伦比亚大学的环境可持续发展指数（ESI）。ESI 是由耶鲁大学和哥伦比亚大学合作，对全球范围内 122 个国家环境影响的五个方面进行的研究成果，制定的包括环境系统、降低环境压力、降低人类的脆弱性、社会和法制方面的能力以及全球合作五个方面的内容，涵盖大气质量、水的数量、水的质量、生物多样性、陆地系统、减少空气污染、减少缺水压力、建设生态系统压力、减少废物和消费压力、减少人口压力、基本营养、环境健康、科学技术、辩论能力、法律与管理、似然部门的反应能力、环境信息、生态有效性、减少公众自主选择的混乱、承担国际义务、全球规模的基金以及保护国际公共权 22 项指标的评价体系。该指标体系的优点是能简约而全面的反应出环境发展相关信息，不足的地方是很多指标暂时还没有量化的技术，难于进行定量的研究和时间应用（World Economic Forum，2002）。

2. 国家层次的指标体系

（1）加拿大的 NRTEE 方法。加拿大国家环境和经济圆桌会议（NRTEE）对影响城市可持续性发展的诸多因素进行了研究，阐述了城市可持续发展建设的方法、步骤和检测标准，同时也建立了评价可持续发展水平的评价标准和评价模型，能够较为全面的反应出可持续发展能的水平（NRTEE，1995）。NRTEE 指标体系主要强调以下三个方面的问题：生态系统的健康程度；自然、社会、经济和文化的综合发展水平；人类活动与自然系统的关系。NRTEE 评价体系综合的系统的思想，能够较为全面的反应出不同城市、不同阶段的城市可持续发展水平，给予了人口福利和环境建设的重要性。但是 NRTEE 指标体系的实际应用是不均衡的，各子系统的指标评价值转化为上一层级的指标值时有较大的随意性，主观性性较强，评价结果的科学性欠佳。

（2）荷兰的 PPI 指标体系。荷兰相关部门设计了一套环境政策的评价指标体系，有助于国家层级的环境发展规划。指标体系强调环境发展与经济发展之间的关系，重点考虑了经济发展的同时造成的环境效益，建立了包括两个层级 6 个系统和许多指标的评价体系。PPI 指标体系的优点是能够简约的反应出环境建设相关方面的影响要素，计算过程也较为简单，易于操作。而其不足主要是仅仅考虑了环境与经济两者之间的关系而忽视社会方面的重要影响，而且指标权重的过程主观性较强（Adriaanse，1993）。

（3）英国的可持续发展指标体系。1996 年，英国环境部门按照可持续发展的原则，建立了可持续发展的指标体系，其宗旨是保护地球上的自然资源，强调对不可再生资源的合理利用，指出要为下一代人留下足够的自然资本。该指标体系的目标包括四个方面：经济发展的同时注重环境的建设；优化利用不可再生资源；可持续利用可再生资源；减小人类活动对自然环境的破坏（U. K. Department of Environment，1996）。

（二）国内相关研究概述

国内生态建设相关的研究起步较晚，但也取得了较为可观的进步。从对单个指标的评析，到对生态、社会、环境的综合关注；从单纯的运用数学领域计算方法，到运用系统的思想，计算机的现代技术，对相关数据的处理；从主观定性的研究范式向客观定量研究范式的转变。

1. "压力—状态—响应模型"生态建设成效综合指数评价指标体系

高珊等（2010）依据"压力—状态—响应（PSR）模型"，按照"原因—效应—反应"的思路，从环境、行为和决策三个层面，用 1953~2008 年的时间序列数据，分析我国生态环境质量变化与生态建设成效之间的关系，建立中国生态建设成效评价指标体系。生态环境需要承受发展带来的压力（P）；压力之下生态环境各要素的数量、质量、功能等状态发生变化（S），同时反馈于经济社会的发展过程，人类对生态环境的反馈进一步做出响应（R），进行政策调整、技术改进等，实现建设能力的提高和生态环境的改善。依据我国生态系统的主要特征及数据的可得性与可比性原则，运用德尔菲法（Dlephi），根据压力—状态—响应目标内容，从人类活动行为和生态环境变化两个方面，筛选与构建生态建设成效评价的指标体系（表 6-1）。

采用层次分析法（AHP）构造判断矩阵确定权重（表 6-2）。在构造层次结构模型的基础上，由专家对每一元素进行两两比较重要性后构造极差法判断矩阵，计算出每个指标权重，各判断矩阵通过一致性检验（一致性比例 CR<0.1）。

表 6-1　我国生态建设成效评价指标体系

目标	指标	单位	意义
压力	人均 GDP	元 / 人	经济发展压力（GDP/ 总人口）
	人均耕地面积	公顷 / 人	土地承载压力（耕地总量 / 总人口）
	能源消费总量	10^4 吨标煤	能源消耗压力
状态	人均水资源量	立方米	水资源变化状态（水资源总量 / 总人口）
	水土流失比例	%	土壤退化状态（土地流失面积 / 国土面积）
	污染负荷程度		污染物排放状态（废水排放量 + 工业废气排放量 + 工业固废产生量）
响应	粮食产量	10^4 吨	生产能力响应
	森林覆盖率	%	覆被改善响应（森林面积 / 国土面积）
	治理污染投资额	10^8 元	资金投入响应

表 6-2　生态建设成效评价指标权重

A 层	B 层		C 层	
	指标	权重	指标	权重
生态环境质量综合指数	压力 B_1	0133	人均 GDP C_1	0149
			人均耕地面积 C_2	0131
			能源消费总量 C_3	0120
	状态 B_2	0133	人均水资源量 C_4	0150
			水土流失比例 C_5	0125
			污染负荷程度 C_6	0125
	响应 B_3	0133	粮食产量 C_7	0140
			森林覆盖率 C_8	0140
			治污投资额 C_9	0120

1953~2008 年间，我国生态建设成效略有提升，综合评价指数增加了 0.003。全国生态建设成效阶段性波动明显，这是人为生态建设与自然环境状态共同作用的结果。以突变拐点为标志，按 10 年左右划分一个波动周期，大致经历 6 个阶段。

（1）第一阶段（1953~1960 年）：综合得分持续下降，减少了 0.123。该时期人口相对较少，生产规模不大，经济建设与环境保护的矛盾尚不突出。从"大跃进"到三年自然灾害，全国人口和粮食产量骤减。至 1960 年，出现人口负增长（年均递增率为 –4.57%，粮食产量仅为 1958 年的 70%。兴修水利、大炼钢铁和大办重工业等大量超常规工程，使工业企业由 1957 年 10000 个，猛增到 1959 年 310000 个，造成局部性生态破坏和环境污染。此时，国际社会的生态危机已经爆发，因国外封锁及国内孤立保守政策，我国对此类问题关注不多，缺乏警惕。

（2）第二阶段（1961~1972 年）：综合得分继续下降，减少了 0.054。该时期人口迅速膨胀，经济、社会与生态格局陷入动乱之中。"人多力量大"的生育政策，使总人口由 1961 年的 6.59 亿人增长到 1972 年的 8.72 亿人，年均递增率为 23.6%，连续 9 年超过 25%。"以粮为纲"的农业导向和"五小"工业的遍地开花，引发毁林毁草、围湖围海造田等现象，水土流失和城市工业污染加剧。我国知识界和科技界开始介绍发达国家环境问题，尚未引起决策层重视。

（3）第三阶段（1973~1980 年）：综合得分有所改善，比上个时期增加了 0.061，各年份相对平稳。该时期环境保护工作被正式提上日程。1973 年召开第一次全国环境保护会议，把环境问题提升到影响和制约经济社会发展的高度，确立了"三同时"制度。全国相继建立起环境保护机构，展开污染调查，对某些污染严重的工矿区、城市和江河展开初步治理。开始提倡计划生育，人口无序增长得到控制，逐步把精力转移到经济建设上来。我国环境科学研究和环境教育蓬勃兴起。

（4）第四阶段（1981~1987 年）：综合得分跌幅明显，减少了 0.052，至 1987 年降至最低点。改革开放初期，我国经济高速增长，出现急功近利和掠夺式经营，生态平衡严重失调。有研究表明，20 世纪 80 年代前期环境破坏损失约占 GNP 的 6%。1987 年大兴安岭火灾过火范围达到 133 万公顷，其中有林面积为 70%，直接经济损失超过 5 亿元。频发的自然灾害和污染事故凸显生态环境保护的重要性。1983 年第二次全国环境保护会议确立环境保护为基本国策。

（5）第五阶段（1988~1999 年）：综合得分持续上升，增加了 0.094。1989 年我国正式颁布《中华人民共和国环境保护法》。随着三北防护林、水土保持工程等重大工程实施，中国经济发展的环境成本开始走低。1992 年市场经济体制确立，经济增速伴随资源消费大量增长，尤以能源、用地最显著。1997 年黄河断流和 1998 年长江洪灾均表明环境污染与生态恶化趋势仍未得到有效遏制。我国深刻认识到经济、社会与环境协调发展的重要性，积极与国际社会接轨。从 1994 年《中国 21 世纪议程》到 1996 年第四次全国环境保护会议，再到 1999 年《全国生态环境建设规划》，展开了全国性总体部署与行动方案。把转变经济增长方式、实施可持续发展作为现代化建设的一项重要战略。

（6）第六阶段（2000~2008 年）：综合得分继续上升，增加了 0.095。进入 21 世纪，我国工业化与城镇化进程加速，资源、能源对经济发展约束增大。据国家环保总局公布，2004 年我国因环境污染造成经济损失为 5.18 亿元，占 GDP 的 3.05%。国家进一步明确人与自然和谐发展的思想，从十六大提出"全面、协调、可持续的科学发展观"到十七大提出"建设生态文明"，几乎每年都有新的指导意见出台，力度之大、之密集可谓空前。生态建设逐渐成为中国政治生活的重要组成部分。2007 年全国 COD 和 SO_2 排放量首次实现双下降，取得历史性突破。

结果表明：我国生态建设成效有所提升，阶段性波动明显，按 10 年左右为周期划分为 6 个阶段。环境质量变化及政策演变轨迹相吻合。近 60 年间生态建设成效经历了不显著甚至负效应再到逐渐显化的过程。评价体系中各子系统及内部因子之间的协调性有待提高，表现为压力较大、状态不佳和响应不够的状况。生态系统演变具有长期性和动态性的特点，为彻底改善生态环境，避免决策失灵，提高生态建设成效，需要国家意志与社会行动共同

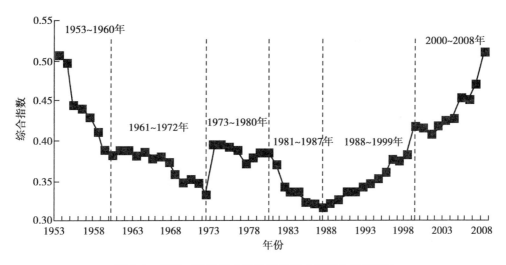

图 6-1　1953~2008 年中国生态建设成效综合指数变化

推动经济增长方式的根本转变。

2. 生态环境质量评价指标体系

赵跃龙等（1998）对生态脆弱带生态环境质量评价指标体系进行了研究，认为的评价内容主要包括成因和结果两方面的指标内容，成因指标包括人均耕地面积、热量资源、干燥度、地表植被覆盖度、和水资源五项内容；结果指标包括恩格尔系数、农业现代化水平、人均 GNP、人员素质、人均工业产值和农民人均纯收入六项内容。1999 年，国家环保总局开展了"中国省域生态环境质量评价指标体系研究"。叶亚平等（2000）提出省域生态环境质量评价及其指标体系，由生态环境质量背景、人类对生态环境质量的影响程度及人类对生态环境的适宜度需求三部分组成。

3. 城市生态可持续发展评价指标体系

20 世纪 90 年代以来，我国有许多学者从事城市生态建设评价指标体系方面的研究，取得了丰硕的研究成果。

为协调自然环境保护与城市经济发展之间的关系，注重城市人工环境建设过程中对自然环境的保护，促进经济、社会、环境的协调发展。宋永昌等（1999）从城市生态系统结构、功能和协调度三方面构建了生态城市的评价指标体系，阐述了相应的评价方法和评价程序，并选择了五个沿海的代表性城市进行了相应的实证分析和评价。常勇等（2001）提出了山东省城市可持续发展指标体系，认为城市的生态建设包括生态、经济、社会三个方面，依此建立了包括 1 个综合指标，3 个二级指标，13 个三级指标和 31 个四级指标的评价指标体系。王祥荣（2003）在《生态建设论——中外城市生态建设比较分析》中，系统分析和总结中外城市生态建设的理论和实践，结合作者研究项目的成果，建立了城市生态建设的基础理路框架和技术路线；同时，分析比较了中外可持续发展指标体系的研究成果，分析了 UNCSD 新的核心指标框架、美国 ESI 指标的核心内容、西雅图市可持续发展指标体系、中国科学院可持续发展战略研究组指标体系、上海城市可持续发展生态调控指标体系以及广州生态城市建设指标体系等内容。张坤民等（2003）在《生态城市评估与指标体系》中，阐述了可持续发展的检测与评估方法、环境污染巡视与资源耗损的计算以及经济学测量模型、生态学测量模型、政治社会学测量模型等内容，极大的促进了我国关于生态建设评价体系领域的研究；黄光宇（2002）在《生态城市理论与规划设计方法》中基于生态建设的最终目标文明的社会生态、高效的经济生态以及和谐的自然生态，建立了包含文明的社会生态、高效的经济生态和和谐的自然生态的3个目标层，人类及精神发展健康、社会服务保障体系完善、社会管理机制健全、经济发展效率高、经济发展水平适度、经济持续发展能力强、自然环境良好和人工环境协调的8项内容的准则层，以及64项内容的指标层的评价体系，进一步促进了我国生态建设评价体系方面的理论研究；兰国良（2004）在分析国外关于城市可持续发展指标体系研究的基础上，建立了一套可操作性强的评价指标体系。古春晓（2005）初步确定了建立生态城市评价指标体系的目标、原则和基本程序方法；柳兴国（2008）建立了包括功能、结构和协调度的3项一级指标，社会保障、生产效率、人口结构、污染控制、基础设施、城市绿化、资源配置、城市环境、城市文明和可持续性10项二级指标，17项三级指标的生态城市评价体。

此外，在土地可持续利用评价指标体系研究方面，傅伯杰等（1997）以土地可持续利用为目标，土地的高效利用为原则，提出了一套包括生态、经济和社会的三方面评价内容的指标体系。这些学者的研究都不同程度上促进了生态建设评价体系理论的研究进展。

三、研究展望

（一）存在的问题

尽管国内外关于生态建设评价指标体系的研究取得了各个方面可喜的进步和丰硕的成果，但是也存在不少问题，主要体现在以下几个方面：

1. 缺乏统一的评价指标体系

一是各国家、相关机构和学者基于不同的研究视角，建立的评价体系差别较大。评价指标的选择上没有统一的标准，以至于产生从几十个到几百个不等的评价指标，指标过于繁杂，体系过于庞大，操作起来难度很大，且不同指标体系之间横向比较的难度很大。二是缺乏对各常用指标和特殊指标对生态环境影响的机理方面的系统和定量关系研究，故而由此得出的评价方法和模型都是片面的，笼统的；指标的选取因人而异，没有基本的格式，主观性强；诸多的评价指标，往往统计数据难以获取，造成了评价体系的研究与实践应用的脱节。另外，考虑一定时代经济条件下一定地域中作为主体的人的各方面消费需求，和将人作为影响者来定量考虑人口数量和人口组成、结构状况对环境的作用和应对措施，研究相对薄弱。

2. 评价手段亟待加强

随着遥感与地理信息系统技术的广泛应用，在评价中发挥越来越大的作用，但是目前大部分工作中仍然是作为辅助手段，遥感可以提供及时、丰富、详细的自然和社会信息，但是信息有效解译遭遇瓶颈，海量信息较多浪费，实践中往往大量使用统计数据和其他传统方法得来的信息；评价方法上，以模糊综合法和层次分析法结合专家打分、因子分析为主，有方法的应用探索，少有方法分析和相互间的比较；评价结果可以用于横向对比排序，难以进行对象本身的纵向剖析，因此，不利于提出具体的改进措施。

3. 评价对象与内容有待规范

目前，大多集中于在省、县、城市等大尺度和宏观层面生态环境质量评价以及诸如生态城市等的专项评价。但是，以往的研究较少着眼于区域内的组织结构和区域间的联系方面的考虑，对于不同发展阶段、不同地理类型和不同功能的区域缺少微观、具体和量化的分析。从现有的评价研究来看，多数评价体系以结构、功能和协调能力为主，主要集中在生态系统结构（人口、基础设施、生态环境和土地利用等）、功能（物质还原、资源配置、生产效率等）以及系统协调度（社会保障、生态文明和环保投资比例等）等方面；也有以经济、社会和自然为主，以区域发展的经济、社会和自然为主要的一级指标，以各自下辖的经济因素（经济实力、经济效益、经济结构等）、社会因素（人口指标、基础设施、生活质量、社会保障和教育医疗等）和自然因素（生态环境、绿化和污染治理等）为二级指标。还有的是以可持续发展为主，以经济的可持续发展、社会的可持续发展和环境的可持续发展为一级指标，强调以发展的眼光对生态建设进行评价，对区域整体的可持续发展现状和潜力进行分析和评价。经济可持续发展包含有经济结构、资源利用和保护等；社会可持续包含有人口结构、人才培养、基础设施和信息技术水平等；自然可持续包含有环境保护、再生资源开发利用等。这些评价指标体系的内容相互交叉，各有侧重，但往往造成评价结果缺乏可比性，其评价成果难以应用。同时，这些评价往往基于生态建设现状考虑，而未能够从区域整体的生态建设考虑，所选指标内容往往缺乏统一性、可比性。

（二）展望

纵观国内外生态建设现状，许多相关研究缺乏对生态建设评价方面的研究。国外没有具体的生态建设方面概念，基本上没有相应的研究。国内，尽管总体布局上，《全国生态环境建设规划》中已明确了生态建设的八大重点区域，但线条比较粗犷，许多关乎生态建设成效的具体问题亟待解决。

1. 生态建设空间布局的细化

生态建设应从具体的生态环境问题着手，大到区域、小到个体的城市和乡村，以生态问题为导向，开展有针对性的生态建设；以生态文明建设为核心，推进全域性生态、经济、社会可持续发展。

2. 生态建设目标和指标的明确和系统化

生态建设是一项以生态功能恢复为基础的复杂系统工程，在实践层面表现为"自下而上"的生态建设，以众多具体的项目为依托、规模巨大的综合性工程系统；一个区域生态建设的成败、直接依赖于该区域内生态建设工程的有效性。目前的情形通常是强调搞了多少生态建设项目（量），对多少生态建设项目是否真正有效、程度如何（质）却关注不够，特别是对生态建设中的问题和失误很少提及，严重制约了生态建设的健康发展。其二，由于我国自然地理环境存在多尺度分异，生态建设应与这种客观存在的自然生态系统和人类社会经济活动的地域复杂性相适应，生态建设从总体方略到项目的设计实施都必须遵循具体生态区域的特定需求，以确保生态建设实践的有效性和可持续性。同时，即使在同一生态区，生态建设对象和目标的差异决定着采取的建设途径和技术手段也必然有所不同。总之，地域复杂性决定了生态建设的类型多样性。从对象上看，有森林、草原、河流、湿地等生态建设类型，而对于特定对象的生态建设，如森林和草原生态建设，在不同的水平和垂直自然带及具体的生态单元，其建设目标的设置、植被恢复和重建的物种选择等环节也会有不同的要求。尽管如此，生态建设从方案运筹的角度，仍然具有普遍性的原则和步骤可循。

3. 生态建设评价的科学化和标准化

由于生态建设系统的复杂性和动态性，生态建设的目标必须明确并具有多重性，即能够体现包括自然生态在内的多方面利益或效益。相应地，衡量生态建设进展程度和成功与否的指标也应该具体、系统而完善。不仅要有"量"的反映，更要有"质"的追求，同时，还需要考虑生态的、社会经济的和文化的多种因素，往往需要大量的指标来反映生态系统的现状与变化，但指标多，易造成数据不易获取，或超出统计与行业调查的范围，从而造成可操作性差。因此，需要建立科学化、标准化的生态建设评价体系。

4. 中国森林生态网络体系建设评价的探索

新世纪以来，面对生态恶化对人类生存与发展的威胁，我国政府高度重视林业与生态建设，把林业作为生态建设的主体和生态文明建设的主要承担者，在生态建设中赋予了林业首要地位，在贯彻可持续发展战略中赋予了林业重要地位，在西部大开发中赋予了林业基础地位；从维护本国生态安全和全球生态安全的战略高度，以对人类、对未来高度负责的精神，持续开展了中国历史上乃至人类历史上规模空前的林业与生态建设，取得了举世瞩目的成就。基于此，中国森林生态网络体系建设理论从整个国土保安角度出发，按照点、线、面相结合的原则，将各种不同的森林生态系统有机组合，形成一种人和自然高度统一、协调和谐的有机整体，使我国资源环境与社会经济持续发展，是系统工程思想的进一步深化，已经成为新世纪中国可持续发展林业战略的核心内容。

中国森林生态网络体系建设由"点""线""面"三大类型组成；所谓"点"，指5万多个城镇的绿化；所谓"线"，指长江、黄河、淮河、珠江、辽河、海河、黑龙江等大江大河以及山脉、海岸线、公路铁路干线大规模的护岸护路林带；所谓"面"，指全国八大林区包括东北、西北、黄土高原、华北、西南、热带、青藏高原等林区建设。建立森林生态网络工程体系，最终的目的是为了增加森林总量，提高森林质量，营建一个"点""线""面"有机结合、分布均衡、结构合理、功能完备、效益兼顾的森林生态网络体系，对区域生态环境的整体改善将产生深远的影响。主要表现在：

（1）从系统结构—功能—协调性考虑，形成完整的生态建设空间布局，构建生态安全格局。

（2）从自然、经济、社会整体协调出发，进行全域顶层设计，生态建设目标更加明确，使得生态建设实践具体化。

（3）从可持续发展角度，以发展的思维，考量生态建设的过程和状态，既有"量"的反映，又有"质"的追求，更有建设工程的阶段性进程状态，全面推进生态建设，促进人与自然、森林与环境、环境与经济社会协调可持续发展。

因此，开展中国森林生态网络体系建设评价的探索与研究，就是要解决当前有关生态建设评价的不足问题，针对全域生态建设进行科学评价，立足区域森林生态网络格局中生态功能的完善性、有效性和整体性，建立科学化、标准化的评价指标体系，为生态建设评价开启新的途径，为建立区域整体生态安全格局和全面推进生态文明建设提供科学依据和决策参考。

第二节　森林生态网络体系建设评价理论与方法

一、评价理论

（一）森林生态网络体系建设评价指标体系的概念与功能

1. 概念

中国森林生态网络体系建设理论是我国林业可持续发展战略的重要理论基础，是我国构建国土生态安全格局的理论依据。按照森林生态网络体系实施生态建设是我国生态安全战略和可持续发展战略的有效途径之一。

因此，森林生态网络体系建设评价指标体系主要依据中国森林生态网络体系建设理论，突出林业的"三地位"和森林的作用，以区域自然—社会—经济复合系统为对象，以区域生态安全格局为基础，以全域生态建设顶层设计为目标，以生态建设过程与状态为主线，旨在寻求可操作的、定量化的方法，以衡量和评价区域生态建设的水平和能力，为管理和决策提供科学依据。

（1）按照森林生态网络体系建设"点""线""面"有机结合的要求，构建完整的生态建设空间布局，形成生态安全格局的基础，设立生态系统的结构—功能性指标。

（2）按照系统工程原理，通过"自然—经济—社会"复杂系统的综合分析，从自然、经济、社会整体协调出发，进行全域生态建设目标顶层设计，设立生态建设的目标性指标。

（3）按照可持续发展理论，动态分析生态建设的过程和状态，反映区域可持续发展水平，设立社会经济的可持续发展性指标。

因此，森林生态网络体系建设评价指标体系由结构—功能性指标、目标性指标和持续发展性指标构成，不同于其他的生态相关评价指标体系，以生态建设为核心，突出森林生态系统在生态建设中的主体地位，既考虑到空间格局上的系统结构、功能，又考虑到全域建设的顶层目标，还考虑到动态过程与可持续发展，全面反映了生态建设的"量"（结构、布局、数量）、"质"（建设成效）和"度"（建设进度、发展程度）指标要求，体现了生态建设的深刻内涵。

评价指标体系是生态建设的重要环节，是对上一层级生态建设状况的总结，也是下一阶段生态建设的开始。评价体系是将区域生态建设得以量化的主要途径，能够直观的反映出区域生态建设状态与目标状态各方面的差距，有助于决策者更为理性的制度相关政策。因此，评价指标体系的研究具有十分重要的理论和实践意义。

2. 功能与作用

（1）评价功能。评价功能是生态建设评价指标体系的一项基本功能。通过确定评价指标及各层级各因子的权重，就能够对区域生态建设状态的相关方面进行评价，能够直观的反映出区域生态环境、生态经济和生态社会的综合指数，说明生态建设的成就和不足。同时，还能够据此指数对区域生态建设进行横向和纵向的比较。

（2）监测功能。评价指标是对生态建设某个侧面或某个因素的反映和写照。因此，能够充当区域生态建设"晴雨表"的角色，对生态建设进行适时的、动态的评价，能够很好的反映出生态建设的状态，及时发现不足与问题，制定相关的政策，促进区域生态建设的良性发展。

（3）导向功能。导向功能是评价指标体系隐形的、内涵式的作用。评价体系可以看做是上一阶段生态建设结果的总结，也是下一阶段生态建设的开始，因此对进一步的生态建设具有强烈的导向性。

（4）决策功能。评价只是手段和过程，不是结果和目的。评价体系最大的优点就是能够将诸多纷繁复杂的因素直观的量化体现，进而能够知道科学合理的决策，促进区域生态建设。

（二）森林生态网络体系建设评价指标体系的类型与特点

1. 类型

按照不同的划分标准，评价指标可以进行不同的分类，比较有代表性的有：

（1）客观指标和主观指标。客观指标是能够反映客观状态的指标，不以行为主体的转移而改变，如耕地面积、恩格尔系数等；主观指标是反映行为主体对事物态度的指标，通常不同对象有着不同的反映结果，如居住环境满意度、公众参与程度等。

（2）描述性指标和评价性指标。评价指标包括两个方面的内涵：指标内容和指标数值，指标内容是对相关方面的抽象概括，是定性的描述。指标数值是对相关方面具体的说明，是定量的描述。描述性指标是反映事物世纪状态的指标，属就事物论事物的范畴；评价性指标是反映某种社会、经济、环境状态的指标，一般有上层的理论指导，通过多方面数据的对比分析而得出。

（3）正指标、逆指标与中性指标。正指标是反映社会进步的指标，如人均收入增长率、消费水平增长率等；逆指标是反映社会退步或衰减的指标，如大气污染程度、噪音影响系数等；中性指标是客观反映指标状态的指标，不含社会、经济发展与否的内涵，如国土面积、气温度数等指标。

2. 特点

评价指标体系作为生态建设状态的指示器，反映建设状态的重要载体，反馈建设信息的基本单元，具有如下特点：

（1）指标反映的信息纷繁复杂。生态建设是一项长期长期而复杂的议题，涉及的内容涵盖区域生态系统的方方面面，既包括综合指数，又包括各项评价指标。

（2）指标涉及多个学科。每个指标的内涵通常都涉及多个学科的内容，因此，需要多个学科的关联研究，综合反映指标实质内涵。

（3）指标应用的特定性。评价指标只能反映城市生态建设的某个方面，前提条件的改变，将导致指标无法使用。因此，在使用过程中一定要注意数据来源口径的统一。

（4）指标的动态变化性。生态建设的理论日异月新，新的理论成果不断涌现，评价指标需要与时俱进，不断的更新完善指标体系。

（5）指标的可获得性。评价指标的可获得性十分重要，在评价过程中需要的数据来源一般都是较易获得相关部门公开的数据，如果设立的评价指标相关数据很难获取，该指标也就不具实际应用价值。

（三）森林生态网络体系建设评价指标体系的构建原则

根据以森林生态网络体系建设为主体的生态建设的内涵、特征和要求，确定的评价指标体系的构建原则如下：

1. 科学性原则

生态建设指标体系必须能够全面地反映生态建设的各个方面，符合生态建设目标内涵，具体指标的选取要有科学依据，指标应目的明确、定义准确，而不能模棱两可，含糊不清，因为许多指标体系中的高层次指标值都是通过对大量基层指标值进行加工、运算得来的，如果选取的那些基层指标的含义模糊不清，那么它们的计算公式或运算方法就很难得到统一。因此，首先要以科学的理论为指导，所运用的计算方法和模型也必须科学规范，使评价指标体系能够在基本概念和逻辑结构上严谨、合理，指标的选择与指标权重的确定、数据的选取、计算与合成必须以公认的科学理论为依据。其次，评价指标体系对象的描述要客观，符合实际从而做出科学判断；这样才能保证评价结果的真实和客观。

2. 完整性原则

生态建设是一个具有高度复杂性、不确定性、多层次性的系统工程，不同区域有其不同的特点，而某一特定区域的生态建设又从属于一个范围更广、层次更高的生态建设系统。因此，构建的评价指标体系需完整的反映生态建设的各方面内容，同时，鉴于生态建设所涉及的评价指标数量众多，需要梳理各个指标之间的关系，指标体系的建立就是要使评价目标和评价指标有机地联系起来，组成一个层次分明的完整评价指标体系。从整体上看，各指标项之间是相互关联、相互依赖的；从内容上看，作为对于其特点表征的具体指标则应互不相关、彼此独立。

3. 简明性原则

目前的许多生态建设指标体系，为了追求对现实状态的完整描述，设置指标动辄成百上千个。从理论上讲，设置的指标越多越细，越全面，反映客观现实也越准确。但是，随着指标量的增加，带来的数据收集和加工处理的工作量却成倍增长，而且，指标分得过细，难免发生指标与指标的重叠，相关性严重，甚至相互对立的现象，这反而给综合评价带来不便。因此，生态建设指标体系应该尽可能简单明了。此外，为了便于数据的收集和处理，也应对评价指标进行筛选，选择能反映该区域生态建设特征的主要指标形成体系，摒弃一些与主要指标关系密切的从属指标，使指标体系较为简洁明晰，便于应用。

4. 动态性原则

生态建设是一个动态过程，是一个区域在一定的时段内社会经济与资源环境在相互影响中不断变化的过程。对于同一个区域，不同时期预示着不同的发展阶段。而不同发展阶段，区域发展的目标、发展模式、为达到目标而采取的手段均不相同，因而在构建评价指标体系的过程中侧重点自然也不同。这就要求用于反映生态建设程度的指标体系，不仅能够客观地描述现状，而且指标体系本身必须具有一定的弹性，能够识别不同发展阶段并适应不同时期区域发展的特点，在动态过程中较为灵活地反映区域发展是否符合生态建设的程度。

5. 可操作性原则

生态建设评价只是过程和手段，不是结果和目标。评价体系最终是要反馈真实性的相关数据，为决策者服务，以制定更为合理的相关政策。所以，在构建评价指标体系时，指标项的选取尽量以统计公报、统计年鉴等现有统计资料为主，应在尽可能简明的前提下，挑选一些易于计算、容易取得并且能够在要求水平上很好地反映区域系统实际情况的指标，使得所构建的指标体系在形式和内容上都需要注重可操作性，从而使我们有可能在信息不完备的情况下对区域生态建设水平和能力做出最真实客观的衡量和评价。

6. 针对性原则

所确定指标体系必须符合生态学基本规律和生态效益型经济发展的基本要求，既要吸收国内外相应指标体系研究的成果，又能体现具有区域特色以及地质地貌的生态建设的核心内容。指标体系不仅要对政府提高生态环境质量的政策方向起到导向作用，而且能够反映政策的效果。所有指标的集合必须能基本反映生态建设的主要任务和阶段性目标实现情况。作为客观描述、评价及总体调控区域生态建设的指标体系，在特定的阶段，其侧重点、结构及具体的指标项也就具有针对性。使我们有可能在特定的阶段对区域发展进行衡量、评价和调控，从而有利于区域朝向更为符合生态建设标准的方向发展，避免出现发展中的短期行为。

同时，由于区域研究的特殊性，还必须注意以下问题。首先，应尽量建立全面、系统和简洁易行的指标体系，具有政策性和实用性。其次，注意数据统计口径一致性和量化方法。最后，注意指标体系动态变化性，要具有一定的前瞻性，对未来建设具有一定的指导性。另外，在实际研究中，对区域系统的长期状况进行时间纵向比较时，应选用统计数据或者可以进行调整和计算的指标。这主要是从可比性、数据的获得和可信度等方面考虑。这也对目前研究提出了一个新的任务，即在实际工作中需要对系统经过分析和预测，设立今后分析所需要的重要指标项目，从而使可获得的数据尽量同步于研究需要，为今后的可持续生态建设评价建立一个坚实的基础。

二、评价方法

目前对生态建设有关的评价有多种不同的方法，主要有：

一是基于可持续发展方面的可持续性指数法，适合于国家间的综合评价，信息量大，但是计算复杂。

二是基于生态承载力的生态足迹和能值分析法适合于各种范围，包括国家、区域、地区和小系统；生态足迹法计算过程简单，但是缺失一些可持续性信息；能值分析法考虑问题全面，但是其原理涉及热力学知识，很难被一些学者认同。

三是基于生态评价的指标体系综合评价法，对于小范围更合适，其变通性较大，可随着评价系统的变化而进行调整，但是主观性较强。在我国应用较多的是综合评价法。

目前，用于综合评价的方法一般有以下 6 种：

（1）层次分析法：the analytic hierarchy process，简称 AHP。

（2）三级综合指标逐级权重综合指数法：Fuzzy 综合多级评价模型。

（3）单纯的环境质量评价方法：属性识别理论模型二级评判法。

（4）模糊综合评价法。

（5）灰色聚类法。

（6）基于神经元网络原理的生态评价方法：基于神经元网络原理的具有自学功能的职能辅助生态评价方法。

通过对 6 种方法特点的比较，考虑到区域生态环境涉及的因子多，随机变量多，可控因素多，精确数据少的现象，通过分析认为，在继承前人工作的基础上，结合马世俊提出的复合生态系统理论，提出比较完整的评价指标体系；同时在专家问卷的基础上对各指标提出比较合理的权重体系；最后，利用层次分析法结合 Fuzzy 综合多级评价模型，建立森林生态网络体系建设综合评价指标体系，最终以指数形式评价区域生态建设水平。

层次分析法是美国运筹学家匹兹堡大学教授 T.L.Saaty 于 70 年代提出的，是一种定量与定性相结合的多目标决策分析方法，它是最优化技术的一种。现阶段，在生态环境质量现状评价上使用频率较大的一种方法。该方法的主要特点在理论中涉及 Perron—Fronbineus 理论，Fuzzy 数学，数理逻辑，统计推断，度量理论等多个数学分枝。它具有系统决策特点，把问题看成是一个系统而将其层次化，使得系统分析更清晰；研究各组成部分相互关系，然后进行决策。它是模拟人脑对客观事物的分析与综合过程，将定性的比较通过标度进行量化便于数学模型分析，使定权进一步客观化，减少了主观臆断性，从而提高定权的可信度。总之，是分析各类复杂的社会、经济及科学管理领域中问题的一种简洁而实用的方法。

采用层次分析法做系统分析时，首先把问题层次化。根据问题的性质和要达到的总目标，将问题分解为不同的组成因素，并按照因素的相互关系及隶属关系将因素按照不同层次聚集组合，形成一个多层次的分析结构模型，并最终把系统分析归结为最底层相对于最高层的相对重要性权值的确定或相对优劣次序的排序问题。具体有以下几个步骤：

① 建立整个城市生态环境质量评价的层次结构模型。实质是确定评价的指标体系，在深入分析系统的问题之后，将整个系统中所包含的因素划分为四个层次。

② 构造判断矩阵，确定各个因子的权重值。判断矩阵元素的值反映了人们对各个因子相对重要性的认识程度，采用 1~9 及其倒数的标度方法构造判断矩阵。本研究根据前述上海生态城市综合评价指标体系，共对 8 名专家进行了判断矩阵标度的咨询。

③ 层次单排序及其一致性检验。就是求判断矩阵的解即最大特征根 W 的问题。表示为 AW= λ maxW。历经归一化后即为同一层次相应因素对于上一层次某因素相对重要性的排序权值，这一过程称为层次单排序。对所构造的层次分析系统的每一层次都要进行层次排序的一致性检验。对于矩阵 A，当随机一致性比率：

$$CI = \frac{\lambda_{max} - n}{n - 1}$$

当 CI<0.10 时，认为该层次排序的结果有满意的一致性，否则需要调整判断矩阵的元素取值。

④ 层次总排序及一致性检验。就是计算同一层次所有因素对于最高层次即总目标相对重要性的排序权值。如果 B 层次某些因素对于 A_j 单独排序的一致性指标为 C_{ij}，相应的平均随机一致性指标为 CR_j，则 B 层次总排序随机一致性比为

$$RI = \frac{\sum_{j=1}^{m} a_j CI_J}{\sum_{j=1}^{m} a_j CR_J}$$

当 RI<0.10 时，层次总排序结果具有满意的一致性。

⑤ 确定评价标准体系，为数据的标准化提供准则，使数据标准化。

⑥ 综合评价得分的获得，并对结果进行分析。

采用的研究方法有：系统分析、统计分析、比较分析、定性与定量研究相结合。主要采用的数学方法有层次分析法和加权指数法，并借助 Excel 统计软件进行数据的处理与计算和图形的制作。

第三节　森林生态网络体系建设评价指标体系构建

一、评价指标的选择

（一）评价指标的确定

根据前述研究，首先，森林生态网络体系建设评价指标体系主要包括生态系统的结构—

功能性指标、生态建设的目标性指标和社会经济的可持续发展性指标等三个一级指标。其次，对每个一级指标进行内涵分析，确定二级指标。最后，运用频度统计法和专家咨询法相结合的方法确定评价的三级指标。

1. 二级指标的确定

（1）结构—功能性指标。按照森林生态网络体系建设"点""线""面"内涵与要求，可从"点""线""面"及区域总体指标进行考虑，根据不同区域特点，有针对性的选择科学合理的指标。

①"点"指标—城镇森林体系指标。通过分析城市森林结构与功能特征，结合国内外相关文献资料与研究成果，主要指标见表6-3。

表6-3 "点"指标—城镇森林体系指标

二级指标	三级指标	备注
结构指标	林木覆盖率、林分密度、相对密度、郁闭度、景观的多样性、景观碎裂度、森林类型多样性指数、绿色通道率、城市森林绿地覆盖率、城市绿地率、人均公共绿地面积	水平结构
	乔灌草比例、林层比、叶面积指数、叶面积综合指数、三维绿量、植物重要值	垂直结构
	树种丰富度、丰富度指数、树种多样性、树种均匀度、混交度、树木大小比数、树木角尺度、森林自然度	组成结构
功能指标	调节气候（温湿度变化）、人体舒适度指数、释氧量、固碳量、年土壤侵蚀模数	生态功能
	空气中有害气体减少率、减噪量、滞尘量、杀菌量、负氧离子浓度、热岛效应指数、水体、土壤污染	环境功能
	景观游憩吸引度、景观环境容量、景点密集度、交通可及度	景观功能

②"线"指标—河流、道路、海岸等带状森林体系指标。通过分析"线"森林结构与功能特征，结合国内外相关文献资料与研究成果，主要指标见表6-4。

表6-4 "线"指标—河流、道路、海岸等带状森林体系指标

二级指标	三级指标	备注
结构指标	森林廊道比例、森林廊道密度、廊道大小指数、宽度、长度、廊道连接度、森林植被结构完整性、廊道森林面积比例等	水平结构
	乔灌草比例、植物重要值等	垂直结构
	树种丰富度、树种多样性、树种均匀度、混交度、树木大小比数、森林自然度等	组成结构
功能指标	调节气候（温湿度变化）、固碳释氧、固土防蚀效益、防风/防沙效益、涵养水源效益等	生态功能
	减噪量、滞尘杀菌量、负氧离子浓度、水体、土壤污染	环境功能
	林木蓄积量、林地生产力、单位面积产值等	生产功能

③"面"指标—集中连片的森林体系指标。通过分析"面"森林结构与功能特征，结

合国内外相关文献资料与研究成果，主要指标见表6-5。

表6-5 "面"指标—集中连片的森林体系指标

二级指标	三级指标	备注
结构指标	森林覆盖率、有林地面积比例、天然林面积比例、人工林面积比例、公益林面积比例、商品林面积比例、林分密度、郁闭度、森林景观斑块多样性、森林类型多样性指数等	空间结构
	树种丰富度、树种均匀度、混交度、生物多样性指数等	组成结构
功能指标	土壤侵蚀模数、土壤抗蚀性、土壤渗透性、森林土壤蓄水量、地表径流量、固碳释氧量、水源涵养能力	生态功能
	负氧离子浓度、土壤有机质含量增量、土壤有机质层厚度、土壤容重等	环境功能
	景观游憩吸引度、景观环境容量、景点密集度、交通可及度等	景观功能
	生物生产力、林业直接投入、林业直接收益、益本比等	生产功能

④ 区域指标—区域森林生态网络体系的结构与功能的协调性指标。通过分析区域森林生态网络体系结构与功能特征，结合国内外相关文献资料与研究成果，主要指标见表6-6。

表6-6 区域森林生态网络体系的结构与功能的协调性指标

二级指标	三级指标	备注
协调性指标	森林覆盖率、城镇绿化比例、森林城市比例、城乡绿化率、绿化模范县（市、区）比例等	结构协调性
	点、线、面结合度、林网水网结合度、林网路网结合度、森林景观布局协调度指数等	功能协调性

（2）目标性指标。通过"自然—经济—社会"复杂系统的综合分析，按照顶层设计要求，进行全域生态建设规划，结合国内外相关文献资料与研究成果，确定森林生态网络体系建设最终目标（表6-7）。

表6-7 森林生态网络体系建设目标性指标

二级指标	三级指标	备注
目标性指标	森林覆盖率、城镇绿化比例、森林城市比例、城乡绿化率、绿化模范县（市、区）比例、"点、线、面"结合度等	生态目标
	生物生产力、森林蓄积、林业总产值、林农人均收入等	生产目标
	涵养水源量、泥沙滞留量、森林生态服务价值等	效益目标

（3）可持续发展性指标。通过动态分析生态建设的过程和状态，按照可持续发展理论，结合国内外相关文献资料与研究成果，确定生态、社会、经济的可持续发展性

指标见表 6-8。

表 6-8　森林生态网络体系建设可持续发展性指标

二级指标	三级指标	备注
可持续发展性指标	森林覆盖率达标、自然保护区面积比例、森林公园面积比例、城镇绿化比例、森林城市比例、城乡绿化率、绿化模范县（市、区）比例、"点、线、面"结合度等	生态可持续性
	森林蓄积增长、林业总产值占比例、林农人均收入占比例、生态旅游产值占比例等	经济可持续性
	森林生态效益、林业科技贡献率、森林生态服务价值贡献等	社会可持续性

2. 三级指标的确定

根据二级指标的内涵收集的三级指标，通过进一步筛选，确定森林生态网络体系建设三级指标。

首先，对所有指标进行梳理，相同的、相似的指标合并；然后以频度统计法（参与统计的指标体系有国家相关标准、相关学位论文、相关期刊论文）确定评价指标的数量（众多参评体系的平均值）和指标项（按统计的频度高低筛选）；再将筛选出的结果递交有关专家（5-10 位专家）进行进一步的筛选（10 分制），最后得出所选用的评价指标。在统计过程中，发现有某些变量之间有较强的相互关联，为了避免某个方面的重复计算而导致评价结果的失真，在统计过程中将这些相关性很强的指标统一化处理。

对频度大于 70%、专家得分超过 7 分的指标进行统计，结果见表 6-9。

表 6-9　森林生态网络体系建设三级评价指标

序号	指标	单位	备注
1	森林覆盖率	%	综合指标（结构—功能性、目标性、可持续性指标）
2	林木覆盖率	%	结构—功能性（点）
3	乔灌草结合程度		综合指标
4	叶面积综合指数		结构—功能性指标（点）
5	多样性指数（森林类型、景观斑块、植物种类等）		结构—功能性指标
6	有林地面积比例（森林）	%	结构—功能性（点、面）、目标性指标
7	公益林面积比例	%	结构—功能性（面）、目标性指标
8	森林廊道比例	%	结构—功能性指标（线）
9	森林廊道连接度		结构—功能性指标（线）
10	负氧离子含量		结构—功能性指标（点、线、面）
11	空气质量指数		结构—功能性指标（点、面）
12	固土防蚀能力（土壤年侵蚀模数）		综合指标

（续）

序号	指标	单位	备注
13	水源涵养能力		结构 - 功能性、目标性
14	固碳释氧量		综合指标
15	热岛效应指数		结构 - 功能性（点）
16	景观环境容量		结构 - 功能性（点）
17	点、线、面结合度（水网林网、路网林网等）		综合指标
18	景观布局协调度		结构 - 功能性（点、线、面）
19	森林（林木）蓄积	立方米	目标性、可持续性指标
20	林业总产值	亿元	目标性、可持续性指标
21	林农人均收入	元	目标性、可持续性指标
22	森林生态服务价值贡献		可持续性指标

（二）评价指标的说明

1. 森林覆盖率

指一个国家或地区森林面积占土地面积的百分比，是反映一个国家或地区森林面积占有情况或森林资源丰富程度及实现绿化程度的指标。

2. 林木覆盖率

在单位土地面积内，城市森林树冠在地面上的垂直投影面积被称为林木覆盖率。

3. 乔灌草结合度

城市森林中乔木、灌木、草本植物配置合理程度的指标，主要从乔、灌、草的种类组成比例，乔、灌、草的比例与森林类型所应发挥的功能是否协调，与城市森林的立地条件是否符合等几方面进行判断。具体评价方法采用专家评分法。

大体上可根据以下标准来进行等级划分：

Ⅰ级：乔灌草结合度好。乔、灌、草种类比例配置合理，乔、灌、草的比例与具体森林类型的功能发挥相协调适应，与森林立地条件的要求相符合。

Ⅱ级：乔灌草结合度较好。乔、灌、草种类比例配置较合理，乔、灌、草的比例与具体森林类型的功能发挥基本协调适应，与城市森林的具体立地条件的要求基本符合。

Ⅲ级：乔灌草结合度一般。各类型城市森林中均有乔、灌、草种类结合，乔、灌、草的比例与具体森林类型的功能发挥不完全协调，与城市森林的具体立地条件的要求不完全符合。

Ⅳ级：乔灌草结合度较差。大多数城市森林未按乔、灌、草相结合的方式配置，乔、灌、草的植物配置与功能发挥的需要及立地条件的要求差距较大。

Ⅴ极：乔灌草结合度极差。未按乔、灌、草结合的方式配置，没有考虑植物配置与功能发挥和立地条件的关系。

Ⅰ~Ⅴ级评分范围：分数在 0.80~1.00 分评为Ⅰ级；

分数在 0.60~0.80 分评为 II 级；

分数在 0.40~0.60 分评为 III 级；

分数在 0.20~0.40 分评为 IV 级；

分数在 0~0.20 分评为 V 极。

4. 叶面积综合指数

不同类型城市森林绿地的典型样地叶面积指数的平均值（平方米/平方米）。该项指标可用来表征森林植物的叶量大小。

单株叶面积的求算法采用 Nowak（1994）年得出的城市树木叶面积回归模型：$Y=\exp(-4.3309+0.2942H+0.7312D+5.7217Sh-0.0148S+1159)$；

$$Y=\exp(0.6031+0.2375H+0.6906D-0.0123S)+0.1824；$$

式中：Y 为总的叶面积；H 为树冠高度；D 为树冠直径；Sh 为树冠投影系数；

$$S=\Pi D(H+D)/2；$$

在树冠投影系数不确定情况下采用公式（2）

$$LAI=\frac{1}{n}\sum_{i=1}^{n}LAI_i$$

式中：LAI 为叶面积综合指数；LAI 为第 i 种林地的叶面积指数。

5. 森林类型多样性指数

$$H=-\sum_{i=1}^{n}(P_i)\log_2 P_i$$

式中：H 为森林类型的香农 - 维纳指数；n 为城市森林类型数；P_i 为第 i 类森林绿地类型所占的面积百分比。

景观的多样性：$H=\sum P_i \times \text{Log}_2 P_i$

式中：H 为多样性指数；P_i 为缀块所占缀块总面积的比例。

树种多样性（H）：采用 Shannon-Wiener 指数，主要用以反映绿化树种类型丰富的程度，是树种丰富度和各树种均匀程度的综合反映。

$$H=-\sum_{i=1}^{R}P_i\log P_i$$

式中：$P_i=n_i/N$；R、N 含义同上；n_i 为第 i 个树种的个体数；H 值越大，树种多样性越高。

植物种数：指城市森林建设中所选用的植物种数。该项指标用来表征整个城市森林所选用植物的多样性。

6. 有林地面积比例（森林）

区域有林地面积占国土面积的比例。

城市森林绿地覆盖率：城市森林绿地面积（公顷）/城市国土总面积（公顷）×100%；

7. 公益林面积比例

按照森林分类经营区划，在有林地中，公益林面积所占的比例。

8. 森林廊道比例

森林廊道长度（公里）/ 道路、河流、海岸线的总长度（公里）×100%；

9. 森林廊道连接度

表征森林廊道在空间上、功能上及物质流动上的连续性。森林廊道连接度 = 区域森林廊道长度 / 区域廊道总长度。

10. 负氧离子含量

单位体积空气中负氧离子浓度（个 / 立方厘米），与对照区进行比较。

11. 环境空气质量指数

环境空气质量指数是一项定量和客观地评价空气环境质量的指标，是将若干项主要空气污染物的监测数据参照一定的分级标准，经过综合换算后得到的无量纲的相对数。现在计入空气环境质量指数的项目有：二氧化硫、氮氧化物和总悬浮颗粒物。

12. 固土防蚀能力

年土壤侵蚀模数：表征水土流失、土壤侵蚀程度的指标。单位面积内受侵蚀土壤的量，单位为吨 / 平方公里·年，对照区进行比较。

土壤侵蚀模数减少率：不同林分相对对照土壤侵蚀模数减少的比率（%）。

年固土能力：所有林分年固土量（吨）的总和。其中，不同林分年固土量 = 不同林分相对对照土壤侵蚀模数减少率（%）×P 为对照土壤侵蚀模数（吨 / 平方公里·年）× 林分面积（公顷）。

13. 水源涵养能力

森林水源涵养能力：一是用森林土壤蓄水量与森林凋落物持水量之和表示，一是用地表径流量减少率表示。

森林土壤蓄水量（吨 / 公顷）：森林土壤蓄水量 = 森林土壤非毛管孔隙度 × 土壤厚度 × 单位面积

森林凋落物持水量（吨 / 公顷）：森林凋落物持水量 = 凋落物最大持水率 × 凋落物厚度 × 单位面积

收集地表全部凋落物，测定其持水量。将收集的凋落物置于烘箱中在 80℃ 下烘至恒重后称重（W_1），再将烘干后的凋落物装入纱布袋中置于水中浸泡 24 小时，取出将其空干（以无水滴滴下为标准）后称重（W_2），则凋落物的最大持水量（W_c, t）和最大持水率（W_r, %）分别为：

$$W_c = w_2 - w_1$$

$$W_r = \frac{(w_2 - w_1)}{w_1} \times 100$$

地表径流：在单位面积地面表层单位时间内流出的降水量。以单位面积上所产生的平均流量即径流模数（立方米 / 公顷·年）来表示，与对照进行比较，计算地表径流模数或减少率。

14. 固碳释氧量

释氧量（O）：释氧量为植物进行光合作用时吸收一定的 CO_2，同时释放一定量的 O_2，理论上可通过光合作用的化学式来计算。主要是根据城市森林的年生长量平均值进行推算。单位为吨/（公顷·年）。

固碳量（C）：单位为吨/（公顷·年），计算与释氧量类似。

15. 热岛效应指数

表征城市热岛效应强弱程度的指标。城市森林对城市热岛效应有显著的缓解作用，其景观格局对热岛的分布有巨大的影响。目前，主要采用 spot、landsat 等卫星影像资料，在城市森林景观格局的定量分析和热量反演算的基础上，结合土地利用分类图、气象观测资料、绿地统计资料，建立动态监测和空间分析模式，在此基础上，计算城市热岛分布面积与城区面积的比值。

16. 景观环境容量

表征城市森林景观所能容纳的游人量。有研究表明，城市中适宜的人均森林面积应达到 60 平方米。

17. 点、线、面结合度（水网林网、路网林网等）

点、线、面结合度：表征森林生态网络体系中点、线、面结合程度的指标。大体可按以下标准进行等级划分。

Ⅰ级：结合程度高。点、线、面相互有机连通，且生态网络格局、结构科学合理，城镇森林建设达到国家相关标准，与片林之间有森林廊道相连，森林廊道宽度具一定规模、相互连通性良好。

Ⅱ级：结合程度较高。点、线、面相互有机连通达 75% 以上，且生态网络格局、结构比较合理，城镇森林建设达到国家相关标准，与片林之间有森林廊道相连，森林廊道宽度具一定规模、相互连通达 75% 以上。

Ⅲ级：结合程度中等。点、线、面相互有机连通达 50% 以上，且具有一定的生态网络格局、结构，城镇森林建设较好，与片林之间有森林廊道相连，森林廊道之间相互连通较好。

Ⅳ级：结合程度较差。点、线、面缺乏有机连通，生态网络格局、结构差，城镇与片林之间有森林廊道相连性不高，森林廊道之间有连通性不高。

Ⅴ级：结合程度差。点、线、面缺乏有机连通，生态网络格局、结构差，城镇与片林之间有森林廊道相连性差，森林廊道之间有连通性差。

Ⅰ~Ⅴ级评分范围：分数在 0.80~1.00 分评为Ⅰ级；分数在 0.60~0.80 分评为Ⅱ级；分数在 0.40~0.60 分评为Ⅲ级；分数在 0.20~0.40 分评为Ⅳ级；分数在 0~0.20 分评为Ⅴ极。

林网水网结合度：

表征森林中林带与水体结合程度的指标。大体可按以下标准进行等级划分。

Ⅰ级：结合程度高。河流、湖泊岸边均有具一定规模，且结构合理的林带分布，沿水体的林带与其他林带及片林之间有合理的林带廊道相连。

Ⅱ级：结合程度较高。河流、湖泊岸边 75% 以上分布有结构较为合理的林带，沿水体的林带与其他林带及片林之间有一定数量的林带廊道相连。

Ⅲ级：结合程度中等。河流、湖泊岸边 50% 以上分布有结构较为合理的林带，沿水体的林带与其他林带及片林之间的林带廊道相连较好。

Ⅳ级：结合程度较差。河流、湖泊岸边林带分布较少，结构简单，与其他林带及片林之间连接度较差。

Ⅴ级：结合程度差。河流、湖泊岸边林带分布少，结构单一，沿水体的林带与其他林带及片林之间连接度差。

Ⅰ~Ⅴ级评分范围：分数在0.80~1.00分评为Ⅰ级；分数在0.60~0.80分评为Ⅱ级；分数在0.40~0.60分评为Ⅲ级；分数在0.20~0.40分评为Ⅳ级；分数在0~0.20分评为Ⅴ极。

林网路网结合度：

表征森林中林带与城市路网结合程度的指标。大体可按以下标准进行等级划分。

Ⅰ级：结合程度高。不同等级道路两旁均有达到相应规模要求，且结构合理的林带分布，且与其他林带及片林之间有合理的林带廊道相连。

Ⅱ级：结合程度较高。75%以上道路林网规模达到要求，结构较为合理，且与其他林带及片林之间有一定数量的林带廊道相连。

Ⅲ级：结合程度中等。50%以上道路林带达到相应要求，结构较为合理，与其他林带及片林之间的连接度较好。

Ⅳ级：结合程度较差。道路林带分布较少，结构简单，与其他林带及片林之间连接度较差。

Ⅴ级：结合程度差。道路林网分布少，结构单一，与其他林带及片林之间连接度差。

Ⅰ~Ⅴ级评分范围：分数在0.80~1.00分评为Ⅰ级；分数在0.60~0.80分评为Ⅱ级；分数在0.40~0.60分评为Ⅲ级；分数在0.20~0.40分评为Ⅳ级；分数在0~0.20分评为Ⅴ极。

18. 森林景观布局协调度指数

表征城市森林景观与它所处的背景、相邻景观是否协调和谐的指标。森林布局的和谐协调主要指内部协调和谐性和外部和谐协调性，鉴别这种因子主要从线条与色彩、结构以及其他美学因子相互组合上入手，大体上可根据以下标准来进行等级划分。

Ⅰ级：极和谐、协调。景观和周围环境及内部结构上，线条过渡自然，色彩融合，结构合理。

Ⅱ级：协调。景观与周围环境在形态上有相似或相容性，色彩无明显对比性变化。

Ⅲ级：较协调。景观在形态，结构上与周围环境存在明显过渡，色彩变化不大。

Ⅳ级：不协调。景观与周围环境过渡不自然，有较强的线条破坏整体，色彩成对比性变化，风格不一致。

Ⅴ极：极不协调。景观周围有破坏景观整体效果的其他环境存在。色彩对比刺眼，风格变化极不相称。

Ⅰ~Ⅴ级评分范围：分数在0.80~1.00分评为Ⅰ级；分数在0.60~0.80分评为Ⅱ级；分数在0.40~0.60分评为Ⅲ级；分数在0.20~0.40分评为Ⅳ级；分数在0~0.20分评为Ⅴ极。

19. 森林（林木）蓄积

指一定区域面积上林地林木树干部分的总材积。它是反映一个国家或地区森林资源总规模和水平的基本指标之一，也是反映森林资源的丰富程度、衡量森林生态环境优劣的重要依据。

20. 林业总产值

主要指林业生产的经济总产值，包括林业企业、林业工业企业等的产值。

21. 林农人均收入

林农从事林业活动所得到的收入、除以林农人口数量。

22. 森林生态服务价值贡献

一是说明森林生态服务价值贡献大小。可用每年森林生态服务价值与每年林地直接经济价值（林木产品、林副产品）的比值。

二是森林生态服务价值在区域经济总量中作用。笔者研究认为，根据生态服务价值的普惠性、公众性，实际上，整个区域均共享了生态服务价值，与区域 GDP 具有一致性；因此，区域经济发展可用经济生产的直接价值（GDP）和生态服务价值（陆地生态系统中提供生态服务功能的森林、湿地生态系统，体现生态环境建设的主体作用）之和来表示。据此，可用区域森林生态服务价值贡献率＝（林业生态服务价值－湿地生态服务价值）/（区域 GDP＋林业生态服务价值）×100%，其中，林业生态服务价值＝森林生态服务价值＋湿地生态服务价值。如 2012 年四川省林业生态服务价值为 1.62 万亿元，其中，森林生态服务价值为 1.42 万亿元，湿地生态服务价值 0.2 万亿元；2012 年 四川省 GDP 为 2.39 万亿元；森林生态服务价值贡献率为 1.42/（2.39+1.62）×100%=35.41%。

二、评价指标体系的建立

从上述关于生态评价指标体系的相关文献综述可以看出，目前比较成熟的评价体系基本上有三类。

一是以结构、功能和协调能力为主体架构的评价指标体系，将生态系统的结构、功能和协调发展能力作为描述的三个一级指标，将三个指标以下所包含的指标作为二级指标。主要以生态城市、森林城市或城市森林评价为代表，将城市的生态系统视为一个整体，从系统的功能、结构和协调度三个侧面来反映整个城市生态系统的状态。

二是以经济、社会和自然为主体架构的评价指标体系，以区域的经济、社会和自然为主要的一级指标，以各自下辖的因素为二级指标。目前，此类评价体系较为常用，如生态环境环境质量评价、生态效益评价等。

三是以可持续发展为主体架构的指标体系。以经济的可持续发展、社会的可持续发展和环境的可持续发展为一级指标，强调以发展的眼光对生态建设进行评价，对区域整体的可持续发展现状和潜力进行分析和评价。主要以生态省、市、县建设的评价为代表。

四是以压力—状态—响应概念框架模型为基础的评价指标体系，利用状态—压力—影响结果概念框架模型，即在环境初始的状态下，人类活动和自然条件对环境施加了一定的压力，因为这个原因环境状态发生一定变化而影响生态安全的结果，在状态、压力、响应（影响结果）目标层下设立评价指标，构建评价指标体系。多用于区域生态安全评价方面。

本研究针对森林生态网络体系建设的新理论、新特点、新内容，在总结、吸收上述评价指标体系研究成果与经验的基础上，根据全国森林生态网络体系建设的成功实践，突出森林在生态环境中的主体作用、林业在生态建设中的主体地位，构建森林生态网络体系建设评价指标体系，分为三个层级：

一级指标反映森林生态网络体系建设的综合指数，从总体上来衡量生态建设的水平，纵向上可以看出生态建设的速度，横向上可以看出生态建设的差距与潜力等内容；

二级指标反映森林生态网络体系建设"点、线、面"相结合的生态建设内涵，包括结构-功能性、目标性、可持续性指标等三项指标；

三级指标反映了设置评价指标的依据，以及各层级指标之间的关系，起着承上启下的作用。从反映系统结构—功能的指标，到顶层设计目标所要达到的指标，再到建设动态成效与可持续性的指标，层层深入、推进。

由上文根据频度统计法和专家咨询法共同确定了 22 项三级指标。由此，构建的城市生态建设的评价指标体系。

一级指标 A：森林生态网络体系建设成效与水平

二级指标 B（3 项）：

（1）结构—功能性指标。

（2）目标性指标。

（3）可持续性发展指标。

三级指标 C（22 项）：

（1）森林覆盖率。

（2）林木覆盖率。

（3）乔灌草结合程度。

（4）叶面积综合指数。

（5）多样性指数（森林类型、景观斑块、植物种类等）。

（6）有林地面积比例（森林）。

（7）公益林面积比例。

（8）森林廊道比例。

（9）森林廊道连接度。

（10）负氧离子含量。

（11）空气质量指数。

（12）固土防蚀能力（土壤年侵蚀模数）。

（13）水源涵养能力。

（14）固碳释氧量。

（15）热岛效应指数。

（16）景观环境容量。

（17）点、线、面结合度（水网林网、路网林网等）。

（18）景观布局协调度。

（19）森林（林木）蓄积。

（20）林业总产值。

（21）林农人均收入。

（22）森林生态服务价值增长率。

由于森林生态网络体系的复杂性，建设内容的多样性，又具有综合性、动态性、相互性等多种特征，点、线、面有机一体，也各自成系统，如城市森林生态网络体系，既是区域生态网络的一个"点"，也有内部的"点、线、面"网络体系，但这种内部的"点、线、面"的评价指标则有所侧重；同时，各项指标中有些指标具有多重性，有些指标是综合指标，有些指标可多用，可根据具体评价需要，进行科学选择配置在不同的二级指标层下；评价指标是指标内容和指标数值的统一，共同反映区域生态建设的过程与状态。因此，本研究提出的森林生态网络体系建设评价指标体系中22项指标是评价的主要指标，在不同地区、不同区域，根据不同评价对象、目标，可修改、添加一些关键指标，也可适当取舍（如城市森林评价，对"线"的指标可适当取舍），因地制宜建立具体的森林生态网络体系建设评价指标体系。

评价性指标体系主要是对生态建设的状况进行评价，具有高度综合性和创新性，从而可以达到综合评价的目的，精辟地洞察和把握生态建设的状态、脉络和趋势，为管理和决策提供可靠的依据。

第四节　森林生态网络体系建设评价

一、评价模型

（一）评价基准值或标准的确定

森林生态网络体系建设的各项指标由于其刚量的不同，不能直接参与计算，各项指标均需要一个参考基准值或标准值，按照实际值与基准值的比重来衡量实际状态与标准状态之间的关系，参与各项指标的运算。上一层级的指标权重按照下一层级的指标权重进行相应的加权计算，所得的计算结果具有可比性和说服力。

关于各项指标参考值（表6-10）的问题，主要遵循以下原则选取：

（1）凡国际或者国家已有的标准，参考规定的标准值。

（2）参考国内外生态环境质量评价、可持续发展评价及生态省、市和县建设评价等相关标准。

（3）采用全国平均值作为基准值。一些指标选取全国指标状况值的平均值作为基准，反映评价区域森林可持续性相对全国范围内处于何种水平。

（4）参考相关文献、研究成果数据或先进国家相关生态环境建设良好的现状值。

（5）对于那些目前统计部门统计的指标不甚完整，但又对评价体系十分重要的指标，相关参考标准值以相近的指标代替。

（6）采用自身标准作为基准值。一些指标的标准值应与指标本身应达到的目标值进行比较，尤其是一些采用比重的指标，用100%作为评价标准。

（7）采用本地规划目标作为基准值。

（8）进行实地考察与主观评判。

表 6-10　森林生态网络体系建设可参考的评价指标基准值

指标	单位	基准值	来源
森林覆盖率	%	平原区30%以上，山区60%以上；建城区绿化覆盖率50%以上；	中国林业可持续发展战略生态城市标准
林木覆盖率	%	建城区35%以上，城郊60%以上	森林城市标准、生态城市标准
乔灌草结合程度		0.7以上	综合文献数据
叶面积综合指数	平方米/平方米	城区森林2.0以上	综合文献数据
多样性指数（森林类型、景观斑块、植物种类等）		指数高，多样性高	综合文献数据
有林地面积比例（森林）	%	根据区域生态建设需求确定	实地调研
公益林面积比例	%	根据区域林业发展需求确定	实地调研
森林廊道比例	%	根据区域生态状况确定	实地调研
森林廊道连接度		0.8以上	综合文献数据
负氧离子含量		根据区域城市生态需求确定	实地调研
空气质量指数	%	100	综合文献数据
固土防蚀能力（土壤年侵蚀模数）		根据区域生态建设需求确定	实地调研
水源涵养能力		根据区域生态建设需求确定	实地调研
固碳释氧量		根据区域生态建设需求确定	实地调研
热岛效应指数		根据区域生态建设需求确定	实地调研
景观环境容量		根据区域发展需求确定	实地调研
点、线、面结合度（水网林网、路网林网等）		根据区域生态建设需求确定	实地调研
景观布局协调度		根据区域生态建设需求确定	实地调研
森林（林木）蓄积	立方米	根据区域林业发展需求确定	实地调研
林业总产值	亿元	根据区域林业发展需求确定	实地调研
林农人均收入	元	根据区域林业发展需求确定	实地调研
森林生态服务价值贡献	%	根据区域生态建设需求确定	实地调研

（续）

指标	单位	基准值	来源
建成区绿地率	%	33% 以上	国家城市森林标准
人均公共绿地面积	平方米 / 人	9 平方米 / 人以上	国家城市森林标准
道路、水系绿化率	%	80 以上	国家城市森林标准
保护区面积比例	%	17 以上	国家城市森林标准
城市森林的自然度		0.5 以上	国家城市森林标准
古树名木保护率	%		国家城市森林标准

......

（二）评价模型的确定

由综合评价指标体系的复杂性决定了其评价方法必须用复杂大系统的理论和综合集成的方法去进行，即通过分解协调原则，在定性分析下结合定量分析，将自然科学与社会科学、软科学与硬科学、现代方法与传统方法结合起来，在森林生态网络体系建设评价中，存在大量不确定性因素，所以拟选用模糊综合评判法来进行综合评价。模糊综合评价是通过构造等级模糊子集把反映被评事物的模糊指标进行量化（即确定隶属度），然后利用模糊变换原理对各指标综合。

对于模糊评判法，常需具有：①评价因素集合 U；$\{u_1, u_2, u_3, \cdots u_p\}$；②相应的评价标准集台 $V=\{v_1, v_2, v_3 \cdots v_p\}$；③权重集 $B=\{b_1, b_2, b_3 \cdots b_p\}$；④建立隶属函数，模糊变量是用隶属度描述的，表示变量属于某一模糊子集的程度，隶属度可以是 0-1 之间的任何数；⑤建立模糊关系矩阵。

在构造了等级模糊子集后，要逐个对被评事物从每个因素 u_i（$i=1, 2, 3, \cdots p$）上进行量化，即确定从单因素来看被评事物对等级模糊子集的隶属度 $R|u_i$，进而得到模糊关系矩阵：

$$R = \begin{bmatrix} R & | & u_1 \\ R & | & u_2 \\ & \cdots & \\ R & | & u_p \end{bmatrix} = \begin{bmatrix} r_{11} & r_{12} & \cdots & r_{1m} \\ r_{21} & r_{22} & \cdots & r_{2m} \\ \cdots & \cdots & \cdots & \cdots \\ r_{p1} & r_{p2} & \cdots & r_{pm} \end{bmatrix}_{p.m}$$

矩阵 R 中第 i 行第 j 列元素 r_{ij}，表示某个被评事物从因素 u_i 来看对 v_j 等级模子集的隶属度。一个被评事物在某个因素 u_i 方面的表现，是通过模糊向量（$R|u_i$）=（$r_{i1}, r_{i2}, \cdots \cdots r_{im}$）来刻画的。

在进行摸糊综合评价时，首先建立各个要素的因素集和评价集，同时确定隶属函数，建立模糊关系矩阵，确定加权模糊向量，进行单要素的模糊复合运算；再进行多要素模糊综合评价，用所有单要素的评价结果构成总的模糊关系矩阵，摄后进行模糊运算，根据最大隶属原则确定总的评价结果。

二、指标权重确定

在评价过程中，有一个十分重要的环节，就是指标的相对重要性，简称指标的权重或权系数。指标权重在整个评价体系评价过程中具有举足轻重的地位，直接关系到评价结果的科学性与合理性，具有十分重要的意义。目前，指标权重的方法有十几种，按照处理原始数据的路径不同划分，可以分为主观赋权法和客观赋权法。

（一）主观赋权法

主观赋权法由评价者根据主观臆断进行的权重判断，一般是相关专家根据经验值进行的评估和相应的打分确定。主观赋权法的优点在于专家可以根据自身的理解和实际工作中的经验，予以适当的判断，通过多个专家的综合评分，其结果一般情况下不会与实际上的指标重要性有很大的偏差。计算过程相对简单，易于操作。缺点在于由专家评定的指标权重，主观臆断性的倾向偏重，不同的专家有着不同的学科背景和工作经验，他们各自对指标权重的判断，可能存在较大偏差，导致综合评分的结果不具有科学性。常见的主观赋权法有德菲尔法（Delphi 法）、层次分析法（AHP 法）和调查法，其中层次分析法使用的较多。

（二）客观赋权法

客观赋权法参与评价的数据是从相关统计部门获取的实际数据，通过判断实际数据与标准数值之间的关系，来确定相应指标的权重。赋权的数据来自于客观环境，数据和信息的处理过程采用国际上普遍认可的相关权重处理方法，来确定各参评指标相互之间的关系和重要程度。客观赋权法运用原始的数据参评，客观性强，避免了人为主观因素对评价指标权重的影响。客观赋权法不依赖于实践经验，评价的结果可能会与实际情况有较大的偏差，应权衡利弊。因为从理论上讲，最不重要的指标，也因为存在于标准指标之间的差异而获得最大的权重。而最为重要的指标，也可能只得到较小的权重。常用的客观赋权法有多目标分析法、主成分分析法、熵权法和均方差决策法等。

（三）基于均方差决策法的指标权重确定

评价指标体系的目标是通过各项指标的评价，及时准确的反馈现时的建设状态，以便为决策者提供决策的依据。指标权重在整个评价过程中具有十分重要的地位，直接影响到评价结果的合理性与科学性。本文指标权重的确定意图采用主客观相结合的方法确定各指标的权重，首先采用层次分析法（AHP 法），通过相关专家对各指标的打分确定其权重，但操作过程和打分结果来看，不同专家对各个指标的权重评价结果差别很大，不具有科学判断的合理性。按照层次分析法（AHP 法）得出的权重结果会影响到评价结果的合理性，故前期采用的主观赋权法的方法过程和评价结果。为了克服主观赋权法主观臆断性强的缺陷，采用了客观赋权法中精度较高，计算过程相对简约的均方差决策法来确定指标权重，基本过程如下：

1. 评价指标的标准化处理

通常指标有"成本型"和"效益型"两类，"成本型"指标的数值越小越好，而"效益型"

指标的数值理论上是越大越好。理论级差对这两类指标进行标准化处理。

成本型指标标准化处理方法如下：

$$D_y = (X_{jmax} - X_y) / (X_{jmax} - X_{jmin})$$

效益型指标标准化处理方法如下：

$$D_y = (X_y - X_{jmin}) / (X_{jmax} - X_{jmin})$$

式中，X_y 和 D_y 分别为第 i（i=1，2，3，$\cdots$，n）个评价对象第 j（j=1，2，3，$\cdots$，m）项指标的现状值和标准值，X_{jmax} 和 X_{jmin} 分别为第 j 项指标的最大值和最小值，其中 X_{jmax} 的数值计算为该指标的现状值乘以 1.05，X_{jmin} 的数值计算为该指标的现状值除以 1.05。

2. 指标权系数均方差决策求解

反映随机变量离散程度最常用的方法就是均方差，也叫标准差。均方差决策法以各评价指标为随机变量，各评价对象的标准化指标值为该随机变量的取值。首先，求出这些随机变量的均方差，然后将这些均方差归一化，其结果即为各指标的权重系数。计算步骤为：

求第 j 项指标的均值 $E(I_j)$

$$E(I_j) = 1/n \sum_{i=1}^{n} D_y$$

求第 j 项指标的均方差 $\sigma(I_j)$

$$\sigma(I_j) = \left[\sum_{i=1}^{n} (D_y - E(I_i))^2 \right]^{0.5}$$

得到第 j 项指标的权系数 D_j

$$D_j = \sigma(I_j) / \sum_{j=1}^{m} \sigma(I_j)$$

三、指标值计算

（一）二级指标的计算

三级指标值（B_y）是根据其所包含四级指标数值与其权重相乘之和，计算公式为：

$$B_y = \sum_{i=1}^{n} C_y C_j$$

其中：C_y 为三级指标的标准值（通过以上计算过程得到）；

C_j 为三级指标相对于二级指标的权重（通过上述均方差求解得到）；

n 为二级指标所含三级指标的项数。

（二）一级指标的计算

三级指标值（A_y）是根据其所包含四级指标数值与其权重相乘之和，计算公式为：

$$A_y = \sum_{i=1}^{n} B_y B_j$$

其中：B_y 为二级指标的标准值（通过以上计算过程得到）；

B_j为二级指标相对于一级指标的权重（通过上述均方差求解得到）；

n为一级指标所含二级指标的项数。

四、实证研究

（一）森林生态网络体系"点"—上海市城市森林评价

城市森林作为森林生态网络体系建设的"点"，是生态建设的重要组成部分。城市森林所研究的内容主要有 5 个方面。①城市森林结构分析。研究在人口高度密集的城市环境中，森林生态系统在植物物种组成、种群结构与动态、层片结构、空间布局等结构特征。与自然环境中的森林相比，由于强大的人类活动影响，城市森林及其植物从生理、个体结构、种群结构到群落结构都要受到强烈的影响，因此其结构必然发生很大变化。②城市森林的生态服务功能。研究城市森林净化环境、服务城市的生态价值。分布于密集居住区的森林，对城市污染物有吸收、降解作用，同时能改善城市小气候，减轻或消除城市热岛效应，改善市区内的碳氧平衡，满足市民美学需求，提高人类身心健康。③城市森林生态规划与设计。运用生态学的基本原理，并结合城市森林的特点，因地制宜，以一个具体城市为案例，从空间布局和群落结构两方面对城市森林进行布局规划与结构设计，使之获得较好的生态效益。④城市森林的维护和管理。城市森林由于其所处的自然环境相当恶劣，人为因素干扰很大，因此表现得非常脆弱。搞好城市森林的维护工作，加强城市森林的管理，制定出相关的法律法规是城市森林生态学所研究的一项重要内容。⑤城市环境对城市森林的影响。城市环境以人类活动为中心，人口密集、交通拥挤、环境污染等一系列问题不可避免地会对城市森林造成影响，使城市树木呈现各种受害症状，甚至枯萎死亡。

1. 评价指标要解决的问题

评价指标体系的建立最终是要为城市森林的建设、经营的决策服务，综合相关研究成果及上海建设城市森林的现实需要，指标体系应能综合评价上海现代城市森林建设水平与成效，并能指导其规划、建设与管理，旨在为上海现代城市森林的规划布局、发展模式与建设标准的确定、群落植物选择与配置、土地及奖金筹措及管理等提供科学依据。因此概括起来说评价指标体系的目标应主要解决以下两个方面的问题：

（1）判断城市森林的结构、布局是否合理。在人口高度密集的城市环境中，森林生态系统在植物物种组成、种群结构与动态、层片结构、空间布局等结构特征都有所特化。与自然环境中的森林相比，由于强大的人类活动影响，城市森林及其植物从生理、个体结构、种群结构到群落结构都要受到强烈的影响，因此，其结构必然发生很大变化，对现代城市森林的持续发展和经营产生较大影响。在城市森林的规划布局和空间结构设计方面，运用生态学的基本原理，遵循城市森林的一般规律，并结合城市当地立地特点，做到因地制宜、切合实际、和谐合理也将对城市森林能否发挥最大生态效益，能否可持续发展起到重大影响。

（2）判断城市森林在功能上是否能满足需要。城市森林的主要功能是为城市的持续发展提供生态屏障作用，为市民提供一个美化和优化的城市生态环境城市森林的生态服务功能。具体来说，分布于密集居住区的森林，对城市污染物有吸收、降解作用，同时能改善城市小气候，减轻或消除城市热岛效应，改善市区内的碳氧平衡，满足市民美学需求，提高人类身心健康。那么就某一个具体城市来说，比如上海建设的城市森林的净化环境、服务城市的生态价值应与上海的城市发展规模相适应，与上海的经济发展规模相适应，与上海的人口发展规模相适应，也就是说现代城市森林的建设应能满足城市的实际需要。

2. 评价指标的建立步骤

城市森林评价指标体系属于复杂的软系统范畴，通过分析了软系统方法（SSM）、综合集成法（SIM）、定性中的广义归纳法和系统工程（SE）的知识，同时结合森林生态网络体系建设评价指标体系研究以及相关文献的报道认为：①SSM法是一个已感知的期待改善问题的开始，未包括问题的发现与形成这一前期阶段。且SSM目标在于探索与改进问题，其变革现实部分比较笼统。②SIM法也如此，但它难于掌握解决问题的"度"，其研究结论通常缺乏量的规定与可操作性；但它能得到有针对性的对策或行动方案，使SSM中失于笼统的变革部分具体而可操作，对剩下的难于结构化的问题也可用SSM法改进。③SE工程偏于硬系统，解决良性结构问题。因此，只有把SSM、SIM、SE和定性研究4种方法有机结合起来，逻辑上才完善，也才能覆盖各种系统。其次，这些方法本身的特点是互补的，因定性研究长于发现问题，提出问题和开发概念，SSM法有可能使整个问题或其部分结构化后成为目标明确的良结构系统，从而用SE求得问题的解决；再由定性研究→SSM→SIM→SE，定量研究色彩越来越浓，对专家经验体系的利用越来越弱。因此，根据相关文献报道，采用将SSM、SIM、定性研究和SE 4种方法有机融合起来形成的软系统归纳集成法（SSMII），作为评价指标体系建立的方法和软件支撑。SSMII的逻辑程序由4个相互关联部分组成：①任务目标分析阶段。接受了解决目标不明确，结构模糊的复杂软系统问题后，要通过对系统的环境、功能、组成要素、结构与运行、输入与输出、历史与现状等进行调研与分析，来构想问题情境，挑选专家与样本（或典型）。基本上采用广义归纳方法，以专家会议或咨询形式，形成对研究问题明白的、公认的表述形式系统（以后可以再修正）。通过结构化分析分别转入第二或第四步。②用SSM处理不良结构问题使其科学化阶段。在问题系统更新以后，或者再用SSM改进问题提法，或者再作结构化分析并分别转入第三或第四步。③用SIM处理半结构化问题，尽管对这种问题的全部我们不一定能把握，但总可以找到供我们行动决策的（当时当地）相对满意方案。④用SE处理良结构问题，一般可求得这部分问题的最优解。

要说明的是第二、三、四步都需要对解决问题的认识与行动方案，要通过数据模拟结果的效益评价与风险（或可靠性）分析，并通过专家组的审议，满意后才能付诸行动，否则要返回重新用SSM定义问题或者再进行更基础的抽象归纳，以修正原问题系统。

（1）资料研究。全面收集研究城市森林的相关材料研究文献，结合森林生态网络体系建设评价指标，同时根据所获上海市现有城市森林的现状资料和环境背景特征，以及实地勘测所得数据，提出需要解决的主要问题，尽可能多地收集影响城市森林建设和管理的关键因子，采取宁多勿缺的原则，共搜集相关评价指标 151 个。

（2）指标识别。根据前述建立指标体系的若干原则，确立指标体系的框架，筛选、初步确定若干指标。评价指标筛选是根据 KJ 法、Delphi 法、会内会外法。用专家咨询表的定量信息和定性信息进行统计分析，如果有 1/3 以上的专家认为某项指标一般或不重要，该指标即被淘汰，此外，对于权重很小的指标，并入相近指标中。经过 4 轮专家咨询，直到 70% 以上的专家认同，才列入指标体系，形成评价指标。

评价指标权重确定方法主要采取前述指标权重确定方法。首先请专家填写 3 种咨询表格。第一种咨询表请专家对每一待定指标按很重要、重要、一般、不重要 4 个等级填写；第二种表请专家直接综合该指标的权重（对紧上指标）；第三种由专家按递阶层次结构对每一个上级指标，按其所辖的下级指标两两比较其重要程度，用 5 等 9 级法得出判断矩阵。

尽量利用已积累的各评价单元的各选定指标的观测数据，得出单元评价数据矩阵 $X_{n \times m}$，对各评价单元给出模糊评价判断矩阵 R。会外请专家填咨询表，对指标框架和各级指标的构成进行表态，按"赞成、基本合理、需修改、不恰当"四项，同时对指标的重要性进行表态，按"很重要（4）、重要（3）、一般（2）、次要（1）和无法表态（0）"填写咨询表格。

通过会内专家对指标的评判和专家咨询表统计分析，若专家赞成某项指标的人数大于 60% 时，该指标作为保留指标；对于补充指标，在会上提出，请专家表态，若 60% 以上的人赞成增补的，作为保留指标，由此把课题组整理提出的指标进行调整和归并，并构成第二轮评价指标体系。

对第二轮评价指标，运用头脑风暴法和会内会外法对指标框架和各级指标进行归并、补充和重要性表态经统计、分析、整理，凡评价指标有 70% 以上的专家赞成的，均作为保留指标，同时课题组成员又根据专家的定性和定量信息对指标的重要性和权重进行分析构成第三轮评价指标体系。以第三轮评价指标为基础，根据上海市生态、经济特点，按照 SSMII 法的要求，邀请 11~12 名专家和高层管理人员，请他们对指标进行重要性表态和指标两两比较。

对于通过上述方法确定删除的指标，采用会内会外法再次决定是否保留，由此形成第四轮评价指标体系。

（3）指标测定　根据各指标特点和意义，进行现状数据的收集或测定。

（4）数据处理及解释　对指标体系进行评价，根据评价结果进行调整。

（5）重复（3）、（4）直至满意为止。

3. 主要评价指标的结构和意义

依据前述原则和步骤初步确定如下指标框架：

（1）指标结构。整个城市森林的综合评价作为第一层，然后从城市森林的结构、城市森林的功能、城市森林的协调性三个方面所获得的指标作为第二层。第二层的三个方面根据各自的性质和特点，再分别划分为若干个方面作为第三层。城市森林结构主要考察四个指标分别为：森林覆盖率、乔灌草结合程度、植物种数、叶面积指数；城市森林功能则分为空气质量指数、土壤年侵蚀模数、负氧离子含量、热岛效应指数、景观环境容量五个方面进行考察；城市森林协调性考察三个指标：水网林网结合度、路网林网结合度、景观布局协调度。

指标体系结构如右图所示。

4. 评价指标的权值、现值、目标值及评价计算方法

（1）评价指标的权值、现值和目标值。根据专家咨询确定了各评价指标的权值，三级指标的现值和目标值是根据相关文献并结合专家咨询方法确定（表6-11）。

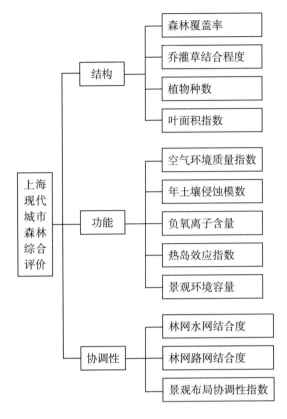

表 6-11　评价指标体系各指标的权重及三级指标值

一级指标	二级指标	权重	三级指标	权重	现状值	目标值
城市森林综合评价	城市森林结构	0.4	森林覆盖率	0.3	10.4	35.4
			乔灌草结合度	0.3	0.5	0.9
			植物种数	0.2		
			叶面积指数	0.2		
	城市森林功能	0.4	环境空气质量指数 %	0.3	22.5	100
			土壤年侵蚀摸数的倒数 吨/平方公里·年	0.2	1/450	>1/200
			负氧离子浓度	0.3		
			热岛效应指数 ℃	0.1	1/0.6	1/0.3
			景观环境容量 万人	0.1	440	1027
	城市森林协调性	0.2	水网林网指数	0.5	0.4	0.9
			路网林网指数	0.3	0.7	0.9
			景观布局指数	0.2	0.3	0.9

注：环境空气质量指数：选用当年上海市环境状况公报中全年空气污染指数（API）属于一级天数的百分比表示，在三个污染指数中选取最低的一项为代表，如2001年上海市空气污染指数一级百分比二氧化氮为83.3%，二氧化硫为71.2%，可吸入颗粒物（PM$_{10}$）为22.5%，所以取值为22.5%。

（2）各评价指标值的计算方法。

① 三级评价指标值的计算。

三级评价指标数值（$V3_i$）是城市森林综合评价的基础，其计算公式如下：

$$V3_i = \frac{目标值}{现状值} 100\%$$

② 二级评价指标值的计算。

二级指标指数是根据其所属下一级指标数值乘以各自的权重后进行加和，计算公式如下：

$$V2_i = \sum_{i=1}^{n} V3_i W_i$$

式中：$V2_i$——二级指标的数值；

　　　$V3_i$——$V2_i$ 所属下一级指标数值；

　　　W_i——相应指标的权重；

　　　n——$V2_i$ 所属下一级指标项数。

③ 城市森林综合评价指标的计算。

城市森林综合评价指标（UFI）是将各二级指标值乘以各自的权重，再进行一次加和，计算公式如下：

$$UFI = \sum_{i=1}^{n} V2_i W_i$$

式中：UFI——城市森林综合评价指数；

　　　$V2_i$——二级指标数值；

　　　W_i——某二级指标的权重；

　　　n——二级指标的项数。

5. 对上海城市森林的评价

根据上面的评价指标框架，以及已确定的各评价指标的权值、三级指标的现值和目标值（对暂未能获得的指标值先按专家咨询意见拟定一个初设值，用下划线表示），对上海城市森林的 2020 年建设规划计算出各评价指标值，见表 6-12。

表 6-12　上海城市森林的评价指标值

一级指标	指标值	二级指标	权重	指标值	三级指标	权重	指标值
城市森林综合评价	2.34	城市森林结构	0.4	2.16	森林覆盖率	0.3	3.40
					乔灌草结合度	0.3	1.8
					植物种数	0.2	1.5
					叶面积指数	0.2	1.5
		城市森林功能	0.4	2.66	环境空气质量指数 %	0.3	4.44
					土壤年侵蚀摸数 吨/平方公里·年	0.2	2.25

（续）

一级指标	指标值	二级指标	权重	指标值	三级指标	权重	指标值
城市森林综合评价	2.34	城市森林功能	0.4	2.66	负氧离子浓度	0.3	<u>1.5</u>
					热岛效应指数 ℃	0.1	2
					景观环境容量 万人	0.1	2.34
		城市森林协调性	0.2	2.12	水网林网指数	0.5	2.25
					路网林网指数	0.3	1.29
					景观布局指数	0.2	3

从计算结果可以看出，如果规划目标能够实现，2020年上海市城市森林的综合状况将优于现值的2.34倍，其中结构、功能和协调性分别提高到现在的2.16、2.66、2.12倍，城市森林的功能发挥将有较大提高。从具体指标来看，在森林覆盖率、环境空气质量、水土保持、景观环境容量、水网林网化、景观布局协调性等方面增量较大。这也提示着这几个方面的工作较为重要，在规划、建设与管理中应该给以更大的关注。

（二）森林生态网络体系"面"——四川天然林综合效益计量评价

四川位于长江、黄河上游，地处我国第二大林区——西南林区的核心地带，是我国天然林资源的主要分布区，是天然林资源保护工程实施的发源地，在全国率先实施天然林资源保护工程。四川天然林区是我国森林生态网络体系建设"面"的重要组成部分，是长江、黄河上游的生态屏障建设的核心区域，在改善长江、黄河上游乃至整个流域生态环境、保持流域生态平衡、维护国土生态安全、保护生物多样性及满足人类社会生态、社会需求和促进社会经济可持续发展等方面具有十分重要的地位和作用。

四川天然林资源十分丰富，集中分布于川西北、盆地边缘、川西南山地等地区，是长江上游主要支流金沙江、雅砻江、大渡河、岷江、嘉陵江、沱江等江河的源头和重点山区，总面积约1642.8万公顷，其中：有林地面积894.4万公顷，占全省有林地总面积的76.3%，蓄积量达133亿立方米，占全省活立木总蓄积量的90.5%；灌木林的面积748.4万公顷，占全省林业用地面积的32.2%，对涵养水源、保持水土、维护地力、调节气候、提供产品等方面都具有极为重要的作用。

1. 评价指标的筛选与计量指标体系构建

根据前述森林生态网络体系建设评价指标体系，结合四川天然林分布特点和结构功能与作用特征，在选择评价指标和评价标准时，既要能体现天然林本身的发生、发展规律，还要体现其对生态、经济、社会环境的保护、增益和调节功能，同时为政府确定整个林业产业在国民经济中的作用和地位，制定林业发展规划与宏观决策等提供科学依据和准确数据信息，因此，评价指标必须充分考虑"资源、环境、发展"，"社会、经济、生态"的科学统一，必须有典型性、代表性和系统性。

四川天然林区的生物资源丰富，在维护生物多样性方面有着巨大的社会经济价值。全省有维营束植物 232 科 1621 属 9254 种，已知有鸟类 636 种，兽类 217 种，分别占全国同类总数的 51.1% 和 43.4%。其中，珍稀动植物种类繁多，如被誉为活化石的大熊猫、水杉、银杉、以及金丝猴、牛羚、白唇鹿、野牦牛、绿尾虹雉、小熊猫和水青树、连香树、金钱槭、银杏、珙桐等都著称于世，已建立 83 个自然保护区。对研究自然生态系统、改善和提高人类生存环境，促进对外交流，发展生态旅游，丰富人们物质文化生活等方面都具有巨大的社会经济价值。

四川天然林在保持水土减少河流输沙量中发挥着重要作用。长江上游各大支流都处于高山峡谷和盆地边缘山区，山高坡陡，天然林对于稳定坡体、减轻土壤流失和减少河流输沙量有极重要的意义。随着大面积原始森林的消失，水土流失面积逐步扩大，泥石流、滑坡等山地灾害频繁发生。大渡河流域 50 年代水土流失面积为 12096 平方公里，至 1992 年增加到 19846 平方公里，年均输沙量 0.5 亿吨。据测算，长江宜昌站多年平均输沙量 5.14 亿吨的 80% 来自上游的金沙江、雅砻江、岷江、嘉陵江等干支流，表明与森林植被的破坏有密切联系。

四川天然林中大多数为原始森林，具有乔、灌、草、苔藓及枯落物层等多层结构，能有效地拦截大量降水，渗入土体变为地下水，减缓地表径流，稳定河川流量，发挥重要的生态功能，在自然蓄水和水文调节方面有着不可替代的作用。据长江中上游 5 组多林（主要是天然林）和少林（多为人工林）流域的对比观测，结果多林流域的年径流量均比少林流域的大，而蒸发量小，多林流域年径流系数要比少林流域增加 33%~218%。所以，天然林的水源涵养、水文调节功能是很强大的，人工植被很难达到这一效果。

因此，四川天然林综合效益评价主要以生态、经济、社会效益为主，通过分析研究世界各国的森林持续发展评价以及相关生态工程综合效益评价研究，结合中国生态林业工程的发展状况，突出天然林的主体功能特征，进行评价指标筛选和建立计量评价指标体系构建。

最终确定计量评价指标体系，为一级指标 3 个，二级指标 8 个，三级指标 20 个。

生态效益指标 A1

　固土防蚀指标 B1

　　土壤侵蚀模数 C1

　　土壤抗蚀性 C2

　　土壤渗透性 C3

　涵养水源指标 B2

　　森林土壤蓄水量 C4

　　地表径流量 C5

　土壤肥力保护指标 B3

　　土壤有机质含量增量 C6

　　土壤有机质层厚度 C7

　　土壤氮磷钾滞留量 C8

生态系统恢复指标 B4

　　生物多样性指数 C9

　　生物生产力 C10

经济效益指标 A2

　　木材生产指标 B5

　　　平均蓄积量 C12

　　　年平均蓄积生长量 C13

　　　投入／产出比 C14

　　薪材生产指标 B6

　　　薪材收获量 C15

　　　人工费用 C16

　　林副产品收益 B7

　　　林副产品收益 C17

　　　多种经营收益 C18

社会效益指标 A3

　　固定 CO_2 B7

　　　CO_2 的固定量 C19

　　森林释氧 B8

　　　释氧量 C20

2. 川西天然林生态、社会、经济效益综合计量评价

通过调查、监测研究，参考"九五"国家攻关的有关效益监测与评价技术研究成果和有关文献以及中国森林生态网络体系建设攀枝花试验点的基础资料，生态服务价值由生态效益计量值与森林公益效果的"影子价格"计算得出。

本研究主要对四川天然林资源主要分布区，即川西阿坝、甘孜、凉山、攀枝花、雅安和乐山等地区的天然林综合效益进行价值化评价。

（1）川西天然林的重要计量评价指标测定研究。

① 生物生产力：四川西部林区森林总生物量为 10.74 亿吨，其中天然林生物量为 10.40 亿吨，蓄积量为 12.11 亿立方米，甘孜州天然林生物量为 3.392 亿吨，阿坝州为 3.388 亿吨，凉山州为 2.364 亿吨，攀枝花为 0.322 亿吨，雅安为 0.609 亿吨，乐山为 0.326 亿吨。

② 凋落物存贮量：四川西部林区凋落物贮存总量为 1887.94 万吨，其中天然林凋落物贮存量为 1766.93 万吨，占 93.59%，人工林凋落物贮存量为 121.01 万吨，占 6.41%。甘孜、阿坝、凉山、攀枝花、雅安、乐山等地区天然林凋落物贮存量分别为 644.58、332.09、412.33、53.33、204.91、119.7 万吨，各地均以天然林凋落物贮存量为主。

③ 土壤有机质贮量与土壤肥力：四川西部林区森林土壤有机质总量为 28.64 亿吨，天然林有机贮量为 26.49 亿吨，占 92.49%，人工林有机质贮量 2.15 亿吨，占 7.51%，NPK 总量为 15.48 亿吨，天然林 N、P、K 养分总量为 13.97 亿吨，占 90.25%，人工林 N、P、K 养分总量

为 1.51 亿吨，占 9.75%。由于森林植被的覆盖，减少对土壤表土的冲刷，从而保持土壤养分流失，起到了改良土壤攻效。

④ 生物多样性：研究表明（表 6-13），不同区域物种丰富度的变化与该区域的群落结构是相对应，森林类型组和森林类型数量越多，物种丰富度越大，反之则越小。如阿坝州森林类型组 33 个，森林类型 78 个，为 4 个地区中数目最多，因而其物种丰富度越大，其次为凉山州、甘孜州，攀枝花市物种丰富度最小。

表 6-13　川西山地不同区域物种丰富度

区域	乔木层	灌木层	草本层	合计
阿坝州	3.60	20.60	27.70	51.90
凉山州	1.86	5.82	13.82	21.50
攀枝花	2.31	4.68	4.31	9.44
甘孜州	1.92	7.50	12.07	21.43

群落多样性指数大小依次为阿坝 > 甘孜 > 凉山 > 攀枝花，这主要是因为阿坝州物种丰富度最大，乔、灌、草均匀度指数也较高，攀枝花不仅丰富度小，而且均匀度指数也较小，多样性指数最低。物种丰富度大，乔、灌、草结构复杂、分布均匀的群落多样性指数高，从这一点来说，乔、灌、草结构布局，也是今后营林建设与保护工程的一项重要研究内容。

⑤ 森林泥沙截留量：阿坝、甘孜、凉山、攀枝花、雅安和乐山等地区截留泥沙量年均分别为 19105.53、16260.62、17851.17、2833.13、6807.00、5118.84 万吨，滞留泥沙总量 67976.28 万吨，固土防蚀量 49432.35 万吨。甘孜植被群落多样性指数高，灌木层、草本层较丰富，起着良好的水土保持作用。在阿坝，由于去年降水量少，全年仅 512.2 毫米，植被类型多样，灌木层、草本层种类丰富，无林地地表径流；凉山植被中的常绿阔叶林、混交林泥沙截留显著，草坡也有很好的截留泥沙效果。雅安、乐山地处"华西雨屏"，森林植被对泥沙截留的作用非常明显。因而，针对不同的区域应根据实际情况，"宜林则林、宜草则草"，关键是要找出最合理的树种配置及乔、灌、草相结合。

⑥ 森林涵养水源功能：森林通过林冠层、枯枝落叶层和林地土壤层对降水起着调蓄、转换、传递作用。这里森林涵养水源功能以林地 0~50 厘米土层的最大蓄水容量和枯枝落叶最大持水量来计算，四川西部天然林区土壤的最大蓄水容量为 200.38 亿吨，其中天然林林地最大蓄水容量为 175.92 亿吨，占 87.79%；四川西部天然林区枯枝落叶最大持水量为 3624.78 万吨，其中天然林林地枯枝落叶最大持水量为万 3452.47 吨，占 95.24%；四川西部天然林区森林土壤和枯枝落叶的最大蓄水容量为 200.74 亿吨，其中天然林林地森林土壤和枯枝落叶的最大蓄水容量为 176.27 亿吨，占 87.81%。

（2）川西天然林综合效益成本评价。通过计量评价研究，参考国内外森林公益效果的研究方法和成果，分别核算了川西天然林生态效益、社会效益、涵养水源价值、保护土壤价值、固定 CO_2 和供给 O_2 的价值。天然林经济效益的价值主要包括两部分（表 6-14）：活立木（木材）价值、薪炭（能源）价值和林副产品收益。活立木价值由林价乘以蓄积计算得出；薪柴价值（能源收益）是根据《农村能源区划工作大纲》中的有关标准和薪柴生物量计算得出；林副产品收益通过收集统计得出。

表 6-14　川西天然林生态、社会、经济效益综合计量评价

指标	效益指标	效益值	效益计量价值（亿元 / 年）
生态效益	固土防蚀（万吨 / 年）	9278.76	95.19
	涵养水源（万吨 / 年）	2007444.06	134.50
	土壤肥力保护（万吨 / 年）	5302.15	636.26
	生态系统恢复	67976.28	24.61
小计			890.56（80.35%）
经济效益	木材生产（万立方米）	610.969	18.33
	薪材生产（万吨 / 年）	679.352	9.79
	林副产品收益（万吨 / 年）		2.52
小计			30.64（2.77%）
社会效益	CO_2 的固定（万吨 / 年）	3397.27	92.84
	森林释氧（万吨 / 年）	2547.95	94.20
小计			187.04（16.88%）
合计			1108.24

四川省天然林每年综合效益价值为 1180.24 亿元 / 年，其中，生态效益价值 890.56 亿元 / 年，占 80.35%；经济效益价值 30.64 亿元 / 年，占 2.77%；社会效益价值 187.04 亿元 / 年，占 16.88%。说明天然林的生态效益是巨大的。在生态效益中，以土壤肥力保护作用最大，其次为涵养水源、固土防蚀作用，说明天然林是自我稳定性良好、蓄水保土强大的森林生态系统。

从森林生态服务价值来看，川西天然林生态服务价值以生态效益与社会效益之和来表示，统计表明，四川天然林区森林服务效益价值为 1077.60 亿元 / 年，占综合效益价值的 97.23%；其经济效益价值为 30.64 亿元 / 年，两者价值比为 35.17∶1，即森林的生态服务价值是经济价值的 35.17 倍。如加上森林旅游功能，森林的生态服务价值更为突出。说明森林的生态服务效能远比直接经济效益更为巨大。

（三）区域森林生态网络体系建设评价——江苏省现代林业发展综合评价

江苏省位于我国大陆东部沿海中心，面积 10.26 万平方公里，占全国总面积的 1.1%。江苏地处美丽富饶的长江三角洲，地形以平原为主，主要有苏南平原、江淮平原、黄淮平原和东部滨海平原组成，全省主要河流湖泊大致可分为沂沭泗水系、淮河下游水系、长江和太湖水系等三大流域系统，全省有大小河道 2900 多条，湖泊近 300 个，水库 1100 多座，由江河湖泊组成的水面面积 1.73 万平方公里，占全省总面积的 16.8%，比重之大居全国之冠，故以鱼米之乡而著称。

江苏是全国地势最低的一个省区，绝大部分地区在海拔 50 米以下，低山丘陵集中在北部和西南部，占全省总面积的 14.3%，主要有老山山脉、宁镇山脉、茅山山脉、宜溧山脉、云台山脉。全省气候具有明显的季风特征，处于亚热带向暖温带过渡地带，大致以淮河灌溉总渠一线为界，以南属亚热带湿润季风气候，以北属暖温带湿润季风气候。由于受季风气候影响，江苏降水充沛，年降水量 724~1210 毫米，但地区差异明显，东部多于西部，南部多于北部。全省年平均气温为 13~16℃，气候温和，具有寒暑变化显著、四季分明的特征。

江苏是一个以平原为主的省份，平原占 68.8%，水面占 16.9%，岗地与低山丘陵仅占 14.3%，林业用地较少，森林覆盖率低，森林资源十分珍贵。2005 年江苏省第六次森林资源调查结果显示，全省林业用地 2134.8 万亩，森林面积 1472 万亩，森林覆盖率 14.8%。全省活立木总蓄积 5648.55 万立方米，森林蓄积 3960.7 万立方米。森林资源的持续增长表明全省林业建设成效显著，但全省森林资源总量仍显不足，全省人均有林地面积仅为全国平均水平的 1/10，人均森林蓄积量仅为全国平均水平的 1/17。

江苏森林资源以人工林为主，林相较简单，中幼林多，生长量大。据统计，全省现有人工林面积占全省森林面积的 96.87%。人工林以杨树为主，约占人工林面积的 65%。绝大多数人工林为纯林、单层林，林下灌木、地被较少。林相简单，林地破碎，自然度低，生物多样性差，生态功能弱。森林建设现状与江苏省社会经济发展水平和国民经济发展对生态建设的要求相比，差距仍然很大。

长期以来，江苏林业第一产业的森林资源总量少，森林资源结构不合理，树种单一，成熟林比例低。江苏林业第二产业的规模和产品结构极不合理，产品品种单一，缺乏深度加工。信息、金融、中介、林业科技开发和推广以及森林旅游业等第三产业发展滞后。林业的三次产业之间还没有形成相互关联、相互协调、均衡发展的产业链（张智光，2004）。近些年，为了实现倍增森林资源总量，健全森林生态网络，优化林业产业结构，丰富森林文化内涵的总体目标，江苏省政府于 2003 年实施"绿色江苏林业"行动，以林业的可持续发展作为江苏省社会经济可持续发展的保障。因此对江苏的林业发展进行评价是完善江苏林业可持续发展理论及指导江苏社会经济可持续发展的基础。

目前，国内外虽然提出不少林业发展评价的指标体系，但在评价标准方面仍存在一些问题：为追求指标体系的完备性，不断提出新指标，使指标体系数目不断增大；缺乏科学有效的指标筛选方法，仅依靠评价者的经验选择指标，存在很大的主观性；受认识水平的限制，对于指标的主成分性、针对性和完备性等方面缺乏定量的衡量方法（叶文虎等，1994；Cocklin，1989）。应筛选前人研究成果中的优良指标，并根据评价对象的结构、功能以及区域特性，提出能反映其本质内涵的指标。本研究在前人研究的基础上（雷孝章等，1994；谢金生等，1999；李朝洪等，2000；杨学民等，2003），根据江苏省区域特点，结合江苏省林业发展现状，建立江苏省现代林业发展指标体系，并据此对其进行综合评价。

1. 江苏省林业发展综合评价指标体系的建立

主要采取前述森林生态网络体系建设评价指标的筛选方法，首先采取频度分析法，对各种指标进行统计分析，选择出了 170 多个使用频度较高的指标，结合对江苏林业的实地考察结果和江苏省相关部门提供的有关社会经济条件、森林资源状况的详细资料，参考前述森林生态网络体系建设评价指标，对初选指标进行分析、比较，综合选择针对性较强的指标。在此基础上，进一步征询有关专家意见，对指标进行填充、调整，由此得到初步的林业发展综合评价指标体系。然后，借鉴软系统归纳集成法对评价指标进一步精选，并且按照 5 等 9 级法对指标重要性进行表态和指标两两比较，再根据专家判断结果，采用特征根法构造 AHP 群组模糊判断矩阵，计算比较各因素相对于上一层因素的相对权数，并对各矩阵进行一致性检验。最终得到各层因素对决策目标的合成权数，并进行重要性排序，最终实现各种决策方案的选择，形成比较完善的江苏现代林业发展综合评价体系。

根据上述研究方法，把江苏省现代林业综合评价指标体系分为 4 个层次结构，包括总目标层、综合评价层、项目评价层和子项目评价层，同时项目组根据上述研究方法计算出每个指标的分值（表 6-15）。

表 6-15　江苏省现代林业综合评价指标体系及指标评价得分

综合评价层 A	权重	项目评价层 B	权重	子项目评价层 C	权重	得分
结构功能性指标 A1	72.85	结构性指标 B1	21.35	森林覆盖率 C1	7.02	2.47
				城市森林覆盖率 C2	5.20	3.96
				森林分布均衡度 C3	0.33	0.22
				人均林地面积 C4	0.33	0.27
				森林景观完整度 C5	0.57	0.32
				生态系统多样性 C6	2.96	2.35
				物种多样性 C7	3.91	3.22
				遗传多样性 C8	1.03	0.85
		功能性指标 B2	51.50	保土保肥 C9	12.9	7.20
				涵养水源 C10	12.0	9.53
				制 O_2 量 C11	5.65	4.80
				CO_2 吸收 C12	6.32	5.12
				有机物制造水平 C13	2.63	2.22
				林分质量 C14	1.51	1.23
				总悬浮颗粒物 TSP 浓度 C15	5.92	5.42
				有害气体（NO_x、O_3）等浓度 C16	3.25	2.88
				酸雨危害 C17	1.32	0.77

（续）

综合评价层 A	权重	项目评价层 B	权重	子项目评价层 C	权重	得分
目标性指标 A2	17.00	生产性指标 B3	8.38	活立木蓄积量 C18	6.38	2.95
				木材产值 C19	0.25	0.19
				非木材产值 C20	1.15	0.98
				种苗收入 C21	0.40	0.30
				间作收入 C22	0.20	0.14
		建设性指标 B4	8.63	公益林面积 C23	2.62	0.92
				生态防护林工程 C24	3.65	3.14
				城郊森林工程 C25	0.30	0.22
				绿色通道工程 C26	1.58	1.41
				退耕（租地）造林工程 C27	0.47	0.41
可持续性指标 A3	10.15	生态可持续指标 B5	4.48	林业在地区发展中的地位 C28	0.41	0.24
				公民绿化意识 C29	0.72	0.41
				义务植树尽责率 C30	0.25	0.15
				数字林业建设水平 C31	2.29	1.72
				林业科技进步贡献率 C32	0.52	0.41
				林业科技人员数量/万人 C33	0.29	0.18
		经济可持续指标 B6	3.68	林业职工年收入水平 C34	0.10	0.07
				林业生态效益补偿基金 C35	0.55	0.38
				森林景观奇特度 C36	1.03	0.71
				森林景观愉悦度 C37	0.27	0.18
				旅游人数和客流率 C38	0.13	0.11
				带动房产业 C39	0.92	0.88
				带动运输业 C40	0.10	0.09
				带动加工业 C41	0.19	0.18
				带动服务业 C42	0.39	0.35
		社会可持续 B7	1.99	法律保障体系 C43	0.34	0.32
				林业产权政策 C44	1.07	0.78
				林业采伐管理 C45	0.10	0.07
				林业税费减免 C46	0.22	0.22
				林业信贷扶持 C47	0.26	0.20
合计					100	71.71

（1）总目标层：本指标体系建立的总目标是对江苏现代林业发展进行综合评价。

（2）综合评价层：综合评价层把江苏林业分为几个大的方面，用这几大方面价值的非线性相加来反映总目标的价值。本评价指标体系中的综合评价层包含以下 3 个方面：结构—功能性指标、目标性指标、可持续性指标（用 A1-A3 表示）。

（3）项目评价层：项目评价层是综合评价层的分支，可以从不同角度对综合评价层进行描述，在更细的层次上反映评价总目标。本评价体系中的 3 个综合评价层共包含 7 个项目评价指标（用 B1-B7 表示）。

（4）子项目评价层：子项目评价层将项目评价层进一步细化，把项目评价层分化成彼此独立的几个方面，可以从更细的层次上反映评价总目标。本评价体系中 3 个综合评价层所含的 7 个项目评价层中共含 47 个子项目评价指标（用 C1-C47 表示）。

2. 指标的评价方法

森林的多种效益决定了其评价方法的多样性，但在评价研究中等级评分法被广泛采用。等级是一个相对的概念，既带有主观因素，又是客观统计规律的反映，它适用于各类指标，既可以评价定量指标，又可以对定性指标进行评价。在对定量指标进行打分时采用实际打分法，先选取一些相关的行业标准或领域内的标准，再以此标准来判断被衡量指标的分值。对定性指标，请专家根据指标状态值、标准值和变化趋势进行判断，采用 5 级评分制进行打分。这种等级评分的方法简单易行，在不需要对森林价值进行货币化估值时显得尤为重要。本研究主要采用此种评价方法。

（1）指标的评价标准。在认真分析指标性质、特点及用途的基础上，针对不同的指标选取国际标准、世界平均值标准、国家标准、全国（或生态特征区）平均值标准、行业考核标准、区域相对标准、指标自身标准和实地考察与主观评判等作为评分依据。例如，世界平均值标准是对世界不同区域内森林资源状况的一个综合评价，与其比较，可以较好地反映一个国家和地区与世界平均水平的差距；选取全国指标状况值的平均值作为标准，可以反映评价区域的林业发展在全国范围内所处的水平；病虫害发生率、防治率和木材采伐量等可以采用行业考核标准；考虑到立地条件、经营水平等因素，用材林单位面积年收入以当地经济林单位面积年收入作为相对标准，经济林单位面积年收入以农作物单位面积年收入作为相对标准；对于难以量化的指标，通过实地考察，依据事实得到评判指标的分值（表 6-16）。

表 6-16　评价指标得分值

综合评价层 A	得分值	项目评价层 B	得分值
结构功能性指标 A1	52.83	结构性指标 B1	13.66
		功能性指标 B2	39.17
目标性指标 A2	11.27	生产性指标 B3	4.56
		建设性指标 B4	6.71
可持续性指标 A3	7.61	生态可持续指标 B5	3.11
		经济可持续指标 B6	2.96
		社会可持续 B7	1.54
得分值合计	71.71		71.71

（2）评价结果。根据绿色江苏林业工程总体规划（2003 年）、江苏 13 地市及部分县（市）的林业发展情况汇报、近几年江苏省统计年鉴及江苏省实际调查与评价情况等资料，应用上述指标体系及评分办法对江苏林业发展情况进行综合评价。

江苏林业发展综合评价层得分情况为：结构功能性指标 52.83，目标性指标 11.27，可持续性指标 7.61，总分为 71.71，见表 6-16。

通过评价可以看出，江苏林业发展综合得分 71.71 分，说明江苏林业发展水平比较低，森林资源、布局、功能、结构等综合水平尚未达到现代林业水平，森林生态网络体系尚未形成，按照中国现代林业发展要求，江苏林业目前处于现代林业发展的起步阶段，有一定的可持续发展能力。

从林业的结构—功能上分析，江苏森林资源总体上比较贫乏，森林覆盖率低；用材林、经济林占有很大比例，树种单一，森林稳定性差；森林城市数量少，城镇森林体系建设比较落后；人均林地面积比较小，景观多样性不足；使森林所发挥的生态效益在很大程度上落后于社会经济发展的需求，落后于人民日益增长的物质和精神需求。但江苏的湿地资源丰富，表现出强大的生态环境功能。

从发展目标上分析，应用现代林业发展理论和森林生态网络体系建设理论，从顶层设计上加强现代林业发展规划，尽快实施林业生态工程和林业产业工程，通过实施沿海防护林体系、沿江河湖防护林体系、高标准农田林网、绿色通道、绿色家园和丘陵岗地森林植被恢复等生态建设工程和森林抚育改造工程，充分发挥森林涵养水源、净化水质、保持水土、防风固沙、降解污染、固碳释氧等功能，提高森林资源总量与森林资源质量，实现全省森林由面积扩张向量质并重转变，构建完备的森林生态网络体系，为全省社会经济可持续发展构筑生态屏障；通过实施杨树林板纸一体化、特色经济林果及综合利用、林木种苗、野生动植物培育利用、珍贵用材林及生物质能源林培育、森林与湿地生态旅游等林业产业提升工程，加快林板纸一体化产业升级，加速林木种苗市场信息化建设，加快笋用竹培育，提高以银杏和竹子为主的特色经济林产品加工及综合利用水平，拓展野生动植物培育利用空间，因地制宜发展林产品精深加工，加快发展森林湿地旅游，发展多效益林业，增加林业产业发展规模和效益。

从可持续发展上分析，与经济社会发展水平相比，全省森林资源总量仍显不足，人均森林面积仅为 0.31 亩，人均活立木蓄积量为 0.91 立方米，分别只占全国平均水平的 14.25% 和 8.96%；森林质量及经营水平还不高，林地生产力仅 4.08 立方米 / 亩，林地利用率为 89.5%。此外，全省虽是林业产业大省，但在产业规模、结构、质量、品牌等方面，与林业产业强省和发达国家还有一定差距。林产品精深加工、林木种苗新品种培育、森林、湿地旅游等产业都还存在大力开拓的空间；林业产业的辐射力和带动力仍需增强，林农收入有待提高。因此，针对森林资源薄弱的状况，增加森林资源总量、提高森林资源质量、提升林业产业水平，带动相关产业发展，促进农民增收致富，充分发挥湿地资源优势、林业产业发展优势，提高森林、湿地的巨大生态效益、经济效益和景观效益，既是全省林业发展的当务之急，也是经济社会全面、可持续、协调发展的必然要求。同时，提高社会各界对林业的认识和重视程度，这是未来实现江苏林业跨越式发展的重要思想基础，以科学发展观为指导，以全面建设小康社会为目标，以森林生态网络体系建设为核心，着力推进现代林业发展，加强生态文明建设，重视林业可持续发展的保障体系建设，进一步加强国有林场基础设施、林业科技支撑体系、森林资源监测体系、基层林业服务体系、林业执法体系、森林资源监测体系建设，大力开展林业信息化建设和林木良种繁育工作，全面提高科教兴林、依法治林的能力和水平;稳步推进林业科技和教育,完善林业产权政策、财政支持措施(信贷、投资、补偿等)及相关的林业采伐管理规定,为现代林业的健康发展提供强有力的保证。

森林生态网络体系建设评价指标体系是一个多属性(自然属性、社会属性)、多标准(生态标准、经济标准、社会标准)的动态指标体系,在进行具体评价研究工作中,针对评价对象、目标,进行科学建立评价指标体系,目前,主要有计量评价、指数评价两种;在森林生态网络体系"面"建设评价时,一般采取综合效益计量评价,如在对川西天然林进行评价中,建立计量评价指标体系,进行价值化评价,客观地反映森林的综合效益价值大小,科学回答公众、政府关心的森林综合效益问题;在在森林生态网络体系"点"建设(城市森林)评价和区域森林生态网络体系建设评价时,一般采取指数评价,如在对上海城市森林评价、江苏林业发展评价的过程中,建立综合评价指标体系,进行指数评价,得出综合评价指数,全面地反映区域森林生态网络体系建设水平或林业发展现状,解决政府部门关心的现代林业发展问题;在森林生态网络体系"线"建设评价时,可根据需要选择计量评价或指数评价,如研究比较多的防护林体系评价等。尽管在评价工程中,尽量采取比较客观评价方法,但仍然存在受专家主观因素影响、考虑不够全面等不足之处,更科学、更客观、更具有可操作性的林业发展指标体系,还有待于进一步研究。

参考文献
REFERENCE

1. 常勇，刘照胜，孙希华．山东省城市可持续发展指标体系研究［J］．山东师大学报（自然科学版），2001（2）：43~48.

2. 陈成忠，林振山．中国1961~2005年人均生态足迹变化［J］．生态学报，2008，28（1）：338~344.

3. 戴星翼，唐松江，马涛．经济全球化与生态安全［M］．北京：科学出版社，2005.

4. 董险峰，丛丽，张嘉伟．环境与生态安全［M］．北京：中国环境科学出版社，2010.

5. 封志明，刘宝勤，杨艳昭．中国耕地资源数量变化的趋势分析与数据重建：1949~2003［J］．自然资源学报，2005，20（1）：35~43.

6. 冯科，郑娟尔，韦仕川，等．GIS和PSR框架下城市土地集约利用空间差异的实证研究：以浙江省为例［J］．经济地理，2007，27（5）：811~815.

7. 傅伯杰．土地可持续利用的指标体系与方法［J］．自然资源学报，1997（2）：17~23.

8. 高甲荣．生态环境建设规划［M］．北京：中国林业出版社，2006.

9. 高珊，黄贤金．基于PSR框架的1953~2008年中国生态建设成效评价［J］．自然资源学报，2010.

10. 古春晓．构建生态城市评价指标体系［J］．生态学报，2005（8）：32~35.

11. 顾传辉．生态城市评价指标体系研究［J］．环境保护，2001（11）：24~26.

12. 郭辉．新疆可持续发展指标体系与综合评价分析［D］．乌鲁木齐：新疆大学资源与环境学院，2008.

13. 郭旭东，邱扬，连纲，等．基于"压力—状态—响应"框架的县级土地质量评价指标研究［J］．地理科学，2005，25（5）：579~583.

14. 黄光宇，陈勇．生态城市理论与规划设计方法［M］．北京：科学出版社，2002.

15. 江泽慧．中国现代林业［M］．北京：中国林业出版社，2000.

16. 蒋有绪．国际森林可持续经营的标准和指标体系研制的进展［J］．世界林业研究，1997，10（2）：9~14.

17. 蒋有绪．森林可持续经营与林业的可持续发展［J］．世界林业研究，2001，14（2）：1~7.

18. 兰国良．可持续发展指标体系的建构及其应用研究［D］．天津：天津大学管理学院，2004.

19. 雷鸣著．绿色投入产出核算——理论与应用［M］．北京：北京大学出版社，2000.

20. 雷孝章，王金锡，彭沛好，等．中国生态林业工程效益评价指标体系[J]．自然资源学报，1994，14(2)：175~182.

21. 李波，杨明．贵州生态建设评价指标体系研究［J］．贵州大学学报（社会科学版），2007，（11）：39~45.

22. 李朝洪，郝爱民．中国森林资源可持续发展描述指标体系框架的构建［J］．东北林业大学学报，

2000，28（5）：122~124.

23. 李洪远．生态恢复的原理与实践［M］．北京：化学工业出版社，2005.

24. 李晖，李志英．人居环境绿地系统体系规划［M］．北京：中国建筑工业出版社，2009.

25. 李坷．"生态建设"的提法是科学的—黎祖交教授专访［J］．绿色中国，2005（11）：50~53.

26. 李秀娟．上海生态城市建设综合评价及比价研究［D］．上海：上海师范大学旅游学院，2007.

27. 李勇进，陈文江，常跟应．中国环境政策演变和循环经济发展对实现生态现代化的启示［J］．中国人口·资源与环境，2008，18（5）：12~18.

28. 廖福霖．生态文明建设理论与实践［M］．北京：中国林业出版社，2003.

29. 刘丹．森林可持续经营的标准与指标：加拿大的观点．世界林业研究，1995，8（5）：64~66.

30. 刘骏．城市绿地系统规划与设计［M］．北京：中国建筑工业出版社，2004.

31. 刘萍，郝帅．南昌市生态城市评价指标体系的研究［J］．江西农业学报，2007（1）：99~106.

32. 柳兴国．生态城市评价指标体系实证分析［J］．城市发展论坛，2008，（6）：15~20.

33. 罗上华，马蔚纯，王祥荣，等．城市环境保护规划与生态建设指标体系实证［J］．生态学报，2003（1）：45~55.

34. 吕洪德．城市生态安全评价指标体系的研究［D］．哈尔滨：东北林业大学林学院，2005.

35. 马世骏，王如松．社会—经济—自然复合生态系统持续发展评价指标的理论研究［J］．生态学报，1995，15（3）：1~9.

36. 莫霞．适宜技术视野下的生态城指标体系建构—以河北廊坊万庄可持续生态城为例［J］．现代城市研究，2010，（5）：58~64.

37. 彭镇华，江泽慧．中国森林生态网络系统工程［J］．应用生态学报，1999，10（1）：99~103.

38. 秦伟伟．生态城市评价指标体系设计［J］．工业技术经济，2007，（5）：122~124.

39. 邱微，赵庆良，李崧，等．基于"压力—状态—响应"模型的黑龙江省生态安全评价研究［J］．环境科学，2008，29（4）：1148~1152.

40. 沈渭寿．区域生态承载力与生态安全研究［M］．北京：中国环境科学出版社，2010.

41. 宋荣兴．城市生态系统可持续发展指标体系与实证研究——以青岛市为例［D］．青岛：中国海洋大学环境规划与管理学院，2007.

42. 宋永昌，戚仁海，由文辉，等．生态城市的指标体系与评价方法［J］．城市环境与城市生态，1999，（5）：18~21.

43. 孙永萍．广西生态城市评价体系的构建与实证分析［J］．建设论坛，2007，（10）：18~21.

44. 王根生，卢玲．镇江生态城市评价指标体系与生态城市建设对策研究［J］．江苏科技大学学报，2005，（9）：49~54.

45. 王明涛．多指标综合评价中权数确定的离差、均方差决策方法［J］．中国软科学，1999，（8）：100~107.

46. 王宁．天津生态城市评价指标体系研究［D］．天津：天津财经大学商学院，2009.

47. 王婷．西安生态城市建设研究［D］．西安：西安建筑科技大学管理科学与工程学院，2007.

48. 王文彤．我国生态城市建设探索［J］．城市规划汇刊，1993，（5）：12~23.

49. 王祥荣，等．论上海郊区环境保护与生态建设指标体系的构建——以崇明岛为例［J］．上海城市管理职业技术学院学报，2006，（4）：26~28.

50. 王祥荣．生态建设论：中外城市生态建设比较分析［M］．南京：东南大学出版社，2004.

51. 王彦鑫．太原市生态城市建设及评价体系研究［D］．北京：北京林业大学林学院，2009.

52. 王云才，陈田，等．生态城市评价体系对比与创新研究［J］．城市问题，2007（12）：17~27.

53. 吴琼, 王如松, 等. 生态城市指标体系与评价方法 [J]. 生态学报, 2005, (8): 2090~2095.

54. 吴人坚. 生态城市建设的原理与途径 - 兼析上海市的现状和发展 [M]. 上海: 复旦大学出版社, 2000.

55. 吴志华. 泗阳县生态城镇建设评价指标体系实证研究 [D]. 南京: 南京航空航天大学经济与管理学院, 2006.

56. 夏晶. 生态城市动态指标体系的构建于分析 [J]. 环境保护科学, 2003, (4): 48~50.

57. 谢花林, 李波, 刘黎明. 基于压力—状态—响应模型的农业生态系统健康评价方法 [J]. 农业现代化研究, 2005, 26 (5): 366~369.

58. 谢金生, 徐秋生, 曹建华. 区域可持续林业评价指标体系及评价标准的研究 [J]. 江西农业大学学报, 1999, 21 (3): 443~446.

59. 谢鹏飞, 周兰兰. 生态城市指标体系构建与生态城市示范评价 [J]. 城市发展研究, 2010, (7): 12~18.

60. 徐雁. 上海生态型城市建设评价指标体系研究 [D]. 上海: 华东师范大学资源与环境科学学院, 2007.

61. 杨根辉. 南昌市生态城市评价指标体系的研究 [D]. 乌鲁木齐: 新疆农业大学林学, 17 (5): 541~548.

62. 杨学民, 姜志林, 张慧. 徐州市林业可持续发展评价 [J]. 福建林学院学报, 2003, 23 (2): 177~181.

63. 叶文虎, 唐剑武. 可持续发展的衡量方法及衡量指标初探 [M]. 北京: 北京大学出版社, 1994.

64. 叶亚平, 刘鲁军. 中国省域生态环境质量评价指标体系研究 [J]. 环境科学研究, 2000 (3): 36~39.

65. 叶振国. 扬州生态市建设指标体系的研究 [D]. 南京: 南京工业大学环境工程学院, 2005.

66. 殷阿娜. 城市可持续发展指标体系及方法研究一以石家庄市为例 [D]. 石家庄: 石家庄经济学院, 2007.

67. 尹伯悦. 城市可持续发展评价指标体系的研究与应用 [D]. 北京: 北京科技大学环境工程学院, 2003.

68. 俞孔坚, 李迪华, 刘海龙. "反规划" 途径 [M]. 北京: 中国建筑工业出版社, 2005.

69. 原会秀. 武汉生态城市的综合评价和可持续发展研究 [D]. 武汉: 华中师范大学自然地理学院, 2008.

70. 张洪民. 构建和谐西安评价指标体系研究 [D]. 西安: 西安理工大学环境工程学院, 2010.

71. 张坤民, 温宗国, 杜斌, 等. 生态城市评估与指标体系 [M]. 北京: 化学工业出版社, 2003.

72. 张坤民, 温宗国. 生态城市评估与指标体系 [M]. 北京: 化学工业出版社, 2003.

73. 张浪. 特大型城市绿地系统布局结构及其构建研究 [M]. 北京: 中国建筑工业出版社, 2009.

74. 张晓明. 典型县域生态建设规划的初步研究——以济宁市金乡县和任城区为例 [D]. 青岛: 青岛大学环境科学学院, 2007.

75. 张新瑞. 环境友好型城市建设环境指标体系研究 [D]. 重庆: 重庆大学建筑与环境工程学院, 2007.

76. 张智光. 江苏省林业产业结构调整的战略体系研究 [J]. 林业科学, 2004, 40 (5): 197~204.

77. 赵春荣. 山地城市生态安全评价指标体系理论探讨——以绵阳市为例 [D]. 重庆: 重庆大学建筑与环境工程学院, 2009.

78. 赵焕臣, 许树柏, 和金生. 层次分析法 [M]. 北京: 科学出版社, 1986.

79. 赵跃龙，张玲娟. 脆弱生态环境定量评价方法的研究［J］. 地理科学，1998（1）: 67~72.

80. 郑凤英，张灵，等. 生命周期评价方法学在生态城市评价体系中的应用研究［J］. 漳州师范学院学报，2008（4）: 103~107.

81. 中国环境监测总站. 中国生态环境质量评价研究［M］. 北京: 中国环境科学出版社，2004: 1~24.

82. 中国环境与发展回顾和展望课题组. 中国环境与发展回顾和展望［M］. 北京: 中国环境科学出版社，2007，15~35.

83. 中国科学院可持续发展研究组. 2001 中国可持续发展战略报告［R］. 北京: 科学出版社，2001.

84. 周炳中，杨浩，包浩生，等. PSR 模型及在土地可持续利用评价中的应用［J］. 自然资源学报，2002.

85. 周生贤. 我国环境与发展关系正在发生重大变化［N］. 人民日报，2006~04~20（8）.

86. 周志宇. 干旱荒漠区受损生态系统的恢复重建与可持续发展［M］. 北京: 科学出版社，2010.

87. Adriaanse A. Environmental Policy Performance Indicators.A Study on the development of indicators environmental policy in the Netherlands.The Hague: SduUitgeverij koninginnegracht，1993.

88. Andrew Gouldson，Peter Hills，Richard Welford. Ecological Modernization and policy learning in Hong Kong，2008，VOI.39（1）: 319~330.

89. Bent Sendergard，Ole Erik Hansen，Jesper Holm. Ecological modernization and institutional transformations in the Danish textile industry. Journal of Cleaner Production，2004，Vol.12: 337 ~352.

90. Chris Hagerman. Shaping neighborhoods and nature: Urban political ecologies of urban waterfront Transformations in Portland，Oregon.Cities，2007，VO124（4）: 285~297.

91. Cocklin C R. Methodological problems in evaluating sustain ability.Environmental Conservation，1989，16（4）: 343~351.

92. Costanza R，d'Arge R，de Groot R.，et al. The value of the world.s ecosystem services and natural capital［J］. Nature，1997，387: 253~260.

93. Buttel F H. Ecological modernization as social theory. Geoforum，2000，vol.31（1）: 57~65.

94. Khan F I，sadiq R，veitch B. Lif cyele iNdeX（Llilx）: a new indexing procedure for process And Product design and decision making . Journal of Cleaner Production，2004，Vol.12: 59~76.

95. Joan Marulli，Josep M.Mallarach A GIS methodology for assessing ecological connectivity: application the Barcelona MetroPolitan Area. Landscape and Urban Planning，2005，VOI.71: 243 ~262.

96. John Todd，Erica J. Brown G，Erik Wells. Ecological Engineering. 2003，vol.20（5）: 421~440.

97. Mark T. Simmons，Heather C. Venhaus，Steve Windhager. Exploiting the attributes of regional eco systems for landscape design: The role of ecological restoration in ecological engineering，Ecological Engineering，2007，Vol30（3）: 201~205.

98. Martin Janicke. Ecological modernization: new perspectives. Journal of Cleaner Production，2008，16: 557~565.

99. Michela marignani，Duccio Rocchini，Dino Torrietc .Planning restoration in a cultural landscape in Italy usingAn Object-based approach and historical analysis. Landscape and Urban Planning，2008，84（1）: 28~37.

100. NRTEE. National Round Table on the Environment and the Economy.Pathways to Sustainability: Assessing Our Progress.Tony Hodge et al.，eds.Ottawa: National Round Table on the Environment and the Economy，1995.

101. Rogers K S. Ecological security and multinational corporation. The Woodrow Wilson Center for Scholars.

US: Spring 1997.

102. Troyer M E. A spatial approach for integrating and analyzing indicators of ecological and human conditin ［J］. Ecological Indicators，2002，2（1）: 211~220.

103. UK.Department of Environment.Indicators of sustainable Development for the United Kingdom. London: HMSO，1996.

104. UNCSD. United National Commission on Sustainable Development.Indicators of Sustainable Development Framework and Methodologies，New York：UN Commission on Sustainable Development，1996.

105. World Bank. Expanding the Measure of Wealth.Indicators of Environ-mentally Sustainable Development，Washington D C: The World Bank，1997.

国家林业局重点出版工程　国家出版基金资助项目

"十二五"国家重点图书出版规划项目——中国森林生态网络体系建设出版工程

■ 内容简介

　　党的十八大把生态文明建设放在突出地位，将生态文明建设提高到一个前所未有的高度，并提出建设美丽中国的目标，通过大力加强生态建设，实现中华疆域山川秀美，让我们的家园林荫气爽、鸟语花香，清水常流、鱼跃草茂。

　　2002 年，在中央和国务院领导亲自指导下，中国林业科学研究院院长江泽慧教授主持《中国可持续发展林业战略研究》，从国家整体的角度和发展要求提出生态安全、生态建设、生态文明的"三生态"指导思想，成为制定国家林业发展战略的重要内容。国家科技部、国家林业局等部委组织以彭镇华教授为首的专家们开展了"中国森林生态网络体系工程建设"研究工作，并先后在全国选择 25 个省（自治区、直辖市）的 46 个试验点开展了试验示范研究，按照"点"（北京、上海、广州、成都、南京、扬州、唐山、合肥等）"线"（青藏铁路沿线，长江、黄河中下游沿线，林业血防工程及蝗虫防治等）"面"（江苏、浙江、安徽、湖南、福建、江西等地区）理论大框架，面对整个国土合理布局，针对我国林业发展存在的问题，直接面向与群众生产、生活，乃至生命密切相关的问题；将开发与治理相结合，及科研与生产相结合，摸索出一套科学的技术支撑体系和健全的管理服务体系，为有效解决"林业惠农""既治病又扶贫"等民生问题，优化城乡人居环境，提升国土资源的整治与利用水平，促进我国社会、经济与生态的持续健康协调发展提供了有力的科技支撑和决策支持。

　　"中国森林生态网络体系建设出版工程"是"中国森林生态网络体系工程建设"等系列研究的成果集成。按国家精品图书出版的要求，以打造国家精品图书，为生态文明建设提供科学的理论与实践。其内容包括系列研究中的中国森林生态网络体系理论，我国森林生态网络体系科学布局的框架、建设技术和综合评价体系，新的经验，重要的研究成果等。包含各研究区域森林生态网络体系建设实践，森林生态网络体系建设的理念、环境变迁、林业发展历程、森林生态网络建设的意义、可持续发展的重要思想、森林生态网络建设的目标、森林生态网络分区建设；森林生态网络体系建设的背景、经济社会条件与评价、气候、土壤、植被条件、森林资源评价、生态安全问题；森林生态网络体系建设总体规划、林业主体工程规划等内容。这些内容紧密联系我国实际，是国内首次以全国国土区域为单位，按照点、线、面的框架，从理论探索和实验研究两个方面，对区域森林生态网络体系建设的规划布局、支撑技术、评价标准、保障措施等进行深入的系统研究；同时立足国情林情，从可持续发展的角度，对我国林业生产力布局进行科学规划，是我国森林生态网络体系建设的重要理论和技术支撑，为圆几代林业人"黄河流碧水，赤地变青山"梦想，实现中华民族的大复兴。

作者简介

　　彭镇华教授，1964 年 7 月获苏联列宁格勒林业技术大学生物学副博士学位。现任中国林业科学研究院首席科学家、博士生导师。国家林业血防专家指导组主任，《湿地科学与管理》《中国城市林业》主编，《应用生态学报》《林业科学研究》副主编等。主要研究方向为林业生态工程、林业血防、城市森林、林木遗传育种等。主持完成"长江中下游低丘滩地综合治理与开发研究"、"中国森林生态网络体系建设研究"、"上海现代城市森林发展研究"等国家和地方的重大及各类科研项目 30 余项，现主持"十二五"国家科技支撑项目"林业血防安全屏障体系建设示范"。获国家科技进步一等奖 1 项，国家科技进步二等奖 2 项，省部级科技进步奖 5 项等。出版专著 30 多部，在《Nature genetics》《BMC Plant Biology》等杂志发表学术论文 100 余篇。荣获首届梁希科技一等奖，2001 年被授予九五国家重点攻关计划突出贡献者，2002 年被授予"全国杰出专业人才"称号。2004 年被授予"全国十大英才"称号。